Wolfgang Matheis

Leitfaden Sicherheitsstromversorgung

Wolfgang Matheis

Leitfaden Sicherheitsstromversorgung

Elektroinstallationen in baulichen Anlagen besonderer Art und Nutzung

2., neu bearbeitete Auflage

VDE VERLAG GMBH

ICS 13.260; 29.020

Bibliografische Information der Deutschen Nationalbibliothek
Die Deutsche Nationalbibliothek verzeichnet diese Publikation in der Deutschen Nationalbibliografie; detaillierte bibliografische Daten sind im Internet über http://dnb.dnb.de abrufbar.

ISBN 978-3-8007-5829-6 (Buch)
ISBN 978-3-8007-5830-2 (E-Book)

Titelmotiv: Wolfgang Matheis
Druck: CPI books GmbH, Leck
Printed in Germany 2022-12

Inhalt

Abkürzungsverzeichnis

AC	Alternating current (Wechselstrom)
AMEV	Arbeitskreis Maschinen- und Elektrotechnik staatlicher und kommunaler Verwaltungen
AV	Allgemeinstromversorgung
AWG	Automatisches Wählgerät
bzw.	beziehungsweise
BKZ	Baukostenzuschuss
BSA	Blitzstromableiter
BSK / BSN	Brandschutzkonzept / Brandschutznachweis
BMA / BMZ	Brandmeldeanlage / Brandmeldezentrale
BOS	Sprech- und Datenfunksystem für Behörden und Organisationen mit Sicherheitsaufgaben
D	DIAZED Sicherung
DC	Direct current (Gleichstrom)
DIN	Deutsches Institut für Normung
DO	NEOZED-Sicherung
DW	Druckwächter (Sprinklerkreis)
EB	Einzel-Batterieanlage
EDV	Elektronische Datenverarbeitung
EltBauV	Verordnung über den Bau von Betriebsräumen für elektrische Anlagen
EG	Erdgeschoss
ELA	Elektroakustische Anlage
EMA	Einbruchmeldeanlage
EMV	Elektromagnetische Verträglichkeit
EN	Europäische Norm
FEC	Feuerwehr Einsatz Center
FSD	Feuerwehr Schlüssel Depot
FSE	Freischaltelement
FU	Frequenzumformer
FW	Feuerwehr
GLT	Gebäude-Leittechnik
GSM	Global System for Mobile Communication
HA – VT	Hausanschluss Verteiler (Übergabe Stromanschluss)
HD	Harmonisierungs-Dokument
HLSK	Heizung, Lüftung, Sanitär, Klima
ILS	Integrierte Leitstelle
IT	IT-System (Sternpunkt des Spannungserzeugers nicht geerdet)
KNX	Feldbus zur Gebäudeautomation
KOK	Koordinierungskreis Bäderbau
kV / kVA	Kilovolt / Kilovoltampere
kWh	Kilowattstunde
LS	Leitungsschutzschalter

LR	Lichtruf
LPS	Blitzschutzklasse
MLAR	Muster-Leitungsanlagen-Richtlinien
MRA	Maschineller Rauchabzug
NAV	Niederspannungsanschlussverordnung
NEA	Netzersatzanlage / Notstromaggregat
NFSD	Not Feuerwehr Schlüssel Depot
NRA-EA	Natürlicher Rauchabzug elektrisches Auslösesystem
MS	Mittelspannung
NA	Netz- und Anlagenschutz
NS	Niederspannung
NSM	Netzsicherheitsmanagement
NH	Niederspannungs-Hochleistungssicherung
NSHV	Niederspannungshauptverteilung
NTC	Firmeninitialien (Hersteller NEA)
NTS	Nagetierschutz
OEBG	Firmeninitialien (Hersteller NEA)
OK	Oberkante
OS	Oberspannungsseite Transformator
PRP	Variable Aggregatdauerleistung (PRime Power)
RCD	Residual current protective device (Fehlerstrom Schutzschalter)
RCM	Differenzstrom-Überwachungssystem
RLT	Raumlufttechnische Anlage
RAS	Rauchansaugsystem
RS	Rauchdicht Selbstschließend
RWA	Rauch-Wärme-Abzug
SAA / SAZ	Sprachalarmanlage / Sprachalarmzentrale
SV	Sicherheitsstromversorgung
SV Prüf	Prüfsachverständiger
SK	Sachkundiger
SWM	Stadtwerke München
TAB	Technische Anschluss Bedingungen
TK	Telekommunikation
TRE	Tarif Rundsteuerempfänger
TN	TN-System (Sternpunkt des Erzeugers direkt geerdet)
TT	TT-System (Sternpunkt des Spannungserzeugers direkt geerdet)
US	Unterspannungsseite Transformator
USK	Umschaltkombination AV/SV
UV	Unterverteilung
ÜSA	Überspannungsschutzableiter
VNB	Verteil-Netz-Betreiber
VDE	Verband der Elektrotechnik Elektronik Informationstechnik
VdS	Verband der Sachversicherer
vgl.	vergleiche

ZB	Zentral-Batterieanlage
ZEP	zentraler Erdungspunkt
ZP	Zählerplatz
ZV	Zählerverteilung
ZVEI	Zentralverband Elektrotechnik und Elektronikindustrie

1 Einleitung

In modernen Gebäuden stellen brandschutztechnische Anlagen mit den dazu erforderlichen Installationen einen kontinuierlich wachsenden Anteil an den gesamten Bauleistungen dar und dementsprechend steigen auch die diesbezüglichen Kosten im Vergleich zur Gesamtbausumme. Gleichzeitig ergeben sich aus öffentlich-rechtlichen Vorschriften, technischen Bestimmungen und einer Vielzahl unterschiedlich einzusetzender Bauprodukte und Anlagen an die Planungsbüros und die ausführenden Fachunternehmen für haustechnische Anlagen von Gebäuden erhebliche Anforderungen an die Qualifizierung des Personals. Parallel zu diesen Entwicklungen wächst infolge des zum Teil extremen Wettbewerbs, und zunehmend kürzeren Planungs-, Ausschreibungs- und Errichtungszeiträumen der wirtschaftliche Druck auf die Planungs- und Ausführungsleistungen. Zusätzlich muss berücksichtigt werden, dass in der Regel sowohl jedes Gebäude ein Unikat als auch der dazugehörige Planungs- und Errichtungsprozess einmalig ist. Dabei wird unterstellt, dass jedes Projekt mit anderen Beteiligten umgesetzt wird. Diese Tatsachen bilden zusätzliche Hürden hinsichtlich der Qualitätssicherung bei den Planungs- und Errichterleistungen von Objekten bzw. Gebäuden. Im Gegensatz zu anderen Fachplanungen nimmt der vorbeugende Brandschutz (baulich, technisch, organisatorisch) jedoch eine herausragende Rolle bzgl. der besonderen Schutzaspekte für Personen und Sachwerte ein (vgl. Brandschutztechnische Bauüberwachung 2008, S. 7).

Der wesentliche Inhalt dieser Ausarbeitung ist eine allumfassende Darstellung sämtlicher Anlagen, die in einem Gebäude für die Sicherheit nach der aktuellen Vorschriftenlage installiert werden müssen. Aufgrund einer Vielzahl an Neuerscheinungen von Vorschriften, Normen und Verordnungen und deren inhaltlichen Aktualisierungen ist eine Überarbeitung in vielen Bereichen der folgenden Kapitel erforderlich gewesen und in der nun vorliegenden 2. Auflage berücksichtigt worden.

Zunächst wird im Kapitel 1 aufgezeigt, welche Sicherheitsanlagen für die verschiedenen Gebäudetypen aus dem BSK zur Ausführung gefordert werden können.

Das Kapitel 2 stellt dar, welche Räume zwingend vom Bauherrn vorzuhalten sind und vom Architekten geplant werden müssen, damit Sicherheitseinrichtungen funktionierend eingebaut werden können.

Im Kapitel 3 sind die Anforderungen an ein Notstromaggregat als Netzersatzanlage für die sekundäre Versorgung der Sicherheitsanlagen bei Netzausfall aufgezeigt. Hier werden inhaltlich alle wesentlichen Planungsdetails abgehandelt, damit die Anlage den Vorschriften entspricht. Die Varianten für den Aufbau der technischen Ausführung in den verschiedenen Gebäudetypen werden im Kapitel 4 abgehandelt.

Kapitel 5 und 6 stellen die Besonderheiten der Verkabelung von Pumpen und Ventilatoren dar.

Ein großer ausführender Block mit Kapitel 7 informiert den Anwender über die Kriterien für die Installation der Kabel- und Leitungsanlagen von der Absicherung im Verteiler bis zum Anschlussblock im Verbraucher.

Die vorschriftsmäßige Verlegung von Kabel und Leitungen, um den festgelegten Funktionserhalt zu erreichen, ist im Kapitel 8 enthalten.

Das Kapitel 9 zeigt auf, welche Sicherheitseinrichtungen mit dem vorrangigen Stromkreis versorgt werden dürfen, wenn keine NEA im Gebäude verlangt wird.

Die Möglichkeiten der technischen Umsetzung für die Brandfallsteuerung von Personenaufzügen werden im Kapitel 10 abgehandelt. Die zur Überwachung der Sicherheitsanlagen in einem Gebäude geeigneten Einrichtungen mit einer Weiterleitung auf eine ständig besetzte Stelle ist in grafischer Form aus Kapitel 11 ersichtlich. Ebenso zeichnerisch dargestellt ist die BMA als Technik für die Personenrettung in Kapitel 12.

Diese Niederschrift ist eine Zusammenfassung praktischer Erfahrung von über 30 Jahren Planungstätigkeit. Die mit vielen Zeichnungen dargestellten Lösungen, zu denen es auch andere Möglichkeiten geben wird, sind allesamt in den verschiedenen Objekten gebaut worden. Dabei wurde für alle diese Anlagen die Wirksamkeit durch den Prüfsachverständigen bescheinigt.

Die Abhandlung Sicherheitsstromversorgung wird für die verantwortlichen am Bau beteiligten Personen, wie Architekten, planende Ingenieure der Elektrotechnik und Versorgungstechnik, sowie den ausführenden Firmen der verschiedenen Fachbereiche eine wesentliche Stütze sein. Es ist damit möglich, im Vorfeld aufkommende Fragen zu diskutieren und eine Entscheidung für die wirtschaftlichste Lösung zu treffen. Es werden damit Zusatzkosten durch Umplanungen und Nacharbeit zur Bescheinigung der Wirksamkeit vermieden.

Die Motivation für die Anfertigung durch den Verfasser ist die Erfahrung, die immer wieder gemacht wird, dass die Architektenplanung in der Vorplanung die Technikräume vorenthält und die unvermeidliche Einplanung immer wieder größere Diskussionen mit sich bringt und die Korrektheit der Forderungen durch den Elektro-Fachplaner in Frage stellt.

Ein wesentliches Problem kann dabei auch die baubegleitende Planung sein. Die Meinung, die diesbezüglich manchmal vertreten wird, dass man hier noch im größeren Umfang Änderungen vornehmen kann, ist falsch. Die wichtigste Planungsphase ist die Vor-/Entwurfsplanung. Hier müssen alle wesentlichen Anforderungen berücksichtigt sein, insbesondere die Mindestgrößen aller Technikräume.

1.1 Zielsetzung

Ziel der Ausarbeitung ist es, für den Planer in der Praxis eine Leitlinie zu schaffen, die entsprechend dem zeitlichen Ablauf bei der Projektierung in kompakter Weise alle wesentlichen Anforderungen enthält, die bei der Elektroinstallation in einem Sonderbau mit Zugang der verschiedenen Personen von zentraler Bedeutung sind. Es soll der Abgleich mit den projektbezogenen Brandschutzkonzepten vereinfacht werden. Zudem wird es einfacher, Abweichungen gegenüber den aktuellen Bauvorschriften in Form von Normen und Verordnungen zu hinterfragen, richtig zu stellen und bei Minderforderungen aufkommende Bedenken anzumelden.

1.2 Vorgehen

Grundlage für die konzeptionelle Planung sind die allgemeinen Regeln der DIN- und VDE-Normen, sowie die MLAR und die Bauordnungen mit den ergänzenden Bestimmungen der jeweiligen Bundesländer, aber auch Richtlinien, die in den verschiedenen Kapiteln als Quelle genannt sind.

Hinweis: Verordnungen haben Gesetzescharakter. Die Forderungen sind umzusetzen. Abweichungen bedürfen einer Genehmigung durch die Baubehörde.

Richtlinien beschreiben bewährte technische Möglichkeiten zum Erreichen des Schutzziels. Konzeptionelle Abweichungen sind möglich, z. B. durch Beschreibung und Begründung im Brandschutzkonzept oder Zustimmung des hoheitlich tätigen Prüfingenieurs für den Brandschutz.

Aufbauend auf diesen Vorschriften wird für Sonderbauten durch einen Sachverständigen für den Brandschutz ein Brandschutzkonzept (BSK) erstellt, in dem die Umsetzung durch Anforderungen in Form einer textlichen Beschreibung und Darstellung in Form von Zeichnungen auf der Grundlage der Architektenplanung allgemein vorgegeben wird.

Dieses BSK ist Bestandteil der Baugenehmigung und daher für die Errichtung des Bauvorhabens als verbindliche Auflage umzusetzen.

Bild 1.1: Grundrissplan in zeichnerischer Darstellung mit Anforderungen aus BSK

Der **zeichnerischen Darstellung** ist zu entnehmen:

- welche Anforderungen an z. B. welche Wände gestellt werden,
- wo und mit welcher Größe die Räume mit den technischen Anlagen platziert sind,
- wie der Verlauf von Rettungswegen aus dem Gebäude ins Freie vorgesehen ist.

Für die Erklärung hierzu ist in der Regel eine Legende mit Angabe der unterschiedlichen am Plan eingetragenen Zeichen und Beschriftungen enthalten.

Der **textlichen Ausarbeitung** ist zu entnehmen:

- welche Anlagen notwendig und zu installieren sind, damit die Vorgaben aus den Bauvorschriften erfüllt werden.

Die **wesentlichen Inhalte** sind dabei:

- Festlegung der Kriterien für die Einstufung als Sonderbau,
- Festlegung der Anlagen, die in Sonderbauten zu installieren und durch Prüfsachverständige zu prüfen sind,
- Festlegung der Prüffristen der technischen Anlagen,
- Festlegung der Kriterien für die Berechtigung als anerkannter Sachverständiger, die Prüfung der Anlagen vornehmen zu dürfen und demnach die Bescheinigung der Wirksamkeit behördlich zu bestätigen,
- Festlegung der Grundsätze für die Prüfung technischer Anlagen entsprechend der Prüfverordnung durch Prüfsachverständige,
- Festlegung, in welchem Umfang die Prüfungen durch den Prüfsachverständigen durchzuführen sind.

1.3 Technische Anlagen in den Bauvorschriften für die verschiedenen Gebäudetypen des elektrotechnischen Brandschutzes

Bauliche Anlagen sind so anzuordnen, zu errichten, zu ändern und zu unterhalten, dass der Entstehung und der Ausbreitung von Feuer und Rauch vorgebeugt wird und bei einem Brand die Rettung von Menschen und Tieren und wirksame Löscharbeiten möglich sind.

Anmerkung: Die Beurteilung über den Umfang der Anlagen für den technischen Brandschutz obliegt dem Prüfsachverständigen, der den Brandschutznachweis prüft und beurteilt. Es können auch Forderungen über die in den Bauvorschriften enthaltenen Vorgaben gemacht werden, insbesondere wenn Kompensationsmaßnahmen aufgrund von Abweichungen in der Gebäudekonstruktion dies erfordern.

Es kann aber auch sein, dass im Ergebnis einer brandschutztechnischen Beurteilung keine Forderung für die Installation einer BMA festgestellt wird. Hier kommen dann allerdings Sonderfälle zum Vorschein, die im Zuge der Konzeptfortschreibung zu berücksichtigen sind.

Beispiel: In Orten mit hoher Kabeldichte ist die Installation von Brandmeldern erforderlich, welche auf Wärmestrahlung und Rauch reagieren. Typische Bereiche dafür sind Kabeltunnel, Kabelschächte und Versorgungsgänge der TGA mit hohen Brandlasten. etwa in Betriebs-, Produktionshallen oder auf einem Betriebsgelände (vgl. VDE 0100-520:2013-06, S. 19).

Achtung: Wird zwischen Bauherrn und beauftragten Elektroplaner vereinbart, dass für die Sicherheitsbeleuchtung DIN VDE V 0108-100-1 zur Anwendung kommen soll, sind in den Abschnitten 1.3.1 mit 1.3.11 die dafür enthaltenen Forderungen nach Tabelle 1.1 zu berücksichtigen.

1.3.1 Technische Anlagen zum Brandschutz für Arbeitsstätten

Grundlage: Arbeitsschutzrecht (ASR 2.3 (2022-03)) und Muster-Industriebau-Richtlinien – MindBauRL (2019-11)

Die Notwendigkeit der technischen Brandschutzanlagen muss nach einer Gefährdungsbeurteilung durch den Arbeitgeber ermittelt werden. Die Grundsätze sind:

Der Funktionserhalt für die Ersatzstromversorgung und Sicherheitsstromversorgung ist entsprechend der MLAR Kapitel 5 zu beachten. Darüber hinaus sind die Regelwerke des VDE und des VdS zu berücksichtigen. Grundsätzlich sind bei Abweichungen im Bau entsprechende Kompensationsmaßnahmen im Brandschutzkonzept zu beschreiben. Vorrang hat das Erreichen des Schutzziels.

Mögliche Kompensationsmaßnahmen sind:

- automatische Feuerlöschanlage,
- redundante Einspeisung,
- flächendeckende Brandmeldeanlage usw.

Geforderte technische Anlagen nach MindBauRL

- Alarmierung
  - bei geschlossenen Räumen mit mehr als 20 m^2 Grundfläche
  - Auslösung der Alarmierung mit automatischer BMA und selbstständiger Feuerlöschanlage; bei selbstständiger Feuerlöschanlage ist zusätzlich eine Handauslösung der Alarmierungseinrichtung vorzusehen
- Brandmeldeanlage
  - Es dürfen nur flächendeckende Brandmeldeanlagen berücksichtigt werden. Automatische BMA zur Vermeidung von Falschalarm.
  - Die BMA ist auf ILS der zuständigen Feuerwehr aufzuschalten.
  - In Brandabschnitten mit ständiger Personalbesetzung kann diese einer Branderhebung durch eine BMA gleichgesetzt werden, allerdings nicht wenn die BMA auf Grund von Kompensationsmaßnahmen gefordert wird.
- Rauchableitung NRA
  - bei Grundflächen von jeweils mehr als 200 m^2 in Produktions-, Lagerräumen und Ebenen
  - bei Grundflächen von höchstens 400 m^2 ohne Ebenen in Produktions- und Lagerräumen mit mindestens 1,5 m^2 aerodynamische Fläche am Dach
  - bei Grundflächen bis 1.600 m^2 mindestens eine Auslösegruppe und Zuluftfläche im unteren Raumdrittel mit mindestens 12 m^2 freien Querschnitt (siehe Systemzeichnung NRA in Verkaufsstätten)
- Rauchableitung MRA
  - je 400 m^2 Grundfläche ein Rauchgasventilator mit Luftvolumenstrom von 10.000 m^3/h; hierzu eine Zuluftfläche im unteren Raumdrittel mit max. Strömungsgeschwindigkeit von 3 m/s
  - je 1.600 m^2 Grundfläche ein Rauchgasventilator mit Luftvolumenstrom von 40.000 m^3/h, wenn dieser so platziert werden kann, dass gleichmäßige Absaugung erfolgen kann
  - Rauchabzugsanlagen müssen automatisch auslösen und von Hand von einer jederzeit zugänglichen Stelle ausgelöst werden können.
  - Bei MRA muss die Zuluftführung durch automatische Ansteuerung spätestens gleichzeitig mit Inbetriebnahme der Anlage erfolgen.

  - Die MRA ist für eine Betriebszeit von 30 min. bei einer Rauchgastemperatur von 600 °C auszulegen. Die Auslegung kann mit einer Rauchgastemperatur von 300 °C erfolgen, wenn der ermittelte Luftvolumenstrom mindestens 40.000 m³/h je Raum beträgt.
  - Maschinelle Lüftungsanlagen können als maschinelle Rauchabzugsanlagen betrieben werden, wenn sie die an diese gestellten Anforderungen erfüllen.
- BOS-Anlagen (Feuerwehrfunk)
  - In Industriebauten mit einer Brandbekämpfungsabschnittsfläche von insgesamt mehr als 30.000 m² sind im Einvernehmen mit der Branddienststelle Vorkehrungen zu treffen, die eine Funkkommunikation der Feuerwehr ermöglichen (vgl. MindBauRL 2014-07, S. 7-13).
- Sicherheitsbeleuchtung, zum gefahrlosen Verlassen von Arbeitsstätten z. B.
  - mit großer Personalbelegung
  - mit hoher Geschosszahl
  - mit Bereichen erhöhter Gefährdung
  - mit unübersichtlicher Fluchtwegführung
  - die durch ortsunkundige Personen genutzt werden
  - in denen große Räume durchquert werden müssen (Hallen, Großraumbüros, Verkaufsgeschäfte)
  - ohne Tageslicht
- Sicherheitsbeleuchtung wegen erhöhter Gefährdung, z. B.
  - in großen zusammenhängenden Gebäudekomplexen
  - in mehrgeschossigen Gebäudekomplexen
  - bei hohem Anteil ortsunkundiger Personen
  - bei einem hohen Anteil an Personen mit eingeschränkter Mobilität
- Sicherheitsbeleuchtung wegen großer Unfallgefahr, z. B.:
  - in Laboratorien
  - an aus technischen Gründen dunklen Arbeitsplätzen
  - in elektrischen Betriebsräumen
  - in Bereichen mit lang nachlaufenden Arbeitsmitteln in Bereichen mit Steuereinrichtungen

- in der Nähe heißer Bäder oder Gießgruben
- in Bereichen um nicht abdeckbare Arbeitsgruben
- auf Baustellen

- Anforderungen an Sicherheitsbeleuchtung
  - mindestens 1 lx nach längstens 15 s
  - bei erhöhter Unfallgefahr mindestens 15 lx, besser 10 % der Beleuchtungsstärke oder Allgemeinbeleuchtung, nach längstens 0,5 s
  - Gleichmäßigkeit < 40:1
  - Nennbetriebsdauer mindestens 1 h, bzw. Dauer der Gefährdung nach Gefährdungsbeurteilung
  - Dauerschaltung für Rettungszeichenleuchten nicht erforderlich

1.3.2 Technische Anlagen zum Brandschutz für Versammlungsstätten (1), hier insbesondere für Theater, Szenenflächen im Freien, Aulas, Kinos, Hörsäle, Ausstellungshallen usw.

Grundlage: Muster-Versammlungsstättenverordnung – MVStättV (07/2014)

Versammlungsstätten sind:

- Versammlungsräume einzeln oder zusammen ≥ 200 Personen
- Versammlungsstätten mit nicht überdachten Szenenflächen für ≥ 1.000 Personen (Fläche < 20 m² sind keine Szenenflächen)

  Anmerkung: Von der MVStättV nicht erfasst sind: Unterrichtsräume in Schulen, Kirchen, Ausstellungsräume in Museen, fliegende Bauten

  Ermittlung der Besucherzahl:
  - für Sitzplätze an Tischen: 1 Besucher je m²
  - für Sitzplätze in Reihen und für Stehplätze: 2 Besucher je m²
  - für Stehplätze auf Stufenreihen: 2 Besucher je laufendem Meter Stufenreihe
  - bei Ausstellungsräumen 1 Besucher je m²

Geforderte technische Anlagen für den Brandschutz

- Sicherheitsstromversorgung für
  - Sicherheitsbeleuchtung
  - automatische Feuerlöschanlage und Druckerhöhungsanlage für die Löschwasserversorgung
  - Rauchabzugsanlagen
  - Brandmeldeanlagen
  - Alarmierungsanlagen
- Sicherheitsbeleuchtung
  - in notwendigen Treppenräumen, in Räumen zwischen notwendigen Treppenräumen und Ausgängen ins Freie und in notwendigen Fluren
  - in Versammlungsräumen sowie in allen übrigen Räumen für Besucher (z. B. Foyer, Garderobe, Toiletten)
  - für Bühnen und Szenenflächen
  - für Räume für Mitwirkende und Beschäftigte $\geq 20\ m^2$ Grundfläche, ausgenommen Büroräume
  - in elektrischen Betriebsräumen, in Räumen für haustechnische Anlagen, in Scheinwerfer- und Bildwerferräumen
  - in Versammlungsstätten im Freien, die bei Dunkelheit benutzt werden
  - für Sicherheitszeichen von Ausgängen und Rettungswegen
  - bis zu den öffentlichen Verkehrsflächen
  - für Stufenbeleuchtungen, nicht jedoch bei Gängen in Versammlungsräumen mit auswechselbarer Bestuhlung
- Sicherheitsbeleuchtung, Anforderungen (DIN VDE 0108-100)
  - Umschaltzeit: max. 1 s
  - Bemessungsbetriebsdauer: 3 h
  - Rettungszeichenleuchten in Dauerschaltung
- Sicherheitsbeleuchtung, Besonderheiten
  - Bühnen: Beleuchtungsstärke mindestens 3 lx
  - betriebsmäßig verdunkelte Versammlungsräume, Bühnen und Szenenflächen: Bereitschaftsschaltung

  - geschaltete Bereitschaftsschaltung für Sicherheitsleuchten nicht zulässig, d. h. keine Leuchten der Allgemeinbeleuchtung als Sicherheitsleuchten verwenden
  - keine automatische Rückschaltung nach Netzwiederkehr in betrieblich verdunkelten Räumen

- Rauchableitung in Versammlungsräumen und sonstigen Aufenthaltsräumen mit mehr als 200 m² Grundfläche, Versammlungsräumen in Kellergeschossen, Bühnen sowie notwendigen Treppenräumen

  Anmerkung: Bei notwendigen Treppenräumen muss die Vorrichtung zum Öffnen von jedem Geschoss leicht bedient werden können. Die für Bühnen müssen jederzeit von zugänglichen Stellen außerhalb der Bühnen leicht bedient werden können.

- Maschinelle Rauchabzugsanlagen sind für eine Betriebszeit von 30 min bei einer Rauchgastemperatur von 300 °C auszulegen (Funktionserhalt der elektrischen Leitung ist mit dem Prüfsachverständigen abzustimmen).
- Brandmeldeanlagen mit automatischen und nichtautomatischen Brandmeldern in Versammlungsstätten und Versammlungsräumen von insgesamt mehr als 1000 m² Grundfläche
- Alarmierungs- und Lautsprecheranlagen, mit denen im Gefahrenfall Besucher, Mitwirkende und Betriebsangehörige alarmiert und ihnen Anweisungen erteilt werden können in Versammlungsstätten und Versammlungsräumen von insgesamt mehr als 1000 m² Grundfläche
- Aufzugsanlagen mit Brandfallsteuerung (dynamisch), die durch die automatische Brandmeldeanlage ausgelöst wird, in Versammlungsstätten und Versammlungsräumen von insgesamt mehr als 1000 m² Grundfläche
- leicht zugänglicher Raum für die Feuerwehr mit zentralen Bedienungsvorrichtungen und gegebenenfalls mit Brandmelder- und Alarmierungszentrale in Versammlungsstätten und Versammlungsräumen von insgesamt mehr als 1000 m² Grundfläche für:
  - Rauchabzugsanlage
  - Feuerlöschanlage
  - Brandmeldeanlage
  - Sprachalarmierungsanlage
- Blitzschutzanlage (äußerer und innerer Blitzschutz)

- Fahrschächte müssen zu lüften sein und eine Öffnung zur Rauchableitung mit einem freien Querschnitt von mindestens 2,5 v. H. der Fahrschachtgrundfläche, mindestens jedoch 0,10 m² haben. Diese Öffnung darf einen Abschluss haben, der im Brandfall selbstständig öffnet und von mindestens einer geeigneten Stelle aus bedient werden kann (BayBO, Art 37 (3)).

Besonderheit für Großbühnen und Räume mit besonderer Brandgefahr

- Eine Brandmeldeanlage mit automatischen und nichtautomatischen Brandmeldern muss installiert sein.
- Die Auslösung eines Alarms muss optisch und akustisch am Platz der Brandsicherheitswache sein.
- Am Platz der Brandsicherheitswache müssen Auslösevorrichtungen der Rauchabzugs- und Sprühwasserlöschanlage sowie ein nichtautomatischer Brandmelder leicht erreichbar angebracht und durch Hinweisschilder gekennzeichnet sein.
- Die Auslösevorrichtungen müssen beleuchtet sein und an die Sicherheitsstromversorgung angeschlossen sein.
- Die Vorrichtungen sind gegen unbeabsichtigtes Auslösen zu sichern.

1.3.3 Technische Anlagen zum Brandschutz für Versammlungsstätten (2), hier insbesondere für Gaststätten, Restaurants, Diskotheken usw.

Grundlage: Muster-Versammlungsstättenverordnung – MVStättV (07/2014)

Gaststätten und Restaurants sind Versammlungsstätten:

- bei > 200 Besucherplätzen

  Ermittlung der Besucherzahl:

  - für Sitzplätze: 1 Besucher je m² (ohne Tresenbereich) d. h. $\geq$ 200 m²
  - für Stehplätze: 2 Besucher je m² d. h. $\geq$ 100 m²

Geforderte Technische Anlagen für den Brandschutz
Anforderungen wie Versammlungsstätten (1)

- -Sicherheitsbeleuchtung
  - in notwendigen Treppenräumen, in Räumen zwischen notwendigen Treppenräumen und Ausgängen ins Freie und in notwendigen Fluren

- in Gasträumen sowie in allen übrigen Räumen für Besucher (z. B. Foyer, Garderobe, Toiletten)
- für Räume für Beschäftigte ≥ 20 m² Grundfläche, ausgenommen Büroräume
- in elektrischen Betriebsräumen, in Räumen für haustechnische Anlagen
- in Gaststätten und Restaurants im Freien, die bei Dunkelheit benutzt werden
- für Sicherheitszeichen von Ausgängen und Rettungswegen
- bis zu den öffentlichen Verkehrsflächen
- für Stufenbeleuchtungen

- Sicherheitsbeleuchtung, Anforderungen (DIN VDE 0108-100)
  - Umschaltzeit: max. 1 s
  - Bemessungsbetriebsdauer: 3 h
  - Rettungszeichenleuchten in Dauerschaltung
- Sicherheitsbeleuchtung, Besonderheiten
  - für Diskotheken gelten zusätzlich die unter Versammlungsstätten (1) genannten

1.3.4 Technische Anlagen zum Brandschutz für Versammlungsstätten (3), insbesondere für Sportstätten, Stadien, Schwimmbäder usw.

Grundlage: Muster-Versammlungsstättenverordnung – MVStättV (07/2014), DIN EN 12193 und KOK-Richtlinien für Bäder

Versammlungsstätten sind:

- Sportstadien mit nichtüberdachten Sportflächen und Tribünen ≥ 5.000 Besucher
- Sportstätten im Freien mit Szenenflächen ≥ 1.000 Besucher

  Ermittlung der Besucherzahl:
  - für Sitzplätze an Tischen: 1 Besucher je m²
  - für Sitzplätze in Reihen und für Stehplätze: 2 Besucher je m²
  - für Stehplätze auf Stufenreihen: 2 Besucher je laufendem Meter Stufenreihe

Geforderte technische Anlagen für den Brandschutz
Anforderungen wie Versammlungsstätten (1)
Besonderheit für Anlagen mit mehr als 5000 Besucher

- Mehrzweckhallen und Sportstadien müssen einen Raum mit Lautsprecherzentrale haben.
- Der Raum für die Einsatzleitung der Polizei muss eine Videoanlage zur Überwachung der Besucherbereiche haben.
- Eine BOS-Anlage zur Unterstützung des Feuerwehrfunks muss installiert sein.
- Sicherheitsbeleuchtung
  - in notwendigen Treppenräumen, in Räumen zwischen notwendigen Treppenräumen und Ausgängen ins Freie und in notwendigen Fluren
  - in Versammlungsräumen sowie in allen übrigen Räumen für Besucher (z. B. Foyer, Garderobe, Toiletten)
  - für Bühnen und Szenenflächen
  - für Räume für Mitwirkende und Beschäftigte $\geq$ 20 m² Grundfläche, ausgenommen Büroräume
  - in elektrischen Betriebsräumen, in Räumen für haustechnische Anlagen, in Scheinwerfer- und Bildwerferräumen
  - in Sportstätten, die während der Dunkelheit benutzt werden
  - für Sicherheitszeichen von Ausgängen und Rettungswegen
  - bis zu den öffentlichen Verkehrsflächen
  - für Stufenbeleuchtungen, nicht jedoch bei Gängen in Versammlungsräumen mit auswechselbarer Bestuhlung
  - zum geordneten Beenden der Sportveranstaltung durch die Teilnehmer nach DIN EN 12193
  - in Schwimmbädern: in Hallenbädern, an Beckenumgängen, in Dusch- und Umkleideräumen, in Technikräumen, auf Fluchtwegen, auf Zuschauertribünen, in Technikräumen von Freibädern nach KOK-Richtlinien und DGUV Regel 107-001
- Sicherheitsbeleuchtung, Anforderungen (DIN VDE 0108-100)
  - Umschaltzeit: max. 1 s
  - Bemessungsbetriebsdauer: 3 h
  - Rettungszeichenleuchten in Dauerschaltung

- Sicherheitsbeleuchtung, Besonderheiten
  - vorgeschriebenes Mindestbeleuchtungsniveau für eine definierte Zeit unterschiedlich je Sportart nach DIN EN 12 193
  - Schwimmbäder ab 1,35 m Wassertiefe: 15 lx auf der Wasseroberfläche, sonst 1 % der Allgemeinbeleuchtung, mindestens jedoch 1 lx nach KOK-Richtlinien für Bäder und DGUV Regel 107-001

1.3.5 Technische Anlagen zum Brandschutz für Verkaufsstätten wie Kaufhäuser, Supermärkte, Einkaufszentren usw.

Grundlage: Muster Verkaufstättenverordnung – MVkVO (07/2014)

Verkaufsstätten sind:

- Gebäude oder Gebäudeteile, die ganz oder teilweise dem Verkauf von Waren dienen, mindestens einen Verkaufsraum haben und keine Messebauten sind

  Bemessung:

  - Verkaufsräume und Ladenstraßen insgesamt ≥ 2.000 m (Ladenstraßen: überdachte Flächen, an denen Verkaufsräume liegen und die dem Kundenverkehr dienen)

Geforderte technische Anlagen für den Brandschutz

- Sicherheitsbeleuchtung
  - in Verkaufsräumen und Räumen für Besucher > 50 m² Grundfläche
  - in notwendigen Treppenräumen, in Räumen zwischen notwendigen Treppenräumen und Ausgängen ins Freie und in notwendigen Fluren
  - in Räumen für Beschäftigte >20 m² Grundfläche, ausgenommen Büroräume
  - in Toilettenräume mit über 50 m² Grundfläche (Bayern und Brandenburg: Toilettenräume jeder Größe)
  - in elektrischen Betriebsräumen, in Räumen für haustechnische Anlagen
  - für Sicherheitszeichen von Ausgängen und Rettungswegen
  - bis zu den öffentlichen Verkehrsflächen
  - für Stufenbeleuchtungen

- Sicherheitsbeleuchtung, Anforderungen (DIN VDE 0108-100)
  - Umschaltzeit: max. 1 s (DIN VDE 0108-100)
  - Bemessungsbetriebsdauer: 3 h
  - Rettungszeichenleuchten in Dauerschaltung (DIN VDE 0108-100)

  Hinweis: Gemäß § 21 der Verkaufsstättenverordnung ist bei Sicherheitsstromversorgung gefordert, dass die Sicherheitsbeleuchtung bei Ausfall der allgemeinen Stromversorgung (AV) aus der Sicherheitsstromversorgung (SV) versorgt wird. Von manchen Sicherheits-/Prüfingenieur wird das so interpretiert, dass, wenn eine Netzersatzanlage (NEA) für die Sicherheitsstromversorgung vorhanden ist, die Zentralbatterieanlage aus der NSHV-SV (Niederspannungshauptverteilung) versorgt werden muss.

  Vorteil: Die Nennbetriebsdauer, die für 3 h gefordert ist, kann auf 1 h verringert werden.

  Nachteil: Das Kabel zwischen der NSHV-SV und der Batterie muss in Funktionserhalt E30 verlegt werden.
- automatische Feuerlöschanlage und Druckerhöhungsanlage für die Löschwasserversorgung
- Rauchabzugsanlagen müssen in Verkaufsräumen ohne notwendige Fenster sowie in Ladenstraßen ausreichend vorhanden sein. Diese müssen von Hand oder automatisch durch Rauchmelder ausgelöst werden können.

  Hinweis: In Verkaufsstätten müssen Verkaufsräume und sonstige Aufenthaltsräume mit jeweils mehr als 50 m² Grundfläche, Lagerräume mit mehr als 200 m² Grundfläche, Ladenstraßen sowie notwendige Treppenräume zur Unterstützung der Brandbekämpfung entraucht werden können (vgl. MLAR:2018-10, S. 174).
- Innenliegende Treppenräume notwendiger Treppen müssen Rauchabzugsanlagen haben. Die Rauchabzugsöffnungen müssen von jedem Geschoss aus zu öffnen sein.
- Brandmeldeanlagen mit automatischen und nichtautomatischen Brandmeldern. Auf automatische Brandmelder kann in Verkaufsräumen verzichtet werden, wenn in diesen Räumen während der Betriebszeit ständig entsprechend eingewiesene Betriebsangehörige in ausreichender Anzahl anwesend sind. Die Brandmeldungen müssen von der Brandmeldezentrale unmittelbar und automatisch zur Leitstelle der Feuerwehr weitergeleitet werden. Automatische Brandmeldeanlagen müssen durch technische Maßnahmen gegen Falschalarme gesichert sein. (vgl. MLAR:2018-10, S. 175).

- Alarmierungseinrichtungen, durch die alle Betriebsangehörigen alarmiert und Anweisungen an sie und an die Kunden gegeben werden können (Sprachalarmierungsanlage)
- In Verkaufsstätten müssen die Aufzüge mit einer Brandfallsteuerung ausgestattet sein, die durch die Brandmeldeanlage ausgelöst wird. Die Brandfallsteuerung muss sicherstellen, dass die Aufzüge ein Geschoss mit Ausgängen ins Freie oder das diesem nächstgelegene, nicht von der Brandmeldung betroffene Geschoss unmittelbar anfahren und dort mit geöffneten Türen außer Betrieb gehen (vgl. MLAR:2018-10, S. 175).
- Sicherheitsstromversorgungsanlage (NEA) zum Betrieb der sicherheitstechnischen Anlagen bei Ausfall der AV-Stromversorgung, insbesondere:
  - Sicherheitsbeleuchtung
  - Stufenbeleuchtung und der Hinweisschilder auf Ausgänge
  - Sprinkleranlage
  - Rauchabzugsanlagen
  - Schließeinrichtungen für Feuerschutzabschlüsse (Rauchschutzvorhang, Rolltor)
  - Brandmeldeanlage
  - Alarmierungseinrichtungen
- Blitzschutzanlage
- Fahrschächte müssen zu lüften sein und eine Öffnung zur Rauchableitung mit einem freien Querschnitt von mindestens 2,5 v. H. der Fahrschachtgrundfläche, mindestens jedoch 0,10 m² haben. Diese Öffnung darf einen Abschluss haben, der im Brandfall selbstständig öffnet und von mindestens einer geeigneten Stelle aus bedient werden kann (BayBO, Art 37 (3)).

Besonderheiten: Verkaufsstätten müssen Sprinkleranlagen haben, deren Auslösung über die Brandmeldeanlagen zur Feuerwehr weiterzuleiten ist. Die Notwendigkeit einer Sprinkleranlage ist durch den Prüfsachverständigen für den Brandschutz zu bestimmen.

1.3.6 Technische Anlagen zum Brandschutz für Beherbergungsstätten wie Hotels, Pensionen, Altenheime usw.

Grundlage: Muster Beherbergungsstättenverordnung – MBEVO (05/2014)

Beherbergungsstätten sind:

- Gebäude oder Gebäudeteile, die ganz oder teilweise für die Beherbergung von Gästen bestimmt sind (ausgenommen die Beherbergung in Ferienwohnungen). Die Verordnung gilt nicht für Beherbergungsräume in Berghütten.

  Bemessung:

  - Die Vorschriften dieser VO gelten für Beherbergungsstätten mit mehr als 30 Gastbetten (BayBO § 1, S. 192).
  - Einzelfallbezogen können in Hotels/Pensionen auch schon bei > 12 Gastbetten Einrichtungen zur Warnung von Gästen gefordert werden (BayBO Art. 2 Abs. 4 Nr. 8).

Geforderte technische Anlagen für den Brandschutz ab 60 Gastbetten

- Sicherheitsbeleuchtung
  - in notwendigen Fluren und in notwendigen Treppenräumen
  - in Räumen zwischen notwendigen Treppenräumen und Ausgängen ins Freie
  - für Sicherheitszeichen, die auf Ausgänge hinweisen
  - für Stufen in notwendigen Fluren
- Sicherheitsbeleuchtung, Anforderungen:
  - Umschaltzeit: max. 1 s (DIN VDE 0108-100), bzw. 15 s nach Gefährdungsbeurteilung
  - Bemessungsbetriebsdauer: 8 h
  - 3 h ausreichend, wenn Leuchttaster und Zeitlicht mit selbstständigem Ausschalten eingesetzt werden (DIN VDE 0108-100)
  - Rettungszeichenleuchten in Dauerschaltung (DIN VDE 0108-100)
- Sicherheitsstromversorgung für Alarmierungseinrichtungen, Brandmeldeanlage und Sicherheitsbeleuchtung, was gegeben ist, da die Anlagen in der Regel über eine Akkupufferung über den geforderten Zeitraum verfügen

- Brandmeldeanlagen, bei mehr als 60 Gastbetten mit automatischen Brandmeldern, die auf die Kenngröße Rauch in den notwendigen Fluren ansprechen, sowie mit nichtautomatischen Brandmeldern zur unmittelbaren Alarmierung der dafür zuständigen Stelle. Brandmeldungen sind unmittelbar und automatisch zur zuständigen Feuerwehralarmierungsstelle zu übertragen. Automatische Brandmeldeanlagen müssen durch technische Maßnahmen gegen Falschalarme gesichert sein (zur Umsetzung siehe Abschn. 7.6).

  Anmerkung: Nach DIN 14676 muss in jedem Raum/Zimmer mit wohnähnlicher Nutzung ein Rauchmelder installiert werden. Dazu gehören auch Hotels und Pensionen unabhängig von der Bettenzahl.

- Alarmierungseinrichtungen, durch die im Gefahrenfall die Betriebsangehörigen und Gäste gewarnt werden können. Bei mehr als 60 Gastbetten müssen sich die Alarmierungseinrichtungen bei Auftreten von Rauch in den notwendigen Fluren auch selbsttätig auslösen.

  Hinweis: Die Warnung der Gäste ist nur möglich, wenn bei jedem Schlafbereich ein Signalgeber installiert wird, um den geforderten Schallpegel zu erreichen. Zudem wird hier auch Blitzlicht empfohlen, um den Schutz auf Schwerhörige auszuweiten.

- Aufzugsanlagen in Beherbergungsstätten mit mehr als 60 Gastbetten sind mit Brandfallsteuerung auszustatten (dynamisch), die durch die automatische Brandmeldeanlage ausgelöst wird. Die Brandfallsteuerung hat sicherzustellen, dass die Aufzüge das nicht vom Rauch betroffene Eingangsgeschoss, ansonsten das in Fahrtrichtung davor liegende Geschoss, anfahren und dort mit geöffneten Türen außer Betrieb gehen.
- Blitzschutzanlage nach Gefährdungsbeurteilung
- Rauchableitung für Treppenhaus, wenn elektrisch im BSK gefordert, mit mindestens Vorrichtungen zum Öffnen vom Erdgeschoss und obersten Treppenabsatz (BayBO, Art 33 (8) 2).
- Fahrschächte müssen zu lüften sein und eine Öffnung zur Rauchableitung mit einem freien Querschnitt von mindestens 2,5 v. H. der Fahrschachtgrundfläche, mindestens jedoch 0,10 m² haben. Diese Öffnung darf einen Abschluss haben, der im Brandfall selbstständig öffnet und von mindestens einer geeigneten Stelle aus bedient werden kann (BayBO, Art 37 (3)).
- Stille Alarmierung: siehe Besonderheiten in Abschn. 1.3.10

1.3.7 Technische Anlagen zum Brandschutz für Schulen wie Grundschulen, Gymnasien, Berufsschulen usw.

Grundlage: Muster-Schulbau-Richtlinien – MSchulbauR (04/2009)

Schulen sind:

- allgemeinbildende und berufsbildende Schulen, soweit sie nicht ausschließlich der Unterrichtung Erwachsener dienen

Geforderte technische Anlagen für den Brandschutz

- Sicherheitsbeleuchtung
  - in Hallen, durch die Rettungswege führen
  - in notwendigen Fluren
  - in notwendigen Treppenräumen
  - in fensterlosen Aufenthaltsräumen
- Sicherheitsbeleuchtung, Anforderungen:
  - Umschaltzeit: max. 1 s, je nach Panikrisiko bis 15 s (DIN VDE 0108-100)
  - Bemessungsbetriebsdauer: 3 h
  - Rettungszeichenleuchten in Dauerschaltung (DIN VDE 0108-100)
- Sicherheitsbeleuchtung, Besonderheiten:
  - gegebenenfalls Sicherheitsbeleuchtung auch in weiteren Räumen, z. B. in verdunkelten Räumen (häufig EDV-Räume) und in Experimentierräumen (Chemie- und Physikräume)
- Sicherheitsstromversorgung für Sicherheitsbeleuchtung, Alarmierungsanlage und Rauchabzugsanlagen
- Alarmierungsanlagen, durch die im Gefahrenfall die Räumung der Schule oder einzelner Schulgebäude eingeleitet werden kann (Hausalarmierung). Das Alarmsignal muss sich vom Pausensignal unterscheiden und in jedem Raum der Schule gehört werden können. Das Alarmierungssignal muss mindestens an einer während der Betriebszeit der Schule ständig besetzten oder an einer jederzeit zugänglichen Stelle innerhalb der Schule (Alarmierungsstelle) ausgelöst werden können. An den Alarmierungsstellen müssen sich Telefone befinden, mit denen jederzeit Feuerwehr und Rettungsdienst unmittelbar alarmiert werden können.
- Blitzschutzanlage

- Rauchableitung für Treppenhaus, wenn elektrisch im BSK gefordert, mit mindestens Vorrichtungen zum Öffnen vom Erdgeschoss und obersten Treppenabsatz (BayBO, Art 33 (8) 2)
- Fahrschächte müssen zu lüften sein und eine Öffnung zur Rauchableitung mit einem freien Querschnitt von mindestens 2,5 v. H. der Fahrschachtgrundfläche, mindestens jedoch 0,10 m^2 haben. Diese Öffnung darf einen Abschluss haben, der im Brandfall selbstständig öffnet und von mindestens einer geeigneten Stelle aus bedient werden kann (BayBO, Art 37 (3)).

Besonderheiten: Eine automatische Alarmierung ist nicht zwingend erforderlich. Die Notwendigkeit des Funktionserhalts für die ELA-Anlage ist im Vorfeld durch Bewertung im Brandschutzkonzept festzustellen. In der Vornorm VDE V 0827 sind Anlagen für Amoküberfälle beschrieben. Bei der Planung einer Unterrichtseinrichtung ist mit dem Träger die Notwendigkeit zu besprechen.

1.3.8 Technische Anlagen zum Brandschutz für Garagen wie Parkhäuser, Tiefgaragen usw.

Grundlage: Muster-Garagenverordnung – MGarStVO (09/2020) – Entwurf

Bestimmung der Garagengröße:

- bis 100 m^2: Kleingarage
- über 100 m^2 bis 1.000 m^2: Mittelgarage
- über 1.000 m^2: Großgarage

Garagen sind Großgaragen:

- bei $\geq$ 1.000 m^2 Nutzfläche (Nutzfläche: Summe aller miteinander verbundenen Flächen der Einstellplätze und der Verkehrsflächen)

Geforderte technische Anlagen für den Brandschutz

- Sicherheitsbeleuchtung
  - für Rettungswege in geschlossenen Großgaragen und nach BayBO in mehrgeschossigen unterirdischen Mittelgaragen
  - Fahrgassen
  - Gehwege neben Zu- und Abfahrten
  - Treppen
  - zu den Ausgängen führende Wege

Besonderheiten: In Großgaragen und geschlossenen Mittelgaragen müssen die zu den Ausgängen ins Freie oder zu den notwendigen Treppenräumen führenden Wege mit beleuchteten Kennzeichen markiert sein.

- Sicherheitsbeleuchtung, Anforderungen:
  - Umschaltzeit: max. 15 s (DIN VDE 0108-100)
  - Bemessungsbetriebsdauer: 1 h (DIN VDE 0108-100)
  - Rettungszeichenleuchten in Dauerschaltung (DIN VDE 0108-100)
- In Mittel- und Großgaragen muss eine allgemeine elektrische Beleuchtung vorhanden sein. Sie muss so schaltbar sein, dass während der Betriebszeit die Beleuchtungsstärke mindestens 20 lx, im Übrigen ständig mindestens 1 lx beträgt. In Mittel- und Großgaragen mit festem Benutzerkreis genügt abweichend von Satz 1 eine Beleuchtung mit einer Beleuchtungsstärke von 20 lx, die über Bewegungs- oder Präsenzmelder gesteuert wird; die Grundbeleuchtung von 1 lx kann entfallen.
- Geschlossene Großgaragen mit einer Nutzungsfläche von mehr als 2.500 m² müssen Brandmeldeanlagen mit nichtselbstständigen und selbstständigen Brandmeldern haben.
- Für Brandmeldeanlagen in Tiefgaragen wird nur eine flächendeckende Überwachung aller Stellplätze mit auf Wärme reagierender Meldersystemen gefordert. Bei Punktmeldern müssen Wärmedifferenzialmelder verwendet werden (vgl. TAB-ILS-FFB:2021-05, S. 7).
- Geschlossene Groß- und Mittelgaragen müssen Brandmeldeanlagen haben, wenn sie mit baulichen Anlagen oder Räumen in Verbindung stehen, für die Brandmeldeanlagen erforderlich sind. Der Überwachungsumfang der Brandmeldeanlage in der Garage richtet sich nach den Anforderungen an die baulichen Anlagen und Räume, mit denen die Garage in Verbindung steht. Sofern in Großgaragen selbsttätige Feuerlöschanlagen nach § 17 Abs. 3 vorhanden sind, erfolgt die Auslösung der Brandmeldeanlage über die selbsttätige Feuerlöschanlage. In diesem Fall sind keine zusätzlichen selbsttätigen Brandmelder erforderlich.
- Jedes Auslösen selbstständiger Feuerlöschanlagen ist über eine Brandmeldeanlage anzuzeigen.
- Unterirdische Großgaragen müssen in allen Geschossen selbstständige Feuerlöschanlagen mit über den Einstellplätzen verteilten Sprühdüsen haben, wenn das Gebäude nicht alleine der Garagennutzung dient (Sprinklerpumpe). Das gilt nicht, wenn die Großgarage zu Geschossen mit anderer Nutzung nicht in Verbindung steht.

- Geschlossene Großgaragen müssen für den Rauch- und Wärmeabzug Öffnungen ins Freie haben, oder automatische Löschanlagen und eine maschinelle Abluftanlage haben, die mindestens 12 m³ Abluft in der Stunde je m² Garagennutzfläche abführen kann, oder maschinelle Rauch- und Wärmeabzugsanlagen haben, die sich bei Raucheinwirkung selbstständig einschalten, mindestens für eine Stunde einer Temperatur von 300 °C standhalten, deren elektrische Leitungsanlagen bei äußeren Brandeinwirkung für mindestens die gleiche Zeit funktionsfähig bleiben und die in der Stunde einen mindestens zehnfachen Luftwechsel gewährleisten. Eine ausreichende Versorgung mit Zuluft muss vorhanden sein.
- Geschlossene Großgaragen mit nicht nur geringem Zu- und Abgangsverkehr müssen CO-Warnanlagen haben, die an die Ersatzstromquelle angeschlossen sein müssen.
- Großgaragen müssen eine Gebäudefunkanlage haben, wenn die Funkkommunikation der Einsatzkräfte der Feuerwehr innerhalb einer Großgarage, die entweder mehr als 4 m unter oder mehr als 22 m über der Geländeoberfläche liegt, durch die bauliche Anlage gestört ist.
- Rauchableitung für Treppenhaus, wenn im BSK gefordert, mit mindestens zwei Vorrichtungen zum Öffnen vom Erdgeschoss und obersten Treppenabsatz (BayBO, Art 33 (8) 2).
- Fahrschächte müssen zu lüften sein und eine Öffnung zur Rauchableitung mit einem freien Querschnitt von mindestens 2,5 v. H. der Fahrschachtgrundfläche, mindestens jedoch 0,10 m² haben. Diese Öffnung darf einen Abschluss haben, der im Brandfall selbstständig öffnet und von mindestens einer geeigneten Stelle aus bedient werden kann (BayBO, Art 37 (3)).
- Klimapolitisch wird gefordert, dass in Garagen, insbesondere bei Gebäuden mit Wohnanlagen jeder Mieter die Möglichkeit hat, eine Ladestation für E-Autos in Anspruch zu nehmen. Bei der Platzierung innerhalb der Garage gilt es zu bedenken, dass bei einem Brand eines E-Autos die Batterie nicht gelöscht werden kann. Diese erlischt erst nach vollständiger Flutung. Generell gibt es aber kein Verbot und auch keine Begrenzung in den verschiedenen Gebäudetypen von Garagen, E-Ladestationen einzubauen.

Besonderheiten: Sofern Gründe des Brandschutzes nicht entgegenstehen, können durch Garagen Leitungsanlagen geführt werden, die nicht der Versorgung der Garage dienen. Nicht zulässig sind Hoch- und Mittelspannungsleitungen (vgl. MGarStVO:2020-09, § 9, Abs. 3).

Hierzu gilt es anzumerken, dass Garagen nach VDE 0100-720 den feuergefährdeten Betriebsstätten zugeordnet werden. Gängige Praxis in den verschiedenen Gebäudetypen wie Verkaufs-, Versammlungsstätten, Bürogebäuden usw. ist, die Garagen als Installationsraum für die Stromversorgung der darüber liegenden Verbrauchsanlagen zu nutzen. Die Forderungen dazu sind:

Außer in Fällen, in denen Kabel/Leitungen und Kabel- und Leitungsanlagen in nichtbrennbarem Material eingebettet sind, dürfen nur nicht flammenausbreitende Kabel- und Leitungsanlagen verwendet werden. Die eingesetzten Betriebsmittel müssen nachfolgenden Anforderungen entsprechen:

- Kabel/Leitungen müssen mindestens den Prüfungen unter Brandbedingungen der Klasse E_{ca} entsprechen.
- Elektroinstallationsrohrsysteme müssen die Prüfung zum Widerstand gegen Flammausbreitung bestehen.
- Zu öffnende Elektroinstallationskanalsysteme und geschlossene Elektroinstallationskanalsysteme müssen die Prüfung zum Widerstand gegen Flammausbreitung bestehen.
- Kabelwannensysteme und Kabelpritschensysteme müssen die Prüfung zum Widerstand gegen Flammausbreitung bestehen.
- Stromschienensysteme müssen die Prüfung zum Widerstand gegen Flammausbreitung bestehen. Es dürfen keine blanken Leiter verlegt werden.
- Wird im BSK ein hohes Risiko der Flammausbreitung festgestellt, wird die Verwendung von Kabel/Leitungen empfohlen, die mindestens die Anforderung C_{ca}-s1,d2,a1 erfüllen. Die Empfehlung, Kabel und Leitungen mit verbessertem Verhalten im Brandfall auszuwählen, ist erfüllt, wenn die Bauarten nach Tabelle 1 aus VDE 0100-420 angewendet werden (vgl. VDE 0100-420:2022-06, S. 19).

Fazit: Werden fremde Kabel-/Leitungsanlagen durch feuergefährdete Bereiche eines Gebäudes verlegt, ist eine Abstimmung mit dem Prüfsachverständigen für den Brandschutz zu treffen, wie die Installation umgesetzt werden soll.

1.3.9 Technische Anlagen zum Brandschutz für hohe Gebäude und Hochhäuser wie Wohnhochhäuser, hohe Bürogebäude usw.

Grundlage: Muster-Bauordnung – MBO (09/2012), Muster Hochhausrichtlinie – MHHR (04/2008)

Hochhäuser sind:

- Sonderbauten gemäß MBO § 2 (4): Gebäude mit > 22 m Höhe (Fußbodenoberkante des höchsten Geschosses über Geländeoberfläche)

Hohe Gebäude sind:

- MBO § 35 (7): Gebäude mit > 13 m Höhe

Geforderte technische Anlagen für den Brandschutz

- Brandmeldeanlage mit automatischen Brandmeldern in allen Räumen, Installationsschächten und -kanälen (Revisionsöffnungen planen), Hohlräumen von Systemböden, Hohlräumen von Unterdecken (flächendeckend)

  Anmerkung: Werden Rohrleitungen mit nicht brennbaren Material isoliert, kann in Installationsschächten auf Brandmelder verzichtet werden.

- Brandmelder müssen bei Auftreten von Feuer und Rauch automatisch eine akustische und optische Alarmierung im betroffenen Geschoss auslösen. Es dürfen keine Falschalarme ausgelöst werden; Brandmeldungen müssen unmittelbar und automatisch zur Leitstelle der Feuerwehr geleitet werden.
- Alarmierungs- und Lautsprecheranlagen, um im Gefahrenfall Personen zu alarmieren und Anweisungen erteilen zu können
- Vorräume der Feuerwehraufzüge müssen eine Gegensprechanlage mit Verbindung zur Brandmelder- und Alarmzentrale haben
- Feuerwehranlaufstelle mit zentraler Anzeige- und Bedieneinrichtungen für Rauchabzug, Brandmelde-, Alarmierungs- und Lautsprecheranlage, Anzeigevorrichtung (Lageplantableau) für Feuerlöschanlage, Lüftungsanlage, Feuerwehreinsprechstelle
- Elektrische Leitungsanlagen müssen in Installationsschächten angeordnet werden. Elektroleitungen müssen in eigenen Installationsschächten installiert werden (vgl. MLAR:2018-10, S. 163). Eine gemeinsame Nutzung mit den Gewerken HLSK ist nicht erlaubt.

- Brennstoffleitungen und Abgasleitungen müssen in eigenen Installationsschächten- oder -kanälen hochgeführt werden.
- Aufzugsanlagen mit Brandfallsteuerung (dynamisch), deren Funktion durch die automatische Brandmeldeanlage ausgelöst wird
- Sicherheitsbeleuchtung
  - in Rettungswegen
  - in Aufzugsvorräumen
  - für Sicherheitszeichen von Rettungswegen
  - in hohen Gebäuden > 13 m (bis 22 m): nur in innen liegenden notwendigen Treppenräumen (MBO § 35(7). Achtung: Außentreppenhaus bei Wandöffnung mit Glaseinsatz, ist aus Sicht mancher Prüfsachverständiger kein Fenster und wird demnach als fensterlos bewertet. Bei Höhen > 22 m ist in innenliegenden und in außenliegenden Treppenräumen eine Sicherheitsbeleuchtung zu installieren.
- Sicherheitsbeleuchtung, Anforderungen:
  - Umschaltzeit: max. 1 s, je nach Panikrisiko bis 15 s (DIN VDE 0108-100)
  - Bemessungsbetriebsdauer: 3 h
  - Wohnhäuser: 8 h; 3 h dann ausreichend, wenn Leuchttaster und Zeitlicht mit selbstständigem Ausschalten eingesetzt werden (DIN VDE 0108-100)
  - Rettungszeichenleuchten in Dauerschaltung (DIN VDE 0108-100)

  Besonderheiten: Hochhaus-Richtlinien und Verordnungen der Bundesländer beinhalten zum Teil weitergehende spezielle Vorgaben
- Sicherheitsstromversorgung (SV)

  Die SV-Stromversorgung muss bei Ausfall der AV-Stromversorgung innerhalb von 15 Sekunden mit einem Kraftstoffvorrat für eine Betriebszeit von mindestens 3 Stunden bei Nennlast den Betrieb nachfolgender Anlagen übernehmen:
  - Sicherheitsbeleuchtung (Betriebsdauer kann daher auf 1 h ausgelegt werden)
  - Automatische Feuerlöschanlage und Druckerhöhungsanlage für Löschwasserversorgung
  - Pumpe zum Entleeren von Löschwasser im Feuerwehr-Aufzugsschacht
  - Rauchabzugsanlagen natürlich für Treppenhäuser, Installationsschächte der Haustechnik und Aufzugsschächte. Jedes Geschoss muss entraucht werden

können. Installationsschächte für Elektroleitungen müssen in Höhe der Geschossdecken feuerhemmend abgeschottet sein (MLAR:2018-10, S. 163-164).

- Rauchabzugsanlagen maschinell für Entrauchung mit Lüftungsanlagen und Brandgasventilatoren
- Druckbelüftungsanlagen für Feuerwehraufzug mit Triebwerksraum, Aufzugsvorräume, Sicherheitsschleusen und Sicherheitstreppenhaus, Feuerschutzabschlüsse (Rolltor),
- Gefahrenmeldeanlagen (Gaswarnanlagen, Brandmelde- und Alarmierungsanlage)
- Feuerwehr (FW) Aufzug
- Personenaufzüge mit Brandfallsteuerung
- Gebäudefunkanlage BOS für die Feuerwehr

- Blitzschutzanlage nach Gefährdungsbeurteilung, in der Regel LPS 2
- Fahrschächte müssen zu lüften sein und eine Öffnung zur Rauchableitung mit einem freien Querschnitt von mindestens 2,5 v. H. der Fahrschachtgrundfläche, mindestens jedoch 0,10 m² haben. Diese Öffnung darf einen Abschluss haben, der im Brandfall selbstständig öffnet und von mindestens einer geeigneten Stelle aus bedient werden kann (BayBO, Art 37.(3)).

Besonderheiten: Das Zusammenwirken und Steuern der unterschiedlichen Anlagen ist in einer Brandfallmatrix festzulegen. Die Prüfung und Freigabe hat durch den Prüfsachverständigen Brandschutz zu erfolgen.

Mitteilung: Nutzungseinheiten bis 400 m² sowie Gebäudehöhe bis 60 m des Fußbodens über OK-Gelände. Werden Flächen und die Höhe überschritten, kommen noch höhere Anforderungen an den technischen Brandschutz zum Tragen.

1.3.10 Technische Anlagen zum Brandschutz für medizinisch genutzte Bereiche wie Krankenhäuser, Kliniken, Ärztehäuser, Polikliniken, Arztpraxen, Pflegeheime usw.

Grundlage: Krankenhausbauverordnung – KhBauVO,
DIN VDE 0100-710:2012-10 mit Bbl. 1

Anmerkung: Die Krankenhausbauverordnung wurde durch die ARGEBAU zurückgezogen. Bei wesentlichen Umbauten im Bereich des gebäudetechnischen Brandschutzes ist die Grundlage ein projektspezifisches Brandschutzkonzept (vgl. MLAR:2018-10, S. 180).

Medizinisch genutzte Bereiche in Krankenhäusern, Privatkliniken, Arzt- und Zahnarztpraxen, medizinische Versorgungszentren, in Arbeitsstätten, der medizinischen Forschung und in veterinärmedizinischen Kliniken

Beispiele dafür sind:

- Krankenhäuser und Kliniken (auch Container-Bauweise)
- Sanatorien und Kurkliniken
- Bereiche für ärztliche Behandlungen in Senioren- und Pflegeheimen
- Ärztehäuser, Polikliniken und Ambulatorien
- ambulante Einrichtungen für Betriebs-, Sport- und andere Ärzte

Geforderte technische Anlagen für den Brandschutz

- Sicherheitsbeleuchtung
  - in Rettungswegen
  - für Standorte von Schalt- und Steuergeräten für Notstromgeneratorsätze, für Hauptverteiler der allgemeinen Stromversorgung und für Hauptverteiler der Stromversorgung für Sicherheitszwecke
  - in Bereichen, in denen lebenswichtige Dienste vorgesehen sind
  - für Standorte der Brandmeldezentrale und von Überwachungseinrichtungen
  - in medizinisch genutzten Räumen der Gruppe 1 (z. B. Untersuchungs- und Behandlungsräume)
  - in medizinisch genutzten Räumen der Gruppe 2: 50 % aller Leuchten (z. B. Operationssäle und Intensivpflegeräume)

- Sicherheitsbeleuchtung, Anforderungen:
  - Umschaltzeit: max. 15 s (DIN VDE 0100-710), 1 s nach Gefährdungsbeurteilung
  - Bemessungsbetriebsdauer: 24 h

    3 h ausreichend, wenn die Nutzung beendet und das Gebäude innerhalb von 3 h evakuiert werden kann (DIN VDE 0100-710)
  - Rettungszeichenleuchten in Dauerschaltung (Empfehlung bzw. Forderung nach neuer Vornorm)
- Sicherheitsbeleuchtung, Besonderheiten
  - Krankenhausbau-Richtlinien und Verordnungen einiger Bundesländer beinhalten zum Teil weitergehende und spezielle Vorgaben
- Sicherheitsstromversorgung für Sicherheitsanlagen, die nach BSK gefordert werden können
  - automatische Feuerlöschanlage und Druckerhöhungsanlage für die Löschwasserversorgung
  - Rauchabzugsanlagen
  - Brandmeldeanlagen, aufgeschaltet zur Feuerwehr mit automatischen und nicht automatischen Brandmeldern
  - Alarmierungs- und Lautsprecheranlagen, mit denen im Gefahrenfall die Betriebsangehörigen alarmiert und Anweisungen erteilt werden können (Platzierung: Alarmgeber mit Heimleitung)
  - Aufzugsanlagen mit Brandfallsteuerung (dynamisch), die durch die automatische Brandmeldeanlage ausgelöst wird
  - Bettenaufzug, Feuerwehraufzug
- Sicherheitsstromversorgung für medizinisch-technische Einrichtungen, wie
  - Einrichtungen der medizinischen Gasversorgung und Druckluft
  - Vakuumversorgung und Narkoseabsaugung sowie deren Überwachungseinrichtungen
  - medizinisch elektrische Geräte im Bereich der Gruppe-2-Räume, die operativen Eingriffen oder Maßnahmen dienen und lebenswichtig sind
  - Anlagen der Personenruftechnik

- Ersatzstromversorgung, Dauer: 24 h, Umschaltzeit: 15 s für
  - Beleuchtung der inneren und äußeren Verkehrswege
  - Beleuchtung von Verkehrswegen zu Wohnungen und Unterkünften von Ärzten und Pflegepersonal auf dem Krankenhausgrundstück
  - besondere Sicherheitsstromversorgung von Operationsleuchten mit Umschaltzeit 0,5 s
  - Untersuchungs- und Behandlungseinrichtungen für operative und andere lebenswichtige Maßnahmen (OP-Raumgruppen, Intensivraumgruppen)
  - haustechnische Anlagen wie Heizungs-, Lüftungs- und Aufzugsanlagen
  - Ruf-, Such- und Warnanlagen, sowie Alarmeinrichtungen
  - Kühlanlagen für medizinische Zwecke (Blutkonserven)
- Sicherheitsstromversorgung zur Aufrechterhaltung des medizinischen Notbetriebs für
  - Sterilisationsausrüstung, Ladegeräte für Akkumulatoren
  - Kühlanlagen, Versorgungsaufzüge
  - Kommunikations- und Rohrpostanlagen
  - Küchenausrüstungen, Klimaanlagen
  - Heizungs- und Lüftungssysteme
  - Gebäudeversorgungs- und Gebäudeentsorgungssysteme
  - Einrichtungen des Katastrophenschutzes

  Anmerkung: Die Aufstellung der Verteiler hierzu darf nicht in Räumen der Sicherheitsstromversorgung sein.
- Rauchableitung für Treppenhaus, wenn elektrisch im BSK gefordert, mit mindestens Vorrichtungen zum Öffnen vom Erdgeschoss und obersten Treppenabsatz (BayBO, Art 33 (8) 2)
- Fahrschächte müssen zu lüften sein und eine Öffnung zur Rauchableitung mit einem freien Querschnitt von mindestens 2,5 v. H. der Fahrschachtgrundfläche, mindestens jedoch 0,10 m² haben. Diese Öffnung darf einen Abschluss haben, der im Brandfall selbstständig öffnet und von mindestens einer geeigneten Stelle aus bedient werden kann (BayBO, Art 37 (3)).
- Blitzschutzanlage LPS 2

Besonderheiten: Krankenhausbau-Richtlinien und Verordnungen einiger Bundesländer beinhalten zum Teil weitergehende und spezielle Vorgaben.

- In Räumen mit erhöhter Brand- oder Explosionsgefahr sind Maßnahmen gegen elektrostatische Aufladung zu treffen.
- Die Dauer der SV-Stromversorgung von 24 h darf bis auf minimal 3 h verringert werden, wenn die medizinischen Anforderungen und die Nutzung des medizinischen Bereichs, einschließlich jeglicher medizinischer Behandlung beendet und das Gebäude in einer Zeit von 3 h evakuiert werden kann.
- In Einrichtungen für Personen mit Pflegebedürftigkeit oder Behinderung, die nicht selbstrettungsfähig sind, ist die stille Alarmierung des Pflege- und Betreuungspersonals empfohlen (vgl. VDE 0833-2:2017-10, S. 75-76). Die möglichen technischen Einrichtungen für die Umsetzung sind mit Koppler bzw. mit Schnittstellen in der BMZ und in der Lichtruf- und Telefonzentrale zu lösen.

1.3.11 Technische Anlagen zum Brandschutz für fliegende Bauten wie Oktoberfestzelte, Tragluftbauten, Weihnachtsmarkt-Verkaufszelte usw.

Grundlage: Muster-Richtlinie über den Bau und Betrieb fliegender Bauten – M-FlBauR (05/2007)

Fliegende Bauten sind:

- bauliche Anlagen, die geeignet und bestimmt sind, an verschiedenen Orten wiederholt aufgestellt und zerlegt zu werden (MBO (09/2012))

Geforderte technische Anlagen für den Brandschutz bei mehr als 1.000 m² Grundfläche

- Sicherheitsbeleuchtung

  in Zelten und vergleichbaren Räumen > 200 m², die auch nach Einbruch der Dunkelheit betrieben werden

- Sicherheitsbeleuchtung, Anforderung entsprechend der Nutzung

  z. B. als Versammlungsstätte, Verkaufsstätte, Ausstellungsstätte, Gaststätte, Bühne, Sportstätte usw.

  - Sicherheitsbeleuchtung bei Dunkelheit während der Betriebszeit in Dauerschaltung
  - Umschaltzeit: max. 1 s

  - Bemessungsbetriebsdauer: 3 h
- automatische Feuerlöschanlage und Druckerhöhungsanlage für die Löschwasserversorgung
- Rauchabzugsanlagen für fensterlose Versammlungsräume und Versammlungsräume mit Fenster, die nicht geöffnet werden können
- Brandmeldeanlagen, aufgeschaltet zur Feuerwehr mit automatischen und nicht automatischen Brandmeldern

  Alarmierungs- und Lautsprecheranlagen, mit denen im Gefahrenfall Besucher, Mitwirkende und Betriebsangehörige alarmiert und Anweisungen erteilt werden können. Automatische Brandmeldeanlagen müssen durch technische Maßnahmen gegen Falschalarme gesichert sein.
- Aufzugsanlagen mit Brandfallsteuerung (dynamisch), die durch die automatische Brandmeldeanlage ausgelöst wird
- Blitzschutzanlage

1.3.12 Technische Anlagen zum Brandschutz in ungeregelten Sonderbauten

Bei den ungeregelten Sonderbauten können nach § 51 MBO entsprechend der Art oder Nutzung der baulichen Anlage zur Erfüllung der Schutzziele ergänzend zu den baulichen Maßnahmen sicherheitstechnische Einrichtungen und Anlagen zur Abwehr von Gefahren im Brandfall erforderlich sein.

Sicherheitstechnische Einrichtungen und Anlagen können auch im Rahmen einer bauordnungsrechtlichen Abweichungsentscheidung gem. § 67 MBO für bauliche Anlagen gem. § 2 Abs. 4 MBO in Standardgebäuden, gefordert werden.

Der Umfang der geforderten sicherheitstechnischen Anlage muss im Brandschutznachweis explizit enthalten sein. Ist als Stromquelle für Sicherheitszwecke ein Stromerzeugungsaggregat oder eine zentrale Batterieanlage erforderlich, gelten dafür die zusätzlichen Anforderungen an die Aufstellräume nach EltBauV. Die wesentlichen Anlagen dafür mit den grundlegenden Anforderungen sind im Kapitel 7 ausführlich dargestellt und können zur Schutzzielerlangung im BSK gefordert sein (vgl. MLAR:2018-10, S. 313). Die Ausführung der jeweiligen Anlage muss nach der aktuellen Normung dem Stand der Technik entsprechen. Im Beispiel dafür sind Flughäfen und Bahnhöfe genannt, die im Anhang der Vornorm VDE V 0108-100-1 enthalten sind. Demnach ist für die Sicherheitsbeleuchtung von folgender Forderung auszugehen:

- Sicherheitsbeleuchtung, Anforderungen (DIN VDE V 0108-100-1)
  - Umschaltzeit: max. 1 s
  - Bemessungsbetriebsdauer: 1 h / 3 h

    Hinweis: Für oberirdische Bereiche von Bahnhöfen ist je nach Evakuierungskonzept auch 1 h zulässig.
  - Rettungszeichenleuchten in Dauerschaltung

Ein weiteres Beispiel für Gebäude, die bei der Planung separat zu betrachten sind, ist der Gebäudetyp von Kur-/Pflege-/Therapie-/Behandlungszentren/-einrichtungen:

- Sicherheitsbeleuchtung, Anforderungen (DIN VDE V 0108-100-1)
  - Umschaltzeit: max. 15 s

    Hinweis: Je nach Panikrisiko und Gefährdungsbeurteilung kann auch eine Umschaltzeit von max. 1 s gefordert werden.
  - Bemessungsbetriebsdauer: 8 h

    Hinweis: Eine Reduzierung auf 3 h gibt es hier nicht, auch dann nicht, wenn die SV-Leuchten mit Zeitlichtsteuergeräten betrieben werden.
  - Rettungszeichenleuchten in Dauerschaltung

1.3.13 Anforderungen für die Installation der Sicherheitsbeleuchtung nach der aktuellen Norm

Die Zusammenfassung der Anforderungen ergibt sich aus der nachfolgenden Tabelle, die in der neuen DIN VDE V 0108-100-1 enthalten ist. Hier ist auch das geeignete System gekennzeichnet, dass den Vorschriften entsprechend den jeweiligen Anforderungen genügt.

Anmerkung: Informativ ist als Anhang A in VDE 0100-560:2022-10, S. 20 die Tabelle A.1 als ein Leitfaden für Notbeleuchtung enthalten. Dieser Leitfaden ist für solche Länder gedacht, in welchen besondere Vorschriften oder eine Leitlinie nicht bestehen.

Tabelle 1.1: Anforderungen an Sicherheitsbeleuchtung nach DIN VDE V 0108-100-1

Beispiele baulicher Anlagen für Menschenansammlungen	Umschaltzeit (s) max.	Nennbetriebsdauer (h)	Rettungszeichenleuchte in Dauerbetrieb	Zentrales Stromversorgungssystem ohne Leistungsbegrenzung (CPS)	Zentrales Stromversorgungssystem mit Leistungsbegrenzung (LPS)	Einzelbatteriesystem	Stromerzeugungsaggregat ohne Unterbrechung (0s)	Stromerzeugungsaggregat mit kurzer Unterbrechung (max. 0,5s)	Stromerzeugungsaggregat mit mittlerer Unterbrechung (max. 15s)	Duales System/separate Einspeisung
Versammlungsstätten (außer fliegende Bauten), Theater, Kinos	1	3	X	X	X	X	X	X	-	-
Fliegende Bauten, die Versammlungsstätten sind	1	3	X	X	X	X	X	X	-	-
Ausstellungshallen	1	3	X	X	X	X	X	X	-	-
Verkaufsstätten	1	3	X	X	X	X	X	X	-	-
Restaurants / Gaststätten	1	3	X	X	X	X	X	X	-	-
Krankenhäuser	15a)	24g)	X	X	X	X	X	X	X	-
Hotels, Gästehäuser / Beherbergungsstätten, Heime	15a)	8d)	X	X	X	X	X	X	X	-
Kur- / Pflege- / Therapie-/ Behandlungszentren/-einrichtungen	15a)	8	X	X	X	X	X	X	X	-
Schulen	15a)	3	X	X	X	X	X	X	X	-
Parkhäuser, Tiefgaragen	15	1	X	X	X	X	X	X	X	-
Flughäfen, Bahnhöfe	1	3e)	X	X	X	X	X	X	-	-
Hochhäuser	15a)	3c)	X	X	X	X	X	X	X	-
Arbeitsstätten	15	1	Xf)	X	X	X	X	X	X	-
Arbeitsplätze mit besonderer Gefährdung	0,5	b)	Xf)	X	X	X	X	X	-	-
Bühnen	1	3	X	X	X	X	X	X	-	-

a) Je nach Panikrisiko von 1s bis 15s und Gefährdungsbeurteilung.
b) Dauer der für die Personen bestehenden Gefährdung.
c) Bei Wohnhäusern 8h, wenn nicht die Schaltung nach 4.1.2 ausgeführt wird.
d) Es genügen 3h, wenn die Schaltung nach DIN VDE V 0108-100-1, Pkt. 4.1.2, ausgeführt wird.
e) Für oberirdische Bereiche von Bahnhöfen ist je nach Evakuierungskonzept auch 1h zulässig.
f) Für Rettungswege in Arbeitsstätten und Arbeitsplätze mit besonderer Gefährdung je nach Gefährdungsbeurteilung
g) Es genügen 3h, wenn die medizinischen Anforderungen und die Nutzung des medizinischen Bereichs beendet und das Gebäude in einer Zeit von 3h evakuiert werden kann.

X zulässig
- nicht zulässig

Anmerkung zur Tabelle: Die wesentlichen Systeme, die nach der Tabelle zum Einsatz kommen können, sind:

- zentrales Stromversorgungssystem (Zentralbatterieanlage)
- zentrales Stromversorgungssystem mit Leistungsabgrenzung (Gruppenbatterieanlage)

- Stromerzeugungsaggregat mit mittlerer Unterbrechung < 15 s (Netzersatzanlage)
- Einzelbatteriesystem

Die weiteren Stromquellen die in der Tabelle mit aufgeführt sind, wie Stromerzeugungsaggregat unterbrechungsfrei (0 s) und Stromerzeugungsaggregat Kurzzeitunterbrechung (< 0,5 s) kommen in der Regel für die Versorgung der Sicherheitsbeleuchtung als autarke Anlage in einem Gebäude nicht zum Einsatz, sondern immer in einer Kombination eines statischen Energieträgers wie einer USV.

Hinweis: Die detaillierte Planung der Sicherheitsbeleuchtung nach den verschiedenen Systemen/Varianten nach wirtschaftlichen Gesichtspunkten ist hier nicht weiter enthalten. Eine detaillierte Ausführung dazu ist im Buch *Leitfaden Sicherheitsbeleuchtung* des gleichnamigen Autors ausführlich abgehandelt. Wesentliche Grundlagen werden auch im Abschnitt 7.14 beschrieben.

1.4 Verantwortung für Planung, Installation und Inbetriebnahme

In der nachfolgenden Ausarbeitung wird dazu nur die Sicherheitsstromversorgung diskutiert und beschrieben, die als Sicherheitsanlage den baulichen Brandschutz betrifft und in der Regel durch den Elektrofachbetrieb installiert wird. Die Grundlage hierfür ist die Verordnung über die Prüfung technischer Anlagen und wiederkehrende Prüfungen von Sonderbauten. Aus der folgenden Tabelle ist ersichtlich, wer berechtigt ist, welche Anlagen zu prüfen und abzunehmen. Zudem ist hier auch der zeitliche Abstand der Wiederholungsprüfungen enthalten.

Kommentar zur nachfolgenden Tabelle: Die Prüffristen mit den Anforderungen an den Prüfer sind für den Verfasser des BSK bindend und als max. Vorgabe mit aufzunehmen. Es kann aber sein, dass vom Bauherrn oder Mieter einer Einheit in diesem Sonderbau höhere Vorgaben gefordert werden. Die Häufigkeit der wiederkehrenden Prüfungen für elektrische Anlagen ist in der VDE 0105-100:2015-10, S. 27 festgelegt. Hier sind 4 Jahre und 10 Jahre genannt. Bei Gebäuden/Anlagen mit erhöhtem Risiko sind kürzere Prüfzeiten verlangt, die es zu berücksichtigen gilt.

Tabelle 1.2: Anforderungen an die Prüfung von Sicherheitsanlagen in Sonderbauten

	Qualifizierung des Prüfers				
	Erstprüfung		Wiederholungsprüfung		
	SK	Prüf-SV	SK	Prüf-SV	Zeitdauer
Sicherheitsbeleuchtung		X		X	3 Jahre
Sicherheitsstromversorgung		X		X	3 Jahre
Brandmeldeanlage		X	X		3 Jahre
Sprachalarmanlage		X	X		3 Jahre
natürliche RWA		X		X	3 Jahre
maschinelle RWA		X		X	3 Jahre
Treppenhaus RWA	X		X		6 Jahre
Blitzschutzanlage	X		X		3 Jahre
elektrische Anlage		X	X		4 (10) Jahre

Eine genaue Listung der Prüffristen für Blitzschutzanlagen (LSP) mit allen möglichen Gebäudetypen nach den Schutzklassen I – III ist in der VdS-Publikation für risikoorientierten Blitz- und Überspannungsschutz vorgegeben (vgl. VdS 2010: 2015-04 (05), S. 11ff. bzw. VDE 0185-305-3 Bbl. 6:2022-06, S. 7 mit 9). Weitere Vorgaben dazu sind auch in der VDE-Bestimmung enthalten. Hier sind umfassende Prüfungen des LSP für die Schutzklassen I und II mit zwei Jahren und für die Schutzklassen III und IV mit vier Jahren empfohlen (vgl. VDE 0185-305-3: 2011-10, S. 151ff.).

Hinweis: In der VDE-Norm ist die Schutzklasse IV enthalten. Der Grund ist die europäische Harmonisierung. In Deutschland ist der Bau eines LSP in der genannten Klasse nicht mehr zugelassen, was bei der Planung zu beachten ist. Dies gilt auch bei wesentlichen Änderungen an Bestandsanlagen, die dann mindestens entsprechend dem Stand nach Schutzklasse III oder hochwertiger gebaut werden müssen.

1.5 Unterscheidung von Sachverständigen und Sachkundigen

Die Unterscheidung von Sachverständigen und Sachkundigen ist wie folgt definiert:

- Staatlich anerkannte Sachverständige müssen für die Abnahme einer Anlage eine Zulassung haben und bauaufsichtlich anerkannt sein.
- Sachkundige müssen Ingenieure/innen der entsprechenden Fachrichtung mit mindestens fünfjähriger Berufserfahrung oder Personen mit abgeschlossener handwerklicher Ausbildung und mindestens fünfjähriger Berufserfahrung in der Fachrichtung, in der sie tätig werden, sein.

1.6 Planung und Ausschreibung

Für die Planung und Ausschreibung wird nachfolgende Vorgehensweise empfohlen:

- Abstimmung der Grundrisse mit den Vorgaben des Brandschutzes zu den vorliegenden Architektenplänen
- Prüfen der Räumlichkeiten auf Lage und Größe für den Einbau der Sicherheitsanlagen, notwendige Änderungen vornehmen und dem Architekten mitteilen
- Übernahme von Angaben hinsichtlich der Klassifizierung von Wänden auf die Brandanforderung
- Eintragen der vorgegebenen Rettungswege unter Berücksichtigung der Festlegung von notwendigen Fluren und notwendigen Treppenräumen
- Entwurfsplanung der Trassenverläufe mit der zu erwartenden Dimensionierung von Wand- und Deckendurchbrüchen sowie Wandschlitzen
- Planung von Leitungstrassen in Form von Leerrohren unter der Bodenplatte für funktionserhaltende Kabel, soweit das die Gebäudekonstruktion zulässt. Dies wird ausdrücklich im Industriebau empfohlen. Zu bedenken ist hier Wasserdichtigkeit im Grund- und Hochwasserbereich, sowie Gasdichtigkeit in Gebieten mit hoher Methan-/Radon-Belastung.

1.6.1 Grundsätze der Planung durch Elektro-Fachplaner

Der Elektro-Fachplaner trägt dafür Verantwortung, dass die Planvorgaben des Architekten und die Auflagen aus dem BSK elektrotechnisch in einer Gesamtplanung umgesetzt werden. Dieser ist auch angehalten, unter wirtschaftlichen Gesichtspunkten eine optimale Planung auszuarbeiten und bei der Ausführung darauf zu achten, dass die vorgegebenen Schutzziele erreicht werden. Die Planung sollte auf einem Anlagenkonzept basieren, welches zwischen den Beteiligten fortlaufend abgestimmt wird. Hierzu gilt es im Zuge der Planungen, die auftretenden Fragen mit den Beteiligten zu besprechen und bei erkennbaren Problemen nach Lösungen zu suchen.

Nachfolgende Fragen gilt es hier zu bearbeiten:

- Sind die notwendigen Räume in Anzahl und Größe für den vorschriftsmäßigen Einbau der Anlagen vom Architekten berücksichtigt?
- Ist eine durchgängige Befestigungsmöglichkeit für funktionserhaltende Kabel vorhanden?

- Gibt es Möglichkeiten diese Kabel unter der Bodenplatte, unter dem Estrich oder im Erdreich zu verlegen?
- Besteht die Möglichkeit, den erforderlichen Funktionserhalt auch durch bauliche Trennung sicherzustellen?
- Sind Unterverteilungen erforderlich oder kann von einer zentralen Verteilung die gesamte Sicherheitsstromversorgung aufgebaut werden?
- Abstimmung der Planung mit dem bauaufsichtlich anerkannten Prüfsachverständigen für die spätere Abnahme!

1.6.2 Grundsätze der Umsetzung durch den ausführenden Elektro-Fachbetrieb

Die Installation muss durch einen geeigneten Fachbetrieb ausgeführt werden. Bei Unsicherheiten ist der abnehmende Prüfsachverständige mit einzubinden.

Durch den Installationsbetrieb ist die gesamte Dokumentation zur Verfügung zu stellen. Neben der Bestandsdokumentation für die Elektroanlage sind das:

- Dokumentation der Sicherheitsstromversorgung und sonstiger sicherheitstechnischer Anlagen
- Ver- und Anwendbarkeitsnachweise für die eingebauten Produkte
- Übereinstimmungserklärung für die eingebauten Produkte
- Inbetriebnahme- und Abnahmeprotokolle für die installierten Anlagen
- Prüf- und Messprotokolle mit den Bescheinigungen für die Wirksamkeit der Sicherheitsanlagen

1.6.3 Grundsätze der Prüfung durch Prüfsachverständige

Der bauaufsichtlich anerkannte Prüfsachverständige prüft die Installation der Sicherheitsstromversorgung und der sonstigen bauaufsichtlich geforderten Anlagen unter Beachtung der bauordnungsrechtlichen Vorgaben – wie Baugenehmigung und genehmigtem Brandschutzkonzept/-nachweis, – den Ver- und Anwendbarkeitsnachweisen, der Planung und der allgemeinen anerkannten Regeln der Technik entsprechend der Prüfverordnungen der einzelnen Bundesländer. Der Sachverständige ist dafür verantwortlich, dass die an der einzelnen Anlage von ihm durchgeführten Prüfungen nach Art und Umfang notwendig und hinreichend sind. Festgelegt ist dies unter Nummer 3 im Anhang zur PrüfVO NRW. Demnach sind bei den Prüfungen alle Anlagenteile zu prüfen. Stichprobenprüfungen sind nur zulässig, soweit dies zu den einzelnen Prüfpunkten in Nummer 3 des jeweiligen Teils dieser Prüfgrundsätze ausdrücklich vermerkt ist (bei Prüfungen nach Errichtung oder wesentlichen Änderungen mit „S“ bei Wiederholungsprüfungen mit „SW“).

Geht aus der Dokumentation und dem Zustand der Anlage hervor, dass seit der letzten Prüfung an der Anlage oder in deren Umfeld wesentliche Änderungen vorgenommen wurden, ist – soweit keine genehmigungspflichtige Abweichung von dem genehmigten BSK vorliegt – die wiederkehrende Prüfung als Erstprüfung durchzuführen.

Der Prüfsachverständige bestätigt im Rahmen seiner abschließenden Prüfung die Betriebssicherheit und Wirksamkeit der gebauten Anlage.

Hinweis: Nachfolgende Sicherheitsanlagen sind gemäß Prüfverordnung zu prüfen:

- maschinelle und natürliche Rauchabzugsanlagen
- Sicherheitsstromversorgung, Sicherheitsbeleuchtung
- Alarmierungsanlagen, Brandmeldeanlagen und Hausalarmanlagen

1.7 Anmeldung und Inbetriebsetzung

Eine behördlich geforderte Sicherheitseinrichtung wie die Sicherheitsstromversorgung ist dazu da, den Menschen, die sich im Gebäude befinden, bei Stromausfall oder bei Defekten bzw. Störungen in der AV-Stromversorgung ein gefahrloses Verlassen zu garantieren. Demzufolge kann ein Gebäude von Personen nur dann benutzt und betreten werden, wenn die Wirksamkeit der verschiedenen Anlagen durch einen Prüfsachverständigen vor der Eröffnung bescheinigt wird.

1.7.1 Aufgaben des Betreibers

Nachfolgend die Aufgaben des Betreibers für die Zulassung zum Betrieb der Anlage:

- Beauftragung eines Prüfsachverständigen für den Brandschutz zur Erstellung eines Brandschutzkonzepts (BSK) zur Festlegung aller notwendigen Sicherheitsanlagen nach den Normen und Verordnungen angepasst an die jeweilige Gebäudenutzung.
- Ebenso rechtzeitig zu planen und zu vereinbaren ist der Termin mit dem Prüfsachverständigen für die Abnahme zur Bescheinigung der Wirksamkeit der Anlage. Dazu sind auch die Zeiten für die Mängelbeseitigung einzuplanen.

Bemerkung: Aus der Erfahrung in der Praxis ist der sichere Betrieb der Anlagen eine zwingende Voraussetzung für die termingerechte Eröffnung der Gebäude. Wird eine Eröffnung aufgrund fehlender Funktion der Sicherheitsanlage verweigert, kann es zu erheblichen finanziellen Forderungen durch den Bauherrn/Besitzer kommen.

Hinweis: Eine Übergabe an den Bauherrn kann nur erfolgen, wenn die Bescheinigung der Wirksamkeit für die Sicherheitsanlagen nach dem geprüften und behördlich genehmigten Brandschutznachweis in Papierform vorliegt.

1.7.2 Aufgaben des Elektro-Fachplaners

Sicherheitsanlagen

- Sicherheitsstromversorgung mit Notstromaggregat (NEA)
- Sicherheitsbeleuchtungsanlage
- Brandmeldeanlage
- Sprachalarmierungsanlage
- Rauchabzugsanlagen NRA
- Rauchabzugsanlagen MRA
- Stromkreisverteiler SV

Kabel/Leitungen für Anlagen der Versorgungstechnik

- Kabel- und Leitungsanlage der Stromversorgung für Feuerwehr-Aufzug und Personenaufzug mit Brandfallsteuerung
- Kabel- und Leitungsanlage der Stromversorgung für automatische Feuerlöschanlage
- Kabel- und Leitungsanlage der Stromversorgung zur Druckerhöhung der Feuerlöschanlage
- Kabel- und Leitungsanlage der Stromversorgung für Druckbelüftung
- Kabel- und Leitungsanlage der Stromversorgung für MRA mit Lüftungsanlage
- Kabel- und Leitungsanlage der Stromversorgung für Gas-Warnanlage

Zudem sind die Zuleitungen für weitere Anlagen wie Brandschutzvorhang, Türfeststellanlagen usw. nach den Anforderungen im BSN vorschriftsmäßig zu planen.

Damit die Bescheinigungen in Papierform rechtzeitig vorliegen, müssen die Abnahmen mindestens 4 Wochen vor Übergabe terminiert werden. Für die BMA sind rechtzeitig alle Formalitäten für die Aufschaltung und den Erhalt des Schlüssels für den Feuerwehrzugang anzumelden. Für die Aufschaltung der BMA an das ILS muss der abgeschlossene Wartungsvertrag vorliegen. Für die Durchführung dieser Anmeldungen sind bis zu 3 Monate Zeitvorlauf zu berücksichtigen.

Ein besonderes Prozedere ist bei der Anmeldung für die digitale Funkkommunikation der BOS durchzuführen. Das vorgeschlagene Konzept durch den Planer für den Betreiber der Anlage wird durch die zuständige autorisierte Stelle geprüft. Kommt die prüfende Stelle zu der Erkenntnis, dass es durch die geplante Anlage zu Störungen oder Rückwirkungen auf die Freifeldversorgung in das BOS-Netz kommt, werden Alternativen vorgeschlagen. Hieraus wird ersichtlich, dass mit Beginn des Planungsauftrags und dem Wissen, dass eine BOS zu installieren ist, zeitgleich der Antrag für den Betrieb der Anlage gestellt wird.

1.8 Definition der Feuerwiderstandsklassen

Um ein Bauteil entsprechend seinem Feuerwiderstand zu klassifizieren, ist eine Prüfung des Brandverhaltens notwendig. Das montierte Bauteil muss also nachweisbar aus richtigem und überwachten Material bestehen.

Tabelle 1.3: Feuerwiderstandsklassen nach DIN 4102-2

Feuerwiderstandsklasse	Funktionserhalt	deutsche bauaufsichtliche Benennung
F30-B	30 Minuten	feuerhemmend
F30-AB	30 Minuten	feuerhemmend und in den wesentlichen Teilen aus nicht brennbaren Baustoffen
F30-A	30 Minuten	feuerhemmend und aus nicht brennbaren Baustoffen
F60-AB	60 Minuten	hochfeuerhemmend und in den wesentlichen Teilen aus nicht brennbaren Baustoffen
F60-A	60 Minuten	hochfeuerhemmend und aus nicht brennbaren Baustoffen
F90-AB	90 Minuten	feuerbeständig und in den wesentlichen Teilen aus nicht brennbaren Baustoffen
F90-A	90 Minuten	feuerbeständig und aus nicht brennbaren Baustoffen
F120-A	120 Minuten	feuerbeständig und aus nicht brennbaren Baustoffen
F180-A	180 Minuten	feuerbeständig und aus nicht brennbaren Baustoffen

Kommentar zur Tabelle: Manche Sonderbauteile haben eigene Kennbuchstaben, welche anstatt des allgemeinen F benutzt werden:

- **F** Wände, Decken, Gebäudestützen und Unterzüge, Treppen, Brandschutzverglasung
- **T** Feuerschutzabschlüsse in Form von Türen, Toren und Klappen
- **G** Brandschutzverglasung oder Fensterelemente, jedoch kein Hitzeschutz auf der brandabgewandten Seite
- **L** Lüftungskanal und -leitungen
- **E** Elektroinstallationskanal und Installationsleitungen mit zugelassenem Normtragsystem
- **I** Elektroinstallationskanal mit Brandbeanspruchung von innen nach außen, kein zwingender Funktionserhalt
- **K** Absperrvorrichtung in Lüftungsleitungen
- **R** Rohrabschottung, Rohrdurchführungen
- **S** Kabelbrandschott
- **W** nicht tragende Außenwände

1.9 Anforderungen an den Schallschutz

Der Schutz vor Umgebungslärm gehört zu den wichtigsten Anforderungs- und Qualitätsmerkmalen im Bauwesen. Jeder Nutzer von Wohnungen und Arbeitsräumen hat einen gesetzlichen Anspruch darauf. Dazu gibt es zu verschiedenen Einrichtungen und Objekten den natürlichen Schallpegel.

Tabelle 1.4: Umgebungsschallpegel von Objekten und Einrichtungen

Umgebung	Schallpegel (dB)
Wohnbereich nachts	< 30
einzelne Büroräume	50
Großraumbüros	55-60
Lagerhallen mit Elektro-Gabelstaplerverkehr	65-70
Lagerhallen mit Diesel-Gabelstaplerverkehr	70-75
Produktionshallen mit Maschinen oder hoher Straßenlärm	> 80
Presslufthammer in 10 m Entfernung	100
Martinshorn in 10 m Entfernung	110
Hammerschlag einer Schmiede in 1 m Entfernung	130-150

Kommentar zur Tabelle: Ausgehend vom natürlichen Schallpegel ist man bestrebt, durch die Qualität der Trennelemente, wie Tür und Trennwand, eine Schalldämmung zu erhalten, um die zulässigen Schallpegel zu erreichen.

Den wesentlichen Beitrag für das Erreichen des Mindestschallpegels leisten dazu die Raumtüren. Hierzu gibt es Schallschutzklassen (SSK), nach denen für Türen die Mindestanforderungen entsprechend DIN 4109 vorgegeben sind.

Tabelle 1.5: Mindestanforderungen an die Luftschalldämmung von Türen

Schallschutzklasse (SSK)	Mindestanforderungen nach DIN 4109	Einsatzgebiet
SSK 1	≥ 27 dB	**Geschosshäuser mit Wohnungen und Arbeitsräumen** Türen, die von Hausfluren oder Treppenräumen in Flure und Dielen von Wohnungen und Wohnheimen oder von Arbeitsräumen führen
SSK 3	≥ 37 dB	Türen, die von Hausfluren oder Treppenräumen unmittelbar in Aufenthaltsräume führen
SSK 2	≥ 32 dB	**Beherbergungsstätten** Türen zwischen Fluren und Gästezimmern
SSK 2	≥ 32 dB	**Krankenanstalten, Sanatorien** Türen zwischen Fluren und Krankenräumen, Operations- oder Behandlungsräumen, Fluren und Operations- bzw. Behandlungsräumen
SSK 3	≥ 37 dB	Türen zwischen Untersuchungs- und Sprechzimmern
SSK 2	≥ 32 dB	**Schulen und vergleichbare Unterrichtsbauten** Türen zwischen Unterrichtsräumen oder ähnlichen Räumen und Fluren

Kommentar zur Tabelle: Neben den in der Tabelle genannten Schallschutzklassen gibt es auch noch die SSK 4-5, deren Anwendung situationsbedingt der jeweiligen Anforderung erfolgt.

Im Gegensatz dazu gibt es Werte von Schallpegeln, die im Gefahrfall für die Alarmierung im Raum erreicht werden müssen, damit der Schutz von Personen in Gebäuden gewährleistet wird.

Der Schallpegel einer Schallquelle (Sirenen, Lautsprecher) des Gefahrensignals muss mindestens 75 dB erreichen und mindestens 10 dB über dem Umgebungsschallpegel liegen. Bei Störschallpegeln über 110 dB müssen zusätzlich optische Signale eingesetzt werden. Im Normalfall kommen hier Geräte zum Einsatz, die einen Schallpegel von 92 dB erzeugen. Hieraus wird ersichtlich, dass bei vollflächiger

Alarmierung in jedem Raum, der durch eine Tür abgeschlossen ist, ein Signalgeber installiert werden muss (vgl. VDE 0833-4:2014-10, S. 45).

2 Räume, die für den Einbau der Sicherheitsanlagen geplant werden müssen

Bei der Errichtung und Änderung von Anlagen/Objekten sind der Bauherr und im Rahmen ihres Wirkungskreises die am Bau Beteiligten dafür verantwortlich, dass die öffentlich-rechtlichen Vorschriften eingehalten werden (BayBO, Art. 49).

Der Entwurfsverfasser (z. B. Architekt) muss nach Sachkunde und Erfahrung zur Vorbereitung des jeweiligen Bauvorhabens geeignet sein. Dieser hat dafür zu sorgen, dass die für die Ausführung notwendigen Einzelzeichnungen, Einzelberechnungen und Anweisungen den öffentlich-rechtlichen Vorschriften entsprechen (BayBO, Art. 51).

Für den sicheren Betrieb und die Funktion aller Anlagen der technischen Gebäudeausstattung sind im Zuge dieser Vorschriften für die jeweilige Zentrale die entsprechenden Räume vom Bauherrn vorzuhalten. Die Raumgrößen sind durch den Planer der jeweiligen Anlage zu bestimmen und dem Architekten vorzugeben.

Angaben zu den Räumen für den Architekten durch den Elektro-Fachplaner

- Raum für Trafostation mit Energiezentrale NSHV-AV
- Raum für NSHV-AV der Allgemeinstromversorgung
- Raum für NEA zur Sicherheitsstromversorgung
- Raum für NSHV-SV zur Sicherheitsstromversorgung
- Raum für zentrales Stromversorgungssystem für Sicherheitsbeleuchtung
- Raum für Zentrale der Brandmeldeanlage, Hausalarmanlage
- Raum für Zentrale der Sprachalarmanlage für Evakuierung mit Sprache
- Raum für Unterverteiler der Sicherheitsstromversorgung bzw. der Sicherheitsbeleuchtung
- Raum für BOS-Zentrale der Feuerwehrfunkanlage
- Raum für Feuerwehranlaufpunkt mit Bedienungseinrichtungen und Zentralen der Sicherheitsanlagen in Versammlungsstätten > 1000 m²

  Als Legaldefinition im Gesetzestext der VStättV § 20 Abs. (3) mit Grundflächen >1.000 m² ist ein Raum als Feuerwehranlaufpunkt zu schaffen, in dem die Bedienungsvorrichtungen mit den Brandmelder- und Alarmierungszentralen zusammengefasst sind, d. h. neben den zentralen Bedienungsvorrichtungen für

Rauchabzugs-, Feuerlösch-, Brandmelde-, Alarmierungs- und Lautsprecheranlagen sind auch die Zentrale der Brandmelde- und Alarmierungsanlagen hier einzubauen.

- Raum für Polizei und Feuerwehreinsatzzentrale mit Lautsprecher- und Videozentrale (Besucher > 5000)
- Raum mit Feuerwehranlaufpunkt in Hochhaus für zentrale Bedieneinrichtungen und Lageplantableau der technischen Anlagen zur Rauch- und Brandbekämpfung

Angaben zu den Räumen für den Architekten durch den Fachplaner der Versorgungstechnik

- Raum für Zentrale der Sprinkleranlage, Druckerhöhungsanlage für Löschwasserversorgung
- Raum für Zentrale der Druckbelüftung für Aufzugs-Vorraum, Fahrschacht Feuerwehraufzug und Sicherheitstreppenhaus
- Raum mit Zentrale der Lüftung als Funktion für maschinelle Rauchableitung

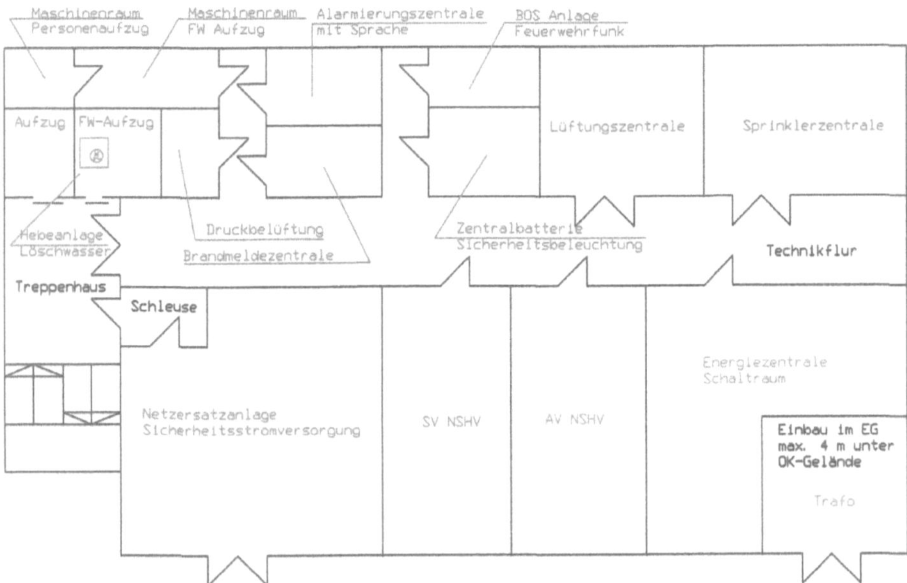

Bild 2.1: Systemzeichnung – Raumkonzept für AV-/SV-Stromversorgung

Kommentar zur Systemzeichnung: Im Stadium der Entwurfsplanung sind durch den Entwurfsverfasser die Belange des Brandschutzes aus dem Inhalt des Brandschutzkonzepts (BSK) in die Einzelzeichnungen durch den jeweiligen Fachplaner einzuarbeiten. Der Fachplaner ist für die von ihm gefertigten Unterlagen verantwortlich. Für das ordnungsgemäße Ineinandergreifen aller Fachplanungen bleibt der Entwurfsverfasser verantwortlich (BayBO Art. 51).

2.1 Planung der Räume für elektrische Anlagen – Betriebsräumebauverordnung EltBauV

Die Verordnung gilt für elektrische Betriebsräume für:

- Waren- und Geschäftshäuser
- Versammlungsstätten, ausgenommen Versammlungsstätten in fliegenden Bauten
- Büro- und Verwaltungsgebäude
- Krankenhäuser, Altenpflegeheime, Entbindungs- und Säuglingsheime
- Schulen und Sportstätten
- Beherbergungsgaststätten und Gaststätten
- geschlossene Großgaragen

Ausgenommen davon sind elektrische Betriebsräume in freistehenden Gebäuden oder durch Brandwände abgetrennte Gebäudeteile, wenn diese nur die elektrischen Betriebsräume enthalten.

Betriebsräume für elektrische Anlagen (elektrische Betriebsräume sind Räume, die ausschließlich zur Unterbringung von Einrichtungen zur Erzeugung oder Verteilung elektrischer Energie oder zur Aufstellung von Batterien dienen). Für die oben genannten Objekte sind das im Wesentlichen:

- Transformatoren und Schaltanlagen für Nennspannungen über 1 kV
- ortsfeste Stromerzeugungsaggregate
- Zentralbatterien für die Sicherheitsbeleuchtung (vgl. EltBauV, § 1-3)

Für den Aufbau der Sicherheitsstromversorgung werden nachfolgend die Anforderungen an die elektrischen Betriebsräume für die Unterbringung der hierfür notwendigen Verteiler und die zusätzlichen Anforderungen für den Einbau des ortsfesten Stromerzeugungsaggregats dargestellt.

Hinweis: In elektrischen Betriebsräumen sollen Leitungen und Einrichtungen, die nicht zum Betrieb der elektrischen Anlagen erforderlich sind, nicht vorhanden sein (vgl. EltBauV § 4). Aus Sicht des Verfassers ist diese Soll-Bestimmung bei Räumen mit Sicherheitsanlagen besonders kritisch zu betrachten und mit Nachdruck diese Freihaltung von fremden Leitungen zu fordern.

Anmerkung: Fremde Leitungen sind:

- fremde elektrische Kabel und Leitungen
- Abflussrohre
- Wasserrohre für Kalt- und Warmwasser
- Heizungsrohre

Ist eine Verlegung von Leitungen aus dem Raum mit Einrichtungen von Sicherheitsanlagen nicht möglich, sind diese horizontal und vertikal entsprechend dem Funktionserhalt zu verkleiden.

Mitteilung: Die Anforderungen die nachfolgend für die Räume von Transformatoren und Schaltanlagen, ortsfesten Stromerzeugungsaggregaten, sowie zentralen Batterieanlagen nach EltBauV aufgeführt sind, entsprechen der BayBO, Stand 2021. Hier gibt es Unterschiede zum Inhalt der MLAR:2018-10. Demnach sind bei der Planung neben der MLAR immer auch die landesspezifischen Bauordnungen heranzuziehen.

Zu den Elektroräumen in der EltBauV für Transformator-, Aggregat- und Batterieanlage der Sicherheitsbeleuchtung nach Pkt. 2.2.1 mit 2.2.3 gibt es weitere Räume nach 2.2.4 mit 2.2.10. Deren zwingende Einplanung ergibt sich aus den DIN-Normen, Richtlinien, MLAR, TAB usw.

2.2 Empfehlung für die Platzierung der Technikräume im Gebäude

Die jeweiligen Größen mit dem exakten Raumbedarf sind objektspezifisch zu planen und abzustimmen. Für die jeweiligen Raumanforderungen gibt es Regeln und Vorgaben, die zum Zweck der Funktionalität immer zu berücksichtigen sind. Die Dimensionierung und Platzierung der Technikräume ist ein wesentlicher Bestandteil der Grundrissplanung und daher für die Entwicklung der Werkplanung von Anfang an in die Überlegungen mit einzubeziehen.

Hinweis: In der Planungsphase werden Grundlagen für einen zuverlässigen Betrieb der Anlagen und deren Instandhaltung geschaffen. Hier entstandene Fehler lassen sich später nur sehr schwer korrigieren. Ein wesentlicher Aspekt ist daher, auch die Einplanung von Reserveflächen mit dem Eigentümer zu besprechen.

Die Umsetzung folgender Empfehlungen wird bei der Planung der Räume in den Kapiteln 2 und 3 sicherstellen, dass die eingebauten Anlagen/Zentralen den Anforderungen entsprechend funktionieren:

- Die Montage der sicherheitstechnischen Verteiler, sollte möglichst auf einer Wand zu einem brandlastarmen Raum, z. B. notwendigen Flur, WC-Raum usw. erfolgen, um die Gefahr einer direkten Erwärmung der Wand hinter dem Verteiler zu reduzieren.
- Um die Funktion der sicherheitsgerichteten Verteiler elektrotechnisch zu gewährleisten, sind die maximal zulässigen Betriebstemperaturen der eingebauten Schalteinrichtungen auch im Brandfall einzuhalten. Zur Absicherung des Fachplaners sollte er die Produktdatenblätter der elektronischen Einbauten beachten.
- Um die zulässigen Betriebstemperaturen einzuhalten, besteht die Möglichkeit einer wirksamen Be- und Entlüftung inkl. Montage von Brandschutzklappen oder klassifizierten Lüftungsleitungen in der erforderlichen Feuerwiderstandsdauer der Umfassungsbauteile. Zudem kann auch eine Klimatisierung erforderlich werden. Um im Brandfall für die Dauer des Funktionserhalts bei kurzfristigen Temperaturerhöhungen die Funktion der Verteiler sicherzustellen, sind die genannten Anlagen entsprechend zu dimensionieren.
- Der Raum sollte so groß sein, dass man ihn begehen kann und bei geschlossener Tür, Arbeiten an den Einbauten (Verteilern) unter Beachtung der Arbeitssicherheitsvorschriften und DIN-VDE-Normen möglich sind.
- Die raumabschließenden Bauteile (Wände, Boden, Decke) sowie die Zugangstüren bzw. Klappen müssen mindestens der gleichen Feuerwiderstandsfähigkeit entsprechen, wie die Dauer des geforderten Funktionserhalts. Die raumabschließenden Wände schließen direkt an Rohdecken an. Im Übrigen müssen die Decken des Raums die Anforderungen an Decken gemäß MBO § 31 erfüllen.
- Wenn Raum-in-Raum-Lösungen, z. B. im Industriebau, erforderlich werden, ist darauf zu achten, dass auch hier die Decken als tragende und raumabschließende Bauteile ausreichend lang standsicher sind. Bei Raum-in-Raum-Lösungen sind Massivbauarten insbesondere für Decken zu bevorzugen.
- Das Raumvolumen sollte, zur Reduzierung der mittleren Rauminnentemperatur, eine Mindestvolumen von 15 m^3 haben (vgl. MLAR:2018-10, S. 86). Kann das Volumen von 15 m^3 nicht umgesetzt werden, ist die Empfehlung, den Raum in massiver Bauweise zu errichten.

Mitteilung: Es gibt derzeit keine gesicherten Erkenntnisse, dass das erst im Brandfall aus Brandschutzplatten austretende gebundene Wasser innerhalb der Dauer des geforderten Funktionserhalts zu einem Kurzschluss führt und dadurch mit einem Ausfall in dieser Zeit zu rechnen ist. Auch die Erhöhung der Luftfeuchtigkeit führt nicht zu einer Belastung, die eine Spritzwasserbeständigkeit der elektrisch eingebauten Bauteile erfordert (vgl. MLAR:2018-10, S. 288).

2.2.1 Energiezentrale – Trafostation mit Raum für die Energieverteilung NSHV-AV

Mitteilung: Die Trafostation ist nicht unmittelbar als eine Sicherheitsanlage im Gebäude zu verstehen. Als primäre Stromversorgung ist sie die Basis aller zum funktionierenden Betrieb installierten Sicherheitsanlagen und wird daher bei der Abhandlung der verschiedenen Anlagen bis zu den Sicherungsabgängen der NSHV als solche mit betrachtet. Maßgebend für den Einbauort ist der Lastschwerpunkt. Dieser ist rechnerisch zu ermitteln. Die Berechnungsmethode hierzu ist vorgegeben (s. VDE 0100-801).

Die Berechnung des Lastschwerpunkts erfolgt mit folgenden Gleichungen:

$X = \sum(X_A \cdot P_A + X_B \cdot P_B + X_C \cdot P_C + X_D \cdot P_D + X_E \cdot P_E) / \sum P_{A\text{-}E}$
Abstand in Meter auf der X-Achse des Koordinatensystems

$Y = \sum(Y_A \cdot P_A + Y_B \cdot P_B + Y_C \cdot P_C + Y_D \cdot P_D + Y_E \cdot P_E) / \sum P_{A\text{-}E}$ –
Abstand in Meter auf der Y-Achse des Koordinatensystems

Mit dieser Berechnungsmethode lässt sich der optimale Standort für den Bau einer Energiezentrale – in einem Gebäude, auf einem Betriebsgelände – bestimmen. Das Ergebnis dieser Berechnung ist als Grundlage für eine Entscheidungsfindung zum Bau einer Energiezentrale mit dem Bauherrn zu diskutieren. Sollte die Berechnung ergeben, dass der günstigste Standort mitten im Gebäude ist, sind wirtschaftliche Gründe, in Bezug auf die Machbarkeit, zu diskutieren und es ist gegebenenfalls ein alternativer Standort festzulegen. Eine weitere Möglichkeit ist auch bei Großobjekten, die Räume von Trafostation und NSHV räumlich getrennt zu platzieren.

Zum Verständnis der Berechnung ist in der folgenden Systemzeichnung die Methodik in Form eines Beispiels dargestellt. Sollten sich Leistungen auf die Z-Achse verteilen, ist diese Last auf die zweidimensionale Ebene zu projizieren.

Kommentar zur Systemzeichnung: Der Einbau der Energiezentrale mit der NSHV ist am Lastschwerpunkt bzw. in Nähe zum rechnerisch ermittelten Standort vorzunehmen. Alle weiteren im Gebäude notwendigen Verteiler der Stromversorgung sind ebenfalls immer in nächster Nähe zu den im Gebäude verteilten Lastpunkten zu platzieren. Ziel muss sein, eine energieeffiziente Versorgung mit wenigen Verlusten auf den Kabeln und Leitungen zu haben. Wesentlich hierfür ist, unnötig lange Strecken zu vermeiden. Bei mehreren Trafostationen sind die kürzesten Strecken zwischen Trafo und Lastschwerpunkt zu bestimmen. Eine vorgegebene Berechnung dazu ist die Methode der mittleren Trassenlänge (vgl. VDE 0100-801:2020-10, S. 54f).

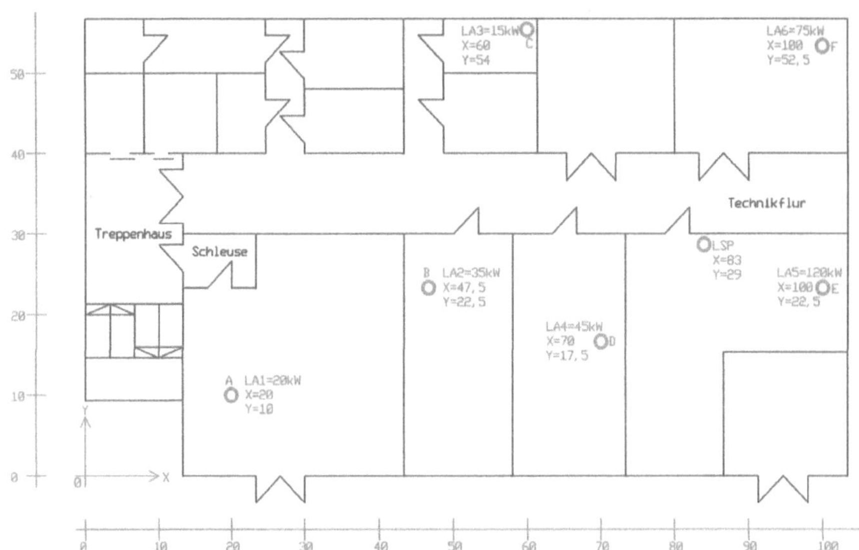

Bild 2.2: Systemzeichnung – Methodik zur Berechnung des optimalen Lastschwerpunkts (LSP) für die Stromversorgung

Die Bestimmung der Transformatorgröße ergibt sich aus dem errechneten Leistungsbedarf, was mit umfangreichen Recherchen verbunden ist.

Hinweis: Eine wesentliche Hilfe dafür sind die Leistungswerte in W/m² aus den Tabellen in der AMEV für öffentliche Gebäude, die auch auf vergleichbare Objekte der Privatwirtschaft angewendet werden können (vgl. AMEV 2020, S. 10ff.).

- Die Platzierung sollte aber an einer Außenwand im EG unter Einhaltung der Rettungsweglänge erfolgen. Hier sind Zu- und Abluft sowie die Einbringung am einfachsten und kostengünstigsten zu lösen.
- Der Raum muss von anderen Räumen feuerbeständig abgetrennt sein. Wände müssen außerdem so dick wie Brandwände sein. Grundsätzlich ist der Einbau von Öl-Transformatoren nur im EG und bis max. 4 m unter OK-Gelände erlaubt. Öl-Transformatoren dürfen in einem Raum nur für sich alleine aufgestellt werden. Bei VNB-Stationen ist der Netzbetreiber in die Planung mit einzubeziehen (vgl. BayBO 2021, S. 138f.).
- Generell ist darauf zu achten, dass die Betriebsräume für Transformatoren und Schaltanlagen horizontal und vertikal nicht an ständig besetzte Arbeitsplätze angrenzen (vgl. AMEV 2020, S. 55).

- Werden Gießharztransformatoren außerhalb der zugelassenen Bereiche von Öl-Transformatoren platziert, ist das möglich, aber mit dem Brandschutzgutachter und dem VNB festzulegen.
- Die Raumabmessungen, die dem Architekten für den Einbau des Transformators mitzuteilen sind, ergeben sich aus dem berechneten Leistungsbedarf für das Gebäude, der die Transformatorgröße bestimmt. Dazu wird als erste Angabe an den Architekten von manchen VNB ein unverbindlicher Flächenbedarf von 25 m² bei Anlagen mit Transformatoren bis 630 kVA (inkl. Schaltzellen) mitgeteilt. Beispiele der Raumplanung mit der verschiedenen Anzahl von Transformatoren sind in der AMEV enthalten (vgl. AMEV 2020, S. 57).
- Für die Aufstellung im Raum muss kein besonderes Umgebungsmaß eingehalten werden. Hierzu sagen die Normen nichts aus. Ein Mindestmaß von 80 cm umlaufend für Wartungs- und Instandhaltungsarbeiten ist zu gewährleisten. Sind Sicherheitsabstände einzuhalten, müssen die bevorzugt eingeplant werden (vgl. Mittelspannungsanlagen planen, S. 98).
- Für die Festlegung der Transformatorräume in öffentlichen Gebäuden ist die AMEV zu beachten. Hiernach ist für Transformatorgrößen bis 630 kVA ein Raum mit ca. 3,50 m x 2,70 m und für Transformatoren von 800 kVA bis 1.600 kVA ein Raum mit ca. 4,10 m x 3,20 m beim Architekten zu fordern. Bei Transformatoren > 1.600 kVA bzw. Parallelanlagen ist der Raum mit dem zuständigen Bauamt abzustimmen (vgl. AMEV 2020, S. 55).

Die wesentlichen Daten für die Raumplanung mit Öltransformator 20 kV enthält Tabelle 2.1.

Tabelle 2.1: Daten für Öltransformator 20 kV (*Quelle:* SUNO Energietechnik, 7)

Leistung kVA	Gewicht kg	Länge mm	Breite mm	Höhe mm	Raum (L/B) m	Ölmasse kg	Rollenabstand
160	820	920	770	1150	2,52 x 2,37	210	520
250	1050	1180	820	1290	2,78 x 2,42	250	670
400	1450	1270	850	1320	2,87 x 2,45	300	670
630	1950	1480	1000	1410	3,08 x 2,60	390	670
800	2190	1500	1020	1450	3,10 x 2,62	660	670
1000	2250	1620	1050	1510	3,22 x 2,65	780	670
1250	3170	1770	1180	1530	3,37 x 2,78	880	820
1600	3750	1980	1250	1550	3,58 x 2,85	940	820
2000	4280	2000	1410	1850	3,60 x 3,01	1100	820
2500	4850	2050	1750	1900	3,65 x 3,35	1410	1070

Vorteil: kostengünstiger als Gießharztransformator, langsamere Erwärmung bei Überlast.

Nachteil: Ölverlust durch Korrosion des Transformatorkessels, Ölundichtigkeit an Flanschen, Durchführungen und Dichtungen, Ölwechsel bei sehr stark belasteten Transformatoren nach 20 Jahren, erhöhter baulicher Aufwand, z. B. durch Ölauffangwanne, Beachtung von Umweltschutzauflagen am Aufstellort, erhöhte Brandgefahr.

Die bessere Lösung zu Öltransformatoren sind Hermetiktransformatoren als eine besondere Bauform der Öltransformatoren. Der Kessel dieser hermetisch verschlossenen Öltransformatoren besitzt weder ein Luftpolster noch ein Ausdehnungsgefäß. Er verfügt über flexible, gewellte Wände (Rippen), die eine ausreichende Kühlung des Transformators ermöglichen und Veränderungen des Ölvolumens während des Betriebs ausgleichen. Die hermetische Abdichtung des Ölraums schließt dauerhaft den Kontakt von Luft und Feuchtigkeit mit dem Öl aus. Die Alterung des Transformators wird damit stark reduziert. Die sonst in regelmäßigen Abständen vorzunehmenden Ölanalysen entfallen. Damit ergibt sich auch eine längere Lebensdauer (vgl. AMEV 2020, S. 23).

Die wesentlichen Daten für die Raumplanung mit Gießharztransformator 20 kV enthält Tabelle 2.2.

Tabelle 2.2: Daten für Gießharztransformator 20 kV (*Quelle:* SUNO Energietechnik, 7)

Leistung kVA	Gewicht kg	Länge mm	Breite mm	Höhe mm	Raum (L/B) m	Rollenabstand
160	750	1120	650	1210	2,72 x 2,25	520
250	800	1240	650	1300	2,40 x 2,25	520
315	1200	1250	800	1340	2,85 x 2,40	670
400	1350	1360	800	1400	2,96 x 2,40	670
500	1480	1360	800	1460	2,96 x 2,40	670
630	1640	1400	800	1570	3,00 x 2,40	670
800	2050	1420	950	1720	3,02 x 2,55	670
1000	2500	1540	950	1850	3,14 x 2,55	820
1250	2950	1540	1000	1870	3,14 x 2,60	820
1600	3450	1720	1280	2130	3,32 x 2,88	820
2000	4200	1750	1280	2180	3,35 x 2,88	1070
2500	4950	1900	1280	2210	3,50 x 2,88	1070

Vorteil: keine Korrosionserscheinungen, wartungsfrei, geringere Störanfälligkeit, keine Ölauffangwanne erforderlich, keine brandschutztechnischen Beschränkungen, geringerer hochbautechnischer Aufwand, problemloser Einsatz in Wasserschutzgebieten, hohe Überlastfähigkeit bei Querstromlüftung, selbstverlöschend.

Nachteil: 10 % bis 30 % teurer als Öltransformatoren, schnellere Erwärmung bei Überlast, höhere Entsorgungskosten

Kommentar zu Tabellen 2.1 und 2.2: Die angegebenen Zahlenwerte in den Tabellen für Öl- und Gießharztransformator sind Richtwerte. Nach Vergleichen mit verschiedenen Herstellern gibt es innerhalb der jeweiligen Leistungsgrößen Abweichungen von bis zu 200 mm bei den drei Dimensionen. Die Raumgrößen sind umlaufend mit 80 cm für notwendige Arbeiten eingerechnet. Sicherheitshalber sind die genauen Maße beim Hersteller zu erfragen. Für die Gewichtsangabe empfiehlt es sich, immer die nächste bzw. die übernächste Trafogröße anzugeben, damit statische Probleme einem Trafotausch nicht entgegenstehen.

Hinweis: Die Raumgröße ist im Hinblick auf Betriebs- bzw. Anlagenerweiterungen, so zu planen und anzugeben, dass ein Austausch möglich ist, aber auch ein größerer Transformator eingebaut werden kann. Für die Gewichtsangabe empfiehlt es sich, immer die nächste bzw. die übernächste Trafogröße anzugeben, damit statische Probleme einem Trafotausch nicht entgegenstehen. Für die Raumhöhe gilt ein Freiraum von mindestens 50 cm über der Transformatorhöhe. Die Mindestraumhöhe von 2 m ist auch bei kleineren Transformatoren für Technikräume zu fordern (vgl. AMEV 2020, S. 55).

Raumplanung nach Stationsart

Bei der Planung der Räume für die Unterbringung von Trafo, MS-Schaltzellen und Niederspannungshauptverteilung (NSHV) kann unterschieden werden nach Versorgerstation und Kundenstation:

- *Versorgerstation:* Hier wird in der Regel der Trafo getrennt von MS-Schaltzellen und NSHV im Raum eingebaut. Der Zugang ist nur den Mitarbeitern des Versorgers möglich. Die NSHV ist dabei der ungemessene Stromverteiler mit den Abgangssicherungen zu den Messeinrichtungen der angeschlossenen Kundenanlagen.
- *Kundenstation:* Hier wird in der Regel der Trafo gemeinsam mit den MS-Schaltzellen und getrennt von der NSHV in einem Raum eingebaut. Im Raum des Trafo mit den MS-Schaltzellen werden Gittertrennwände mit den entsprechenden Bewegungsfreiräumen als Schutz vor unbeabsichtigtem Berühren eingebaut. Für die NSHV ist ein separater Raum zu schaffen, damit im Störungsfall und bei Wartungsarbeiten auch Personen ohne MS-Schaltberechtigung den Raum betreten dürfen.

Generell gilt: Die einfachste und beste Lösung ist, für jede Anlage einen eigenen Raum zu planen.

Hinweis: Gegen eine gemeinsame Unterbringung von Transformatoren und den zugehörigen Schaltanlagen über 1 kV in einem Raum bzw. in brandschutztechnisch nicht getrennten Räumen ist dann nichts einzuwenden, wenn die Systeme nicht redundant sind, d. h., wenn sie durch ein Ereignis gemeinsam ausfallen dürfen: Der Transformator funktioniert ohne 20-kV-Schaltanlage nicht und die 20-kV-Schaltanlage hat ohne Transformator auch keinen Wert. Eine brandschutztechnische Trennung zwischen Transformator und Schaltanlage ist jedoch dann aus funktionellen Gründen sinnvoll, wenn in der 20-kV-Anlage ein Versorgungsring eines größeren Geländes durchschliffen wird (vgl. VDE Schriftenreihe Bd. 122, S. 140).

Raumtemperatur für die MS-Schaltzellen

Ein wichtiger Aspekt hinsichtlich des Raums, unabhängig von der Größe, ist die Raumtemperatur. Diese sollte 12 °C nicht unterschreiten. Eine günstige Lösung hierfür ist, insbesondere bei freistehenden Anlagen, ein elektrisch geregelter Heizkörper. Eine Aufschaltung auf die GLT mit den Werten der Temperatur und auch bei einer Störung wird empfohlen. Ist der Schaltraum ein Bestandteil innerhalb eines Gebäudes mit einer Heizungsanlage, so kann ein Heizkörper der Zentralheizung montiert werden. Es dürfen aber dafür nur die Leitungen für diesen einen Heizkörper im Raum verlegt sein, keine Durchgangsleitungen und sonstigen fremden Leitungen oder Rohre (vgl. Mittelspannungsanlagen planen, S. 61).

Raumbedarf für die MS-Schaltzellen

Neben Transformator und NSHV sind die Zellen der Schaltanlage in der erforderlichen Anzahl räumlich zu berücksichtigen. Für den ungünstigsten Fall einer luftisolierten Anlage ist hier mit Größen von B/T: 900 mm/1100 mm je Zelle zu planen. Wichtig ist hierbei, dass vor der einzelnen Zelle ein Bewegungsraum von 1,20 m gegeben ist. Für eine Transformatorstation werden 3 bis 6 Zellen benötigt. Der Mindestraumbedarf beträgt dazu ca. 2,6 m…5,8 m x 2,4 m. Die Raumhöhe (Rohbau) ist bei der Planung von Neubauten mit 3 m zu fordern. Für den Einbau in Bestandsgebäude wird man durch den Einbau von Kabelschächten bzw. Doppelboden mit Raumhöhen von 2,0 m bis 2,5 m zurechtkommen müssen (vgl. AMEV 2020, S. 55). Bei Wandaufstellung ist ein Abstand von 5 cm zur Wand aus Korrosionsgründen freizuhalten. Bei metallgekapselten Schaltanlagen mit Störlichtbogenqualifikation muss der Abstand 10 cm ± 3 cm betragen (vgl. Mittelspannungsanlagen planen, S. 68).

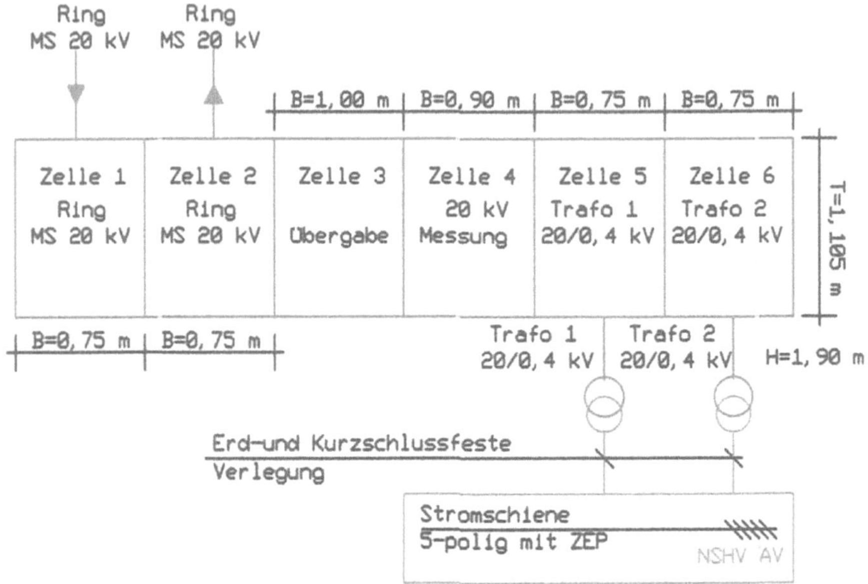

Bild 2.3: Systemzeichnung – Raumbedarf für MS-Schaltzellen

Kommentar zur Systemzeichnung: Der Einbau der Schaltanlage mit der Zahl der Zellen entspricht einer individuellen Planung. Die kleinste Anlage sind zwei Zellen mit MS-Messung und einer Zelle für Übergabe zum Transformator. Die Regel sind aber 4 bis 6 Zellen für MS-Einschleifung mit 2 Zellen, Übergabefeld, der Zelle für die mittelspannungsseitige Messung bei einer kundeneigenen Trafostation, sowie der Zelle als Abgangsfeld zum Transformator. Kleinere Abmessungen haben gasisolierte Schaltanlagen. Die Entscheidung, ob luft- oder gasisolierte Schaltanlagen eingesetzt werden, ist nach wirtschaftlichen und gegebenenfalls nach den zur Verfügung stehenden Räumlichkeiten zu treffen. Bei wirtschaftlicher Betrachtungsweise sind auch die Entsorgungskosten als Faktor zu berücksichtigen.

Hinweis: Wird das Objekt durch einen sogenannten Areal-Netzbetreiber versorgt, sind eventuell zusätzliche Zellen für die Übergabe durch den örtlichen Versorger am Gebäudeeintritt einzuplanen.

Angaben zum Gewicht für die MS-Schaltanlage

Das Gewicht der geplanten Schaltanlage ist für den gewählten Aufstellort dem Architekten bzw. dem Statiker im Zuge der Entwurfsplanung anzugeben. Dabei kann für erste Annahmen von 250 kg je Zelle ausgegangen werden. Für diese Annahme wird man bei allen Schaltfeldern auf der sicheren Seite sein. Nach der im Bild 2.3 dargestellten Anlage ergibt sich auf die Breite der Schaltanlage ein Gewicht von:

6 St. · 250 kg/St. = 1.500 kg.

Netzkurzschlussleistungen der verschiedenen Spannungsebenen

Maßgebend bei der Planung der MS- und NS-Schaltanlage ist die Netzkurzschlussleistung am Ort der Anlageninstallation. Für erste Annahmen gibt es Werte aus der Praxis. Diese sind in folgender Tabelle zusammengefasst.

Tabelle 2.3: Kurzschlussleistung auf der MS-Seite bei verschiedenen Spannungsebenen

Spannungsebene	öffentliche Netze		industrielle Netze	
U_N in kV	S''_Q in MVA	I''_{KQ} in kA	S''_Q in MVA	I''_{KQ} in kA
6	200	19,25	300	28,87
10	250	14,43	500	28,87
20	350	10,1	700	20,2
30	500	9,62	1200	23,09

Kommentar zur Tabelle: Nach der Norm sind die niederen Werte der Kurzschlussleistungen S''_Q in MVA mit den jeweiligen Spannungsebenen den öffentlichen Netzen zuzuordnen und die größeren Werte den industriellen Netzen (vgl. VDE 0100-Bbl. 5:2021-06, S. 14). Generell sind das Praxiswerte, die im konkreten Fall für die Auslegung von Anlagen beim VNB abzufragen bzw. zu berechnen sind.

Für die Berechnung des Netzkurzschlussstroms ist folgende Formel anzuwenden:

$$S''_Q = I''_{KQ} \cdot U_N \cdot \sqrt{3}$$

S''_Q = Netzkurzschlussleistung in MVA
I''_{KQ} = Netzkurzschlussstrom in kA
U_N = Netzspannung OS in kV

Die Berechnung bzw. Ermittlung des Netzkurzschlussstroms ist für die Bestimmung der Anlagenkomponenten, insbesondere für die Wahl des MS Leistungsschalters, unerlässlich.

Hinweis: Da die Einspeisung in NS-Netzen mit TN- bzw. TT-System in der Regel durch Trafos der Schaltgruppe Dyn erfolgt, wird das Nullsystem des MS-Netzes vom NS-Netz entkoppelt. Damit geht in die Berechnung der einpoligen Fehler im NS-Netz nur noch das Mit- und Gegensystem des vorgelagerten Netzes ein. Die Netzkurzschlussleistungen am Anschlusspunkt Q in Bild 7.3 sind vom jeweiligen Netzbetreiber einzuholen. In der Praxis sind häufig die Kurzschlussleistungen aus Tabelle 2.3 anzutreffen. Die minimalen Kurzschlussströme in Trafonähe des NS-

Netzes sind bei einer regulären Speisung aus dem MS-Netz in der Regel unkritisch; bei entfernten Stromkreisen spielt die minimale Kurzschlussleistung des MS-Netzes nur eine untergeordnete Rolle. Wenn über die minimale Kurzschlussleistung im MS-Netz nichts bekannt ist, so ist es im Allgemeinen ausreichend, sie mit 100...150 MVA anzusetzen. Wird das MS-Netz jedoch im Notbetrieb nur über Notstromaggregate gespeist, so können dort nicht selten Kurzschlussleistungen kleiner 25 MVA auftreten (vgl. VDE 0100 Bbl. 5:2021-06, S. 14-15).

Parallelschaltung von Trafos

In Industrienetzen mit mehreren Gebäuden kommt es oftmals vor, dass für die Stromversorgung Trafos parallelgeschaltet werden. Neben den allgemein bekannten Regeln dazu, dass nur Trafos gleicher Kurzschlussspannung zusammengeschaltet werden dürfen, gibt es dazu wichtige Faktoren, die es zu beachten gilt:

- gleiche Schaltgruppen
- gleiche Übersetzungsverhältnisse
- annähernd gleiche Kurzschlussspannungen (zulässige Abweichung: < 10 %)
- Verhältnis der Bemessungsleistungen nicht größer als 3:1

Die erste und zweite Bedingung sorgen für gleiche Spannungen im Leerlauf, wodurch Ausgleichsströme vermieden werden. Die dritte und vierte Bedingung führen zu einer sinnvollen Stromaufteilung bei Belastung.

Werden zwei Trafos parallel betrieben ist der Zusammenschluss sowohl auf der MS-Seite als auch auf der NS-Seite herzustellen. Erfolgt das nicht, werden im Ringbetrieb Leistungen durch die NS-Seite bis zum Lastschwerpunkt geschoben, was mit nachfolgender Systemzeichnung auch bildlich dargestellt ist.

Kommentar zur folgenden Systemzeichnung: Die Lastverteilung ist von den Leistungen der Entnahmestellen, sowie den Kabeln in Bezug auf Länge, Material und Querschnitt abhängig. Befindet sich der Lastschwerpunkt bei 1 oder 2 würde eine Leistung durch 3 über dessen NS-Seite geschoben werden, was durch die Parallelschaltung auf der MS-Seite zu vermeiden ist. Wichtig ist auch, die Planung von Schaltstellen zum Freischalten der einzelnen Trafos. Damit lassen sich Wartungsarbeiten am Trafo und an der Anlage einfacher durchführen, ohne dass Stromabschaltungen vorgenommen werden müssen.

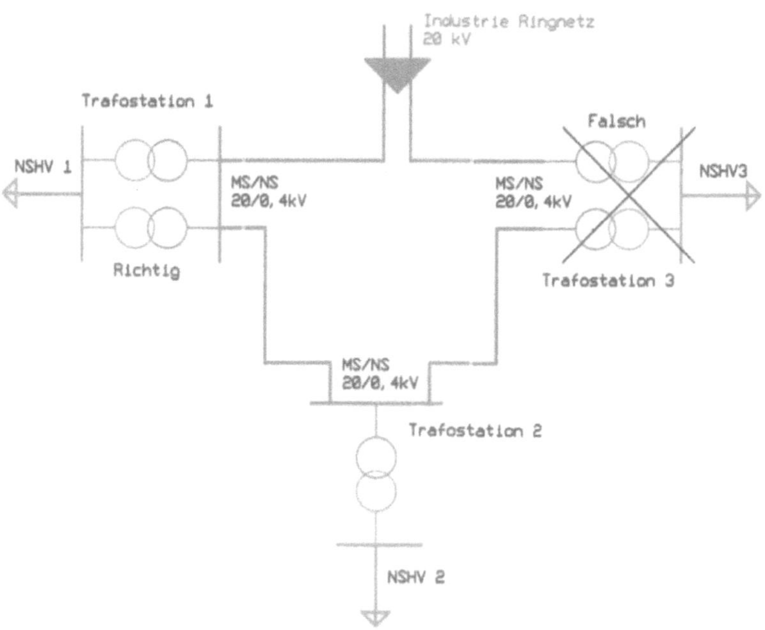

Bild 2.4: Systemzeichnung – Parallelschaltung von Trafos

Doppelboden für den Einbau der Kabelverbindungen

Ein Doppelboden ist für den Einbau der Kabelverbindungen notwendig. Der Doppelboden ist, wie im Schnitt dargestellt, zwischen dem Transformatorraum und dem Elektrobetriebsraum unter den Schaltzellen und auch unter der NSHV großflächig einzuplanen.

Unter Berücksichtigung einer fachgerechten Verlegung und Einhaltung der vorgegebenen Biegeradien sind hier lichte Höhen von mindestens 0,8 m bis 1,2 m zu fordern. In Gebäuden mit öffentlichen Einrichtungen wird für Neubauten eine Mindesthöhe von 0,5 m empfohlen (vgl. AMEV 2020, S. 55). Bei Öltransformatoren ist die Bodenplatte nach den Anforderungen einer Ölauffangwanne zu errichten. Die Kabelverlegung zwischen Transformator und NSHV mit der brandschutztechnischen Abschottung ist entsprechend auszuführen. Bei der Verkabelung von Transformatoren kommt es vor, dass der günstigste Kabelweg unter den Transformatoren in den Ölauffangräumen verläuft. Zu einer Kabelverlegung in diesem Bereich gibt es keine Einwände, wenn die Kabel nicht gerade auf dem Boden des Auffangraums gelegt werden. Empfohlen wird hierzu die Verlegung in Kabelpritschen auf Abstand zum Boden (vgl. Mittelspannung planen, S. 130).

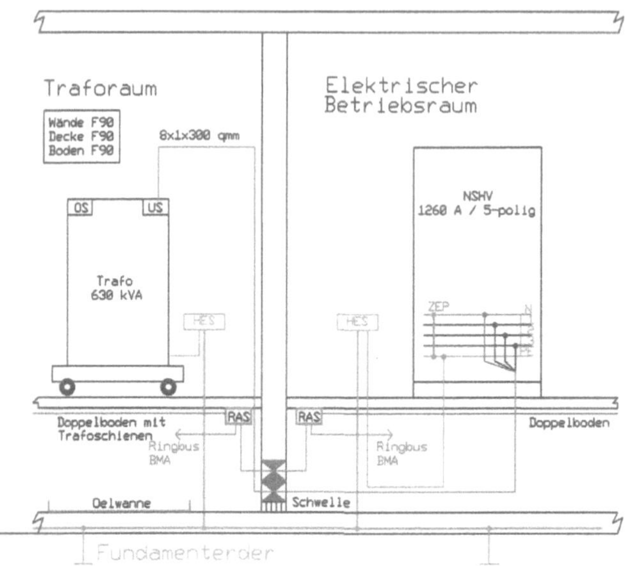

Bild 2.5: Systemzeichnung – Transformatorraum mit Doppelboden

Kommentar zur Systemzeichnung: Der Einbau eines Doppelbodens kann insbesondere bei Kabeln mit großen Querschnitten zwingend gefordert werden. Zu bedenken gilt es, den Doppelboden brandschutztechnisch zu überwachen. Von manchen Netzbetreibern werden hierzu genaue Vorgaben gemacht, die umzusetzen sind. Falls bei Störlichtbögen die Druckentlastung unter die Schaltfelder erfolgt, müssen die Fußbodenplatten gegen Abheben gesichert sein. Gitterroste dürfen aus diesem Grund nicht verwendet werden (vgl. Mittelspannungsanlagen planen, S. 54).

Die weiteren Kriterien für den Transformatorraum, die es zu beachten gilt, sind (vgl. MLAR 2018, S. 121ff.):

- Die Temperatur im Raum mit der NSHV muss mindestens 5 °C und darf max. 25 °C betragen. Eine Temperatur im Transformatorraum von 40 °C darf nicht überschritten werden (vgl. VDE 0532). Schalträume sollen in jedem Fall beheizbar sein, die Raumtemperatur sollte 12 °C bis 15 °C nicht unterschreiten.
- Die entstehende Wärmelast im Raum muss aerodynamisch abgeführt werden. Mechanische Abführung kann in bestimmten Fällen und in Abstimmung mit dem Netzbetreiber vorgenommen werden. Maßgebend für die Größe der Öffnungen zum Ableiten der Wärme ist das $\Delta \upsilon$ in Kelvin. Aus der o. g. Vorgabe muss ein $\Delta \upsilon$ von 15 K ständig abtransportiert werden können. Der Wert des benötigten Luftstroms (m^3/s) kann mit folgender Formel berechnet werden:

$V_l = P_t / (1{,}15 \cdot \Delta\upsilon)$

Die Netto-Oberfläche (m^2) des unteren Lüftungsgitters ergibt sich aus der Formel:

$A = 10{,}752 \cdot (P_t / (\sqrt{H} \cdot \Delta\upsilon^3))$

Angaben zur Formel:
P_t = abzuführende Verlustwärme in kW;
$\Delta\upsilon$ = Temperaturdifferenz in K;
V_l = benötigter Luftstrom in m^3/s;
A = Netto-Oberfläche in m^2 (ohne Lüftungsgitter) der unteren Lufteintrittsöffnung
H = Abstand in Meter zwischen der Mittellinie des Transformators und der Mittellinie der oberen Luftaustrittsöffnung des Transformatorraums

Genauere Angaben bzw. standardisierte Vorgaben für die Größe der Zu- und Abluft mit dem vertikalen Abstand zueinander bis Transformatorgrößen ≤ 630 kVA sind in der AMEV enthalten. Hier ist auch der Zuschlag für den Verbau mit Gittern oder Jalousien angegeben (vgl. AMEV 2020, S. 56f.).

Auf Grund der Komplexität ist die Berechnung unter Zuarbeit der notwendigen Daten und Parameter vom Versorgungstechniker zu erbringen.

Die Wärmelast ist aus den Datenblättern des nach dem Leistungsbedarf ermittelten Transformators zu entnehmen. Auf dieser Grundlage sind die Angaben für die baulichen Zu- und Abluftöffnungen vorzugeben. Die Wärmelast ergibt sich aus den Leerlauf- und Kupferverlusten. Hierzu gibt es zu den verschiedenen Größen von Öl- und Gießharztransformatoren eine Verordnung, in der diese Verluste unter Berücksichtigung des Wirkungsgrads als Obergrenzen genau festgelegt sind (vgl. Richtlinie 2009/125/EG:2014-05, S. 6f.). Eine weitere Übersicht hierzu ist in den Tabellen A.3 und A.4 der VDE abgebildet (vgl. VDE 0100 Bbl. 5:2021-06, S. 43f.).

- Die Zuluft muss dem Freien entnommen werden, die Abluft unmittelbar ins Freie geführt werden. Die Austrittsöffnungen müssen so angeordnet werden, dass es zu keinem Luftkurzschluss kommen kann. An den Austrittsöffnungen muss ein Schutzgitter angebracht werden.

  Hinweis: Es ist darauf zu achten, dass keine fremden Lüftungsleitungen durch den Raum verzogen werden, auch dann nicht, wenn eine Abschottung L90 geplant ist (vgl. MLAR:2018-10, S. 124).

- Werden die Lüftungsleitungen durch andere Räume geführt, sind diese mit der Bezeichnung I so herzustellen, dass Feuer und Rauch nicht in andere Räume übertragen werden können.

Hinweis: Die Planung und Ermittlung des elektrotechnischen Lüftungsbedarfs bzw. Festlegung der Lüftungs-/Leitungsquerschnitte ist Aufgabe des Elektroplaners. Bei Verwendung von klassifizierten Lüftungsleitungen durch andere Räume ist die Planung dieser klassifizierten Lüftungsleitungen durch den Lüftungsplaner zu dimensionieren (vgl. MLAR:2018-10, S. 123).

- Türen müssen feuerhemmend und selbstschließend sein, nach außen aufschlagen und aus nicht brennbaren Baustoffen sein. Außentüren können aus Blech sein und müssen selbstschließend sein. Bei getrennten Räumen für Transformator und MS-Zellen mit NSHV ist die Selbstschließung der Tür nur für den Raum mit Transformator gefordert. Die Türbreite und Höhe für die Einbringung ist aus den Datenblättern der Hersteller zu entnehmen. Für Transformatorgrößen bis 1600 kVA sind 1,3 m bis 1,5 m, bei einer Höhe von 2,10 m in der Regel ausreichend. Zu den tatsächlichen Maßen eines Transformators ist empfohlen bei Höhe und Breite 20 cm Transportabstand hinzuzurechnen. Für die Zugänglichkeit sind alle dazwischen liegenden Türen mit einer Doppelschließung auszustatten. Die Beseitigung von Störungen und Durchführung von Schalthandlungen muss gewährleistet sein. Der Zugang von Unbefugten muss verhindert sein, in Fluchtrichtung ist ein Panikschloss anzubringen. Bei metallischer Ausführung ist eine Einbeziehung in die Schutzerdung in Betracht zu ziehen.
- Der Raum und die Anlage sind störlichtbogensicher herzustellen. Dies gilt als Schutz von Bedienungspersonal und Passanten vor thermischen und mechanischen Auswirkungen durch Störlichtbogen-Emissionen. Für den Innenraumbereich ist gegebenenfalls ein Lichtbogenwächter zu planen, der die Ausschaltung des NS-Leistungsschalters in ca. 5 ms bewirkt. Neben dem Schutz von Personen und Sachwerten bietet der Störlichtbogenwächter eine hohe Verfügbarkeit der Anlage (vgl. VDE 0100-420:2022-06, S. 13).
- Der erforderliche Raumabschluss zu anderen Räumen darf durch einen Druckstoß aufgrund eines Kurzschlusses nicht gefährdet werden.
- Festlegung der Erdungsfestpunkte im Raum für die Anschlüsse der Transformator- und Schaltanlagen an die Erdungsanlage. Die Angaben dafür sind beim Errichter der Anlage bzw. beim Netzbetreiber rechtzeitig anzufordern und im Fundamenterderplan für die Ausführung verbindlich durch den Elektro-Fachplaner zu zeichnen.
- Das Gewicht des geplanten Transformators mit den Schaltzellen und der NSHV ist dem Statiker anzugeben. Bei Öltransformatoren ist auch die Ölmenge mit anzugeben.
- Frei zugängliche Einbringschächte für Transformatoren sind vor Oberflächenwasser zu schützen. Hier ist eventuell eine Drain-Rinne davor zu setzen und, falls notwendig, ein Wasserablauf im Boden des Einbringschachts zu fordern.

- Trafostationen in Gebäuden sollten nach Norden ausgerichtet sein. Direkte Sonneneinstrahlung auf Zu- und Abluftöffnungen von Transformatorräumen sind in jedem Fall zu vermeiden.
- Beim Zugang aus einem notwendigen Treppenraum oder Fluchtflur muss eine Schleuse gebaut werden.
- Sicherheitsschleusen mit mehr als 20 m^3 Luftraum müssen Rauchabzüge haben.
- Fenster, die von außen leicht erreichbar sind müssen so beschaffen oder gesichert sein, dass Unbefugte nicht in den elektrischen Betriebsraum eindringen können. Bei metallischer Ausführung ist eine Einbeziehung in die Schutzerdung in Betracht zu ziehen.
- Unter Transformatoren muss auslaufende Kühl- und Isolierflüssigkeit aufgefangen werden. Vor Öffnungen muss eine undurchlässige Schwelle in der Höhe vom Volumen der auslaufenden Flüssigkeit eingebaut sein. Als Alternative kann auch eine Wanne eingebaut werden. Für höchstens drei Transformatoren mit jeweils 1000 l Isolierflüssigkeit in einem elektrischen Betriebsraum genügt es, wenn die Wände in der erforderlichen Höhe sowie der Fußboden undurchlässig ausgebildet sind.
- Fußböden müssen mindestens aus schwer entflammbaren Baustoffen bestehen.
- Zum Schutz gegen direktes Berühren sind Hindernisse oder Abdeckungen anzubringen. Hindernisse können Leisten, Ketten, Blenden, Seile und feste Wände oder Gitter sein, die niedriger als 1,80 m sind. Hindernisse sind in einer Höhe von 1 m bis 1,40 m anzubringen. Der lichte Abstand muss mindestens 500 mm sein. Es empfiehlt sich aber die v. g. 800 mm zum Zweck für Wartungsarbeiten einzuplanen. Bei Ketten und Seilen ist der Abstand um den Durchhang zu erhöhen. Die Kennzeichnung dieser Hindernisse ist mit gelb-schwarz bzw. mit rotweiß, je nach Gefahrensituation, auszuführen.
- Eine befestigte Zufahrt für LKW zum Abladen mit Autokran ist zu bedenken.
- Bei der Spartenverlegung von Kabel der verschiedenen Medien ins Gebäude sind nachfolgende Verlegtiefen unter OK-Gelände einzuhalten:
  - Kabel für Fernmeldeanlagen: 0,55 m bis 0,60 m. Zu Starkstromkabeln ist ein Abstand von 0,3 m einzuhalten. Dieser Abstand darf auf 0,1 m verringert werden, wenn Ausrieseln von Sand verhindert wird (VDE 0100-520:2013-06, S. 32).
  - Kabel für Niederspannungsanlagen: 0,60 m bis 0,80 m (vgl. DIN 18012, Hausanschlussräume)

- Kabel für Mittelspannungsanlagen: 0,95 m (vgl. Mittelspannungsanlagen planen, S. 131).

  Hinweis: Für den Einbau von Bauwerksdurchdringungen zum Einführen der Sparten sollte möglichst frühzeitig ein Informationsaustausch in der Planungsphase zwischen Bauherrn, vertreten durch dessen Planer, und Netzbetreiber erfolgen. Dabei müssen Positionierung, Dimensionierung und Lage der Bauwerksabdichtung konzipiert und abgestimmt sein. Das Abdichtungssystem muss vom Netzbetreiber vorgegeben werden. Das Ziel ist, durch eine sach- und fachgerechte Ausführung die Sparten dicht ins Gebäude zu verlegen. Dichtheit liegt vor, wenn die vorgesehene Nutzung von Gebäuden oder Gebäudeteilen ohne schädliche Einflüsse gegeben ist (vgl. VDE-AR-N 4223:2020-05, S. 14).

- Bei unpassender Raumsituation ist eine Kompaktanlage auf dem Grundstück in nächster Nähe zum Gebäude zu diskutieren. Bei Wandaufstellung ist ein Abstand von 0,8 m bis 1,2 m für Wartungs- und Reinigungsarbeiten zu empfehlen.

  Hinweis: Die Kompaktanlage darf nur unmittelbar an der Außenwand aufgestellt werden, wenn die Wand der Klassifikation „feuerhemmend“ entspricht. Ansonsten muss für die Aufstellung ein Abstand von 5 m zum Gebäude hin eingehalten werden.

- Trafostationen im Gebäude und als Freiluftanlage sind mit einer Blitzschutzanlage zu bauen. Hierzu gibt es gemessen an der Bedeutung dieser Einrichtung keinen Zweifel. Diese ist dem Eigentümer auch dann zu empfehlen, wenn das Ergebnis der Risikobetrachtung eine solche nicht fordert (vgl. Mittelspannungsanlagen planen, S. 55).

- Erfolgt der Stromanschluss aus der Niederspannungsebene, so muss ein Hausanschlussraum nach DIN 18012 geplant werden. Der Raum muss an einer Außenwand platziert werden (siehe Abschnitt 2.2.10).

- Vor den Zähler-, Mess- und Hausanschlussschränken sowie den Schaltzellen muss ein Bewegungsfreiraum von 1,2 m geplant werden.

Die weiteren Anforderungen für Betriebsstätten, Räume und Anlagen besonderer Art sind in der VDE 0100-729:2010-02 festgelegt. Hier sind die Bedienungsgänge und Wartungsgänge unter Berücksichtigung der geplanten Anlagen zeichnerisch und bildlich genau dargestellt. Sollte es Überschreitungen im Bereich von Ganglängen von 10 m geben, so muss ein solcher Raum dann von beiden Seiten durch Türen zugänglich sein. Bei eingeschränktem Zugang sind 6 m die Grenze.

Hinweis: Die wesentlichen Anforderungen für die Planung der Energiezentrale mit den Räumen der Anlagentechnik sind in der Auflistung enthalten. Eine ausführliche und umfassende Darstellung findet sich im Buch Mittelspannungsanlagen planen.

Kabelanlage vom Transformator zur NSHV

Die Berechnung der Kabel vom Transformator zur NSHV-AV ist für den Elektroplaner mit das komplexeste, was auf Grund der aktuellen Vorschriftenlage zu bestimmen ist. Es ist damit eine umfangreiche Grundlagenermittlung mit fordernder Zuarbeit der am Projekt beteiligten Fachingenieure verbunden. Die Bestimmung der Transformatorgröße ergibt sich aus dem ermittelten Leistungsbedarf für den Stromanschluss des Gebäudes. Mit Berücksichtigung einer Belastung von 60 % ist die Leistungsgröße des Transformators zu bestimmen. Bei der Kabeldimensionierung ist insbesondere der Querschnitt maßgebend, der den funktionierenden Betrieb ausmacht. Die Vorgehensweise für die Festlegung der Kabelanlage ist wie folgt abzuarbeiten:

- Bestimmung der Impedanzen und der unbeeinflussten Kurzschlussströme am Anfang des Stromkreises für die Bemessung der Betriebsmittel auf Kurzschlussfestigkeit und der Schaltgeräte auf Ein- bzw. Ausschaltvermögen
- Berechnung des Betriebsstrom I_B für die Leistung des Transformators

  $I = S / (U \cdot \sqrt{3})$
- Bestimmung des Bemessungsstroms I_N der Schutzeinrichtung (Sicherung, Leistungsschalter) bzw. des Einstellstroms I_E des Überlastauslösers
- Festlegung der Verlegeart unter Berücksichtigung der baulichen Gegebenheiten. Grundlage hierzu sind die verschiedenen Tabellen aus den Normen (vgl. VDE 0298-4:2013-06).
- Bestimmung der Leiterquerschnitte, generell in 5-poliger Ausführung, mit den verschiedenen Minderungsfaktoren für Häufung, Temperatur usw. (vgl. VDE 0298-4:2013-06)
- Prüfen des Überlastschutz nach der Bemessungsstromregel $I_B \leq I_N \leq I_Z$ bzw. $I_B \leq I_r \leq I_Z$ und der Auslösestromregel $I_2 \leq 1{,}45\ I_Z$ (vgl. VDE 0100-430)[1]
- Prüfen des Kurzschlussschutz nach den Regeln ($k^2 \cdot S^2 \geq I_K{}^2 \cdot t_k$) bei ($5s \geq t_K \geq 0{,}1$ s) und $k^2 \cdot S^2 \geq [I^2t]d$) bei ($t_K < 0{,}1$ s) (vgl. VDE 0100-430)
- Prüfen der max. zulässigen Grenzlänge des Stromkreises auf Einhaltung:
  - Schutz gegen elektrischen Schlag und Schutz durch automatisches Abschalten

[1] I_r ist der Stromeinstellwert eines einstellbaren Überstromauslösers

- Schutz bei min. Kurzschluss am Ende des Stromkreises bei Leitertemperatur bei t_K und I_{Kerf}
- bei zulässigen Spannungsfall im Stromkreis (vgl. Kapitel 7 Spannungsfall)

Hinweis: Berechnung des Spannungsfalls mit der Formel $l_{zul} = l_{norm} \cdot (U_N/I_B) \cdot \Delta u$ in %. Der Wert I_{norm} ist in Tabellen für die verschiedenen Kabeltypen enthalten (vgl. VDE 0100 Bbl. 5:2017-10, S. 61-64). Die Formel ist bei $A_{Cu} \geq 50$ mm² und $A_{Al} \geq 70$ mm² anzuwenden. Bei kleineren Querschnitten kann nach wie vor mit der Standardformel gerechnet werden.

Die Zuordnung von Sicherung zum Querschnitt nach Tabelle 2.4 erfolgte hier nach Verlegeart C aus VDE 0298-4:2013-06 nach der Betriebstemperatur mit 70 °C am Leiter und 30 °C Umgebungstemperatur. Je nach Einsatz des festgelegten Kabels entsprechend der Tabelle 1a/b, ist die Zuordnung nach Verlegeart in den Tabellen 3 bis 6 der genannten Norm genau vorgegeben. Für Deutschland kann nach benannter Norm mit einer Umgebungstemperatur von 25 °C gerechnet werden (vgl. VDE 0298-4:2013-06, S. 51, 52).

Die Vorgaben aus der VDE für die Schienengröße in der NSHV und den Absicherungen für die verschiedenen Transformatorgrößen mit Kupfermaterial sind in Tabelle 2.4 aufgeführt.

Tabelle 2.4: Kabelanlage zwischen Trafoanlage und NSHV mit Cu-Kabel

Trafo kVA	160	250	400	630	1000	1250	1600	2000
I_N **in A**	231	361	578	910	1444	1805	2310	2887
A **in mm² (Cu)**	150	240	370	600	900	1100	1440	1800
Sicherung	250	400	2x315	4x250	6x250	2000	2800	3200
Kabel (Cu)	150	240	185 (2)	150 (4)	150 (6)	Stromschiene nach TAB VNB		
Schiene NSHV	400 A	630 A	800 A	1260 A	1600 A	2400 A	3200 A	4000 A
U_V **0,5%**	28 m	27 m	28 m	30 m	27 m	17 m	17 m	18 m
U_V **1,0%**	56 m	53 m	56 m	60 m	53 m	34 m	34 m	35 m
U_V **2,0%**	112 m	106 m	112 m	120 m	106 m	68 m	68 m	70 m

Kommentar zur Tabelle: Die Regel im Gebäude ist, dass die Verbindung zwischen Transformator und NSHV mit Kupferleiter ausgeführt wird. Bis zu einer bestimmten Transformatorgröße erfolgt das mit Mehr- oder Einleiterkabel. Ab einer bestimmten Größe werden von manchen Ortsnetzbetreibern dann Stromschienen gefordert.

Die Vorgaben aus der VDE für die Schienengröße in der NSHV und den Absicherungen für die verschiedenen Transformatorgrößen mit Aluminiummaterial sind in Tabelle 2.5 aufgeführt.

Tabelle 2.5: Kabelanlage zwischen Trafoanlage und NSHV mit Alu-Kabel

Trafo kVA	160	250	400	630	1000	1250	1600	2000
I_N **in A**	231	361	578	910	1444	1805	2310	2887
A **in mm² (Al)**	185	300	480	740	1110	1295	1800	2220
Sicherung	250	2x200	2x315	4x250	6x250	2000	2800	3200
Kabel (Al)	185	150 (2)	240 (2)	185 (4)	185 (6)	Stromschiene nach TAB VNB		
Schiene NSHV	400 A	630 A	800 A	1260 A	1600 A	2400 A	3200 A	4000 A
U_V **0,5 %**	23 m	24 m	23 m	24 m	21 m	20 m	23 m	21 m
U_V **1,0 %**	47 m	49 m	47 m	48 m	43 m	40 m	46 m	42 m
U_V **2,0 %**	94 m	98 m	94 m	96 m	86 m	80 m	92 m	84 m

Kommentar zur Tabelle: Der Einbau von Aluminiumkabel wird aus wirtschaftlichen und nach technisch vorhandenen Gegebenheiten entschieden. Bei kundeneigenen Anlagen mit außerhalb vom Gebäude platzierten Stationen ist es gängige Praxis, die Verbindung mit Aluminiumkabel herzustellen.

Die in der Tabelle 2.5 enthaltenen Werte sind nach Verlegeart C aus Tabelle 4. Erfolgt die Verlegung im Erdreich in Rohren bzw. Kabelschacht ist Verlegeart D nach Tabelle 4 zu berücksichtigen (vgl. VDE 0298-4:2013-06, S. 14, 24, 30). Hier werden größere Querschnitte zu verlegen sein.

Bei direkter Verlegung im Erdreich ist die Bauartnorm maßgebend, nach der die Absicherung vorgenommen werden kann. Eine Zusammenstellung und damit Vergleich von Verlegung in Rohr oder Schacht zu direktem Einbau im Erdreich ist in den folgenden Tabellen gegenübergestellt.

Kommentar zur Tabelle: Für die direkte Verlegung im Erdboden können die spezifischen Belastbarkeitswerte aus VDE 0276-603 herangezogen werden. Umrechnungsfaktoren für Häufung von direkt im Erdboden verlegten Kabel sind der Tabelle 24 aus der VDE 0298-4 zu entnehmen (vgl. VDE 0298-4:2013-06, S. 57). Bei Dauerbetrieb. z. B. für ein Blockheizkraftwerk, ist gegebenenfalls auch bei Einkabelverlegung der Faktor 0,7 anzuwenden.

Liegt über die Strecke eine Mischverlegung der verschiedenen Gruppen B, C, E usw. vor, ist immer nach der ungünstigsten zulässigen Belastung die Absicherung des Kabels vorzunehmen. Für Einzeladerverlegung gleichen Querschnitts gilt zwar, eine geringfügig höhere zulässige Belastung, wobei aber die gleiche Absicherung wie bei einem Mehrleiterkabel anzuwenden ist.

Tabelle 2.6: Belastung und Absicherung von Starkstromkabeln – NAYY (Aluminium)

Rohr/Schacht	VDE 0298-4 Tabelle 4									
Belastung I_{BE} (A)	64	77	91	112	132	150	169	190	218	247
Absicherung I_A (A)	63	63	80	100	125	125	160	160	200	225
Querschnitt (mm²)	**25**	**35**	**50**	**70**	**95**	**120**	**150**	**185**	**240**	**300**
Absicherung I_A (A)	100	100	125	160	200	224	250	250	315	400
Belastung I_{BE} (A)	102	123	144	179	215	245	275	313	364	419
Erdreich	VDE 0276-603									

Tabelle 2.7: Belastung und Absicherung von Starkstromkabeln – NYY (Kupfer)

Rohr/Schacht	VDE 0298-4 Tabelle 4									
Belastung I_{BE} (A)	82	98	116	143	169	192	217	243	280	316
Absicherung I_A (A)	80	80	100	125	160	160	200	224	250	315
Querschnitt (mm²)	**25**	**35**	**50**	**70**	**95**	**120**	**150**	**185**	**240**	**300**
Absicherung I_A (A)	125	125	160	224	250	315	215	400	400	500
Belastung I_{BE} (A)	133	159	188	232	280	318	359	406	473	535
Erdreich	VDE 0276-603									

Kabelanbindung zwischen Transformator und NSHV mit Einleiterkabel bzw. Stromschiene 4-polig

Tabelle 2.8: Anzahl der Einaderleiter in Kupfer als Verbindung von US-Transformator – NSHV

Trafo	**Strom I_N**	**L1-L3**		**N**		**PE**		**Anzahl**
kVA	**A**	**mm²**	**Anzahl**	**mm²**	**Anzahl**	**mm²**	**Anzahl**	**Gesamt**
160	231	150	3	150	1	95	1	5
250	361	240	3	240	1	120	1	5
400	578	185	6	185	2	185	1	9
630	910	300	6	300	2	300	1	9
1000	1444	300	9	300	3	300	2	14
1250	1810	Stromschiene 4-polig 2400 A				300	2	-
1600	2310	Stromschiene 4-polig 3200 A				240	3	-
2000	2887	Stromschiene 4-polig 4000 A				300	3	-
2500	3615	Stromschiene 4-polig 5000 A				300	4	-

Kommentar zur Tabelle: Bei erschwerten Bedingungen kann der Einsatz von Einleiterkabel eine Notwendigkeit werden. Hier gilt es dann die Anzahl der Adern entsprechend der Strombelastbarkeit der Mehrleiterkabel einzubauen. Einleiterkabel sind systematisch zu bündeln. Dabei ist bei der Bündelung auch die Anordnung der

Außenleiter bei mehreren Parallelkabel zu beachten (vgl. Mittelspannung planen, S. 126). Ab einer Transformatorgröße von 1250 kVA wird der Einbau von Stromschienen gefordert. Die Vorgaben dazu befinden sich in den jeweiligen TAB der Netzbetreiber. Hierbei ist zu beachten, dass keine ferromagnetischen Verbindungsteile verwendet werden. Der PE mit dem halben Querschnitt zu den aktiven Leitern ist auf der sicheren Seite. Mit Kenntnis des auftretenden I_{K1min} kann dieser genau berechnet werden. Der Rechenweg wird nachfolgend ausführlich dargestellt.

Hinweis: Aus EMV-Gründen gilt für öffentliche Gebäude, dass vom Transformator zur NSHV Mehrleiterkabel zu verlegen sind (vgl. AMEV 2020, S. 50).

Wichtig: Bei VNB-Trafostationen ist für den Spannungsfall zwischen Transformator und Messung zwingend ein U_v von 0,5 % einzuhalten.

Für die Absicherung der Verbindungskabel wird hier die Verlegeart C bzw. E/F mit einer Umgebungstemperatur von 25 °C zur Anwendung kommen können.

Bei Paralleleinspeisung mit zwei Transformatoren ist auf gleiche Spannungsfälle durch gleiche Kabel- bzw. Stromschienenlängen zu achten. Bei zwei oder mehr Transformatoren sind auf deren NS-Seite unbedingt Kuppelmöglichkeiten zwischen allen Transformatoren einer Station vorzusehen. Dadurch können der Ausfall eines Transformators beherrscht und Wartungs- und Instandhaltungsarbeiten ohne Ausfall durchgeführt werden. Die Auslastung der Transformatoren sollte bei 60 % liegen. Der ständige Parallelbetrieb von Transformatoren sollte vermieden werden, da sich bei Parallelschaltung der Kurzschlussstrom nahezu verdoppelt und die Zerstörungskraft wegen I_k^2 vervierfacht (vgl. Mittelspannung planen, S. 48).

Hinweis: Für Transformatoren < 1000 kVA können in der NSHV Sicherungen zur Absicherung der Verbindungskabel eingebaut werden. Bei Transformatoren ≥ 1000 kVA müssen Leistungsschalter eingebaut werden. Hier muss eine Abstimmung mit dem Netzbetreiber erfolgen. Einzeladern müssen erd- und kurzschlusssicher sein.

Für die Verbindungskabel vom Transformator zur NSHV gibt es genaue Vorgaben für den Aufbau der Netz-Form, insbesondere für das TN-S-System. Wichtig ist hierbei, dass der PEN bzw. N querschnittsgleich der Außenleiter mit verlegt wird. Nur der PE kann mit halbem Querschnitt zu den Außenleitern eingebaut werden. Für den rechnerischen Abgleich ist VDE 0100-520 Bbl. 3:2012-10 anzuwenden.

In Niederspannungs-TN- und -TT-Systemen sind die US-Sternpunkte der Transformatoren zu erden (Betriebserdung). Hiermit verhindert man, dass bei einem Erdfehler die nicht betroffenen Leiter eine höhere Spannung gegen Erde annehmen als das 1,45-fache der fehlerfreien Leiter-Erde-Spannung und dazu in IT-Systemen das 1,73-fache. Die VDE 0100-100 verlangt, dass der Sternpunkt mit einer isolierten

Leitung bis zur PEN-Schiene der NSHV zu führen ist. Die Leitung ist ein grün-gelber PEN Leiter. Dies trifft auch auf den Generatorsternpunkt bei Netzersatzanlagen zu. Erst in der NSHV ist eine einzige Verbindung zur Erde einzubauen, die als der zentrale Erdungspunkt (ZEP) bezeichnet wird. Es wird damit verhindert, dass in einem TN-S-System Betriebsstromanteile über Erde und Potentialausgleichsleiter fließen. Aus Korrosionsgründen ist die Mindeststärke für Kupfer 16 mm² (vgl. Mittelspannung planen, S. 96).

Kriterien für die Bestimmung des Erdungsleiterquerschnitts (PE) vom Trafo zur NSHV

Für die thermische Festigkeit im Kurzschlussfall ist der rechnerische Nachweis für die Materialstärke des Erdungsleiters zu erbringen.

Hinweis: Für die Festlegung des PE-Querschnitts ist der Kurzschlussstrom zu betrachten. Im Transformatorparallelbetrieb ist zu beachten, dass der PE-Leiter im Falle eines einpoligen Kurzschlussstroms zwischen einer Phase und dem Transformatorgehäuse mit dem Kurzschlussstrom aus allen parallel geschalteten Transformatoren belastet wird. So kann z. B. bei vier parallel geschalteten Transformatoren mit einer Leistung von 1000 kVA der Kurzschlussstrom je nach Netzverhältnis ca. 50 kA bis 80 kA betragen. Der Stromwärmewert gemäß der Formel $I^2 \cdot t$ beläuft sich bei Abschaltzeiten im Bereich von 5 s dann bei 50 kA auf ca. $1.250 \cdot 10^6$ A²s. Zur Erreichung einer thermisch kurzschlussfesten Verkabelung ist in diesem Fall ein Kabelquerschnitt von ca. 400 mm² erforderlich. Es ist zu gewährleisten, dass dieser Kabelquerschnitt durchgehend vom Transformatorgehäuse bis zur NSHV-PE-Schiene verlegt wird. (*Erklärung:* 50.000 A² · 5 s = $1.250 \cdot 10^6$ A²s) (vgl. AMEV 2020, S. 27).

Tabelle 2.9: Darstellung der Materialstärke im Kurzschluss für Kupfer

	Kurzschlussstrom I_{K1min} in kA										
Fehlerstromdauer in s	**10**	**20**	**30**	**40**	**50**	**60**	**70**	**80**	**90**	**100**	**Stromdichte Cu/mm²**
0,1	16	35	50	70	95	120	120	150	150	185	**600**
0,2	25	50	95	120	150	150	185	240	240	240	**415**
0,3	35	70	95	150	150	185	240	240	300	300	**350**
0,4	35	70	120	150	185	240	240	300	300	400	**300**
1	70	120	185	240	300	370	400	480	500	600	**180**
5	120	240	400	480	600	800	800	900	1000	1200	**90**

Querschnitt A in mm² für thermische Festigkeit des Erdungsleiters (PE)

Kommentar zur Tabelle: Mit Kenntnis des 1-poligen Kurzschlussstroms kann der Querschnitt des Erdungsleiters berechnet werden: $A = I_{\mathrm{k1min}} / G$ (G in A/mm²). Bei G handelt es sich dabei um die Kurzschlussstromdichte des verwendeten Materials, abhängig von der Fehlerstromdauer.

Für die Auslegung der NSHV als unmittelbar nachgeordnete Verteilung zum Trafo ist die Kenntnis der Kurzschlussströme eine grundlegende Voraussetzung. Dazu sind in der VDE-Bestimmung in Tabellenform für die verschiedenen Trafogrößen und Parallelschaltungen von bis zu drei Trafos die zu erwartenden Ströme angegeben (vgl. VDE 0100 Bbl. 5:2021-06, S. 51f.).

Tabelle 2.10: Näherungswerte von Kurzschlussströmen in kA an der unmittelbar angeschlossenen NSHV auf der NS-Seite

	Trafoleistung in kVA mit Kabellänge 10 m bis zur NSHV									
	100	**160**	**250**	**315**	**400**	**500**	**630**	**800**	**1000**	
I_{K3max}	3,7	5,9	9,3	11,5	14,7	18,1	22,7	28,6	35,4	1 Trafo
I_{K1min}	3,2	4,8	7,7	9,4	12,1	14,6	18,4	23,0	28,3	
I_{K3max}	7,5	11,7	18,3	22,7	28,8	35,4	44,1	55,1	67,6	2 Trafo paralel
I_{K1min}	6,3	9,5	15,1	18,4	23,5	28,3	35,2	43,7	53,0	
I_{K3max}	11,1	17,4	27,1	33,6	42,4	51,1	64,2	79,2	96,8	3 Trafo paralel
I_{K1min}	9,3	14,1	22,2	27,0	34,3	41,0	50,7	62,3	74,8	
Kurzschlussstrom in kA; u_{kr} = 4 %; Schaltgruppe Dyn; U_{N} = 400 V										

Tabelle 2.11: Näherungswerte von Kurzschlussströmen in kA an der unmittelbar angeschlossenen NSHV auf der NS-Seite

	Trafoleistung in kVA mit Kabellänge 10 m bis zur NSHV									
	400	**500**	**630**	**800**	**1000**	**1250**	**1600**	**2000**	**2500**	
I_{K3max}	9,7	12,0	15,4	19,6	24,4	30,2	38,2	47,2	58,1	1 Trafo
I_{K1min}	7,9	9,5	12,6	16,2	20,2	24,9	31,2	38,5	47,1	
I_{K3max}	19,2	23,5	30,2	38,2	47,2	58,0	72,5	88,6	107,5	2 Trafo paralel
I_{K1min}	15,5	18,6	24,5	31,2	38,5	47,0	58,1	70,5	84,5	
I_{K3max}	28,4	34,7	44,3	55,8	68,5	83,7	103,6	125,2	150,1	3 Trafo paralel
I_{K1min}	22,8	27,3	35,7	45,1	55,1	66,7	81,4	97,4	114,9	
Kurzschlussstrom in kA; u_{kr} = 6 %; Schaltgruppe Dyn; U_{N} = 400 V										

Kommentar zu Tabellen 2.10 und 2.11: Situationsbedingt ergibt es sich, dass die Streckenlänge zwischen Trafo und NSHV eine durchaus längere sein kann als 10 m. Für eine exakte Bestimmung der auftretenden Kurzschlussströme kann dann methodisch nach Kapitel 7 der Wert eigenständig berechnet werden.

Mitteilung: Bei der Querschnittsbestimmung des Erdungsleiters ist in Abhängigkeit des Kurzschlussstroms die zulässige Fehlerdauer maßgebend. Die Werte dafür sind in Tabelle 2.9 enthalten. Die Festlegung der Fehlerdauer ist dabei vom Netzsystem abhängig; dabei gilt:

- maximale Abschaltzeit für Hauptstromversorgungssysteme im TT-System: 1 s
- maximale Abschaltzeit für Hauptstromversorgungssysteme im TN-System: 5 s

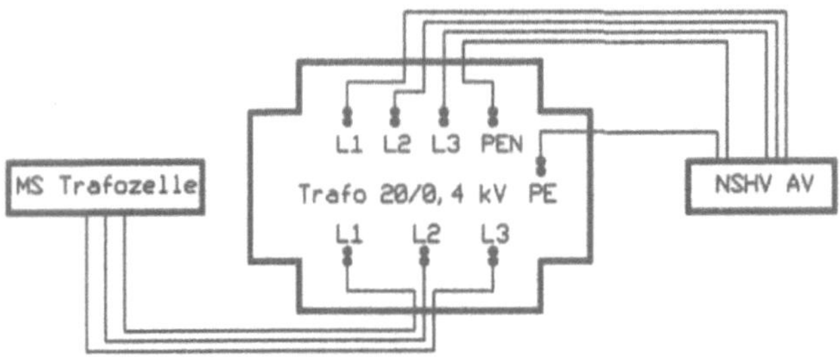

Bild 2.6: Systemzeichnung – Draufsicht Transformator mit Anschlussklemmen

Kommentar zur Systemzeichnung: Das Bild 2.6 zeigt die Draufsicht eines Trafos mit den Anschlussklemmen der Leiter von der MS-Ebene 20 kV zur NS-Ebene 0,4 kV. Für die Auslegung der aktiven Leiter L1, L2, L3 und PEN kann man die Querschnitte aus den Tabellen 2.5 bzw. 2.6 nach der Trafogröße und dem verwendeten Material – Kupfer oder Aluminium – festlegen. Die Querschnittsgröße für den PE ist dagegen rechnerisch zu belegen. Näherungswerte dazu sind in den Tabellen 2.8 und 2.9 enthalten. Mit Kenntnis des auftretenden Kurzschlussstroms kann die Materialstärke in Kupfer für die thermische Festigkeit aus der Tabelle 2.7 abgelesen werden. Wird ein anderes Material als Erdungsleiter verwendet, ist der einzubauende Querschnitt mit der dafür festgelegten Kurzschlussstromdichte zu berechnen. Wichtig ist auch die Farbwahl von PEN und PE. Diese müssen jeweils mit der Aderfarbe grün/gelb vom Trafo zur NSHV-AV verlegt werden. In der NSHV-AV, mit 5-poligen Schienen, erfolgt die Aufteilung in den N und PE mit dem Einbau der ZEP bei Anwendung des TN-S-Systems.

Vorgaben für den Bau der NSHV-AV

Die NSHV-AV ist bei mittelspannungsseitiger Versorgung in unmittelbarer Nähe zum Trafo zu planen. Als erste Verteilung verteilt sie die Energie über das Niederspannungskabelnetz zu den Gebäudehauptverteilern (GHV).

Die wesentlichen Forderungen (vgl. AMEV 2020-10, S. 29), die damit verbunden sind:

- Es sind bauartgeprüfte Schaltgerätekombinationen und Energie-Schaltgerätekombinationen gemäß VDE 0660-600-2 zu verwenden.
- Die Schienen sind auf die Größe des einspeisenden Trafos nach Tabelle 2.4 mit 2.5 auszulegen. Eine Reservevorhaltung bei Tausch zu größerem Trafo, insbesondere bei dynamisch wachsenden Industriezweigen, ist mit dem Betreiber zu diskutieren.
- Aus thermischen und elektrischen Gründen ist die Einspeisung gleich verteilt am Anfang, Mitte oder Ende der Schaltanlage zu platzieren. Es ist auf eine gleichmäßige Auslastung der Abgänge zu achten.
- Für die Einspeisung sind Leistungsschalter mit Trennstrecken einzusetzen. Eine Mitnahmeschaltung zwischen MS-Trafoschalter und NS-Leistungsschalter ist zu bedenken.
- Für die Abgänge sind in der Regel Sicherungslasttrennschalter/-leisten einzuplanen.
- Bei Abgängen 500 A sind aus Selektivitätsgründen Leistungsschalter mit LSI-Auslöser zu bevorzugen.

  Erklärung: L – langzeitverzögert, S – kurzzeitverzögert, I – unverzögert
- Die Versorgung von Netzersatzanlagen ist mit Leistungsschaltern auszuführen.
- Die NSHV-AV muss so ausgeführt sein, dass eine Netzersatzanlage im Probebetrieb mit Nennlast belastet werden kann.
- Der Schutz bei indirektem Berühren, Kurzschluss und Überlast muss auch dann gewährleistet sein, wenn die Ersatzstromanlage im Inselbetrieb arbeitet. Bei der Auslegung auf Kurzschlussfestigkeit ist die Kurzschlussleistung vom Stromerzeugungsaggregat im Netzparallelbetrieb zu berücksichtigen.
- Für die Energieverbrauchserfassung ist im Einspeisefeld ein Vielfachmessgerät einzubauen.
- Bei Paralleleinspeisung von zwei Trafos ist die Notwendigkeit eines Kuppelschalters in der Schiene abzustimmen.

  Hinweis: Im Fehlerfall müssen mit der sogenannten Mitnahmeschaltung beide Einspeiseschalter der NSHV eine Freischaltung der Verteilungsanlage sicherstellen.

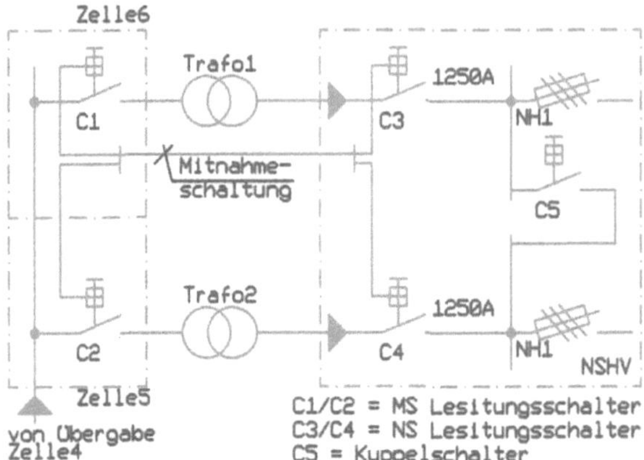

Bild 2.7: Systemzeichnung – Darstellung der Mitnahmeschaltung zwischen den verschiedenen Schaltern

Kommentar zur Systemzeichnung: Erfolgt eine automatische Abschaltung durch einen der beiden MSP-Trafo-Schalter müssen auf der NS-Seite beide NS-Einspeiseschalter durch entsprechende Verriegelung in die Aus-Stellung geschaltet werden.

- Durch den Planer ist der rechnerische Nachweis der Selektivität mit der dazugehörigen Dokumentation zu erbringen.

Angaben zum Gewicht der Niederspannungshauptverteilung NSHV

Das Gewicht der geplanten NSHV ist für den gewählten Aufstellort dem Architekten bzw. dem Statiker im Zuge der Entwurfsplanung anzugeben. Dabei kann für erste Annahmen von nachfolgenden Gewichten je 1 m Schrankbreite ausgegangen werden.

Tabelle 2.12: Gewicht der NSHV für verschiedene Schranktiefen

NSHV		**Schrankbreite 1 m**		
Schranktiefe (mm)	300	400	600	800
Gewicht (kg)	200	250	350	400

Kommentar zur Tabelle: Die Angabe zum Gewicht ist im Besonderen von Bedeutung, wenn die Verteilung auf einem Doppelboden gestellt wird oder auf eine Betondecke mit Kabelzuführung aus einem darunter gebauten Kabelkeller. Hier sind Aussparungen anzugeben, die im Idealfall der freien Einführungsgröße eines Verteilerfelds entsprechen. Bei großen Verteilungen mit Breiten von mehreren Metern wird der Statiker Vorgaben machen, die es zu berücksichtigen gilt.

NSHV mit Doppeleinspeisung und Kuppelschalter

Mitunter kommt es vor, dass auf Betriebsgeländen mit zentraler Stromversorgung die NSHV mit Doppeleinspeisung und Kuppelschaltern gebaut werden. Bei Mehrfacheinspeisung der angeschlossenen Gebäudehauptverteiler (GHV) sind die Kabelabgänge immer auf einer Seite der getrennten Schiene aufzulegen. Die Verteilung der abgehenden Kabel für eine GHV beidseits des Kuppelschalters ist unzulässig, da hier die Gefahr von Unfällen durch Fehler beim Freischalten einer GHV sehr hoch sind.

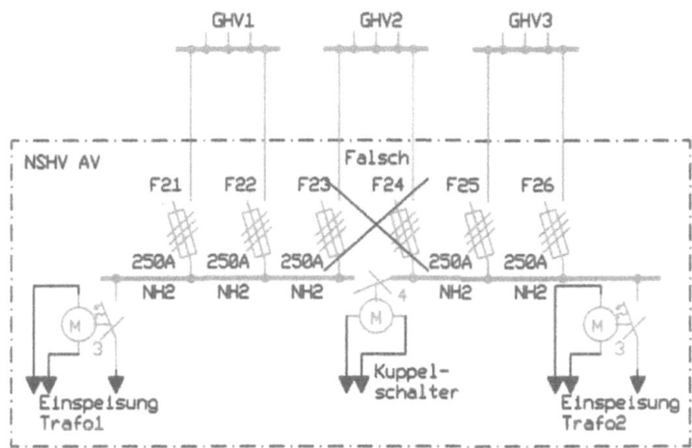

Bild 2.8: Systemzeichnung – NSHV mit Doppeleinspeisung und Kuppelschalter

Kommentar zur Systemzeichnung: Das Bild 2.8 zeigt die Gefahr die gegeben ist, wenn die Abgänge zu einer GHV beidseits des Kuppelschalters angeschlossen werden. Damit wird der Kuppelschalter überbrückt und in seiner Funktion unwirksam. Technisch wäre dieser Mangel zu beheben, wenn jedes einzelne Kabel in der GHV durch den Einbau einer Sicherung bzw. Schalters ausgestattet wird, um einen Teilbetrieb der GHV bei Wartungs- oder Reparaturarbeiten der Trafos zu gewährleisten. Das erfordert aber Personal, das sich der Gefahr bewusst ist und mit entsprechenden Schalthandlungen die gefahrlose Versorgung sicherstellt und die Funktion des Kuppelschalters nicht außer Kraft setzt.

Aufbau der Stromversorgung mit Einbau des ZEP in den verschiedenen Netzebenen

Der Einbau des ZEP im TN-S-System bestimmt auch die Anforderung an den PEN-Leiter, der definitionsgemäß die Funktion des Schutzleiters und des Neutralleiters erfüllt. Dabei ist die farbige Kennzeichnung genau vorgegeben und alternativlos umzusetzen (vgl. VDE 0100-510:2014-10).

Auf Grund der Komplexität in der Umsetzung ist die Empfehlung, hier frühzeitig eine Abstimmung mit dem VNB vorzunehmen.

Zu unterscheiden ist der Einbau nach den verschiedenen Netzebenen, deren Anwendung sich aus wirtschaftlicher Betrachtung und des erforderlichen Leistungsbedarfs ergibt. Der anzuwendende Leistungskorridor in Bezugsrichtung für den Anschlussnehmer ist in den TAB enthalten (vgl. TAB Bayernwerk:2019-11, S. 15). Die möglichen Varianten sind aus den folgenden Abbildungen ersichtlich. Grundsätzlich ist dabei nach den Systemen TT und TN zu unterscheiden. Den ZEP gibt es im TT-System nicht.

Tabelle 2.13: Darstellung der NE nach den Entnahmemessstellen

Netzebene	Entnahmestelle	Messstelle	Erläuterung	Korridor
5	Mittelspannung (MS)	20 kV (MS)	Variante 1	> 300 kW
6	Umspannung MS/NS	0,4 kV (NS)	Variante 2	100…300 kW
7	Niederspannung (NS)	0,4 kV (NS)	Variante 3	< 100 kW

Kommentar zur Tabelle: Bei vermaschten Anlagen mit Netz- und Generatorbetrieb ist in der Regel die NE 5 mit mittelspannungsseitiger Messung und dem Einbau der ZEP-Brücke in der NSHV-AV nach Bild 3.7 anzuwenden. Für die sonstigen Systeme der Stromversorgung im TN-S-System ohne NEA ist der Einbau der ZEP-Brücke entsprechend der folgenden Zeichnungen 2.9 bis 2.11 herzustellen.

Aufbau der Stromversorgung nach der Netzebene 5 im TN-S-System

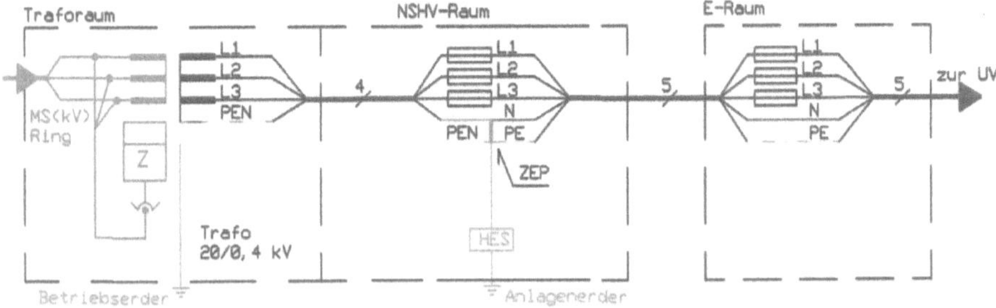

Bild 2.9: Systemzeichnung – TN-S-System der Netzebene 5

Kommentar zur Systemzeichnung: Die Anwendung der NE 5 ist vorrangig bei kundeneigenen Trafostationen mit MS-Messung anzutreffen. Die Aufteilung des PEN in N und PE kann somit ab dem HV-Transformator angewendet werden. Hier ist dann als einzige Verbindung von N und PE der ZEP einzubauen. Im gesamten System der Anlage muss ein durchgängig 5-poliges Leitungsnetz installiert werden. Die besonderen Anforderungen an den PE als Verbindung vom Trafo zur NSHV sind zu beachten.

Aufbau der Stromversorgung nach der Netzebene 6 im TN-S-System

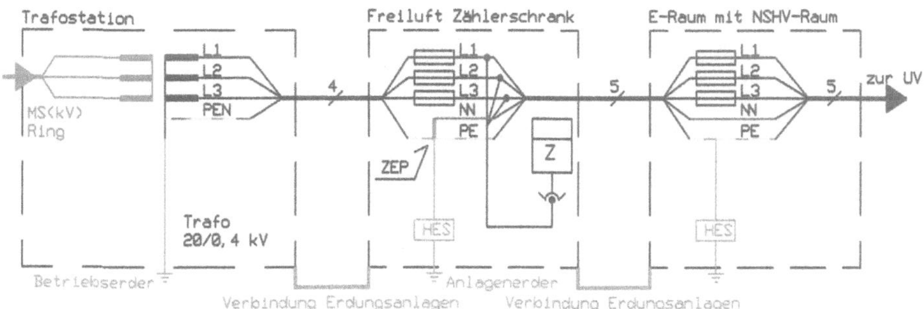

Bild 2.10: Systemzeichnung – TN-S-System der Netzebene 6

Kommentar zur Systemzeichnung: Die Übergabe an den Kunden erfolgt seitens des Versorgers unmittelbar an der Grundstücksgrenze, vorzugsweise in einer Entfernung von max. 10 m zur Trafostation. Hier ist die Messung aufzustellen. Es handelt sich dabei meist um Freiluftschränke. Der Einbau der ZEP und die Installation der Erdungsanlage mit allen Verbindungen ist genau festzulegen. Das Kabel ins Gebäude muss 4-polig sein, der ZEP ist in der NSHV als Hauptverteilungsanlage einzubauen. Im 4-adrigen Kabel muss der PEN in der Farbe grün-gelb verlegt werden (vgl. VDE-AR-N 4100:2019-04, S. 72).

Aufbau der Stromversorgung nach der Netzebene 7 im TN-S-System

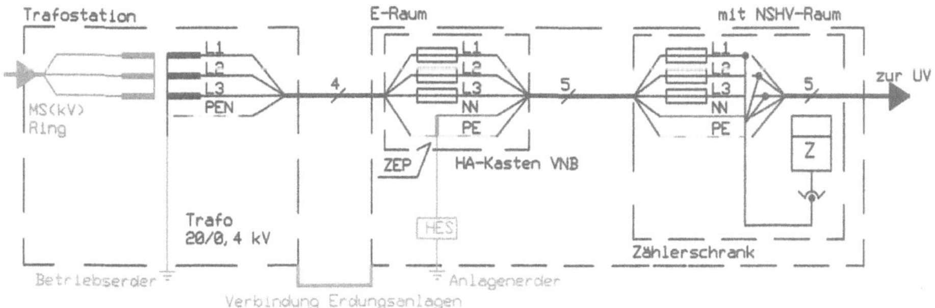

Bild 2.11: Systemzeichnung – TN-S-System der Netzebene 7

Kommentar zur Systemzeichnung: Hier erfolgt die Übergabe durch den Versorger mit dem HA-Kasten/Verteiler im Hausanschlussraum des Gebäudebesitzers. Der Übergang vom PEN in den PE und N erfolgt, wie in der Abbildung dargestellt, üblicherweise im Hausanschlusskasten und ist in der Norm so auch gefordert (vgl. VDE-AR-N 4100:2019-04, S. 73).

Schutz der Steigleitung im TT-System

Für die Einhaltung der Abschaltzeiten gilt im TT-System für Wechselstromkreise U_0 230 V = 0,2 s und für Verteilerstromkreise I_N 32 A = 1 s.

Voraussetzung dafür ist, dass:

- alle Körper an einem gemeinsamen Erder angeschlossen werden,
- alle gleichzeitig berührbaren Körper an demselben Erder angeschlossen werden müssen.

Die Funktion der sicheren Abschaltung im Fehlerfall erfolgt durch die durchgängige Erderverbindung zwischen Energiequelle und Verbraucheranlage mit folgenden Impedanzwerten der Fehlerschleife (Z_S):

- R_Q – Stromquelle ca. 0,02 Ω
- R_L – Außenleiter ca. 0,3 Ω
- R_K – Schutzleiter Körper ca. 0,08 Ω
- R_{PE} – Erdungsleiter ca. 0,1 Ω
- R_A – Anlagenerder (z. B. Fundamenterder) ca. 7,0 Ω
- R_B – Betriebserder max. 2,0 Ω

- Gesamt-Schleifenwiderstand Z_S ca. 9,5 Ω

Hinweis: Die Zusammensetzung der verschiedenen Erdergrößen ist auch aus den beiden folgenden Abbildungen 2.13 und 2.14 nachvollziehbar. Es handelt sich um allgemeine Werte, die auch für die Praxis zutreffen.

In der Praxis wird im TT-System von der Übergabe am HA über die ZV bis zur Versorgung der Endstromkreise die Absicherung mit Überstrom-Schutzeinrichtungen vorgenommen. Der Abschaltstrom I_a für die meist dazu verwendete Sicherung beträgt max. 350 A.

Mit der Formel $Z_S = U_0 / I_a$ kann der zulässige Schleifenwiderstand berechnet werden:

$Z_S = U_0 / I_a = 230\text{ V} / 350\text{ A} = 0{,}65\ \Omega$

Das Ergebnis zeigt, dass eine Abschaltung im Fehlerfall für Hauptversorgersysteme innerhalb der in der Norm geforderten Zeit von 1 s nicht erfolgen kann.

Erklärung: Die Schleifenimpedanz Z_S ist ausschlaggebend bei einem Körperschluss und bildet messtechnisch die Fehlerschleife aus Außenleiter und Erderleiter. Zwischen TT-System und TN-System wird man hierzu völlig unterschiedliche Werte messen. Der Netzinnenwiderstand R_i ist ausschlaggebend bei einem Kurzschluss und bildet messtechnisch eine Fehlerschleife, bestehend aus Außenleiter und Neutralleiter. Zwischen TT-System und TN-System wird man hier in etwa gleiche Werte messen.

Dieser Mangel für die Abschaltzeit wird aber hingenommen. Voraussetzung dafür ist jedoch, dass:

- Steigleitungen in ihrer Art durch den Isolationsaufbau als ein schutzisoliertes Gerät gelten.
- die Verteiler in diesem System ebenfalls schutzisoliert sind, was der Schutzklasse II entspricht.

Erfolgt die Verlegung der Steigleitungen in Unter-Putz-Ausführung und kann nicht ausgeschlossen werden, dass diese durch den Laien unbeabsichtigt beschädigt werden können, ist zum Schutz vor Beschädigungen am Abgang in der NSHV bzw. beim Zählerabgangsfeld gegebenenfalls ein RCD-Schalter einzubauen. Es gilt daher, die Verlegwege der einzelnen Steigleitungen genau zu betrachten und den Schutz vor unbeabsichtigten Beschädigungen zu gewährleisten. Zu empfehlen ist daher, im Vorfeld Rücksprache mit dem VNB bzw. mit dem abnehmenden Prüfsachverständigen zu halten. Ist im Ergebnis der Betrachtung, ein RCD zu installieren, muss auch die Selektivität zu nachfolgenden RCD, z. B. in einer Unterverteilung, gewährleistet sein. Neben den Herstellerangaben, die dazu beachtet werden müssen, wird Selektivität erreicht, wenn:

- vorgeschalteter RCD vom Typ S oder zeitverzögerter mit entsprechender Einstellung verbaut wird,
- das Verhältnis des Nennstroms von vor- und nachgeschaltetem RCD mindestens 3:1 beträgt (vgl. VDE 0100-530:2018-06, S. 35).

Kommentar zur folgenden Systemzeichnung: In der Zeichnung sind die verschiedenen RCD-Typen dargestellt. Ein Problem ist der Typ B, der nicht in Reihe zu einem Typ A/F platziert werden darf. Hier gilt es, im Stadium der Planung unter Berücksichtigung der zu versorgenden Verbraucher das Kabel- und Leitungsnetz so aufzubauen, dass die richtige Anordnung der RCD den Vorschriften gerecht wird und die Selektivitätskriterien erfüllt werden.

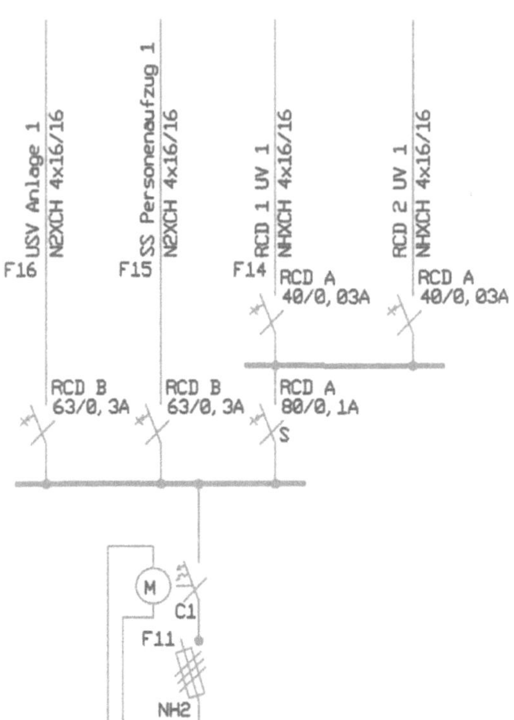

Bild 2.12: Systemzeichnung – Kombination von verschiedenen RCD-Typen (DXF 130)

Mitteilung: Im TT-System müssen in den Endstromkreisen uneingeschränkt RCD eingesetzt werden. Für Steckdosenstromkreise mit einem $I_{FN} \leq 30$ mA.

Tabelle 2.14: Kenngrößen für die Abschaltbedingungen in Endstromkreisen von 230/400 V AC (*Quelle:* Erläuterungen zum Konzept der Norm VDE 0100-410:2018-10, www.dke.de)

Kenngrößen	Werte im TN-System	Werte im TT-System
Impedanz der Fehlerschleife Z_S	einige 10 mΩ bis 2 Ω	bis 100 Ω
Fehlerstrom I_F = 230 V / Z_S	ca. 115 A bis einige 1000 A	mindestens 2,3 A
maximal zulässige Abschaltzeit t_a	0,4s	0,2s
maximale Berührungsspannung U_B	80 V bis 115 V	160 V bis 230 V
Berührungsstrom I_B = U_B/1.000 Ω	80 mA bis 115 mA	160 mA bis 230 mA

Kommentar zur Tabelle: Die Werte in der Tabelle zeigen, dass die Berührungsspannung U_B im TT-System bis zur Abschaltung nahezu den Wert der Nennspannung annehmen kann. Die Berechnung erfolgte in der Annahme einer menschlichen Körperimpedanz bei Hand-Fuß-Durchströmung mit 1.000 Ω.

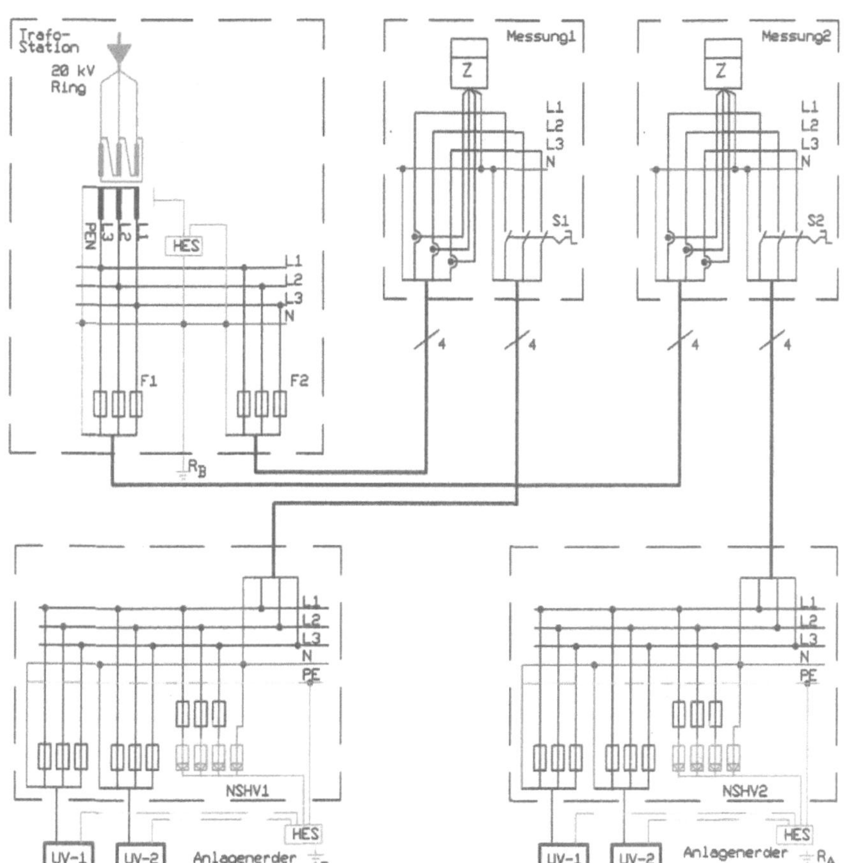

Bild 2.13: Systemzeichnung – TT-System der Netzebene 6 (DXF 023)

Kommentar zur Systemzeichnung: Die zeichnerische Ausführung zeigt den Aufbau mit 4-adrigem Kabel außerhalb des Gebäudes. Dabei wird das Kabel vom Trafo bis zum Zählerschrank durch den VNB verlegt und vom Zählerschrank bis zur NSHV durch den Eigentümer, bzw. von dessen beauftragten Fachunternehmer. Die Aderfarben zwischen Trafostation und der NSHV ist in Abstimmung mit dem VNB festzulegen. Beim geerdeten Leiter handelt es sich um den Neutralleiter der in der Farbe blau auszuführen ist. Die Regel ist aber, dass die VNB hier Kabel verlegen, die auch im TT-System den geerdeten Leiter in der Funktion des Neutralleiters in grün-gelb verlegen. Die 5. Ader ist hier als separater Leiter für den PE von der HES zur UV dargestellt, was der gängigen Umsetzung des TT-Systems entspricht. Bei der NE 6 erfolgt die Aufstellung der Zählerschränke in der Regel an der Grundstücksgrenze.

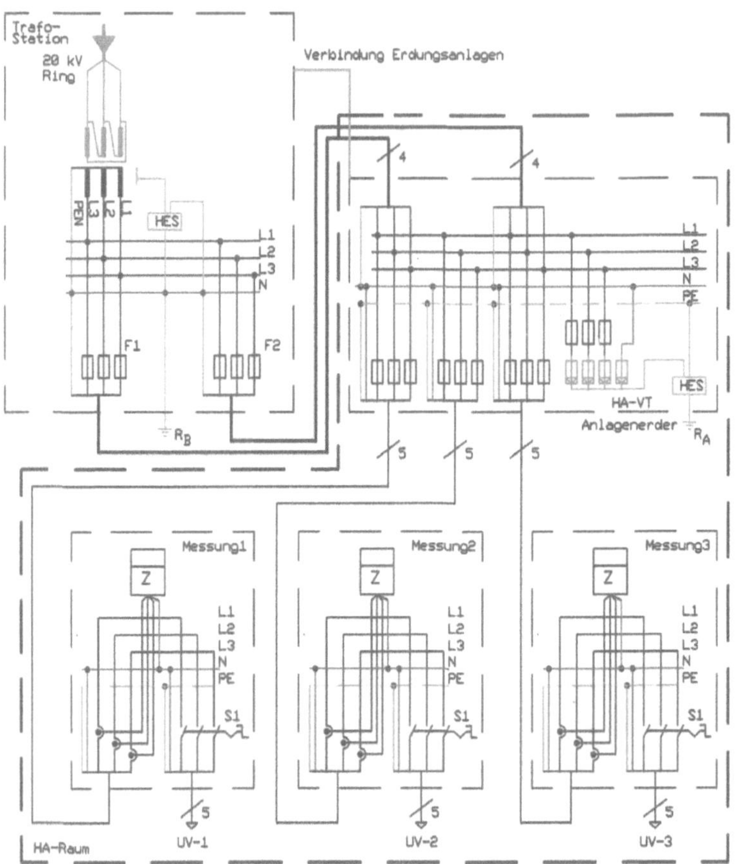

Bild 2.14: Systemzeichnung – TT-System der Netzebene 7 (DXF 024)

Kommentar zur Systemzeichnung: Die zeichnerische Ausführung zeigt den Aufbau mit 4-adrigem Kabel zwischen Trafostation und dem Hausanschlussverteiler (HA-VT) als Übergabeverteiler vom VNB an den Eigentümer. Dabei wird das Kabel vom Trafo bis zum HA-VT durch den VNB verlegt und vom HA-VT bis zum Zählerschrank durch den Eigentümer, bzw. von dessen beauftragten Fachunternehmer. Die Aderfarben zwischen Trafostation und der NSHV ist in Abstimmung mit dem VNB festzulegen. Beim geerdeten Leiter handelt es sich um den Neutralleiter der in der Farbe blau auszuführen ist. Die Regel ist aber, dass die VNB hier Kabel verlegen, die auch im TT-System den geerdeten Leiter in der Funktion des Neutralleiters in grün-gelb verlegen. Die 5. Ader ist hier aus dem HA-VT im Kabel der Steigleitung bis zum Zählerschrank und weiter bis zur UV mit verlegt.

Erdungsanlage – multifunktionale, globale Einrichtung

Zur Sicherheit von Personen und Betriebsmitteln, sowie zum Schutz vor Überspannungen stellen Erdungsanlagen einen wesentlichen Bestandteil der elektrischen Anlagen dar. Die ordnungsgemäße fachgerechte Errichtung ist daher die Grundlage für die Funktion aller elektrischen Anlagen. Da von dieser Anlage im hohen Maß der Schutz gegen elektrischen Schlag abhängt, ist die Ausführung von Elektrofachleuten vorzunehmen. Die Einbauarbeiten durch Betonfacharbeiter ist daher zu verweigern und im Zuge der Baubesprechungen gegenüber dem Bauherrn durch den Elektro-Fachplaner zu kommunizieren. Die Anforderungen, die an Erdungsanlagen gestellt werden, sind:

- Erdungsanlagen von Trafostation müssen mechanisch fest und korrosionsbeständig sein und den thermischen Anforderungen standhalten, was nachfolgend ausführlich dargestellt wird:

  Verantwortlich für die Erdungsanlage bei kundeneigenen Trafostationen ist der Netzkunde und bei VNB-Stationen der Netzbetreiber. Die Auslegung einer Erdungsanlage mit Berechnung des Querschnitts ist Aufgabe des Anlagenplaners. Die Erdungsanlage der Übergabestation ist thermisch so auszulegen, dass die Stromdichte des verbauten Materials vom Querschnitt her immer größer ist, als der mögliche IK der im Fehlerfall diese Erwärmung verursacht. Die Erdungsanlage der Station ist mindestens mit einem Erdungsring und nach vorhandener Situation mit zusätzlichen Tiefenerder zu errichten.

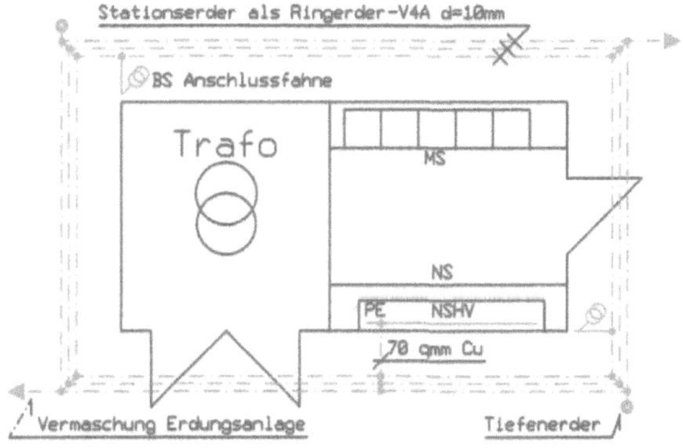

Bild 2.15: Systemzeichnung – Erdungsanlage für freistehende Trafostation

Kommentar zur Systemzeichnung: Das Material für den Erdungsring ist nach Rücksprache mit dem VNB festzulegen. Wird hier ein korrosionsbeständiges Material verlangt, wird man mit Edelstahl V4A die Umsetzung vornehmen. Hier ist dann mit der entsprechenden Kurzschlussstromdichte zu rechnen, was mit folgendem Beispiel anschaulich verdeutlicht wird. Die Tiefenerder können unter Umständen entfallen, wenn Verbindungen mit Erdungsleitern zu angrenzenden Gebäuden verlegt werden.

Voraussetzung dafür ist, dass alle Leiterwerkstoffe und Verbindungselemente der thermischen Belastung durch 50-Hz-Ströme standhalten. Bedingt durch die prospektiven Kurzschlussströme bei 50 Hz müssen die Querschnitte der Erderwerkstoffe für die verschiedenen Anlagen bzw. Gebäude speziell ermittelt werden. Erdkurzschlussströme ($I``_{KEE}$) dürfen zu keiner unzulässigen Erwärmung der Bauteile führen.

Die Vorgaben dazu sind üblicherweise in den TAB der Versorger enthalten. Gibt es keine speziellen Vorgaben dazu, so wird standardisiert zugrundegelegt:

- die Dauer des Fehlerstroms für die Abschaltzeit mit 1 s,
- die maximale zulässige Temperatur mit 300 °C der verwendeten Werkstoffe der Erdungsleiter und aller Verbindungsteile.

Maßgebend für die Auswahl des Erdungsleiterquerschnitts sind der Werkstoff und die Stromdichte *G* in A/mm² bezogen auf die Dauer des Fehlerstroms.

Unter Berücksichtigung der Umgebungsbedingungen wird man ein Material festlegen, das für den Betrieb der Anlage die angestrebte Sicherheit gewährleistet.

Eine Auswahl geeigneter Materialien dafür ist aus der folgenden Grafik ersichtlich:

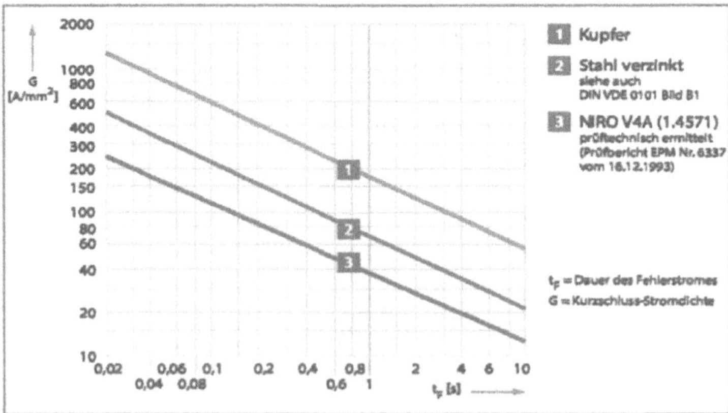

Bild 2.16: Grafik mit Leiterwerkstoffen für die 50-Hz-Kurzschlussstromdichte

Kommentar zur Grafik: Aus der Grafik sind für die unterschiedlichen Materialien, die beim Bau von Erdungsanlagen zum Einsatz kommen, die Kurzschlussstromdichten bezogen auf die anzuwendenden Zeitdauern ablesbar.

Für die Auslegung der Erdungsanlage bei einer freistehenden Trafostation in kompakter Bauweise ist Rücksprache mit dem Versorger zu halten. Hier gilt es zu klären, für welchen Kurzschlussstrom bei der Dimensionierung der Erdungsanlage zu rechnen ist. Manche VNB geben auch den Querschnitt für das Material in Kupfer an, welcher dann auf andere Materialien nach Anwendungsfall umzurechnen ist.

Beispiel: Für die Dimensionierung der Erdungsanlage wird vom VNB in der TAB ein Erdungsdraht mit 70 mm² Cu vorgegeben (vgl. TR-05030, SW Landshut, S. 7, Pkt. 5.3). Nach Rücksprache mit dem VNB ist am Standort mit einem I_K von 7,5 kA zu rechnen.

Für die Berechnung gilt: $A = I_{k1min} / G$ (G in A/mm²) – Wird die Erdungsanlage mit V4A gebaut, ergibt sich folgender Querschnitt: A= 7.500 A / 40 A/mm² = 187 mm².

Anmerkung: Der Querschnitt eines V4A-Runddraht, ϕ 10 mm beträgt 78,5 mm².

Um den geforderten Querschnitt von 187 mm² zu erhalten, sind drei Runddrähte parallel zu verbinden und mit einem Leiter von 70 mm² Cu über die NSHV an die Trafostation anzubinden.

- Erdungsanlagen von Hochspannungs- und Niederspannungsanlagen werden im Regelfall zusammengeschlossen. Bei Trafostationen innerhalb von Gebäuden (Hochhaus, Versammlungsstätte usw.) ist das zwingend vorgeschrieben. Ausnahmen sind Hilfserder für die Fehlerspannungs-Schutzschaltung.
- Bei Erdungsanlagen, bei denen eine Trennung zwischen Hochspannungs- und Niederspannungsanlagen erfolgt, muss gewährleistet sein, dass keine Gefahr für Personen und Betriebsmittel in der Niederspannungsanlage auftreten kann.
- Erdungsanlagen, die getrennt gebaut werden, gelten als unabhängig zueinander, wenn ein Potentialanstieg gegen Erde in einer der Erdungsanlagen nicht zu einem inakzeptablen Potentialanstieg gegen Erde in der anderen Erdungsanlage führt. Bei Anlagen bis 50 kV wird ein Mindestabstand von $\geq$ 20 m genannt. Für die Funktion und Wirksamkeit ist dafür aber der messtechnische Nachweis zu erbringen.
- Erdungsanlagen in Gebieten mit geschlossener Bebauung werden immer als gemeinsame Erdungsanlage ausgeführt, da eine Trennung nicht möglich ist. Einen getrennten Aufbau als Forderung von Netzbetreibern für die Anwendung des TT-Systems wird es so nicht geben (vgl. Mittelspannungsanlagen planen, Kap. 10).

2.2.2 Netzersatzanlage – Sicherheitsstromversorgung mit Raum der Energieverteilung NSHV-SV

Die Platzierung einer Netzersatzanlage sollte in unmittelbarer Nähe zur Energiezentrale an einer Außenwand und unter Einhaltung der Rettungsweglänge im Erdgeschoss sein (günstigster Einbau für Zu- und Abluft sowie zur Tankbefüllung). Bei unpassender Raumsituation ist eine Containeranlage auf dem Grundstück in nächster Nähe zum Gebäude zu diskutieren. Vor den Schalt- und Steuerschränken sowie der NSHV-SV ist ein Bewegungsfreiraum von 1,2 m zu planen.

Weitere Kriterien für den Aggregatraum, die es zu beachten gilt (siehe hierzu auch Kapitel 3), sind:

- Die Temperatur im Raum mit der NSHV muss mindestens 5 °C und darf max. 25 °C betragen.
- Die Wärmelast muss mechanisch aus dem Raum abgeführt werden.
- Für Netzersatzanlagen werden von den Herstellern die Wandöffnungen für Zu- und Abluft angegeben (siehe Tabelle 3.3). Werden für die Abführung und Nachströmung Luftkanäle gebaut, sind diese querschnittsgleich der vorgegebenen Wandöffnungen zu dimensionieren.
- Einbau einer Warnanlage für Gas, insbesondere für Abgase von Dieselmotoren (vgl. TRGS 554, S. 4).

Hinweis: Werden die beiden Stromversorgungseinrichtungen bestehend aus Transformator und Notstromaggregat mit den Verteilungsanlagen NSHV-AV und -SV im Untergeschoss (UG) eines Gebäudes eingebaut, sind gleichzeitige Ausfallszenarien zu diskutieren. Im Allgemeinen wird man hier den Netzausfall und das Ereignis Brand betrachten. Bei der Einplanung in einem UG ist auch noch das Ereignis eines Wassereintritts bzw. Wasserrohrbruchs zu bewerten. Um eine Redundanz für die Stromversorgung sicherstellen zu können, kann es notwendig sein, die beiden Anlagen auf verschiedenen Ebenen im Gebäude zu installieren.

2.2.3 Zentralbatterieanlage für Sicherheitsbeleuchtung

Die Platzierung des Raums kann frei im Gebäude an zentraler Stelle mit kurzen Leitungswegen in die jeweiligen Brandabschnitte und unter Einhaltung der Rettungsweglänge sein. Kritisch zu betrachten sind Zu- und Abluftführung ins Freie. Hierzu ist eine Abstimmung mit dem Versorgungstechniker im Hinblick auf die gewählte Raumentscheidung vorzunehmen. Eine Platzierung unmittelbar angrenzend an ein Treppenhaus ist nicht erlaubt. Hier muss eine Schleuse bzw. ein Vorraum geschaffen werden (vgl. EltBauV). Das Gewicht der Anlage und das größte zu transportierende Bauteil zum Aufstellort ist ebenfalls zu berücksichtigen. Vor dem Schalt- und Steuerschrank, sowie dem Batterieschrank ist ein Bewegungsfreiraum von 1,2 m zu planen. Generell muss aber ein unverstellter Fluchtweg von mindestens 600 mm Breite vorhanden sein.

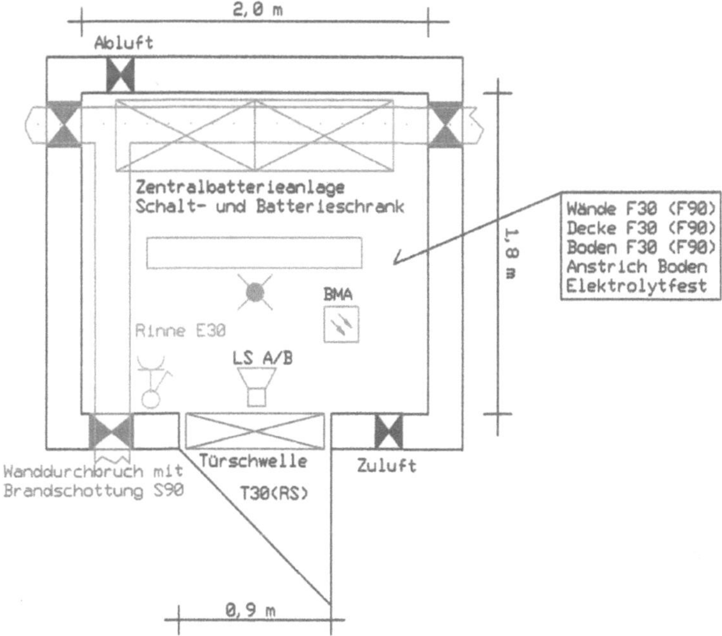

Bild 2.17: Systemzeichnung – Raum für Sicherheitsbeleuchtung mit Zentralbatterieanlage

Kommentar zur Systemzeichnung: Die Abbildung stellt eine empfohlene Mindestanforderung an die Raumgröße dar und ist durch den Architekten bei der Grundrissplanung entsprechend vorzusehen. Die Nichtberücksichtigung des Raums kann einen unwirtschaftlichen Systemwechsel mit Einzelbatterien zur Folge haben. Bei einer großen Anzahl von Leuchten kann das zu hohen Folgekosten im Unterhalt führen, da Einzelbatterien einen Batteriewechsel alle 3-5 Jahre mit sich bringen.

- Werden Batterie- und Schaltschrank in getrennten Räumen eingebaut, muss der Batterieraum nach der EltBauV hergestellt und der Verteilerraum mit dem Schalt- und Steuerschrank nach MLAR mit Funktionserhalt E30 gebaut werden (vgl. MLAR:2018-10, S. 303). Ein besonderes Augenmerk ist dann auf die Kabelverbindung zwischen diesen beiden Anlagen zu legen. Diese muss kurzschlussfest eingebaut werden.

- DIN EN 50272-2 (VDE 0510-2):2001-12 benennt detailliert die Anforderungen an die Zugänglichkeit, Lüftung zur Vermeidung von Explosionen, Ableitfähigkeit des Bodens, Elektrolytbeständigkeit, Kennzeichnung usw. (vgl. MLAR: 2018-10, S. 340).

Vom Architekten sind für die Planung des Raums folgende Forderungen aus den Bauvorschriften zu beachten (vgl. EltBauV §§ 4, 5, 7):

- Der Raum für die Zentralbatterie muss von Räumen mit erhöhter Brandgefahr feuerbeständig, von anderen Räumen mindestens feuerhemmend getrennt sein. Dies gilt auch für Batterieschränke (siehe Kommentar zur Tabelle 2.14).
- Der Raum muss frostfrei sein und/oder beheizt werden können. Bei Normalbetrieb darf die Temperatur im Raum max. 20 °C betragen (vgl. VDE 0100-560:2022-10, S. 15). Frostfreihaltung muss in jedem Fall gewährleistet sein. Gegebenenfalls ist ein Frostwächter zu installieren.

  Hinweis: Fenster bei außenliegenden Räumen sind möglich, eignen sich aber nicht zur geforderten Belüftungseinrichtung. Im Sommer könnten die Temperaturen zu hoch werden und im Winter ist Frostfreiheit nicht gegeben. Generell gilt, dass Temperaturen im Bereich von > 5 °C bis ≤ 20 °C keinen Einfluss für die Lebenszeit der Batterie haben. In diesem Temperaturbereich verringert sich geringfügig die Batteriekapazität, was mit einem Aufschlag von 20 % zur ermittelten Leistung in der Planung zu kompensieren ist. Eine Verringerung der Lebenszeit von Batterien ist jedoch gegeben, wenn Temperaturen > 20 °C im Raum vorherrschen.
- Öffnungen zur Durchführung von Kabeln sind mit nicht brennbaren Baustoffen zu schließen.
- Im Raum sollen Leitungen und Einrichtungen, die nicht zum Betrieb der elektrischen Anlagen erforderlich sind, nicht vorhanden sein (siehe Abschnitt 2.1).
- Der Raum muss so groß sein, dass die elektrische Anlage ordnungsgemäß errichtet und betrieben werden kann (empfohlene Mindestgröße nach Bild 2.17).
- Der Rettungsweg innerhalb des elektrischen Betriebsraums bis zu einem Ausgang darf nicht länger als 40 m sein.
- Die Zuluft für den Raum muss unmittelbar oder über besondere Lüftungsleitungen dem Freien entnommen, die Abluft unmittelbar oder über besondere Lüftungsleitungen ins Freie geführt werden. Lüftungsleitungen, die durch andere Räume führen, sind so herzustellen, dass Feuer und Rauch nicht in andere Räume übertragen werden können. Öffnungen von Lüftungsleitungen zum Freien müssen Schutzgitter haben (Forderung aus § 5 in Verbindung mit § 7, Abs. 4).

Hinweis: Als Alternative mit Abweichungsantrag ist die Belüftung über die RLT-Anlage der Zuluftanlage möglich. Brandschutz- und Rückschlagklappen sind erforderlich (vgl. MLAR:2018-10, S. 346)

- Die Tür muss nach außen aufschlagen, in feuerbeständigen Trennwänden mindestens feuerhemmend und selbstschließend sein und in allen anderen Fällen aus nicht brennbaren Baustoffen bestehen.
- Der Fußboden sowie der Sockel für Batterien muss gegen die Einwirkungen von Elektrolyten widerstandsfähig sein. An der Tür muss eine Schwelle vorhanden sein, die auslaufende Elektrolyte zurückhält. Der Anstrich an der Wand muss mindestens mit einer Aufkantung von 3 cm hergestellt werden. Es darf kein Gully im Boden des Raums eingebaut sein.

Hinweis: Es gibt Hersteller, die darauf verweisen, dass auf die Schwelle verzichtet werden kann, da die Batterien in Schränken mit einer Wanne geliefert werden und somit auslaufende Elektrolyte aufgefangen wird. Hierzu gilt es festzuhalten, dass die Prüfsachverständigen auf die Schwelle nicht verzichten, mit der Begründung, dass diese im Baurecht gefordert ist.

- Der Fußboden des Batterieraums muss an allen Stellen für elektrostatische Ladungen einheitlich und ausreichend ableitfähig sein. Der gemessene Ableitwiderstand zu einem geerdeten Punkt muss $< 10\ M\Omega$ sein. Die Maßnahmen mit detaillierten Anforderungen dazu sind in der Richtlinie BGR 132 und im Arbeitsblatt J 31-1 der Arbeitsgemeinschaft Industriebau 2003-02, Pkt. 5.2 enthalten.

Hinweis: Von den Herstellern der Batterieanlagen werden seit neuestem Gummimatten angeboten, die als Ersatz zu den vorschriftsmäßigen Bodenbeschichtungen eingebaut werden können. In der Regel sind diese kostengünstiger und erfüllen den Wert der gefordert ist. Für den Anschluss der Gummimatte muss ein Erdungsanschluss im Raum eingeplant werden.

- Lüftungsanlagen müssen gegen die Einwirkung von Elektrolyten widerstandsfähig sein.

Hinweis: Unter Elektrolyten versteht man Säure und Laugen, die je nach Typ in den Zellen der Batterie enthalten sein können.

- Außen an der Tür zum Batterieraum ist ein Schild anzubringen, das auf ein Verbot von Feuer und Raum im Raum hinweist.
- Die Aufstellung von Batterieschränken muss mindestens 5 cm Abstand zur Wand haben, um einen Funktionserhalt E30 bei einem Brand im angrenzenden Raum zu haben.

- Blei- und NiCd-Batterien sollten nicht im gleichen Raum untergebracht werden. Falls dies unvermeidbar ist, muss sichergestellt sein, dass es nicht zur Verwechslung von spezifischen Werkzeugen oder Elektrolyten kommt.
- Im Raum sind die Anlagen nach Bild 2.17 zu installieren, wobei die Forderungen im BSK maßgebend sind.

Neben der Mindestraumgröße ist die Zu- und Abluftöffnung ein weiteres Detail, das dem Architekten anzugeben ist. Für die verschiedenen Kapazitäten nach Ausführung mit Nickel-Cadmium- bzw. Bleibatterie sind die Öffnungen aus nachfolgender Tabelle anzuwenden.

Tabelle 2.15: Zu- und Abluftöffnungen für Blei- bzw. NiCd-Batterien

Kapazität	Bleibatterie 108 Zellen, 216 V			Nickel-Cadmium Batterie 180 Zellen, 216 V		
Ah	A = cm²	Q=m³/h	ϕ = cm	A = cm²	Q=m³/h	ϕ = cm
5,5	16,6	0,6	4,6	55,5	2,0	8,4
20	60,5	2,2	8,8	201,6	7,2	16,2
50	151,2	5,4	13,9	504	18,0	25,3
100	302,4	10,8	19,6	1008	36,0	38,8
200	604,8	21,6	27,8	2016	72,0	50,7

Kommentar zu Tabelle: Die Querschnittsgrößen in der Tabelle ergeben sich aus den Berechnungsvorgaben aus dem Fachbuch *VDE 0100 und die Praxis* (vgl. Kiefer 2017, S. 654). Für Zwischengrößen der Kapazitäten sind die Öffnungen entsprechend umzurechnen. Die ermittelten Öffnungen nach Kiefer liegen über denen der Angabe eines Herstellers für die verschiedenen Batterietypen, aber auch über der Angabe der AMEV als Vorgabe für öffentliche Gebäude (vgl. AMEV 2015, S. 50). Für die Anwendung nach Tabelle 2.12 bedeutet das eine Auslegung auf der sicheren Seite. Ist für die Auslegung der Belüftung der Luftvolumenstrom Q in m³/h anzugeben, so ist der berechnete Querschnittswert A aus Tabelle 2.15 mit dem Faktor 28 zu dividieren ($Q = A / 28$).

Hinweis: Die Größe des Luftvolumenstroms ist vorzugsweise durch natürliche Lüftung sicherzustellen. Batterieräume erfordern eine Zu- und Abluftöffnung mit einem Mindestquerschnitt A. Zu- und Abluft müssen an einer gut geeigneten Stelle angebracht sein, um die günstigsten Bedingungen für einen Luftaustausch zu erzielen, d. h. Öffnungen an gegenüberliegenden Wänden oder ein Trennabstand von mindestens 2 m, wenn sich die Öffnungen in derselben Wand befinden. Zudem soll die Zuluft möglichst sauber sein und in Bodennähe eintreten. Die Luft soll über die Zellen streichen. Die Batterien sind deshalb so aufzustellen, dass das beim Laden und Entladen entstehende Gasgemisch durch Belüftung (natürlich oder künstlich) so verdünnt wird, dass es seine Explosionsfähigkeit verliert.

- Ist eine natürliche Lüftung nicht möglich, müssen Ventilatoren eingesetzt werden. Die Ansteuerung muss von der Batterieanlage erfolgen. Ventilator und auch Schalt- und Steckgeräte dürfen nicht im Nahbereich von 0,5 m zu den Batterien platziert werden. Kann der Abstand nicht eingehalten werden, sind diese Bauteile in Ex-Ausführung zu installieren (vgl. MLAR:2018-10, S. 342).
- Bei einem Batterie- bzw. Zentralenwechsel ist auch die Zu- und Ablufteinrichtung anzupassen, insbesondere dann, wenn eine Blei- durch eine NiCd-Batterie getauscht wird.
- Merkmale von verschiedenen Batterietypen als Entscheidungshilfe zur richtigen Wahl sind nachfolgend aufgeführt:
  - Verschlossene Batterie Typ Primus: Geeignet für den Einsatz sowohl für kurze als auch lange Entladezeiten. Empfohlen dort, wo geringer Platzbedarf besonders wichtig ist.
  - Geschlossene Batterie Typ OGI: Geeignet für Kurzzeitentladung bis zu 3 Stunden. Ideal für den teilzyklischen Einsatz, auch geeignet für Starterbatterien.
  - Geschlossene Batterie Typ OpzS: Geeignet für Langzeitentladungen von 1 h bis weit über 10 h.
  - Geschlossene NiCd-Batterie: Geeignet für den Einsatz von hoher Verfügbarkeit. Kein plötzlicher Totalausfall und unempfindlich gegen kurzfristige Temperaturschwankungen von –50 °C bis +60 °C.

Erklärung: Bei der verschlossenen Bauart ist ein Elektrolytausgleich nicht möglich und auch nicht notwendig. Bei der geschlossenen Bauart ist es möglich, diese einfach zu öffnen, um fehlenden Elektrolyt mit destilliertem Wasser auszugleichen bzw. die Dichte und Temperatur der Elektrolyten messen zu können. Der Elektrolytausgleich ist bei modernen wartungsarmen Batterietypen in Erhaltungsladung nur etwa alle 3 Jahre erforderlich.

Hinweis: Unter sicherheitstechnischen Aspekten sollte immer einer NiCd-Batterie oder zumindest einer geschlossenen Bleibatterie der Vorzug gegeben werden. Aus Kosten- und Platzgründen sind auch verschlossene Bleibatterien erwägenswert. Weitere Batterietypen, die jedoch in sicherheitstechnischen Anlagen nicht zur Anwendung kommen, sind Lithium-Ionen-Akkus. Untersuchungen dazu haben ergeben, dass abhängig vom Ladezustand Brandgefahren entstehen können. Derzeit werden derartige Akkus in sicherheitstechnischen Anlagen nicht eingesetzt (vgl. MLAR:2018-10, S. 338).

- Beim Einsatz von Gruppenbatterieanlagen gilt nach gängiger Meinung, dass die Zentrale ohne Anforderung im zugehörigen Brandabschnitt platziert werden kann, wenn sich die Versorgung der Sicherheitsleuchten auf den Brandabschnitt beschränkt. Zu klären ist hier aber die Zu- und Abluft, die von manchen Prüfsachverständigen in Bezug zur EltBauV gefordert wird.
- Werden Gruppenbatterieanlagen mit einer Spannung ≤ 60 V DC installiert, kann der Einbau frei ohne Raum im jeweiligen BA erfolgen (vgl. MLAR:2018-10, S. 303).
- Bauordnungsrechtlich wird der Aufstellort einer Gruppenbatterieanlage der einer Zentralbatterieanlage gleichgesetzt. Das heißt, wenn für die Unterbringung keine Erleichterung oder Abweichung herbeigeführt wird, muss ein eigner Raum für den Einbau geschaffen werden (vgl. MLAR:2018-10, S. 339).

2.2.4 Räume für SAA-, HAA- und BMA-Zentralen

Die Platzierung der Räume sollte nebeneinander und kann frei im Gebäude erfolgen. Kurze Leitungswege der SAA in die jeweiligen Brandabschnitte sind zu berücksichtigen. Bei Raumnot besteht die Möglichkeit, die BMZ mit E30-Gehäuse im SAA-Raum zu platzieren. Kritisch zu betrachten ist die Wärmelast der SAZ. Bei größeren Anlagen ist eine Klimatisierung einzubauen. Die Entscheidung ist durch den Versorgungstechniker zu treffen. Die Entscheidungsgrundlage ist vom Elektro-Fachplaner zu erbringen. Die Zentrale der BMA kann ohne eigenen Raum eingebaut werden, wenn diese mit einem automatischen Rauchmelder überwacht ist und die Zentrale im Brandfall nicht aktiv bleiben muss (vgl. MLAR:2018-10, S. 324).

Hinweis: Erfolgt die Alarmierung ausschließlich mit Sprache durch die SAA, wird von manchen Prüfsachverständigen die Meinung vertreten, man kann auf den Funktionserhalt E30 für die BMZ verzichten. Diese Meinung ist kritisch zu hinterfragen, denn es muss sichergestellt werden, dass die Funktion der Leitungsanlage im Brandfall bis zur Alarmweiterleitung erhalten bleibt (vgl. MLAR:2018-10, S. 330). Zudem muss auch die Funktion für das Öffnen des FSD bis zum Eintreffen der Feuerwehr gewährleistet sein (siehe Abschn. 7.6). Neben der Alarmierungsaufgabe sind auch Steueraufgaben zu erfüllen, die eine E30-Einhausung zwingend verlangen.

Weitere Kriterien für den Raum mit SAZ, die es zu beachten gilt:

- Die Temperatur im Raum darf bei Normalbetrieb max. 20 °C betragen. In Anlehnung an VDE 0100-560:2022-10, S. 15 ist diese Temperatur für die Langlebigkeit der Batterien/Akkus zu fordern. Eine Mindesttemperatur von 5 °C muss in jedem Fall gegeben sein.

  Hinweis: Die Batterien/Akkus sind Bestandteil der Anlage und sind daher im Gehäuse der Zentrale untergebracht.

- Die Wärmelast ergibt sich durch die Verlustleistung der Verstärker bei Nennbetrieb. Um diese zu ermitteln, ist die Entwurfsplanung zu erstellen und in Abstimmung mit dem Hersteller die abzuführende Wärme zu berechnen.
- Durch den Hersteller der Zentrale ist der Funktionserhalt der elektronischen Bauteile für den Betrieb unter erhöhten Temperaturen und Luftfeuchtigkeit im geplanten Raum zu bestätigen (vgl. MLAR:2018-10, S. 330). Die Raumgröße ist dem Hersteller in den Ausschreibungsunterlagen anzugeben.
- Die Verstärkerleistung bei Batterie- und Netzbetrieb eines Herstellers sind in folgender Tabelle zusammengestellt.

Tabelle 2.16: Verstärkerleistung für SAZ bei Batterie- und Netzbetrieb

	Batterie		**Netz**	
Verstärkertyp	**Ruhebetrieb**	**Volllast**	**Ruhebetrieb**	**Volllast**
VM-3240 VA	22 W	192 W	35 W	360 W
VM-3360 VA	26 W	216 W	35 W	490 W
VM-3240 E	19 W	192 W	35 W	360 W
VM-3360 E	40 W	216 W	35 W	490 W
	107 W	816 W		

Kommentar zur Tabelle: Die Wärmelast ist immer auf die Anzahl der verbauten Verstärker und nicht auf die Leistung der installierten Lautsprecher auszulegen. So ist sichergestellt, dass bei einer Anlagenerweiterung eine vorgehaltene Reserveleistung genutzt werden kann.

- Grundsätzlich hat der Einbau der Zentrale im Raum so zu erfolgen, dass Bedien- und Anzeigeeinheiten gut zugänglich sind. Diese dürfen nicht tiefer als 0,7 m und nicht höher als 1,8 m über der Standfläche des Betätigenden angeordnet sein. Zudem müssen die Anzeigen gut wahrnehmbar und vor möglichen Beschädigungen geschützt sein. Vor der Zentrale muss ein Bewegungsraum von 75 cm eingeplant werden.
- Für die unterbrechungsfreie Notstromversorgung der SAA durch Akkumulatoren muss die erforderliche Kapazität bestimmt werden. Hierzu sind Strommes-

sungen entsprechend dem tatsächlichen Ausbau der SAA im Netz- und Notstrombetrieb durchzuführen. Aus den Werten in der Tabelle ergibt sich somit folgende Beispielrechnung:

Die anzuwendenden Formeln dazu sind:

$K_{\text{Ruhe}} = \sum I_{\text{Ruhe}} \cdot h_{\text{Ruhe}}$; $K_{\text{Alarm}} = \sum I_{\text{Alarm}} \cdot h_{\text{Alarm}}$; Reservevorhaltung 25 % (1,25)

$K = 1{,}07\ \text{A} \cdot 30\ \text{h} + 8{,}16\ \text{A} \cdot 0{,}5\text{h} = 36{,}18\ \text{Ah} \cdot 1{,}25 = 45{,}23\ \text{Ah}$

Die Empfehlung hierzu ist, die Festlegung für die Größe der Sicherheitsstromversorgung (Akku) mit dem Spezialisten der Herstellerfirma zu treffen.

Erklärung: I_{Ruhe} = 107 W / 100 V = 1,07 A; I_{Alarm} = 816 W / 100 V = 8,16 A

Es ist der nächstgrößere Akku einzusetzen.

Eine Berechnungsmethode ist auch in der Norm enthalten. Hier ist die gleichzeitige und gegebenenfalls stufenweise Räumung des Gebäudes berücksichtigt. Für die Bemessung der Kapazität ist ein Mittelwert maßgebend. In dieser Formel ist auch ein Faktor 1,25 enthalten, der aber nur Anwendung findet, wenn die Überbrückungszeit kleiner als 24 h ist (vgl. VDE 0833-4:2014-10, S. 20-21).

- Der Raum ist freizuhalten von fremden Brandlasten. Leitungen die nicht zum Betrieb der Anlage erforderlich sind, dürfen nicht vorhanden sein oder sind brandschutztechnisch zu verkleiden.
- Schutzabdeckung in Räumen, die gesprinklert werden, über deren Zentralengehäuse sowie Montage einer Auffangwanne oder Ableitbleche unterhalb von Klimageräten unmittelbar oberhalb eines Zentralenschranks.

Weitere Kriterien für Räume mit BMZ und HAZ, die es zu beachten gilt:

- Die Temperatur im Raum darf bei Normalbetrieb max. 20 °C betragen. In Anlehnung an VDE 0100-560:2022-10, S. 15 ist diese Temperatur für die Langlebigkeit der Batterien/Akkus zu fordern. Eine Mindesttemperatur von 5 °C muss in jedem Fall gegeben sein.

  Hinweis: Die Batterien/Akkus sind Bestandteil der Anlage und sind daher im Gehäuse der Zentrale untergebracht.
- Ist das Raumvolumen größer als 3,5 m³, erfolgt die Wärmeabführung durch natürliche Diffusion ohne weitere mechanische Einrichtungen. Es sind aber hier die Vorschriften zur Belüftung von innenliegenden Räumen anzuwenden.

- Durch den Hersteller der Zentrale ist der Funktionserhalt der elektronischen Bauteile für den Betrieb unter erhöhten Temperaturen und Luftfeuchtigkeit im geplanten Raum zu bestätigen (vgl. MLAR:2018-10, S. 330). Die Raumgröße ist dem Hersteller in den Ausschreibungsunterlagen anzugeben.
- Erfolgt der Einbau der BMZ mit Einhausung im Raum mit der SAZ muss gegebenenfalls eine aktive Be- und Entlüftung in Form eines Zu- oder Abluftventilators mit Brandschutzklappen zur Abführung der Wärmelast geplant werden (vgl. MLAR:2018-10, S. 331).
- Vor der Zentrale muss ein Bewegungsraum von 75 cm eingeplant werden. Bedienteile und optische Anzeigen sind nicht tiefer als 1,0 m und nicht höher als 1,6 m über der Standfläche des Betätigenden anzuordnen.
- Für die unterbrechungsfreie Notstromversorgung der BMA durch Akkumulatoren muss die erforderliche Kapazität bestimmt werden. Hier ist für den Energiebedarf die Energiebilanz der Gesamtanlage unter Berücksichtigung der Steuervorgänge von Brandschutzeinrichtungen zu berechnen und zu dokumentieren. Auf Grund der dokumentierten Werte ist die Kapazität mit folgendem Beispiel zu berechnen:

  $K = F\,(I_1 \cdot t_1 + I_2 \cdot t_2)$

  mit den Werten $F = 1$; $I_1 = 1{,}7$ A; $I_2 = 2{,}6$ A; $t_1 = 72$ h; $t_2 = 0{,}5$ h:

  $K = 1\,(1{,}7\ \text{A} \cdot 72\ \text{h} + 2{,}6\ \text{A} \cdot 0{,}5\ \text{h}) = 123{,}7\ \text{Ah}$

  Gemäß Beispielrechnung ist als Notstromversorgung ein Akkumulator mit mind. 124 Ah einzusetzen.

  K = erforderliche Kapazität; F = Faktor
  t_1 = Überbrückungszeit in h; t_2 = Alarmierungszeit in h;
  I_1 = Gesamtstromaufnahme bei Ausfall der allgemeinen Stromversorgung
  I_2 = Gesamtstromaufnahme im Alarmierungsfall

  Hinweis: Ist die Überbrückungszeit < 24 h ist für den Faktor F 1,25 einzusetzen. Eine Überbrückungszeit von 30 h bzw. 4 h ist möglich, wenn die Kriterien der Energieversorgung aus Abschnitt 7.6 erfüllt werden und das im Instandhaltungsvertrag festgehalten ist.
- Der Raum ist freizuhalten von fremden Brandlasten. Leitungen, die nicht zum Betrieb der Anlage erforderlich sind, dürfen nicht vorhanden sein oder sind brandschutztechnisch zu verkleiden.
- Bei Zwischendeckenüberwachung sind die FW-Leitern mit Halterung und FW-Zylinder abschließbar in der geforderten Anzahl mit abgestimmter Platzierung vorzuhalten.

- Weitere Schließzylinder, die für den FW-Zugang vom Eigentümer bereitzustellen sind:
  - 1x Halbzylinder für FSD
  - 1x Halbzylinder für Raum mit BMZ oder für E30-Gehäuse mit BMZ
  - 1x Halbzylinder für FMC mit Schleifenplänen
  - 1x Halbzylinder für Halter FW-Leiter
  - 1x Halbzylinder für Halter Saug-/Krallenheber
  - 1x Halbzylinder für Schlüsselmanager (bei mehreren Schließanlagen)

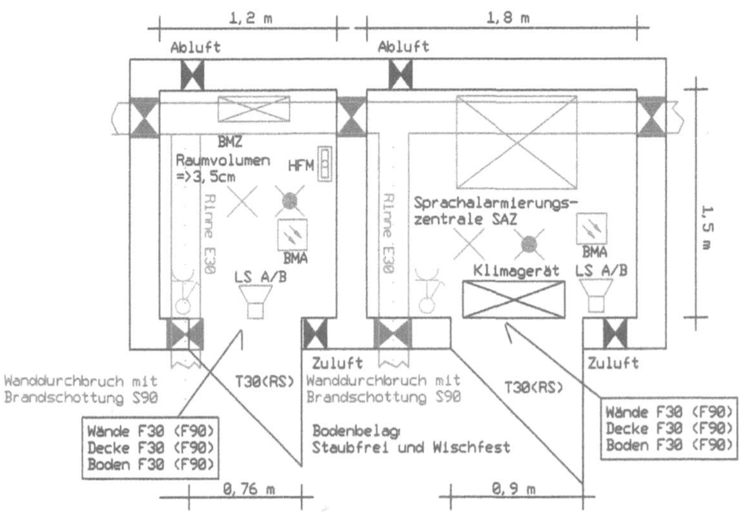

Bild 2.18: Systemzeichnung – Raumkonzept für BMZ/SAZ-Raum

Kommentar zur Systemzeichnung: Die Abbildung stellt eine Mindestanforderung an die Raumgröße dar und ist durch den Architekten bei der Grundrissplanung vorzusehen. Diese Räume sind unverzichtbar und nur in geringfügig geänderter Form einzuplanen. Je nach Objektgröße ist der SAA-Raum anzupassen. Für die BMZ besteht noch die Möglichkeit, diese mit einer Art Raum-in-Raum-Planung im SAA-Raum zu integrieren, oder mit einem E30-Gehäuse im SAA- bzw. Elektroraum einzubauen.

Hinweis: In den TAB mancher Feuerwehren/Branddirektionen wird der BMA-Raum bedingungslos gefordert und die Lösung mit Einbau der Zentrale in E30-Gehäuse nicht akzeptiert. Demgegenüber gibt es mancherorts die Erlaubnis nach einer Funkmessung, mit dem Ergebnis der Notwendigkeit einer BOS, diese gemeinsam in einem Raum zusammen mit der BMZ einzubauen.

2.2.5 Raum für Feuerwehranlaufstelle

Die Festlegung und genaue Platzierung erfolgt in der Regel nach einsatztaktischen Gesichtspunkten durch die zuständige Feuerwehr. Der vornehmliche Platz wird in unmittelbarer Nähe am Haupteingang zum Gebäude sein. Die Forderung nach einem Raum für die Feuerwehranlaufstelle ist in der TAB der zuständigen Feuerwehr bzw. in den MHHR und der MVStättV enthalten.

Die FW-Anlaufstelle ist als Nische wie in der nachfolgenden Abbildung gezeichnet oder mit einer Einhausung herzustellen. Der Verbau um die Geräte muss feuerhemmend gebaut werden. Die zweiflüglige Tür muss den Zylinder für die FW-Schließung haben. Besteht ein Problem, die E30-Einhausung konstruktiv nach Vorgabe zu bauen, können die Bauteile auch in zugelassenen Brandschutzgehäusen E30 installiert werden. Diese können mit F0-Bauteilen kaschiert werden, sollte die Anlage in einem sensiblen Raum, wie dem Foyer eines Gebäudes, untergebracht werden müssen. Bei kleineren Anlagen mit weniger Komponenten besteht durchaus die Möglichkeit, diese hinter einer einflügligen Tür zu verbauen.

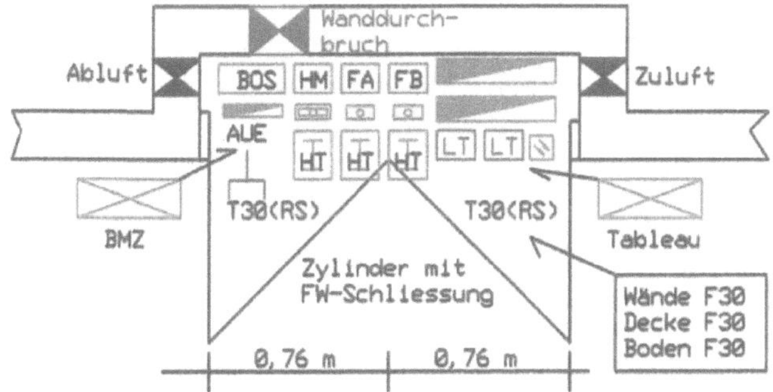

Bild 2.19: Systemzeichnung – Feuerwehranlaufstelle

Kommentar zur Systemzeichnung: Die Geräte müssen so platziert werden, dass bei geöffneter Tür eine ungehinderte Bedienung gewährleistet ist. Eine weitere Einrichtung, die hier platziert werden kann, ist ein Hauptschalter für die zentrale Stromabschaltung nach Bild 9.3/9.4. Zur Vermeidung von unbeabsichtigten Schalthandlungen sind Hauptschalter mit Zylinder der FW-Schließung einzubauen.

Die sonstigen Bauteile, die hier nach der TAB der Feuerwehr/Branddirektion gefordert werden können und in der Abbildung gezeichnet sind:

HM = Hauptmelder	FA = Feuerwehr-Anzeigetableau
BOS = Bedieneinrichtung Feuerwehrfunk	FB = Feuerwehr-Bedienfeld
AÜE = Übertragungseinrichtung zur Leitstelle	LT = Lüftungstaster MRA

HT = Einsprechstelle für Sprachalarmierung	HT = Gegensprechanlage zur Sprinklerzentrale
HT = Sprechapparat zu jedem Aufzug Vorraum	Lageplantableau bei mehreren Lüftungsanlagen
Druckknopfmelder BMA	Druckknopfmelder NRA Treppenhaus
Druckknopfmelder NRA Aufzugsschacht	Laufkartenordner je nach TAB 2-fach
Schlüsselschalter Brandschutzvorhang	FWS = Abschaltung AV-Stromversorgung

- Der Einbau der BMZ kann mit Zustimmung der Feuerwehr erlaubt werden. Die abzuführende Wärmelast ist hier dann zu bedenken. Der Einbau einer aktiven Be- und Entlüftung ist bei der Planung zu berücksichtigen (siehe 2.2.4).
- Eine besondere Ausführung der Feuerwehranlaufstelle ist in Versammlungsstätten mit mehr als 1.000 m² Grundfläche einzuplanen. Hier ist ein Raum zu planen, der nach den besonderen Vorgaben der zuständigen Feuerwehr herzustellen ist.

2.2.6 Räume für Druckbelüftung, Sprinkleranlage, Aufzugsanlagen usw.

Die Platzierung und Planung dieser Räume obliegt dem Architekten in Abstimmung mit den jeweiligen Fachplanern. Die Angaben für die Abführung der Wärmelast aus diesen Technikräumen sind vom jeweiligen Fachplaner anzugeben und vom Architekten zu fordern.

Hinweis: Für Schaltschränke und Verteiler von Aufzügen ist zu bedenken, dass triebwerkraumlose Aufzüge nicht ohne die in der MLAR geforderten Anforderungen beim Einbau im notwendigen Vorraum zum Treppenhaus platziert werden dürfen. Erfolgt der Einbau baubedingt alternativlos in solchen Räumen, ist die Wärmelast, die ca. 250 W je Aufzug betragen wird, abzutransportieren. Das Problem wird hier sein, wenn mehr als zwei Aufzüge im Vorraum eingebaut werden, für die Wärmeabführung ein zugelassenes System von Brandschutzmaterial zu bekommen, das den Vorschriften entspricht.

Verteiler, die ausschließlich für die Aufzugsteuerung von Aufzügen ohne eigenen Fahrschacht nach § 39 MBO verwendet werden, benötigen im notwendigen Treppenraum kein qualifiziertes Gehäuse.

Schalteinrichtungen für Aufzüge in eigenen Fahrschächten müssen als Bestandteil der Fahrschachttürelemente keine besonderen Anforderungen über die Normen zur Aufzugsverordnung erfüllen. Bei Anordnung in den Wandungen der F90-Fahrschächte müssen diese Wände ihre Qualität der Feuerwiderstandsdauer behalten (vgl. MLAR:2018-10, S. 46).

2.2.7 Räume für Verteilungen – SV-Stromversorgung in Geschossen (Hochhaus)

Die Platzierung ist im Brandabschnitt/Stockwerk vorzunehmen. Die Räume mit den Unterverteilungen sollten in Vorräumen der Elektroschächte geplant werden. Kleinere und mittlere Unterverteilungen dürfen in den Installationsschächten der Elektrotrassen geplant werden. Die Türen können in der Qualität T30-RS eingebaut werden, wenn vertikale Elektrotrassen geschossweise abgeschottet werden (MLAR:2018-10, S. 165).

Weitere Kriterien, die es zu beachten gilt:

- Die Temperatur im Raum darf max. 25 °C betragen.
- Die Wärmelast ist nach den Festlegungen in Abschnitt 2.4 zu berechnen.

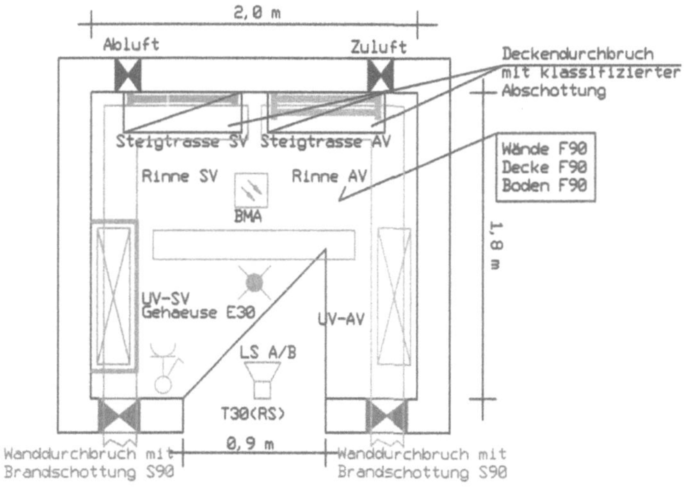

Bild 2.20: Systemzeichnung – SV-Verteiler im Installationsschacht eines Hochhauses

Kommentar zur Systemzeichnung: Die Architektenplanung ist als Grundlage für die Festlegung der Elektroräume in den einzelnen Stockwerken von wesentlicher Bedeutung. Gibt es nur einen Treppenhauskern mit den umlaufend angeordneten Installationsschächten und Technikräumen, ist im Vorfeld die Ausgestaltung genau festzulegen. Bei der Platzierung der Verteiler gibt es unterschiedliche Vorgaben durch die Länder, die bei der Planung zu berücksichtigen sind (vgl. MLAR:2018-10, S. 33). Die Systemzeichnung ist ein Beispiel, zu dem es viele weitere Varianten geben wird. Grundsätzlich ist hierzu auch der Prüfsachverständige im Vorfeld zur bauausführenden Umsetzung mit einzubeziehen. Die Anschlagrichtung von Türen aus Technikräumen erfolgt im Regelfall nach außen. Nach den Vorgaben in der MLAR ist für den Raum aus dem Installationsschacht die Türöffnung nach innen vorgegeben. Für die SV-Steigtrasse sind bei einer Raumhöhe über 3,5 m Abschnitte 8.2.5 und 8.2.6 zu beachten.

Hinweis: Erfolgt der Einbau der Ring-Bus-Leitung für die BMA mit Hin- und Rückleitung alternativlos durch die offene nebeneinander angeordneten AV/SV-Steigtrasse, muss die Hinleitung mit Funktionserhalt E30 ausgeführt werden.

2.2.8 Räume für Verteiler der Gruppe 1 und 2 von Krankenhäusern

Die Platzierung der Verteiler mit den Kabel- und Leitungsanlagen ist unter Berücksichtigung von elektromagnetischen Störungen vorzunehmen. Es sind hier Abstände von 3 m bis 9 m zu Patienten- und Untersuchungsräumen einzuhalten. Die Abstände sind in alle Richtungen einzuhalten. Details hierzu sind mit der Klinikleitung und dem Architekten vorzunehmen (VDE 0100-710:2012-10, S. 30). Zudem ist auch die Leitungslänge vom Verteiler des IT-Systems bis zum Patientenplatz ein Kriterium, das es zu beachten gilt (siehe Abschnitt 7.17).

Ein Beispiel für die Bestückung des SV-Raums zeigt die nachfolgende Zeichnung. Der Raum ist in dem Brandabschnitt/Stockwerk zu planen, in dem die zu versorgenden Sicherheitsanlagen betrieben werden.

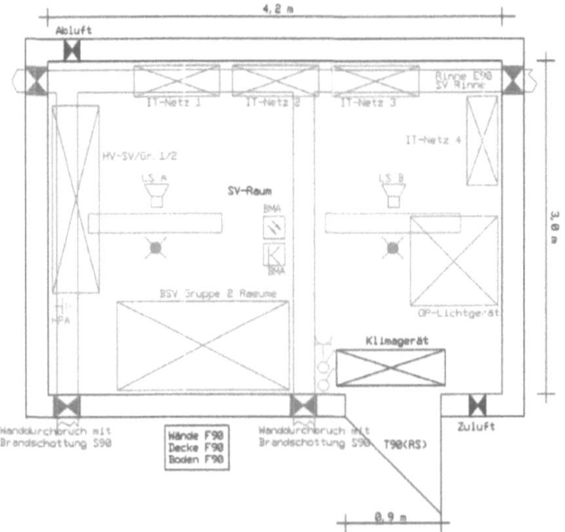

Bild 2.21: Systemzeichnung – SV-Raum der Gruppe 1/2 – medizinisch genutzte Bereiche

Kommentar zur Systemzeichnung: Die Bestückung des Raums ist nach den tatsächlichen Gegebenheiten vorzunehmen. Die Zustimmung für den Einbau der Anlagen mit Batteriebetrieb muss im BSK vorgegeben sein (siehe auch Kapitel 2.6). Gibt es hierzu keine konkrete Aussage, so ist das zu hinterfragen. In manchen Bundesländern kann es sein, dass hierfür separate Räume geplant werden müssen. Zu empfehlen ist auch, genügend Wandflächen zum Nachrüsten von weiteren Anlagen vorzuhalten. Dies ist mit dem Betreiber im Hinblick auf die zukünftige Ausrichtung festzulegen.

Weitere Kriterien, die es zu beachten gilt (siehe hierzu auch Kapitel 3):

- Die Temperatur im Raum darf max. 20 °C betragen, bzw. 25 °C wenn keine Akkuanlagen eingebaut sind.
- Die Wärmelast ist nach den Festlegungen in Abschnitt 2.4 zu berechnen.
- Der Raum ist freizuhalten von fremden Brandlasten. Leitungen, die nicht zum Betrieb der Anlage erforderlich sind, dürfen nicht vorhanden sein oder sind brandschutztechnisch zu verkleiden.
- Besondere Konzipierung der Zu- und Ablufteinrichtung in Räumen bei Anlagen mit Akkubetrieb.

Hinweis: Bei drei-phasigen Anlagen und größeren Kapazitäten sind für den Einbau der Batterieanlagen eigene Räume nach den Vorgaben der EltBauV zu planen. Zur Entscheidungsfindung sind der Fachplaner und der ausführende Unternehmer in der Verantwortung. Die Schwierigkeit wird sein, die Zu- und Abluftanlage direkt ins Freie zu führen.

2.2.9 Raum für BOS-Funkanlage

Die Entscheidung für die Platzierung des Raums mit der Sende-/Empfangsanlage frei im Gebäude ist mit günstiger wirtschaftlicher Installation des Strahlenkabels in Schleifenausführung zu treffen. Für den Einbau der Zentrale (TBS mit Übergabepunkt für Festnetzanbindung und Objektverteilung) ist ein eigener Raum zu planen. Ein Einbau der Zentrale gemeinsam im Raum mit der BMZ ist bei manchen TAB erlaubt. Eine Abstimmung mit der zuständigen Behörde ist zu empfehlen (vgl. BDBOS 2016-05:V3.2). Die Anforderung an Wände, Boden, Decken – F90, Tür – T90 RS sind zu berücksichtigen. Abweichungen hierzu sind mit der zuständigen Behörde, z. B. der Feuerwehr zu klären. Der Raum ist so zu planen, dass vor der Zentrale eine Bewegungsfreiheit von 75 cm ist.

Hinweis: Ist im Gebäude eine Diesel Notstromanlage (NEA) geplant, ist für die Überbrückung der Hochlaufzeit von 15 s eine USV-Anlage notwendig. Diese USV wird zusammen mit der BOS-Zentrale in einem gemeinsamen Raum eingebaut. Bei USV-Anlagen mit Auslegung der Kapazität nach Funktionsdauer der BOS für 90 min ohne NEA ist der Raum nach Vorgabe der EltBauV herzustellen, was aus der MLAR so interpretiert werden kann (vgl. MLAR:2018-10, S. 317).

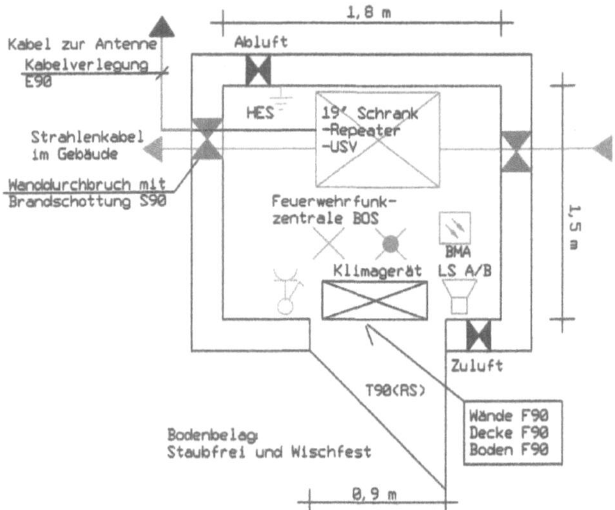

Bild 2.22: Systemzeichnung – BOS Raum Feuerwehrfunk

Kommentar zur Systemzeichnung: Neben der Forderung aus den aktuellen Vorschriften, eine BOS-Anlage zu installieren, gibt es auch die Festlegung von Feuerwehren die Anlage zu installieren, wenn eine Messung die Notwendigkeit feststellt.

Weitere Kriterien für Räume mit BOS, die es zu beachten gilt:

- Die Temperatur im Raum darf bei Normalbetrieb max. 20 °C betragen. In Anlehnung an VDE 0100-560:2022-10, S. 15 ist diese Temperatur für die Langlebigkeit der USV zu fordern. Die Mindesttemperatur darf 5 °C nicht unterschreiten, Frostfreihaltung muss in jedem Fall gegeben sein.
- Kritisch zu betrachten ist die Wärmelast der BOS. Bei größeren Anlagen ist eine Klimatisierung einzubauen. Um diese zu ermitteln, ist die Entwurfsplanung zu erstellen und in Abstimmung mit dem Hersteller die abzuführende Wärme zu berechnen.
- Der Raum ist freizuhalten von fremden Brandlasten. Leitungen, die nicht zum Betrieb der Anlage erforderlich sind, dürfen nicht vorhanden sein oder sind brandschutztechnisch zu verkleiden.

- Es muss dokumentiert sein, dass elektronische Bauteile innerhalb der Verteiler/Zentrale über die Dauer des Funktionserhalts in Betrieb bleiben (vgl. MLAR: 2018-10, S. 85). Dazu ist die Raumgröße dem Bieter im Zuge der Ausschreibung anzugeben.

2.2.10 Elektro- und Hausanschlussraum nach TAB und DIN 18012

Der Hausanschlussraum ist der Raum eines Gebäudes, der zur Einführung der Anschlussleitungen für die Ver- und Entsorgung des Gebäudes bestimmt ist und in dem die erforderlichen Anschlusseinrichtungen und gegebenenfalls Betriebseinrichtungen untergebracht werden. Nachfolgend können das sein:

- Elektroanlage: HA-Kasten, Zählerverteilungen, Messungen, NSHV, UV Allgemein
- Fernmeldeversorgung: Hausverteilung Telefonie/Internet, Antennenanlage
- Wasserversorgung: Verteilungsleitungen, Wasser-Behandlungsanlagen, Druckerhöhungsanlagen
- Entwässerung: Schmutzwasser-Hebeanlage, Abscheider (Öle, Fette)
- Gasversorgung: Verteilungsleitungen, Gaszähler, Durchregelgerät
- Fernwärmeversorgung: Pumpen, Regelanlagen, Wärmetauscher
- Anschlussfahne für Haupterdungsschiene (HSE) in unmittelbarer Nähe des HA-Kastens

Die Größe der genannten Räume ergibt sich aus den Anlagen, die im Raum unterzubringen sind. Als Regelmaß werden hier mindestens L/H: 2 m/2 m vorgegeben, wobei eine freie Durchgangshöhe von 1,8 m zu gewährleisten ist. Die Größe des Hausanschlussraums ist für jedes Gebäude individuell zu planen und mit den Versorgern der verschiedenen Medien, dem Architekten und dem Versorgungstechniker abzustimmen. Generell gilt, die Breite muss mindestens 1,5 m bei Belegung nur einer Wand und mindestens 1,8 m bei Belegung gegenüberliegender Wände betragen. Maßgebend für die Raumgröße sind die Bewegungsfreiheiten vor den elektrischen Einrichtungen von 1,2 m zur Front und 0,3 m zur Seite.

Hinweis: Der Aufbau der NSHV als Kombischrank mit Messung, ungezählten Abgängen und Trenner für gezählte Abgänge ist in den TAB der SWM bereits bei einer Stromstärke von ≥ 500 A mit einer Schranktiefe von 625 mm (mit Tür: 650 mm) vorgeschrieben.

Zu bedenken ist, wenn Wände in Gipskarton-Leichtbauweise F90 bzw. F30 aufgestellt werden, dass Unterkonstruktionen zur Befestigung der Wandschränke eingebaut werden.

Neben den verbauten Flächen durch die gewählten Anlagen sind auch vertikale Flächen zum Installieren der Kabel- und Leitungen freizuhalten. Die Raumhöhe ist ein besonderes Kriterium und für die fachgerechte Verlegung von Kabel und Leitungen mit großen Querschnitten genau zu ermitteln. Gegebenenfalls ist eine Bodenabsenkung zu fordern. Zur Einhaltung von Biegeradien mit Einführung in Standschränke sind dafür Raumhöhen mit 2,8 m als Untergrenze technisch erforderlich. Eine unbekannte Größe, die es einzurechnen gilt, ist der Platzbedarf für die Aufstellung der UV Allgemein. Weitere Anlagen, die im Regelfall eingebaut werden, sind Verteiler der Schwachstromanlagen wie Telefon und Antenne. Hier empfiehlt es sich, eine Breite von 600 mm bis 800 mm zu berücksichtigen. Zudem sollte ein Aufschlag von 30 % an Wandflächen für unvorhergesehene Änderungen zur Verfügung stehen, insbesondere dann, wenn eine gewisse Flexibilität bei der Gebäudenutzung vorgegeben ist.

Bei gemeinsamen Hausanschlüssen mit Gas, Wasser und Strom in einem Raum ist der Versorger maßgebend. Es gibt Versorger, die nach den TAB die ganze Wandseite für das jeweilige Medium fordern. Ein Abstand von 30 cm zu den verschiedenen Medien ist in jedem Fall einzuhalten. Wasserführende Rohre über den Schaltschränken bzw. über den Messeinrichtungen sind zu vermeiden. Schieber und Entleereinrichtungen dürfen nicht über Schalt- und Verteilerschränke der Elektrotechnik eingebaut werden.

Sollte unter Berücksichtigung der geforderten Bewegungsfreiheiten ein größerer Raum gebraucht werden, ist das dem Architekten zeichnerisch darzustellen und entsprechend einzufordern.

Die Raumgröße ist abhängig von der Größe der Wohnanlage oder der Wasserdurchflussmenge bzw. dem Leistungsbedarf für Strom und Wärme:

- Ein Hausanschlussraum für den Anschluss bis etwa 30 Wohneinheiten, bei Fernwärmeanschluss bis etwa 10 Wohneinheiten gilt als Mindestmaß: B/L/H: 1,8 m/2,0 m/2,0 m

  Bei Nichtwohngebäuden ist diese Raumgröße in der Regel ausreichend, wenn folgende Anschlusswerte nicht überschritten werden:

  - Wasserversorgung: max. Nenndurchfluss von $q_n = 10\ m^3/h$
  - Starkstromversorgung: 165 kVA
  - Fernwärmeversorgung: 80 kW

- Ein Hausanschlussraum für den Anschluss bis etwa 60 Wohneinheiten, bei Fernwärmeanschluss bis etwa 30 Wohneinheiten gilt als Mindestmaß: B/L/H: 1,8 m/3,5 m/2,0 m

  Bei Nichtwohngebäuden ist diese Raumgröße in der Regel ausreichend, wenn folgende Anschlusswerte nicht überschritten werden:

  - Wasserversorgung: max. Nenndurchfluss von $q_n = 10\ m^3/h$
  - Starkstromversorgung: 270 kVA
  - Fernwärmeversorgung: 200 kW

Hinweis: Bei einer größeren Anzahl von Wohneinheiten oder höheren Anschlusswerten als v. g. ist die Größe des Raums in Abstimmung mit den betroffenen Ver- und Entsorgungsunternehmen im Einzelfall zu ermitteln. Zu bedenken ist dabei die Raumbreite bei einem Kombimessschrank mit einer Tiefe über 650 mm.

Weitere Kriterien sind die Fluchtweglänge aus dem Raum, die 10 m nicht überschreiten darf, und die Fluchtwegbreite: bei geöffneten Schranktüren der Verteilungen in Fluchtrichtung 0,5 m und gegen die Fluchtrichtung 0,7 m.

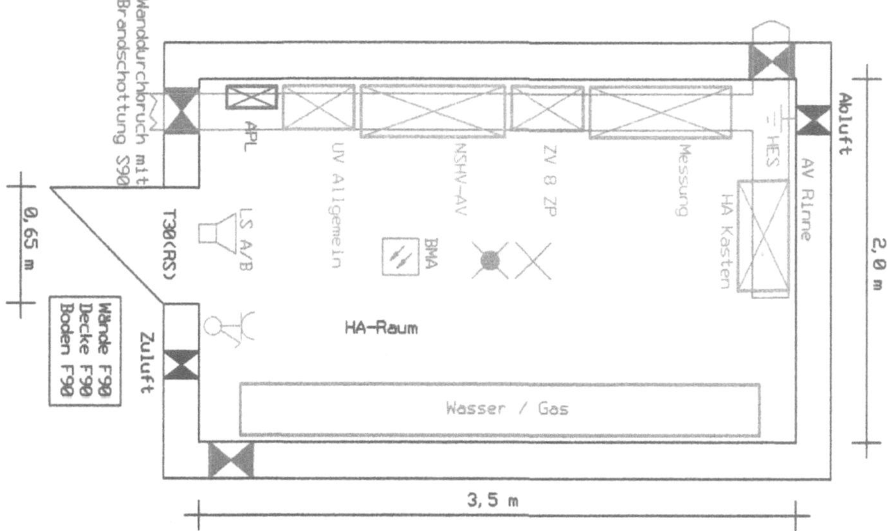

Bild 2.23: Hausanschlussraum

Kommentar zur Systemzeichnung: Die Anforderungen an die Herstellung sind in den einschlägigen Normen und Vorschriften genau vorgegeben.

Weitere Vorgaben nach DIN

Zudem sind weitere Vorgaben nach DIN zu beachten: Der Zugang muss aus allgemein zugänglichen Räumen wie Treppenraum, Kellergang oder von außen sein. Der Raum darf nicht als Durchgang zu weiteren Räumen führen. Bei Gefährdung durch Hochwasser ist die Platzierung entsprechend nach oben zu legen.

- Bei der Platzierung im Gebäude ist der Schallschutz nach DIN 4109-2 und der Wärmeschutz nach DIN 4108 zu beachten.
- Der Raum muss an der Gebäudeaußenwand liegen, außer es gibt zwingende Gründe, die dagegenstehen. Bei Abweichungen ist die Zustimmung der Versorger einzuholen.
- Die Mindestanforderungen an Wände ist die Feuerwiderstandsklasse F30. (Anforderungen im BSK sind zu berücksichtigen bzw. die Auslegung erfolgt nach der Anlage mit dem höchsten Funktionserhalt.)
- Die lichte Türbreite muss mindestens 0,65 m haben, die Mindesthöhe 1,95 m. Der Zugang für Versorger und eventuell Feuerwehr ist mit einer Doppelschließung zu gewährleisten. (Die Türbreite ist in Bezug auf das größte Anlagenteil, das im Raum installiert wird, auszulegen.) Dabei ist die Tür zum Raum so zu setzen, dass ein Anschlag von mindestens 30 cm vorhanden ist, um die gesamten Wandflächen in der Tiefe nutzen zu können (Empfehlung).
- Die Tür muss in T30/T90 ausgeführt sein, wenn aus dem Raum Sicherheitsanlagen mit dem vorrangigen Stromkreis versorgt werden (siehe Kapitel 9).
- Der HA-Raum ist mit einem Bodenablauf (Gully) zu bauen, wenn ein Wasser- oder Fernwärmeanschluss mit eingebaut wird. Zudem müssen dann die elektrischen Betriebsmittel mit einer höheren Schutzart wie IP X4 bzw. IP X5 (siehe VDE 0100-737) gebaut sein.
- Eine ständig wirksame Lüftung direkt ins Freie muss dann vorhanden sein, wenn die Fernwärme mit eingebaut ist; ebenso bei Gefahr von Schwitzwasserbildung. Sind nur Stark- und Schwachstromanschluss vorhanden, kann hierauf verzichtet werden. Die Vorschriften zur Belüftung bei innenliegenden Räumen sind anzuwenden.
- Der Raum muss frostfrei gehalten werden. Ist keine Heizung geplant, ist ein Frostwächter zu installieren. Ist der Trinkwasseranschluss im Raum eingebaut, darf die Raumtemperatur 25 °C nicht überschreiten.
- Der Raum ist mit Einrichtungen der verschiedenen technischen Anlagen auszustatten, wie:

- Sicherheitsleuchte in Bereitschaft, vorzugsweise Akku-Handscheinwerfer (Empfehlung),
- automatischer Rauchmelder (bei Forderung im BSK), auch im Doppelboden,
- Signalgeber bei Alarmierungsanlagen (nach Forderung aus dem BSK),
- Allgemeinbeleuchtung mit Schaltstelle,
- Steckdose für Wartungs- und Reparaturarbeiten.

- Der Stromanschluss mit Zähleranlagen und dem Fernwärmeanschluss gemeinsam in einem Raum ist nur erlaubt, wenn die Raumtemperatur 30 °C gehalten wird. Ist das nicht gewährleistet, ist für den Fernwärmeanschluss ein eigener Raum zu planen.
- Zur Einführung der Leitungen sind in der Gebäudeaußenwand bzw. in der vorgegebenen Höhe durch das Fundament vom Boden her die notwendigen Leerrohre einzubauen. Je nach Lage sind zum Schutz vor Gas- und Wassereintritt diese dauerhaft abzudichten (vgl. DIN 18012:2018-04). Für die genaue Platzierung der Hauseinführung ist der Verlauf der Sparten auf dem Grundstück genau festzulegen und folgende Mindestabstände bei der Planung einzuhalten:

- 1,0 m zum Lichtschacht,
- 1,0 m zum Kanal,
- 0,5 m zu Sickerschächten und Revisionsschächten,
- 1,5 m zur Baumkrone bei unmittelbarer Bepflanzung bzw. 2,5 m zur Baumstammachse,
- 1,0 m zu Tiefgaragenabfahrt und Grundstücksgrenze Nachbar,
- 2,0 m zwischen Gebäuden (vgl. Hausanschlussraum – einzelne Mindestabstände, SWM).

- Bauwerksdurchdringungen für die Sparteneinführung müssen mit dem jeweiligen Netzbetreiber abgestimmt sein. Bei Undichtheiten muss eine klare Verantwortungszuordnung möglich sein (vgl. VDE-AR-N 4223:2020-05, S. 14).
- Soll der Hausanschlusskasten auf einer brennbaren Wand montiert werden, sind die Voraussetzungen nach DIN VDE 0100-732 zu erfüllen: Auf brennbaren Wänden, z. B. Holzwänden, blechverkleideten Holzwänden, Gipskartonwänden, müssen das Netzanschlusskabel und der Hausanschlusskasten auf einer lichtbogenfesten Unterlage (z. B. Fibersilikatplatte mit 20 mm Dicke) verlegt werden. Diese Unterlage muss allseitig 150 mm überstehen. Das Netzanschlusskabel darf nicht durch brennbare Wände geführt werden. (vgl. TAB Bayernwerk 07.2013, S. 15)

- Befindet sich der Hausanschluss in Gebäudeaußenwänden mit Dämmung, sind bauseits geeignete Maßnahmen zum Brandschutz zu treffen.

Hinweis: HA-Räume sind auf Grundlage der DIN 18012 und in Abstimmung mit den Ver- und Entsorgungsunternehmen so zu planen, dass alle Anschlusseinrichtungen ordnungsgemäß installiert und gewartet werden können. Die Norm gilt nicht für den Anschluss von Gebäuden an Starkstromanlagen über 1000 V. Bei Ein- und Zweifamilienhäusern sind keine gesonderten HA-Räume erforderlich. Die Bestimmungen für die Anschlüsse der Leitungen sind jedoch sinngemäß anzuwenden.

2.3 Einhausung der Sicherheitszentrale/-anlage mit Raum und Tür

Die Anforderungen der Räume mit den Türen müssen mindestens dem Funktionserhalt der eingebauten Anlage entsprechen (vgl. MLAR:2018-10, S. 85).

Kommentar zur folgenden Tabelle: Erfolgt die Platzierung des Raums zusammen mit Technikräumen, die F90 sein müssen, so muss auch ein angrenzender Raum, für den F30 ausreichend ist, z. B. die BMA, die Anforderung F90 erfüllen. Die Tür zu diesem Raum kann mit T30, möglichst mit RS, eingebaut werden.

Tabelle 2.17: Anforderung der Brandschutzklasse an Raumeinhausung mit Tür

Anlage	Raum	Tür
Sprinklerpumpe	F90	T90
maschinelle Entrauchung	F90/F30	T90/T30
Druckerhöhung Löschwasser	F90	T90
Feuerwehraufzug, Bettenaufzug im Krankenhaus	F90	T90
Druckbelüftung	F90	T90
BOS Feuerwehr-Funkanlage	F90	T90
Stromkreisverteiler-Krankenhaus, Räume Gruppe 2	F90	T90
Stromkreisverteiler-Krankenhaus, Räume Gruppe 1	F90	T30
Stromkreisverteiler je Geschoss eines Hochhauses	F90	T30
Brandmeldeanlage, Hausalarmanlage	F30/F90	T30
Sprachalarmanlage für Evakuierung	F30/F90	T30
Sicherheitsbeleuchtung Stromversorgungssystem	F30/F90	T30
Hausanschluss-/Elektroraum	F30/F90	T90/T30
natürlicher Rauchabzug[1]	F0/F30	T0/T30
Personenaufzug mit Brandfallsteuerung[1]	F0/F30	T0/T30
CO-Warnanlage[1]	F0/F30	T0/T30

[1] Die Herstellung der Brandschutzklasse für Raum und Tür ist mit dem Prüfsachverständigen festzulegen. Maßgebend hierfür ist, wo die Zentrale der Anlage platziert ist.

Hinweis: Bei Gebäuden ohne Brandschutzanforderungen ist der Funktionserhalt mindestens in E30 auszubilden. *Erklärung:* Ist in Gebäuden ohne Brandschutzanforderungen z. B. eine Sicherheitsbeleuchtung gefordert und wird diese aus wirtschaftlichen Gründen mit einer Zentralbatterieanlage errichtet, so sind die Vorgaben für die Installation E30 umzusetzen. Hier gilt die EltBauV. Generell ist hier eine Abstimmung zwischen Prüfsachverständigen und Fachplaner rechtzeitig vorzunehmen.

2.4 Zusätzliche Vorgaben für Türen in Technikräumen

- Zugang zu den Technikräumen dürfen nur die für die jeweilige Anlage berechtigten Personen und der Besitzer haben.
- Generell müssen sämtliche Türen abschließbar sein. Ausgenommen hiervon sind die Tür nach einer Schleuse und Verbindungstüren zwischen Technikräumen.
- Innenliegende Türen zu Transformatorräumen müssen einer bestimmten Druckbeanspruchung im Kurzschlussfall standhalten. Die genauen Vorgaben hierzu sind mit dem zuständigen Netzbetreiber abzustimmen. Außentüren dürfen aus Blech sein. Sind hier Lamellen zur Belüftung des Raums eingebaut, müssen diese durchstecksichere Insektenschutzgitter haben. Zwingend ist auch die Selbstschließung mit Federzug der Türen.
- Innen- und Außentür müssen in Fluchtrichtung eine Panikschließung haben.
- Gegebenenfalls sind Doppelschließungen notwendig (Energiezentrale für Zugang Netzbetreiber).
- Zur Gewährung eines Zugangs von außen bei Notsituationen kann die Notwendigkeit von Rohrtresoren für die Schlüsselhinterlegung erforderlich sein (Störungsbehebung, Personenbefreiung aus Aufzügen).
- Wird eine Zutrittskontrolle mit Kartensystem installiert, ist zudem eine manuelle Schließung für den Feuerwehr-Zugang bei einer aufgeschalteten BMA-Anlage einzubauen, bzw. mit der zuständigen Feuerwehr zu klären

2.5 Bestimmung der Raumlüftung nach Ermittlung der Wärmelast

Der wesentliche Faktor für den funktionierenden Betrieb der verschiedenen Anlagen und Zentralen in einem Elektroraum ist die Abführung der entstehenden Wärme mit einer technischen Einrichtung und die Einhaltung von Temperaturen, die vom Versorgungstechniker festzulegen sind. Die Vorgaben zur Entscheidungsfindung sind vom Elektro-Fachplaner zu erbringen.

Sind Anlagen wie ein OP-Lichtgerät bzw. eine BSV im Raum, ist eine Temperatur von max. 20 °C zu gewährleisten, die optimale Temperatur für die Langlebigkeit von Batterien. Ansonsten muss eine max. Temperatur von 25 °C gehalten werden.

Für die Zuordnung von LS-Schaltern und Leistungsschaltern zu den Bemessungsquerschnitten der Leiter ist eine Umgebungstemperatur von normal 25 °C vorgegeben. In Abstimmung mit dem Konstrukteur für die Lüftungsanlage sind daher Maßnahmen zu treffen, die eine dauerhafte Raumtemperatur unter 25 °C garantieren. Solche Maßnahmen können zum Beispiel ein Zu- und Abluftanschluss an die zentrale Lüftungsanlage des Gebäudes oder eine Raumklimatisierung sein.

Um eine wirtschaftliche Entscheidung treffen zu können, sind von allen Stromkreisverteilern die Abwärmewerte sämtlicher Einbaugeräte zu ermitteln und auf deren Grundlage die Konzeption der RLT-Anlage durchzuführen.

Die Werte der Abwärme im Nennbetrieb für die jeweiligen Einbaugeräte werden durch die Hersteller angegeben und sind in nachfolgender Tabelle zusammengestellt. Neben der Verlustleistung der Einbaugeräte, für die in der Tabelle von einigen Bauteilen beispielhaft die Verlustwärme aufgezeigt ist, ist auch für jeden Stromkreis die Verlustleistung zu ermitteln. Dazu kann nach Anhang H der DIN EN IEC 61439-1 (VDE 0660-600-1):2021-10 für jeden Leiter die Verlustleistung berechnet werden. Durch die Addition aller ermittelten Verlustleistungen wird die Gesamtverlustleistung bestimmt.

Tabelle 2.18: Abwärmen im Nennbetrieb von Einbaugeräten (*Quelle:* Werte aus Datenlisten verschiedener Hersteller)

Bauteil	Pole	Strom/Leistung	Verlustwärme in W
Sicherungsautomat	1	10 A	2,5
	1	16 A	4,7
	3	16 A	14,0
	3	25 A	15,4
	3	32 A	17,0
RCD-Schalter	4	40/0,03 A	11,3
Neozed-Sicherung	3	63 A	10,6
Stromstoßschalter	2	16 A	3,4
Schaltrelais	2	16 A	9,5
Schaltschütz	4	40 A	23,1
Trafo (IT-System)	1	5 kVA	250

Kommentar zur Tabelle: Die Feststellung der Wärmelast ist nach Planung der jeweiligen Verteilung durch den Elektro-Fachplaner in enger Abstimmung mit dem Verteilungsbau vorzunehmen. Als systemgefertigte Niederspannungsgerätekombinationen werden diese in der Werkstatt gebaut, angeliefert und vom beauftragten Elektrofachbetrieb betriebsfertig angeschlossen. Für erste Annahmen wird man mit 1 kW Wärmelast je 1 m Schrankbreite bei einer NSHV auf der sicheren Seite liegen. Diese Aussage wird auch von namhaften Herstellern vertreten. Für Unterverteilungen ist die Wärmelast mit den Werten aus der Tabelle 2.5 entsprechend der ausgearbeiteten Entwurfsplanung zu berechnen.

Neben der üblichen Einheit für die Verlustwärme (Watt) wird zunehmend die englische Einheit BTU/h (British Thermal Unit) angegeben. Für die Umrechnung gilt:

1 BTU/h	0,293 W	0,293 J/s
3,41 BTU/h	1,0 W	1,0 J/s

2.6 Weitere Technikräume, die in der Grundrissplanung einzuzeichnen sind

Für den funktionierenden Betrieb von Anlagen in Gebäuden sind auch die nachfolgenden Räume bei der Grundrissplanung mit zu bedenken und der entsprechende Platzbedarf vorzusehen. Eine eingehende Abhandlung erfolgt nicht, da es sich hierbei um keine Sicherheitsanlagen handelt.

- Serverräume mit einem Mindestbedarf von 3,2 m x 2,2 m bei einem Datenverteilerschrank mit 500 Anschlusspunkten (AMEV-Forderung: 3,0 m x 2,0 m). Für jeden weiteren Schrank sind in der Tiefe 0,8 m zusätzlich zu fordern (vgl. VDE 0800-174-2:2018-10, S. 66-69). In der genannten Norm sind die Anforderungen an den Raum zudem festgelegt. Demnach sind, die Innenflächen so herzustellen, dass die Freisetzung von Staub auf ein Minimum reduziert wird. Beim Einbau von aktiven Komponenten ist der Raum zu klimatisieren. Ist im Raum eine USV eingebaut, ist die Abwärme bei der Dimensionierung der Klimaanlage mit einzurechnen. Der Raum soll mit einer Tür ausgestattet werden, die mindestens 1 m breit und 2,13 m hoch ist, keine Türschwelle aufweist und mit einem Schloss oder einem Verriegelungssystem ausgerüstet ist. Die Aufschlagrichtung ist in Fluchtrichtung. Die Festlegung für die brandschutztechnische Anforderung an den Raum ist nicht vorgegeben und ist daher vom Prüfsachverständigen für den Brandschutz zu bestimmen.

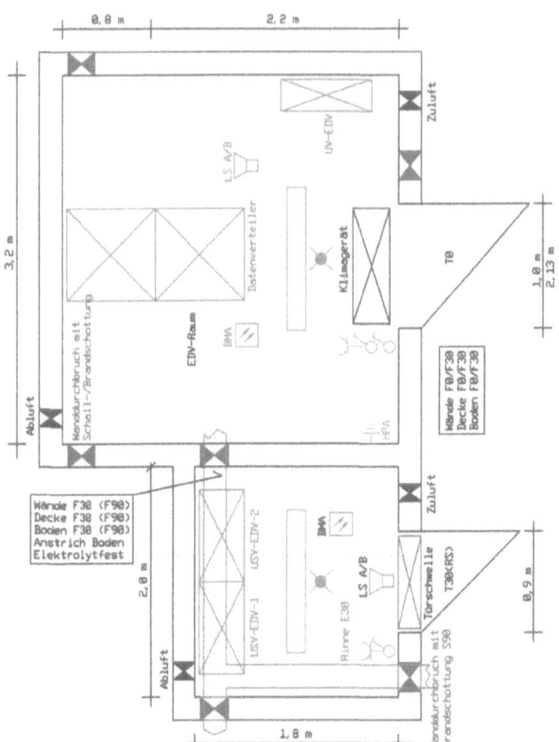

Bild 2.24: Systemzeichnung – Mindestgröße EDV-Raum (DXF 086)

Kommentar zur Systemzeichnung: Die Mindestgröße für einen EDV-Raum ergibt sich aus der Anzahl der Anschlusspunkte und der Ausstattung mit aktiven Betriebsmitteln. Bei größeren Anlagen und redundantem Aufbau ist die separate Unterbringung der Notstromversorgung in Form einer USV zu empfehlen.

- Raum für Inhouse-Telefonie bei Hochhäusern für flächendeckenden Handyempfang. Raumbedarf von ca. 25 m², wenn alle drei Anbieter, die derzeit auf dem Markt sind, empfangbar sein sollen.

Hinweis: Für die genannten Anlagen werden in der Regel USV-Anlagen mit der notwendigen Akku-Kapazität für eine Betriebszeit >15 min eingebaut. Der Einbau im Raum der Anlage ist mit dem BSN-Verfasser abzustimmen. In der Regel gibt es hierzu keine Einwände.

Vom Anwendungsbereich der EltBauV sind diese USV-Anlagen nicht erfasst. Zur Vermeidung privatrechtlicher Haftungsfällen sollte daher für derartige Aufstellräume untersucht werden, ob zur Erreichung des Schutzes der Menschen und Gebäude vor diesen elektrischen Anlagen wesentliche Maßnahmen, die aus der EltBauV ableitbar sind, auch umgesetzt werden sollen (vgl. MLAR:2018-10, S. 338). Bei dreiphasigen Anlagen und größeren Kapazitäten sind für den Einbau der Batterieanlagen eigene Räume nach den Vorgaben der EltBauV zu planen. Zur Entscheidungsfindung sind der Fachplaner und der ausführende Unternehmer in der Verantwortung. Zu bedenken ist aber, dass die Zu- und Ablufteinrichtung zur Abführung entstehender Gase beim Ladevorgang in gleicher Weise aus dem Raum abtransportiert werden, wie beim zentralen Stromversorgungssystem der Sicherheitsbeleuchtung.

In der AMEV ist folgendes zu den USV-Anlagen enthalten:

- Batterien >60 V DC bis 120 V DC erfordern die Unterbringung mit eingeschränktem Zugang, z. B in einem elektrischen Betriebsraum (vgl. VDE 0510-2, 5.1). Denkbar ist dafür der Einbau in Elektroräume, Technikräume oder auch sonstige Räume, die nur dem Betriebspersonal zugänglich sind.
- Batterien >120 V DC müssen im abgeschlossenen elektrischen Betriebsraum untergebracht werden. Die sichere Variante für den vorschriftsmäßigen Einbau ist, hier einen Raum zu fordern, der nach der EltBauV hergestellt wird.

Als elektrische Betriebsstätte bzw. abgeschlossene elektrische Betriebsstätte gelten:

- besondere Räume für Batterien innerhalb von Gebäuden,
- besondere abgetrennte Betriebsbereiche in elektrischen Betriebsstätten,
- Schränke oder Behälter innerhalb oder außerhalb von Gebäuden,
- Batteriefächer in Geräten, wie Kombi-Schränke (vgl. VDE 0510-2, S. 10).

Für die Absicherung von USV-Anlagen ist der Kurzschlussstrom beim Hersteller zu erfragen. Dieser reicht oft nicht aus, die üblichen LS-Automaten innerhalb der vorgeschriebenen Zeit von 0,4 s auszulösen. Falls nicht entsprechende LS-Automaten eingesetzt werden können, sind die Stromkreise zusätzlich mit RCDs abzusichern. Der I_{FN} muss dabei ≤ 30 mA sein. Zu empfehlen sind hierfür 2-polige FI/LS-Automaten.

Kommentar zur folgenden Systemzeichnung: Die Einteilung der Raumart als Batterieraum ist nach folgender Definition vorzunehmen:

- Räume mit Batterien für Anlagen bis 220 V Nennspannung gelten als elektrische Betriebsräume,
- Räume mit Batterien für Anlagen über 220 V Nennspannung gelten als abgeschlossene elektrische Betriebsräume (vgl. Kiefer, 2017, S. 655).

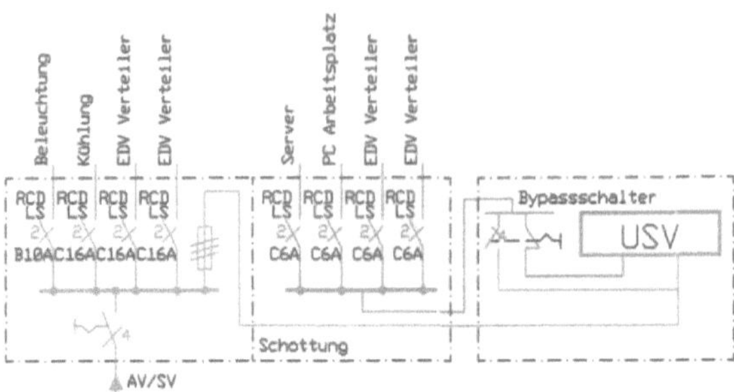

Bild 2.25: Systemzeichnung – Stromversorgung EDV-Raum

Hinweis: Für Zentralbatterieanlagen gilt:

- Bleibatterie (108 Zellen): 2,0 V / Zelle · 108 Zellen = 216 V
- NiCd-Batterie (180 Zellen): 1,2 V / Zelle · 180 Zellen = 216 V

Für USV-, BSV-, ZSV-Anlagen usw. ist die Batteriespannung abzufragen und bei Spannungen >220 V ein Raum zu fordern. Zu beachten sind auch Batterieräume für Gabelstapler, Hubwagen Rasenmäher usw. (vgl. MLAR:2018-10, S. 341). Eine weitere bisher nicht genannte Anlage ist der Stromspeicher für PV-Anlagen.

2.7 Leitungsanlagen in notwendigen Fluren und Treppenräumen

Der notwendige Flur oder auch der notwendige Treppenraum ist brandlastfrei zu halten. Erfolgt die Errichtung dieser Flure mit mindestens feuerhemmenden Wänden in Leichtbauweise, dürfen innerhalb dieser beidseitigen Beplankung nur Leitungen, die ausschließlich der Versorgung der in und an der Wand befindlichen elektrischen Betriebsmittel dienen, verlegt werden. Die Verlegung von elektrischen Leitungen als reine Transferkabel/-leitung ohne Anschluss eines elektrischen Betriebsmittels in der Trennwand der Rettungswege ist nicht zulässig (vgl. MLAR:2018-10, S. 37). Installationen in Unter- und Auf-Putz-Ausführung sind hier für Einrichtungen und Geräte erlaubt, die zum Betrieb und Funktion des Fluchtwegs notwendig sind. Dazu gehören die erforderlichen Leitungsanlagen für: Beleuchtung mit Schalter, Zuleitungen für Steckdosen, Sicherheitsbeleuchtung, Hohlleiter/Koaxialkabel für Gebäudefunk, Leitungsanlagen für Brandmelde- und Alarmierungseirichtungen, Brandschutzklappen, Feststellanlagen für Brandschutztüren, sowie MSR-Leitungen für diesen Bereich. Bei Auf-Putz-Installation ist für sämtliche Befestigungen nicht brennbares Material einzubauen, z. B. Stahlrohre mit Metallschellen. Eine brandschutztechnische Auslegung der nichtbrennbaren Trag- und Befestigungssysteme ist nicht erforderlich. Brennbare Dübel und nichtbrennbare Schrauben können für diese Befestigungen zum Einsatz kommen. Kabelbündel sind grundsätzlich mit nichtbrennbaren Sammelhaltern oder auf nichtbrennbaren Elektrotrassen zu verlegen und mit nichtbrennbaren Befestigungselementen, Dübeln oder Schlagankern zu befestigen (vgl. MLAR:2018-10, S. 192 für notwendigen Flur und S. 200 für notwendigen Treppenraum).

Empfehlung für den notwendigen Flur: Kurze Stichleitungen können auch als querende Leitung mit maximal 5 Kabeln von max. ϕ 15 mm nebeneinander liegend aus einem angrenzenden Raum bewertet werden. Die Befestigungen sollten aus nichtbrennbaren Befestigungsmitteln bestehen, wie nichtbrennbare Sammelhalter inkl. nichtbrennbarer Dübel/Schlaganker (vgl. MLAR:2018-10, S. 192).

Werden in den notwendigen Fluren fremde Brandlasten eingebaut, müssen diese in geeigneten Kanälen mit I30-Anforderung verlegt werden. Bei größeren Ansammlungen an Brandlasten kann nach wirtschaftlichen Kriterien auch eine Unterdecke mit F30-Klassifizierung die Lösung sein. Wichtig dabei ist, dass die Befestigungen der darüber installierten haustechnischen Anlagen den gleichen Funktionserhalt aufweisen wie die Unterdecke. Ein vorzeitiges Herabfallen und damit eine Zerstörung der F30-Decke muss ausgeschlossen sein. Die genauen Vorgaben, was alles in der Zwischendecke von notwendigen Fluren eingebaut werden darf und welche Abstände von Deckeneinbauten zu den Anlagen der Haustechnik eingehalten werden müssen, sind in der MLAR, Teil F genau beschrieben und dort mit Bild F-IV-1 auf S. 196 genau dargestellt.

Für Sanierungen oder Umbauten gilt: In Bestandsgebäuden besteht zur brandschutztechnischen Kapselung von Elektrotrassen, die nicht zum Betrieb des notwendigen Flurs erforderlich sind, die Möglichkeit der Montage von Kabelvollbandagen mit allgemeiner bauaufsichtlicher Zulassung. Das Schutzziel dieser Kabelvollbandagen ist die Verhinderung der Brandentstehung von innen und die Verhinderung der Brandweiterleitung in Längsrichtung der Elektrotrasse. Die baurechtliche Abweichung ist auf der Grundlage der abZ und MBO bei der unteren Bauaufsicht zu beantragen (vgl. MLAR:2018-10, S. 193). Vorhandene Brandlasten in Form von nicht mehr benötigten bzw. stillgelegten Leitungen müssen ausgebaut werden.

Neu in den Normen und Vorschriften ist nun auch die Verwendung von halogenfreien Leitungen (vgl. VDE 0100-420:2022-06, S. 20). Dazu gibt es die EU-Bauproduktverordnung wonach die Klassen des Brandverhaltens von elektrischen Kabeln nach DIN EN 13501-6 festgelegt sind. Die Klassen des Brandverhaltens sind nach Abstufung der Anforderungen von A_{ca} (unbrennbar) über $B1_{ca}$, $B2_{ca}$ (sehr hoch), C_{ca} (hoch), D_{ca} (mittel), E_{ca} (gering) und F_{ca} (keine Anforderung) festgelegt.

Die Abstufung von A-F ist allgemein für alle Bauprodukte vorgesehen. Der Index ca steht für Kabel.

Hinweis: Werden Kabel und Leitungen durch feuergefährdete Betriebsstätten in angrenzende Räume verlegt, müssen diese die Anforderungen an ein besseres Brandverhalten erfüllen (vgl. VDE 0100-420:2022-06, S. 17). Die Räume, die darunterfallen, sind im BSK anzugeben. Sollte es hierzu keine klaren Vorgaben geben und im Zuge der Entwurfsplanung Bedenken aufkommen, ist eine schriftliche Abstimmung anzuraten. Mögliche Räume dafür sind Garagen, Ölfeuerräume, Großküchen, Scheunen und Lagerräume unterschiedlicher Art.

Für den Einsatz der Kabel unter Berücksichtigung der Gebäudeklassen nach MBO gibt es nun genaue Vorgaben in den VDE-Vorschriften für die Installation in Sonderbauten. Hier heißt es: Die Einhaltung dieser Anforderung wird erreicht, indem für Kabel und Leitungen, die in Umgebung BD2, BD3 installiert werden, mindestens Klasse C_{ca}-s1,d2,a1 verwendet werden und für Kabel und Leitungen, die in Umgebung BD4 installiert werden, mindestens Klasse $B2_{ca}$-s1,d2,a1 verwendet werden (vgl. VDE 0100-420:2022-06, S. 29).

Tabelle 2.19: Einsatzgebiet von Kabeln in Gebäuden und Räumen der Euroklassen

Gebäudeklasse / Gebäude-Raumtyp	Gebäude außer Fluchtweg	Fluchtweg
S1 Hochhaus, höher als 22 m	C_{ca} s1 d2 a1	$B2_{ca}$ s1 d1 a1
S2 bauliche Anlage höher als 30 m	C_{ca} s1 d2 a1	$B2_{ca}$ s1 d1 a1
S3 Gebäude mit mehr als 1600 m² größtes Geschoss	C_{ca} s1 d2 a1	$B2_{ca}$ s1 d1 a1
S4 Verkaufsstätte größer 800 m²	C_{ca} s1 d2 a1	$B2_{ca}$ s1 d1 a1
S5 Büro/Verwaltung, Räume größer 400 m²	C_{ca} s1 d2 a1	$B2_{ca}$ s1 d1 a1
S6 Gebäude mit Räumen, einzelne Nutzung mit mehr als 100 Personen	C_{ca} s1 d2 a1	$B2_{ca}$ s1 d1 a1
S7 Versammlungsstätten für mehr als 200 Personen	C_{ca} s1 d2 a1	$B2_{ca}$ s1 d1 a1
S8 Gaststätten/Hotels, mehr als 40 Gastplätze, mehr als 12 Betten	C_{ca} s1 d2 a1	$B2_{ca}$ s1 d1 a1
S8 Spielhallen, mehr als 150 m²	C_{ca} s1 d2 a1	$B2_{ca}$ s1 d1 a1
S9 Gebäude für Pflege oder Betreuungsbedürftige, mehr als 6 Personen	$B2_{ca}$ s1 d1 a1	$B2_{ca}$ s1 d1 a1
S10 Krankenhäuser	$B2_{ca}$ s1 d1 a1	$B2_{ca}$ s1 d1 a1
S11 Einrichtungen zur Unterbringung von Personen sowie Wohnheime	C_{ca} s1 d2 a1	$B2_{ca}$ s1 d1 a1
S12 Tageseinrichtungen für Kinder, behinderte und alte Menschen	$B2_{ca}$ s1 d1 a1	$B2_{ca}$ s1 d1 a1
S13 Schulen, Hochschulen und ähnliche Einrichtungen	C_{ca} s1 d2 a1	$B2_{ca}$ s1 d1 a1
S14 Justizvollzugsanstalten, Maßregelvollzug	C_{ca} s1 d2 a1	$B2_{ca}$ s1 d1 a1

S16 Freizeit-/Vergnügungsparks	C_{ca} s1 d2 a1	B2$_{ca}$ s1 d1 a1
S18 Regallager mit Oberkante Ladegut höher 7,5 m	E_{ca}	B2$_{ca}$ s1 d1 a1
S19 bauliche Anlage für Lagerung von Stoffen mit erhöhter Brandgefahr	B2$_{ca}$ s1 d1 a1	B2$_{ca}$ s1 d1 a1
Industrie	C_{ca} s1 d2 a1	B2$_{ca}$ s1 d1 a1
Serverraum	B2$_{ca}$ s1 d1 a1	B2$_{ca}$ s1 d1 a1
5 Tiefgaragen, unterirdische Gebäude	C_{ca} s1 d2 a1	B2$_{ca}$ s1 d1 a1
1 freistehende landwirtschaftliche Gebäude bis 7 m hoch, max. 400 m²	E_{ca}	-
1 freistehende forstwirtschaftliche Gebäude bis 7 m hoch, max. 400 m²	E_{ca}	-
2 Gebäude bis 7 m hoch, max. 400 m²	E_{ca}	-
3 sonstige Gebäude bis 7 m hoch	E_{ca}	B2$_{ca}$ s1 d1 a1
4 sonstige Gebäude bis 13 m hoch, max. 400 m²	E_{ca}	B2$_{ca}$ s1 d1 a1

Kommentar zur Tabelle: Die Zuordnung der Kabel und Leitungen auf Gebäudetypen mit Anwendung der Bauproduktenverordnung gibt dem Planer eine besondere Verantwortung. Diese Verantwortung erfordert eine genaue Betrachtung jedes Gebäudes und eine individuelle Planung der Kabel- und Leitungsanlage. Grundlage für eine vorschriftsmäßige Wahl ist auch das BSK. Unter Beachtung von festgelegten Flucht- und Rettungswegen in der Fläche wird hier eine Abstimmung mit dem Prüfsachverständigen notwendig werden. Als Minimum betrachtet die gesetzliche Situation normal entflammbare Kabel, was der Klasse E_{ca} entspricht. Generell ist die Festlegung für die Installation in Anlehnung nach Tabelle 2.19 zu treffen.

Für öffentliche Gebäude ist die Verwendung von halogenfreien Kabeln/Leitungen mit verbessertem Brandverhalten als Stand der Technik nach der 2. Ergänzung zur AMEV 2015 für die Planung und den Bau von Elektroanlagen eingeführt. (vgl. 2. Ergänzung vom 19.10.2018 des Bundesinnenministeriums zur AMEV 2015).

Der Einsatz von Kabeln und Leitungen mit verbesserten Brandverhalten in halogenfreier Ausführung soll aber nur bei Vorliegen einer der folgenden Vorgaben erfolgen:

- konkrete Auflage durch Behörde im Baubescheid und im Brandschutzkonzept,
- mitbestimmende Forderung durch den Schadensversicherer,
- begründete Festlegung durch den Bauherrn,
- begründete Regelung im Geltungsbereich der MLAR,
- Ergebnis einer Risikoanalyse bei großen Menschenansammlungen in Versammlungsstätten.

Gemäß den Vorschriften wird für Starkstromkabel und -leitungen sowie für Steuer- und Kommunikationskabel für die dauerhafte Installation in Bauwerken grundsätzlich nur Normalentflammbarkeit vorgeschrieben. Dies entspricht der Klassifizierung E_{ca}. Für Fluchtwege ist der Hinweis auf die MLAR genannt, womit für fast alle Gebäudetypen der Typ B_{2ca} vorgegeben ist.

Die halogenfreie Installation umfasst mit der Entscheidung zu diesem Kabel-/Leitungstyp auch das Installationssystem, welches diesem Kriterium entsprechen muss (vgl. AMEV 2020, S. 31 mit 34).

Hinweis: Die Bezeichnungen der Kabel/Leitungen in den nachfolgenden Systemzeichnungen sind als unverbindlicher Vorschlag zu sehen. Die Festlegung ist nach dem jeweiligen Gebäudetyp eigenverantwortlich zu bestimmen. Aus der Tabelle ist auch zu erkennen, dass z. B. für Krankenhaus, Kindertagesstätte usw. mit die höchsten Anforderungen an den Verbau der Kabel/Leitungen in Bezug auf die Brandlast gestellt werden.

Zum Verständnis für die Installation eine Gegenüberstellung der gängigsten Leitungen, die bisher verlegt wurden, und derjenigen, die seit 01.07.2017 nach der EU-Bauproduktverordnung zum Einsatz kommen sollen.

Eine Auflistung von Kabeltypen mit verbessertem Brandverhalten ist als Tabelle 1 in der Norm enthalten (vgl. VDE 0100-420:2022-06, S. 20); wichtig zu wissen ist, dass es den Leitungstyp der Brandklasse E_{ca} in halogenhaltiger und halogenfreier Ausführung gibt; das ist bei der Erstellung der Ausschreibung zu berücksichtigen.

Tabelle 2.20: Gegenüberstellung der Kabel/Leitungen nach Brandklasse

Leitungstyp	Brandklasse – Euroklasse
Mehrleiter NYM oder NHXMH Leitung 3 x 1,5 mm²	E_{ca}
Mehrleiter NHXMH Leitung 3 x 1,5 mm²	$B2_{ca}$ s1 d1 a1
Mehrleiter N2XH Kabel 3 x 1,5 mm²	C_{ca} s1 d2 a1

Kommentar zur Tabelle: Unter Bedingungen wie

- geringe Personendichte und schwierige Evakuierung, z. B. Hochhaus,
- hohe Personendichte und einfacher Evakuierung, z. B Versammlungsstätten,
- hohe Personendichte und schwierige Evakuierung, z. B. öffentlich zugängliche Hochhäuser,

dürfen Kabel- und Leitungsanlagen in Flucht und Rettungswegen nicht flammenausbreitend sein Zudem gibt es weitere Vorgaben: Im Einzelnen betrifft das die Durchquerung, die Länge, die Anordnung, die Feuerwiderstandsdauer und Installation von Geräten. Die für die Gebäudeerrichtung, öffentlichen Einrichtungen, Brandschutz usw. zuständigen Behörden dürfen die Anforderungen für die Auswahl und Errichtung von Anlagen in Rettungswegen festlegen (vgl. VDE 0100-420:2022-06, S. 15, 16).

Hinweis: Der Vorschlag des ZVEI auch im sonstigen Gebäude, neben den Flucht- und Rettungswegen, Leitungen mit verbesserten Brandverhalten zu verwenden, begründet sich neben geringerer Rauchentwicklung auch mit den weniger eintretenden korrosiven Schäden am Baukörper.

2.8 Befestigung von fest verlegten Leitungen bei waagerechter/senkrechter Installation

Leitungen müssen unter Berücksichtigung der ersichtlichen Umgebungsbedingungen fachgerecht verlegt werden. Neben dem Erfordernis eines mechanischen Schutzes ist die Verlegung in geeigneter Weise mit den vorgegebenen Befestigungsabständen einzuhalten. Die Norm bestimmt das mit:

- 250 mm bis 400 mm bei waagerechter Verlegung,
- 400 mm bis 550 mm bei senkrechter Verlegung, bezogen auf den Durchmesser $D < 9$ mm bis $D \leq 40$ mm.

Die genaue Zuordnung ist in der Tabelle der VDE nachzulesen (vgl. VDE 0298-565-1:2015-02, S. 8).

Hinweis: Für Kabel gilt der 20-fache Kabeldurchmesser bzw. max. 80 cm bei waagerechter und max. 1,5 m bei senkrechter Verlegung (vgl. VDE 0100-520:2013-06, S. 15). Für Sicherheitskabel gelten gewichtsabhängige Befestigungsabstände, die im Abschnitt 8.2 abgehandelt werden.

- Eine Installation ohne Zwischenbefestigung senkrecht bis 5 m Länge ist erlaubt bei geschützter unzugänglicher Verlegung (z. B. stillgelegten Kamin), wenn für nicht flexible Kabel/Leitungen die Zugspannung von 15 N/mm² nicht überschritten wird (vgl. VDE 0100-520:2013-06, S. 22).

2.9 Besonderer Schutz durch Fehlerlichtbogenschutzeinrichtungen (Brandschutzschalter)

Fehlerlichtbogenschutzeinrichtungen (auch Brandschutzschalter genannt) sind dazu vorgesehen, die Auswirkungen von Lichtbögen zu reduzieren, indem ein Lichtbogen erkannt und eine Abschaltung des Stromkreises eingeleitet wird.

Wichtig: Fehlerlichtbogenschutzeinrichtungen sind in dem Stromkreis zu installieren, der dafür vorgesehen ist, elektrische Verbrauchsmittel oder Steckdosen unmittelbar mit Strom zu versorgen (Endstromkreise). Die Schutzfunktion ist bei dem Einsatz einer einzelnen Fehlerlichtbogenschutzeinrichtung für mehrere Endstromkreise nicht sichergestellt (vgl. VDE 0665-10 Bbl. 1:2020-06, S. 19).

Die Entstehung eines Fehlerlichtbogens ist das Ergebnis von einer oder mehreren Ursachen:

- defekte Isolierung zwischen aktiven Leitern, die zu Fehlerströmen führen (parallele Lichtbögen),
- gebrochene oder beschädigte Leiter (reduzierter Querschnitt) bei Belastung (serielle Lichtbögen),
- Klemmstelle mit erhöhtem Widerstand (vgl. VDE 0100-420:2022-06, S. 27).

Der Einsatz von Brandschutzschaltern wird empfohlen für:

- Räumlichkeiten für Schlafgelegenheiten,
- Räume oder Orte mit besonderem Brandrisiko – Feuergefährdete Betriebsstätten (nach Musterbauordnung: Bauliche Anlagen, deren Nutzung durch Umgang mit oder Lagerung von Stoffen mit Explosions- oder erhöhter Brandgefahr verbunden ist),
- Räume oder Orte aus Bauteilen mit brennbaren Baustoffen, wenn diese einen geringeren Feuerwiderstand als feuerhemmend (F30B) haben,
- Räume oder Orte mit Gefährdungen für unersetzbare Güter.

Hinweis: Bei Vorliegen von besonderen Risiken durch Auswirkungen von Fehlerlichtbögen in Endstromkreisen, sind geeignete bauliche, anlagentechnische oder organisatorische Maßnahmen vorzusehen. Der Einsatz von Brandschutzschaltern stellt eine geeignete anlagentechnische Maßnahme zum Schutz gegen Auswirkungen von Fehlerlichtbögen dar.

- Zur Erkennung von besonderen Risiken durch Auswirkungen von Fehlerlichtbögen in Endstromkreisen für vorgenannte Räume und Orte ist in der Planungsphase eine Risiko- und Sicherheitsbewertung durchzuführen und das Ergebnis zu dokumentieren (vgl. VDE 0100-420:2022-06, S. 14).

2.10 Vorgaben für Unter-Putz-Verteilungen in Flucht- und Rettungswegen

Der Einbau von Stromkreisverteilungen als Schaltgerätekombination in Flucht- und Rettungswegen nach den Vorgaben der MLAR:2018-10, S. 204 ist in der Praxis häufig anzutreffen. Bevorzugte Anwendung dafür sind Schulen, Beherbergungsstätten, Altenheime usw., wobei aber jeder Einzelfall einer kritischen Betrachtung bedarf.

Wenn im Brandfall von Schaltgerätekombinationen eine starke Rauchentwicklung in Flucht- und Rettungswegen zu erwarten ist, ist eine versiegelte Feuerschutzwand für die Errichtung der Schaltgerätekombination notwendig. Diese Anforderung wird erfüllt, wenn sich die Schaltgerätekombination in einer Umhüllung aus nichtbrennbarem Material befindet oder in einem getrennten Raum aufgestellt wird. Decken und Wände des getrennten Raums müssen eine Feuerwiderstandsdauer von mindestens 90 min und Türen eine Feuerwiderstandsdauer von mindestens 30 min besitzen (vgl. VDE 0100-420:2022-06, S. 14).

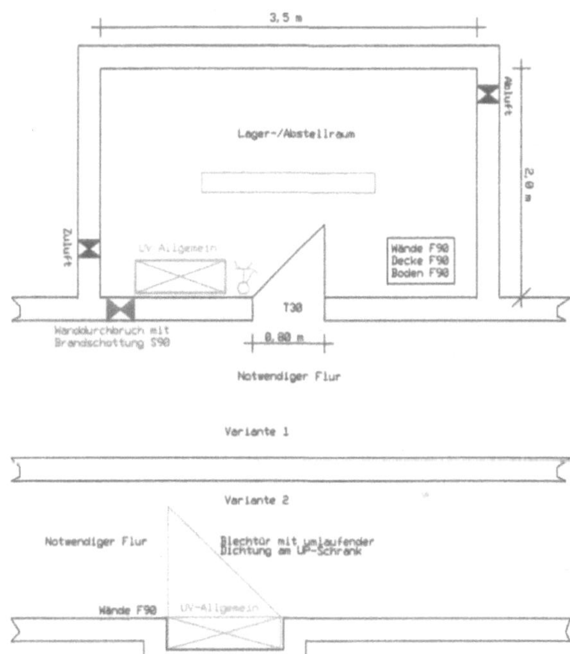

Bild 2.26: Systemzeichnung (DXF 093) –
Variante 1: Schaltgerätekombination in Raum angrenzend an notwendigen Flur
Variante 2: Schaltgerätekombination in Wand des notwendigen Flurs integriert

Kommentar zur Systemzeichnung: Erfolgt der Einbau der Schaltgerätekombination in einem angrenzenden Raum nach Variante 1 oder im notwendigen Flur (Flucht- und Rettungsweg) nach Variante 2, ist das dem Konzeptersteller für den Brandschutznachweis bzw. Architekten rechtzeitig mitzuteilen. Werden die Schaltgerätekombinationen entsprechend der beiden Varianten platziert, hat das gegebenenfalls Auswirkungen auf die Klassifizierung von Feuerwiderstandsklassen.

Die mögliche Montage von elektrischen Verteilern in notwendigen Treppenräumen, Räumen zwischen notwendigen Treppenräumen und Ausgängen ins Freie, in Vorräumen und Sicherheitsschleusen wird in der MLAR beschrieben. Bei Neubauten oder Kernsanierungen sollte auf eine Montage von elektrischen Verteilern in den vorgenannten Bereichen nach Variante 2 verzichtet werden (vgl. MLAR:2018-10, S. 205).

Für den Einbau von Hohlwanddosen in den F30-/F90-Metallständerwänden gibt es ebenfalls Regularien. Dies betrifft den Abstand zu Türen für die Platzierung von Schalt- und Steckgeräten sowie die Brandschutzanforderung an die Hohlwanddosen in Anlehnung an die Klassifizierung der Raumtür. Zu beachten ist auch die Anordnung bei gegenüberliegendem Einbau (vgl. MLAR:2018-10, S. 205).

2.11 Leitungsanlage innerhalb von F30-/F60-/F90-Metallständerwänden von Raumtrenn- und Brandwänden

Die Regelungen der MLAR sind für Raumtrennwände und Brandwände in der genannten Klassifizierung nicht maßgebend, da diese nicht als Flurtrennwände von Rettungswegen eingestuft werden. Es spricht demnach nichts dagegen, Kabelbündel horizontal und vertikal innerhalb der Wände zu führen, wenn die Ständerkonstruktion und die vorgeschriebene Dämmung dadurch nicht geschwächt wird (vgl. MLAR:2018-10, S. 385). Für Holzständerwände in Gebäuden mit Holzrahmenkonstruktion gilt das nicht. Hier ist die Muster-Richtlinie für Holzbauweise anzuwenden (vgl. VDE 0100-420:2022-06, S. 23).

Hinweis: Neben den brandschutztechnischen Anforderungen gibt es auch schallschutztechnische Kriterien, die beim Einbau von Leitungsanlagen in Metallständerwänden einzuhalten sind.

2.12 Leitungsanlage in Deckenhohlräumen

Die Unterscheidungen, die hier zu berücksichtigen sind:

- Deckenhohlräume oberhalb von nicht klassifizierten Unterdecken:
  - Erfolgt der Einbau nicht klassifizierter Unterdecken in Rettungswegen, sind die Vorschriften nach Abschnitt 3.2 der MLAR uneingeschränkt anzuwenden.
  - Erfolgt der Einbau nicht klassifizierter Unterdecken in anderen Räumen, werden keinerlei Anforderungen an die Führung von Leitungen gestellt.

Zu beachten ist jedoch, dass die Durchführung durch die raumabschließenden feuerwiderstandsfähigen Wände auch oberhalb der Unterdecke zu schotten ist.

- Deckenhohlräume oberhalb von klassifizierten F30-/F60-/F90-Unterdecken:
  - Erfolgt der Einbau von klassifizierten Unterdecken für eine Verbesserung der Feuerwiderstandsdauer der Deckenkonstruktion, ist auf eine möglichst gleichmäßige Verteilung von Brandlasten durch elektrische Leitungen zu achten. Genannt ist hier ein zugelassener Heizwert von maximal 7 kWh/m^2.
  - Erfolgt der Einbau von klassifizierten Unterdecken zur brandschutztechnischen Verbesserung der darüber eingebauten Bestandsdecke, muss die Brandlast auf einen zulässigen Wert von 7 kWh/m^2 begrenzt werden (vgl. MLAR:2018-10, S. 386).

Folgende Tabelle ist eine Zusammenstellung von Kabel- und Leitungstypen, die in Fluren/Räumen am häufigsten installiert werden. Die Werte sind für die Berechnung der Brandlast anzuwenden. Danach ist die Entscheidung zu treffen, wie die Verteilung im Raum/Flur im Deckenzwischenraum vorzunehmen ist.

Kommentar zur Tabelle: Die Werte in der Tabelle können zur Berechnung der Brandlast von Kabelanlagen herangezogen werden und man wird damit auf der sicheren Seite sein. Eine vollständige Listung zu weiteren Kabeln/Leitungen, die verbaut werden, sind den Herstellerlisten zu entnehmen. Geringere Brandlasten haben querschnittgleiche Kabeltypen mit KERAM vom Hersteller DÄTWYLER. Für die Ermittlung der Werte sind folgende Konstanten zugrunde gelegt:

- PVC: Dichte: 1,37 kg/dm^3,
- spezifische Verbrennungswärme von PVC:
  - 6,39 kWh/kg für die Aderisolation,
  - 5,84 kWh/kg für die Mantelisolation,
- Umrechnungsfaktoren: siehe Kapitel 8.

Tabelle 2.21: Verbrennungswärme für Kabel und Leitungen (*Quelle:* Werte aus Datenlisten Faber Kabel bzw. DÄTWYLER (Klammerwerte))

Aderanzahl (*n*) Querschnitt (mm²/mm)	Bauart			
	halogenhaltig		halogenfrei	
Stromkreisleitungen	**NYM**	**NYY**	**NHXMH**	**NHXH**
3x1,5	0,44	0,75	0,42	0,78 (0,53)
3x2,5	0,58	0,83	0,47	0,86 (0,60)
3x4	0,72	1,08	0,61	1,00 (0,68)
5x1,5	0,58	0,94	0,56	1,03 (0,71)
5x2,5	0,75	1,08	0,64	1,14 (0,81)
5x4	1,11	1,44	0,98	1,31 (0,93)
Schwachstromleitungen	**JY(ST)Y**	**A2Y(ST)Y**	**JH(ST)H**	**JE-H(ST)H**
2x2x0,8	0,25	0,97	0,17	0,21(0,123)
4x2x0,8	0,38	1,47	0,30	0,35 (0,21)
6x2x0,8	0,50	1,47	0,36	-
8x2x0,8	0,56	-	-	0,73 (0,52)
10x2x0,8	0,75	1,70	0,57	-
12x2x0,8	0,81	-	-	0,91 (0,58)

2.13 Vorgaben für die Raumplanung an Architekt und Versorgungstechnik

Im Stadium der Entwurfsplanung ist das Konzept der Räume für die elektrischen Anlagen durch den Elektro-Fachplaner zu entwickeln und in Form eines Pflichtenhefts dem Architekten mitzuteilen (siehe hierzu auch Anhang 1). Im nachfolgenden Beispiel wird diese wichtige Planung für einen SV-Raum dargestellt:

- Raumanforderung an Wände, Decke und Boden: F90. Bodenbelag muss staubfrei und wischfest sein.
- Raumabmessungen: 4,50 m x 3,20 m, Raumhöhe: mindestens 2,8 m. Alternativ Bodenabsenkung von 0,50 m; Doppelboden mit Rauchüberwachung ist dann erforderlich.
- Tür in T90/RS, Aufschlag in Fluchtrichtung nach außen. Die Tür muss abschließbar sein und innen ein Panikschloss haben.
- Die Raumtemperatur darf max. 25 °C betragen, 5 °C dürfen nicht unterschritten werden.

- Zu- und Ablufteinrichtung bzw. Klimatisierung ist für eine Wärmelast von ca. 3,2 kW auszulegen.
- Die Rettungsweglänge darf 40 m innerhalb des Raums bis zum Ausgang nicht überschreiten.
- Keine Durchführung fremder Leitungen; neben anlagenfremden Elektroleitungen sind dies: Wasserleitungen, Heizungsrohre, Luftkanäle usw.
- Bei Zugang aus einem Treppenhaus bzw. Tiefgarage muss eine Schleuse davor geplant werden.

Hinweis: Elektro-Betriebsräume mit Einspeisungen >100 kVA sollen möglichst nicht an ständig besetzte Arbeitsplätze angrenzen (vgl. AMEV 2020, S. 54).

3 Sicherheitsstromversorgung, baurechtlich gefordert im BSK

Es gibt Situationen, da kann man Stromausfälle aus dem öffentlichen Netz nicht hinnehmen. Da man ein solches Ereignis nicht verhindern kann, ist es notwendig, für Zeiten ohne Strom aus dem Netz eine Netzersatzanlage (NEA) zur Verfügung zu haben. Die Anlage muss vollautomatisch funktionieren und in der vorgegebenen Zeit alle Anlagen versorgen können, die im Objekt für Sicherheit sorgen. Für das Krankenhaus muss auch eine Grundversorgung abgedeckt werden können. In der Regel werden hierfür stationäre Anlagen in einen Raum im Gebäude oder bei Platzmangel in einem Container in nächster Nähe zum Gebäude auf dem Gelände installiert.

Sinnvoll sind hierbei Anlagen für Netzparallelbetrieb, um den monatlichen Probebetrieb bei mindestens 50 % der Nennleistung der eingebauten NEA durchführen zu können. Hierauf ist besonderer Wert zu legen, da die Lebensdauer der NEA bei Probeläufen ohne Last erheblich reduziert wird. Nachfolgende Abbildung zeigt eine NEA im Gebäude für den Netzparallelbetrieb der Sicherheitsanlagen in einem Sonderbau, die natürlich im Inselbetrieb laufen kann.

Bild 3.1: NEA für Inselbetrieb/Netzparallelbetrieb (*Quelle:* Kirsch)

Kommentar zur Abbildung: Die Art der Steuerung, ob für Netzparallelbetrieb oder Inselbetrieb ist abhängig von den Sicherheitsanlagen, die bei Stromausfall zu versorgen sind bzw. die bei Stromausfall und dem gleichzeitigen Ereignis Feuer/Rauch selbstständig in Betrieb gehen müssen. Mit welchen Anlagen ist Inselbetrieb möglich, mit denen auch der monatliche Probebetrieb durchgeführt werden kann. Der Parallelbetrieb unabhängiger Stromquellen bedarf üblicherweise der Genehmigung des Verteilnetzbetreibers (VNB). Hierfür können spezielle Betriebsmittel, z. B. um Rückeinspeisung von Energie zu verhindern, erforderlich sein. Der Schutz bei Kurzschluss und der Fehlerschutz müssen sichergestellt sein, unabhängig davon, ob die Anlage von einer der beiden Stromquellen oder von beiden Stromquellen parallel versorgt wird (vgl. VDE 0100-560:2022-10, S. 15).

Hinweis: Die Kabelanlage zwischen der NEA und der NSHV-SV ist analog der Kabelanlage zischen Transformator und NSHV-AV unter Berücksichtigung der Leistungswerte nach Tabelle 2.5 mit 2.8 einzubauen. Dies betrifft neben den Kabelquerschnitten auch die Schienengröße der NSHV-SV.

3.1 Anforderungen und Kriterien der räumlichen Planung mit der NSHV-SV nach EltBauV

- Die elektrischen Betriebsräume müssen so angeordnet sein, dass sie im Gefahrenfall von allgemein zugänglichen Räumen oder vom Freien leicht und sicher erreichbar sind und ungehindert verlassen werden können.
- Sie dürfen von Treppenräumen mit notwendigen Treppen nicht unmittelbar zugänglich sein.
- Der Rettungsweg innerhalb elektrischer Betriebsräume bis zu einem Ausgang darf nicht länger als 40 m sein. Die Forderung aus VDE 0100-729:2010-02 für die max. Ganglänge nach Abschnitt 2.1.1 ist hier ebenfalls zu beachten.
- Die Räume müssen so groß sein, dass die elektrischen Anlagen ordnungsgemäß errichtet und betrieben werden können. Sie müssen eine lichte Höhe von mindestens 2 m haben. Über Bedienungs- und Wartungsgängen muss eine Durchgangshöhe von mindestens 1,8 m vorhanden sein.
- Die Räume müssen ständig so wirksam be- und entlüftet werden, dass die beim Betrieb entstehende Verlustwärme abgeführt wird.
- In den Räumen sollen Leitungen und Einrichtungen, die nicht zum Betrieb der elektrischen Anlagen erforderlich sind, nicht vorhanden sein (vgl. EltBauV § 4).

Anmerkung: Fremde Leitungen: siehe Kapitel 2.

3.2 Planung der Raumgröße

Die Planung der Raumgröße zum funktionierenden Betrieb der NSHV-SV erfordert:

- Ermittlung der Schrankbreite und -tiefe unter Berücksichtigung der im BSK zu versorgenden Sicherheitsanlagen;
- Planung eines Einspeisefelds in der NSHV-SV für ein mobiles Aggregat als Ersatz der stationären Anlage bei Wartungs- und Reparaturarbeiten. Gilt als Empfehlung und ist mit dem Bauherrn abzustimmen.
- Einhaltung einer definierten Bewegungsfreiheit vor dem Verteilerschrank von 1,2 m;
- Vorhaltung von Reserveflächen für Nachinstallationen;
- Berücksichtigung des Schaltfelds für Kuppelschaltung mit Generatorschalter;
- Bestimmung der Wärmelast zum Einbau einer normgerechten Entlüftung des Raums durch den Versorgungstechniker nach den Bauteilangaben der jeweiligen Hersteller;

Hinweis: Überschlägig und auf der sicheren Seite kann hier angegeben werden, dass für eine NSHV bei einer Schrankbreite von 1 m eine Wärmelast von 1 kW berücksichtigt wird. Man kann daher davon ausgehen, dass der Raum klimatisiert werden muss.

- Angabe der Türanforderung für die Raumtür (siehe Tabelle 2.17). Generell gilt hier, dass die Tür der Feuerwiderstandsklasse wie dem Funktionserhalt der höchsten zu versorgenden Sicherheitsanlage entspricht (vgl. MLAR:2018-10, S. 85). Wird aus dem SV-Raum z. B. ein Feuerwehr-Aufzug versorgt, muss die Tür in T90/RS eingebaut sein;
- Mitteilung der Raumanforderungen für Wände, Boden und Decke mit Zugangstür an den Architekten, wobei aus den beiliegenden Plänen zum BSK mit den enthaltenen Legenden durch den Verfasser die Anforderungen in der Regel vorgegeben sind. Diese sind als Mindestanforderung auch umzusetzen (siehe Bild 1.1). Bei Bedenken hinsichtlich der Korrektheit im BSK sind diese zu hinterfragen;
- Forderung einer Raumhöhe mit Berücksichtigung der Schrankhöhen und Verlegesysteme. Als Mindestraumhöhe bei größeren Objekten und Mitbestimmung durch den Fachplaner sind 2,8 m zu empfehlen, insbesondere bei großen Querschnitten von Kabeln/Leitungen für große Leistungsübertragungen mit Einhaltung der Biegeradien (siehe Abschnitt 8.2.12);

- alternativ zur Anhebung der Decke ist die Bodenabsenkung (gegebenenfalls mit Doppelboden) eine Möglichkeit zur fachgerechten Installation. Hier gilt es zu bedenken, dass bei einer lichten Höhe von ≥25 cm der Zwischenraum brandschutztechnisch überwacht werden muss;
- Aufstellung der NSHV im Raum mit mindestens 5 cm Freiraum zur dahinter liegenden raumabgrenzenden Wand;
- Planung des vorgegebenen Netzsystems nach Abstimmung mit dem Verteilnetzbetreiber, bevorzugt TN-S-System;
- der Einbau der BSA/ÜSA ist nach Herstellerangabe unter Berücksichtigung des Netzsystems sowie der TAB des jeweiligen VNB vorzunehmen. Wichtig ist dabei, dass der Anschluss für die HES unmittelbar neben bzw. direkt in der NSHV herausgeführt wird. Die Anbindung an die PE-Schiene soll nicht länger als 0,5 m sein.

Weitere Besonderheiten, die es gegebenenfalls zu berücksichtigen gilt:

- Festlegung der Raumplatzierung unter Berücksichtigung von Hochwassermarken in hochwassergefährdeten Gebieten;
- Einrechnung von Faktoren bei Installationen in höheren Lagen.

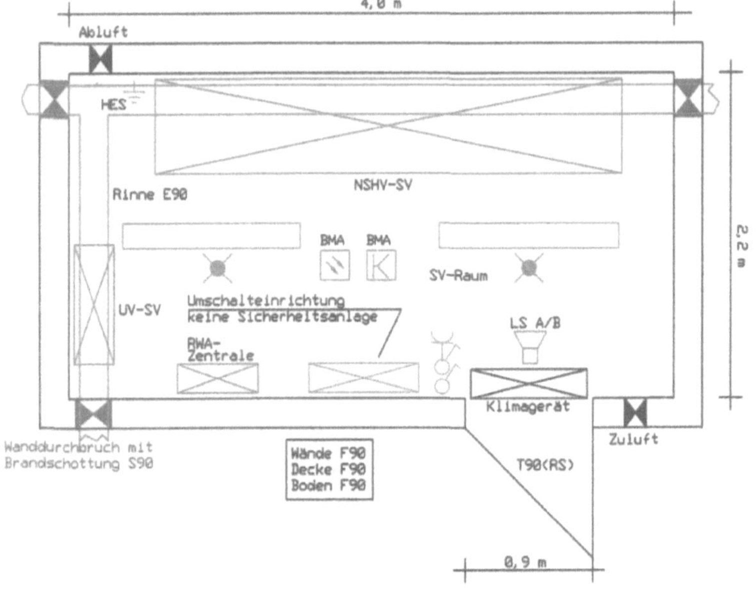

Bild 3.2: Systemzeichnung – SV-Raum mit NSHV-SV

Kommentar zur Systemzeichnung: Nicht sicherheitsrelevante Anlagen, wie Umschalteinrichtungen, die für die Verbrauchszuordnung notwendig sind, sollten, um Missbrauch zu vermeiden, in SV-Räumen installiert werden. Dies trifft zu, wenn die NEA so dimensioniert ist, dass aus wirtschaftlichen Gründen nur das Ereignis Stromausfall betrachtet wird. Tritt zusätzlich das Ereignis Brand/Rauch ein, sind Anlagen ohne Sicherheitsfunktion automatisch herauszuwerfen und die Anlagen für den Brandschutz aufzuschalten.

- Die Raumbreite von 2,20 m ist in der Annahme einer Schranktiefe von 650 mm mit gegenüberliegender Nutzung von Wandflächen zum weiteren Einbau von Anlagen für die Sicherheitstechnik zu planen. Mit 650 mm Schranktiefe kann ab einer Leistung von >200 kW ausgegangen werden.

3.3 Anforderung und Anordnung der SV-Unterverteiler für Funktionserhalt

Verteiler für elektrische Leitungsanlagen, mit denen Verbraucher versorgt werden, die als Sicherheitsanlage für eine bestimmte Zeit im Gebäude funktionieren, müssen:

- in eigenen Räumen untergebracht werden, die gegenüber anderen Räumen durch Wände, Decken und Türen mit einer Feuerwiderstandsfähigkeit entsprechend der notwendigen Dauer des Funktionserhalts aus nicht brennbaren Baustoffen abgetrennt sind;
- durch Gehäuse abgetrennt werden, für die durch Verwendbarkeitsnachweis die Funktion des Funktionserhalts nachgewiesen wird (standardisierte Einhausungen in Form eines elektrischen Betriebsraums, z. B. das Fabrikat PRIORIT);
- mit Bauteilen einschließlich ihrer Anschlüsse umgeben werden, die die inneren Bauteile mit der geforderten Funktion über die Dauer des Funktionserhalts sichern Der Nachweis des Funktionserhalts der elektronischen Einbauteile ist zu dokumentieren (vgl. MLAR:2018-10, S. 85).
- Der Raum ist freizuhalten von fremden Brandlasten. Leitungen, die nicht zum Betrieb der Anlage erforderlich sind, dürfen nicht vorhanden sein oder sind brandschutztechnisch zu verkleiden.

Kommentar zur folgenden Systemzeichnung: Der SV-Raum ist dann zu planen, wenn die Sicherheitsbeleuchtung mit der NEA in Betrieb geht und somit eine Umschaltzeit von 15 s erlaubt ist. Dies ist z. B. im Krankenhaus ausreichend. Zu beachten ist dabei die Platzierung des SV-Raums. Wird gefordert, dass die Verbraucher aus einem SV-Verteiler versorgt werden, der sich im selben Brandabschnitt befindet, ist in jedem Stockwerk mindestens ein Raum zu fordern. Im Raum selbst darf sich nur der SV-

Verteiler befinden, gegebenenfalls mit Zustimmung eine NRA-Zentrale, sowie im Krankenhaus das OP-Lichtgerät. Die Sicherungen dieser genannten Anlagen müssen aber in der NSHV-SV eingebaut sein. Auch die Zuleitungen zu jedem solchen Verteiler müssen direkt an die NSHV-SV angeschlossen sein. Ein Durchschleifen von Verteiler zu Verteiler ist nicht erlaubt. Für SAZ, BMZ und Sibel sind eigene Räume einzuplanen. Ansonsten kann in Abstimmung mit dem Prüfsachverständigen der Raum so platziert werden, dass das darüber und darunter liegende Stockwerk angebunden wird.

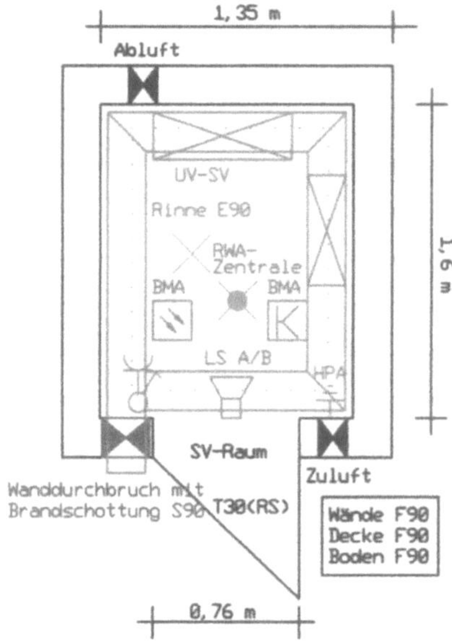

Bild 3.3: Systemzeichnung – Elektrischer Betriebsraum mit SV-UV und RWA-Zentrale

Hinweis: Der in der Abbildung vermaßte Raum ist eine Mindestgröße mit den entsprechenden Bewegungsfreiheiten vor und seitlich des gezeichneten Verteilers. Die tatsächliche Raumgröße ist im Zuge der Entwurfsplanung zu ermitteln und dem Architekten anzugeben.

Erfahrung aus der Praxis: Die sichere und zu empfehlende Variante ist, für den Betrieb der SV-Verteilung einen eigenen Raum zu fordern, der nach den Anforderungen des Funktionserhalts für die Klassifizierung E90 hergestellt ist. Ist das bautechnisch, z. B. bei Sanierungen nicht möglich, sind die notwendigen Verteiler so zu platzieren, dass darum eine Einhausung entsprechend dem Funktionserhalt gebaut werden kann. Hierbei ist aber auch die Wärmeentwicklung zu berücksichtigen. Ist die Ableitung der im Betrieb entstandenen Eigenerwärmung nicht gewährleistet, sind mit dem Versorgungstechniker Lüftungsanschlüsse mit Brandschutzklappen zu installieren.

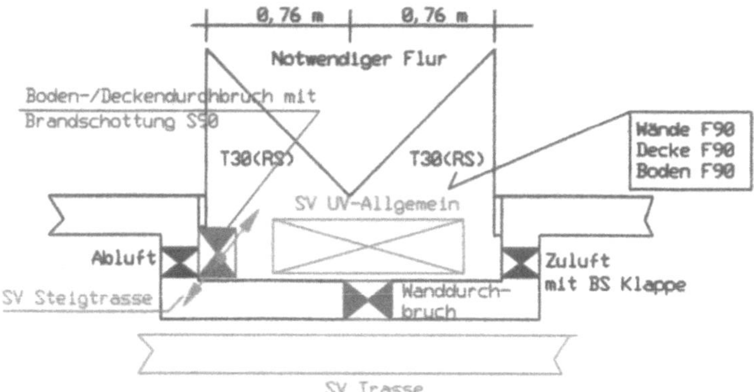

Bild 3.4: Systemzeichnung – SV-Stromkreisverteilung mit Einhausung im notwendigen Flur

Kommentar zur Systemzeichnung: Die Platzierung eines Elektroverteilers in einem notwendigen Flur/Treppenhaus ist generell zulässig, ist aber nach dem Schutzziel von SV- und AV-Verteiler zu betrachten:

- SV-Verteiler müssen immer mit Funktionserhalt E30 errichtet werden und eine feuerhemmende Tür/Klappe haben. Dies gilt sowohl für den notwendigen Flur als auch für das notwendige Treppenhaus.
- AV-Verteiler sind aus Sicht der Brandlast zu betrachten. Hier gilt, dass im notwendigen Treppenhaus generell brandlastfrei installiert werden muss und daher eine feuerhemmende Einhausung zwingend gebaut werden muss. Für den notwendigen Flur gilt, dass hier ebenfalls brandlastfrei installiert werden muss, es aber akzeptiert wird, wenn der Verteiler vollumfänglich eingemauert ist und die frontseitige Tür in Blechausführung mit umlaufender Dichtung verbaut ist (vgl. MLAR:2018-10, S. 204).

Hinweis: Messeinrichtungen und Verteiler sind abzutrennen gegenüber:

- notwendigen Treppenräumen,
- Räumen zwischen notwendigen Treppenräumen und Ausgängen ins Freie mit Bauteilen in feuerhemmender Qualität (E30),
- Türen und Klappen mit umlaufender, dauerelastischer Dichtung – feuerhemmend E30. Dies betrifft auch Schaltschrank/Verteiler von triebwerklosem Aufzug.

Im Treppenhaus muss der Einbau unter Putz in der Bauart von Brandwänden erfolgen. Die Tür/Klappe ist in feuerhemmender Ausführung einzubauen (vgl. MLAR: 2018-10, S. 45). Bei der Schlitzplanung ist darauf zu achten, dass beim Unter-Putz-Einbau von Verteilungen eine verbleibende Reststärke von Beton- und Mauerwerkswänden mit 140 mm erhalten bleibt (vgl. DIN 4102-4, Pkt. 4.1.6). Bei Schalt- und Steckgeräten ist ein gegenüberliegender Einbau bei Wandstärken unter 140 mm nicht erlaubt, sondern müssen gegenüberliegend versetzt werden. Bei Einbauten in Holzständer- und Trockenbauwänden sind genaue Vorgaben in der MLAR enthalten (vgl. MLAR:2018-10, S. 205). Zudem wird hier die Verwendung von Brandschutzdosen empfohlen.

3.4 Planung des Raums mit dem Aggregat nach EltBauV

Die Kriterien für den Einbau sind die Raumplanung in Absprache mit der Lieferfirma und dem Platzbedarf für den Steuerschrank mit den zu berücksichtigenden Bewegungsfreiheiten bei Wartungs- und Reparaturarbeiten. Die Raumgröße ist abhängig von der Größe des bestimmten Aggregats, das für die Versorgung der notwendigen Verbraucher erforderlich ist. Bei der Herstellung des Raums sind nach EltBauV § 5, § 6 und § 8 nachfolgende Vorschriften umzusetzen:

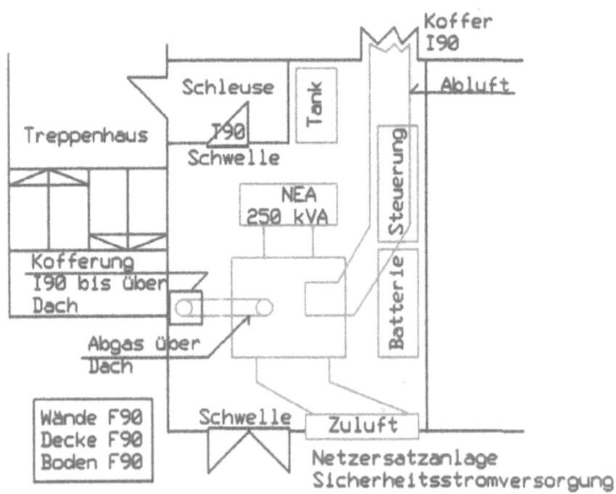

Bild 3.5: Systemzeichnung – Raumplanung im Grundriss für NEA

- Elektrische Betriebsräume für Notstromaggregate (NEA) der Sicherheitsstromversorgung (SV) müssen von anderen Räumen feuerbeständig abgetrennt sein. Die Wände müssen so dick wie Brandwände sein. Öffnungen zur Durchführung von Kabeln sind mit nicht brennbaren Baustoffen zu schließen. Im Raum dürfen keine anderen technischen Einrichtungen, z. B. Netzersatzanlagen, eingebaut werden.

- Türen müssen mindestens feuerhemmend und selbstschließend sein sowie aus nicht brennbaren Baustoffen bestehen. Soweit sie ins Freie führen, genügen selbstschließende Türen aus nicht brennbaren Baustoffen. Türen müssen nach außen aufschlagen. Türschlösser in Türen mit NEA müssen so beschaffen sein, dass der Zutritt unbefugter Personen jederzeit verhindert ist, der Betriebsraum jedoch ungehindert verlassen werden kann (Panikschließung). An der Tür muss außen ein Warnschild angebracht sein.
- Die Zuluft für die Räume muss unmittelbar oder über besondere Lüftungsleitungen dem Freien entnommen, die Abluft unmittelbar oder über besondere Lüftungsleitungen ins Freie geführt werden. Einbau der Zu- und Abluftanlage, so dass es zu keinem Luftkurzschluss kommen kann, d. h. die warme Abluft aus dem Raum darf nicht wieder über den Zuluftkanal angesaugt werden können. Der Einbau von Brandschutzklappen ist hier nicht möglich. Die NEA würde damit außer Betrieb gesetzt.

  Hinweis: Erfolgt der Einbau dieser Öffnungen alternativlos an derselben Wandseite, ist ein Mindestabstand einzuhalten, der vom Hersteller angegeben werden muss. Bevorzugt sind die Öffnungen an verschiedenen Wandseiten zu platzieren oder die Abluft wird über das Dach nach außen geführt. Hier ist dann ein bestimmter Abstand zum Abgasrohr einzuhalten.
- Lüftungsleitungen, die durch andere Räume führen, sind mit der Bezeichnung L90 so herzustellen, dass Feuer und Rauch nicht in andere Räume übertragen werden können, d h., die Kanäle sind mit Brandschutzmaterial I90 zu ummanteln (siehe Abschnitt 8.2.4).
- Öffnungen zum Freien müssen Lüftungsgitter und Jalousieklappen haben. Die Maschenweite der Lüftungsgitter soll ca. 10 mm x 10 mm haben. Fliegengitter sind ungeeignet, da diese schneller verschmutzen und den Strömungswiderstand erhöhen. Bei den motorischen Klappenantrieben ist auch eine mechanische Handbedienung vorzusehen.
- Fußböden müssen mindestens aus schwer entflammbaren Baustoffen bestehen.
- Wände in der erforderlichen Höhe sowie der Fußboden müssen gegen wassergefährdende Flüssigkeiten undurchlässig ausgebildet sein (ölfester Anstrich).
- An den Türen und sonstigen Raumöffnungen muss eine mindestens 10 cm hohe Schwelle vorhanden sein.

- Die Abgase von Verbrennungsmaschinen sind über besondere Leitungen ins Freie zu führen. Außerhalb des Raums und innerhalb des Gebäudes ist das Abgasrohr bis zum Austritt ins Freie 4-seitig I90 zu umkleiden.
- Die Abgasrohre müssen von Bauteilen aus brennbaren Baustoffen einen Abstand von mindestens 10 cm haben. Werden Abgasrohre durch Bauteile aus brennbaren Baustoffen geführt, so sind die Bauteile im Umkreis von 10 cm aus nicht brennbaren, formbeständigen Baustoffen herzustellen, wenn ein besonderer Schutz gegen strahlende Wärme nicht vorhanden ist.
- Die Räume müssen frostfrei bleiben und beheizt werden können.
- Die Bauvorlagen müssen Angaben über die Lage des Betriebsraums mit der NEA enthalten. Soweit erforderlich, müssen Angaben zu Schallschutzmaßnahmen enthalten sein.
- Grundsätzlich müssen Anlagen einen ihrer Nutzung entsprechenden Schallschutz haben. Geräusche, die von ortsfesten Einrichtungen in baulichen Anlagen ausgehen, sind so zu dämmen, dass Gefahren oder unzumutbare Belästigungen nicht entstehen.
- Erschütterungen oder Schwingungen, die von ortsfesten Einrichtungen in baulichen Anlagen ausgehen, sind so zu dämmen, dass Gefahren oder unzumutbare Belästigungen nicht entstehen (vgl. BayBO Art. 13, (2,3)).

Die Zusammenhänge von Aggregat- und Raumgröße sind in der nachfolgenden Tabelle ersichtlich.

Kommentar zur folgenden Tabelle: Die Raumgröße, das Gewicht und die vorgeschriebenen Zu- und Abluftöffnungen sind für die Grundrissplanung eine wesentliche Voraussetzung zum funktionierenden Betrieb der Anlage. Aus der Tabelle sind diese Daten für das Fabrikat NTC zu entnehmen, die sich im Wesentlichen von anderen Herstellern nicht gravierend unterscheiden. Bei der Zu- und Abluftöffnung sind die notwendigen Gitterabdeckungen einzurechnen. Die Reduzierung des Querschnitts ist mit einer größeren Öffnung entsprechend anzupassen.

Tabelle 3.1: Raumgrößen für NEA (*Quelle:* Notstromtechnik Clasen (NTC))

stationäre Netzersatzanlage									
PRP Leistung		**Raumgröße in Meter**			**Gewicht**	**Batterie**	**Zu- und Abluft**		**Kraftstoff**
kVA	**kW**	**Länge**	**Breite**	**Höhe**	**kg**	**Ah**	**Breite (m)**	**Höhe (m)**	**l / h**
100	80	5,00	3,80	2,80	1150	75	0,9	0,8	22
125	100	5,00	3,80	2,80	1400	75	1,2	1,2	27
150	120	5,50	4,00	2,80	1650	75	1,2	1,2	30
200	160	5,80	4,00	2,80	1900	75	1,8	1,2	45
250	200	6,00	4,20	3,00	1900	75	1,8	1,2	53
300	240	6,20	4,30	3,00	2300	75	1,8	1,2	57
350	280	6,20	4,40	3,00	2350	100	1,8	1,5	71
400	320	6,20	4,40	3,00	2500	100	1,8	1,8	82
450	360	6,50	4,40	3,00	2900	100	1,8	2,1	89
500	400	7,00	4,50	3,00	3000	100	1,8	2,1	100
630	504	7,50	4,50	3,00	4000	125	2,1	2,1	138
1000	800	8,50	5,30	3,20	7200	200	2,7	2,5	200
1600	1280	8,50	5,30	3,50	10300	250	1,8	1,75	327
2600	2080	9,00	5,30	3,50	18000	450	2,1	2,25	591

3.5 Weitere Überlegungen, die als Empfehlung und auch für die Funktion umzusetzen sind

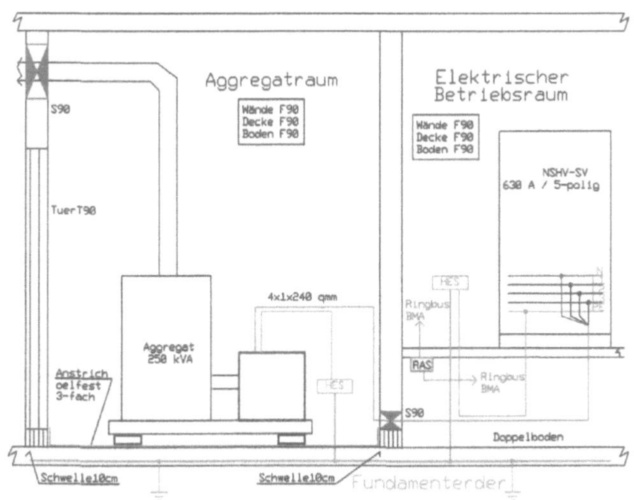

Bild 3.6: Systemzeichnung – Raumplanung im Schnitt für NEA

- Der Boden muss auf einer umlaufenden Höhe von 10 cm mit einem ölfesten Anstrich 3-mal bestrichen werden (2-mal vor dem Einbau des Aggregats und 1-mal nach dem Einbau).
- Die Tankmenge darf nicht größer sein als das Auffangvolumen bis zur Oberkante der Türschwelle.
- Werden von innen liegenden Aggregaträumen aus der NEA Einrichtungen mit Funktionserhalt E90, wie Feuerwehraufzug, Sprinklerpumpe usw., versorgt, muss die Tür zum Raum die Ausführung T90/RS erfüllen (MLAR). Erfolgt der Zugang von außen, reicht eine einfache Blechtür.
- Netz- und Generatorschalter sollen räumlich voneinander getrennt untergebracht werden. Der Generatorschalter ist zusammen mit dem Kuppelschalter im SV-Raum einzubauen.
- Im Aggregatraum dürfen max. 5000 l Kraftstoff gelagert werden. Ein Auffangraum ist nicht erforderlich bei doppelwandigen Tanks aus Stahl mit einem Rauminhalt bis 100000 l. Tanks mit lösbaren Verschlüssen unterhalb des zulässigen Flüssigkeitsstands gelten nicht als doppelwandige Tanks.
- Als Kraftstoff wird Heizöl empfohlen, was auch steuerlich kein Problem mehr darstellt. Bei Verwendung von Diesel ist der Anteil von Biokraftstoff ein Problem. Bei Lagerzeiten von etwa zwei Jahren kommt es durch Ablagerungen von Bakterien und Algen zur Dieselpest. Die Folge daraus ist ein Verstopfen des Kraftstofffilters im Motor.
- Kraftstoffleitungen können, sofern sie jederzeit einsehbar sind, einwandig ausgeführt werden. Bei nicht einsehbaren Bereichen, z. B. verschlossenen Schächten oder im Erdreich, ist eine doppelwandige Ausführung mit Lecküberwachung gefordert.
- Die Bemessung der Kraftstoffbevorratung ist für die verschiedenen Gebäudetypen behördlich genau vorgegeben:
  - für Gebäude nach VDE 0100-718: 8 h Dauerbetrieb (Versammlungsstätte),
  - für Gebäude nach VdS: 12 h Dauerbetrieb (Versammlungsstätte mit Sprinkler),
  - für Gebäude nach VDE 0100-710: 24 h Dauerbetrieb (Krankenhaus),
  - für sonstige Anlagen sind weitere Zeitvorgaben in der Tabelle 3.2 als Auszug der VDE festgelegt.
- Abstimmung der zulässigen Immissionswerte nach den regionalen Auflagen mit den örtlichen Behörden in Bezug auf:
  - zulässigen Geräuschpegel außerhalb des Gebäudes/Containers,

- zulässige Luft-Immissionen,
- Höhe der Abgasleitung über Dach (vgl. Notstromtechnik Clasen, Ahrensberg).

- Der Zugang unmittelbar über Treppenräume ist nicht erlaubt. Hier ist eine Schleuse mit T30 davorzusetzen (EltBauV).
- Abführung der Abgase mittels eines Kamins aus dem Raum über das Dach des Gebäudes hinaus.
- Neben der Nennweite für das Rohr ist auch die vorgeschriebene Isolierung bei der Bestimmung der Durchbruchsgröße zu berücksichtigen (Tabelle 3.3).

Tabelle 3.2: Betriebszeiten der Sicherheitsanlagen zur Bemessung des Kraftstoffverbrauchs für NEA (*Quelle:* DIN VDE 0100-560, S. 20)

Beispiele für Sicherheitseinrichtungen	Anforderungen									
	1	2	3	4	5	6	7	8	9	10
	Bemessungsbetriebsdauer der Stromquelle (Stunden)	Umschaltzeit der Stromquelle, (Sekunden, max.)	Zentrales Stromversorgungssystem	Zentrales Stromversorgungssystem (mit Leistungsbegrenzung)	Einzelbatteriesystem	Stromerzeugungsaggregat unterbrechungsfrei (0 s)	Stromerzeugungsaggregat mit kurzer Unterbrechung (< 0,5 s)	Stromerzeugungsaggregat mit mittlerer Unterbrechung (< 15 s)	Duales System/ separate Einspeisung	Überwachung und Umschaltung bei Ausfall der allgemeinen Stromversorgung
Anlagen zur Löschwasserversorgung	12	15				✓	✓	✓	✓	✓
Feuerwehraufzüge	8	15				✓	✓	✓	✓	✓
Aufzüge mit Brandfallsteuerung	3	15				✓	✓	✓	✓	✓
Einrichtungen zur Alarmierung und Erteilung von Anweisungen	3	15	✓	✓	✓[b]	✓	✓	✓	✓	✓[a]
Rauch- und Wärmeabzugsanlagen	3	15	✓	✓	✓	✓	✓	✓	✓	✓[a]
CO-Warnanlagen	1	15	✓	✓	✓	✓	✓	✓	✓	✓[a]

[a] Nur sofern separate Stromquellen für Sicherheitseinrichtungen nicht vorhanden sind.

[b] Zur Stromversorgung von Einrichtungen zur Alarmierung und Erteilung von Anweisungen siehe DIN EN 60849 (VDE 0828-1):1999-05.

✓ kennzeichnet geeignete Systeme

Kommentar zur Tabelle: Die Bemessungsbetriebsdauer für Einrichtungen zur Alarmierung und Erteilung von Anweisungen in der Tabelle mit 3 h steht im Widerspruch zu den Forderungen der jeweiligen Norm von BMA und SAA. Die genauen Vorgaben dazu sind im Abschnitt 7.6 und 7.7 aufgeführt.

Tabelle 3.3: Nennweiten Abgasrohre nach Größen mit Durchbruchsöffnung (*Quelle:* Planungshilfen für Notstromanlagen, OEBG Power Solutions)

PRP Leistung (kVA)	30	60	85	100	125	150
Nennweite (mm)	80	80	100	100	125	125
WD mit Isolierung (mm)	240	240	300	300	375	375
PRP Leistung (kVA)	200	250	300	350	400	450
Nennweite (mm)	150	150	200	200	200	250
WD mit Isolierung (mm)	450	450	600	600	600	750
PRP Leistung (kVA)	500	630	1000	1600	2600	
Nennweite (mm)	250	250	350	400	600	
WD mit Isolierung (mm)	750	750	1050	1200	1800	

Kommentar zur Tabelle: Für alle Größen der NEA mit Abgasrohren entspricht der Gesamtdurchmesser der Aussparung dem 3-fachen Wert der Nennweite des Rohrs. Die Größenangaben von Nennweite und Wanddurchbruch (WD) mit Isolierung in der Tabelle beziehen sich auf eine Länge von 10 m bis 20 m. Kürzere bzw. längere Strecken bedürfen einer individuellen Abstimmung mit dem jeweiligen Hersteller der Anlage. Sind die Strecken $\leq$ 10 m wird man mit kleineren Wanddurchbrüchen zurechtkommen. Gegebenenfalls ist eine 4-seitige Ummantelung bei der Durchbruchsangabe mit zu berücksichtigen.

- Angaben an den Statiker/Architekten für Betonkranz/Seilabspannung am Dachaustritt des Abgasrohrs zur Windlaststabilisierung,
- Festlegung des Verlaufs der Rohrleitungen zum Befüllen des Treibstofftanks für die NEA,
- Berücksichtigung der Verlegesysteme in ausreichender Größe unter Beachtung von Biegeradien bei Verbrauchern großer Leitungen und damit verbundenen Adernquerschnitten,
- Mitteilung des Gesamtgewichts der Anlage mit allen Anlagenkomponenten einschließlich des Schalt- und Steuerschranks zur Berücksichtigung durch den Statiker,
- Angaben zu Fundamenten bei Containeranlagen,
- Festlegen der Schallschutzanforderungen in Absprache mit dem Betreiber,

- Berücksichtigung der Türöffnungen auf dem Transportweg bis zum Aufstellraum abgestimmt auf das größte Bauteil, das innerhalb des Gebäudes zu transportieren ist,
- Abstimmung mit dem VNB bzgl. der Verbrauchsabrechnung für die Einspeisung im Probebetrieb,
- keine Bodenkanäle oder Bodengullys im Raum einbauen, Bodenbelag ölfest anstreichen,
- aus Schallschutzgründen kein Fenster im Raum planen,
- Störmeldeweiterleitung über Telefonanlage oder Einbruchmeldeanlage an ständig besetzte Stelle.

Anmerkung: Keine Brandlasten durch fremde Einrichtungen und Leitungsanlagen. Lässt sich dies nicht vermeiden, müssen z. B. Leitungstrassen, abgeschottet werden. Befinden sich darüber Nassräume mit nach unten führenden Abwasserrohren, so sind Gullys mit Brandschotts einzubauen.

Neben dem Aggregat mit dem Steuerschrank und Vorratsbehälter sind nachfolgende Anlagen im Raum zu installieren:

- Zu- und Abluftschalldämpfer,
- Abgasschalldämpfer,
- Starterbatterien.

3.6 Anforderungen und Kriterien der technischen Planung

Bei der Leistungsbestimmung des Aggregats sind die Bemessungsscheinleistung (zugleich die des Generators), Bemessungswirkleistung, Bemessungsblindleistung und die Bemessungsleistung des Antriebs zu bestimmen. In der Regel werden NEA mit einem Leistungsfaktor cos φ von 0,8 ausgelegt.

- Es sind daher alle zu versorgenden Verbraucher zu ermitteln und bei der Dimensionierung der Anlage zu berücksichtigen. Ansonsten besteht die Gefahr, eine unterdimensionierte Anlage zu installieren mit negativen Auswirkungen wie:
  - Die Betriebsgrenzwerte von dynamischer Frequenz und Spannung sowie die Ausregelzeit von Frequenz und Spannung können beim Ein- oder Ausschalten nicht eingehalten werden. Dies kann zur Abschaltung der Anlage durch den Anlagenschutz führen.

  - Bei zu stark oberschwingungsbehaftetem Notstromnetz überträgt sich das auf die Generatorspannung und liegt damit auch bei allen Verbrauchern an.
- Die weiteren Planungs- und Errichtungsfehler sind:
  - Unzureichende Kurzschlussleistung: Ist die Kurzschlussleistung des Aggregats zu klein, können die SV-Verbraucher aus Selektivitätsgründen nur verhältnismäßig kleine Sicherungen haben. Es sind dann anstelle von einem Verbraucher z. B. mehrere kleine Verbraucher zu installieren (Beispiel Rauchgasventilator). Die Kurzschlussleistung der verschiedenen Aggregatgrößen ist in Tabelle 3.4 enthalten.
  - Falsche Auslegung und Auswahl des Netzschutzes: Ein selektiver Netzaufbau im SV-Netz bei Speisung aus dem Generator lässt sich am einfachsten mit der Kombination aus Generatorschalter, Sekundärrelais und externem Stromwandler erzielen. Der Generatorschalter kann ein Leistungsschalter ohne Überstromauslöser oder ein Leistungsschalter ohne Kurzschlussauslösung sein, muss aber allen Kurzschlussbelastungen an seiner Einbaustelle genügen. Bei Parallelbetrieb muss der Generatorschalter auch die Kurzschlussbelastung aus dem AV-Netz abschalten können. Diese sind in der Regel viel größer als die vom Generator herrührenden Anteile.
  - Nichtberücksichtigung der Brücke für den zentralen Erdungspunkt (ZEP) bei der Kurzschlussberechnung: Der Errichter der Anlage bzw. der Beauftragte für die Ermittlung der Einstellwerte des Netzschutzes muss die Kurzschlussschleife nach Anordnung der ZEP-Brücke berechnen. Die Anordnung der ZEP in der NSHV-AV bzw. im NS-Übergabegerüst kann die kleinste Kurzschlussleistung hervorrufen, die dann für die Einstellung des Netzschutzes berücksichtigt werden muss. Der Schutz bei Kurzschluss und der Schutz gegen elektrischen Schlag bei indirektem Berühren durch automatische Abschaltung der Stromversorgung müssen immer gewährleistet sein.
  - Falsche Auswahl der Schalterpolzahl.

Hinweis: Bei einer 4-poligen Schaltung während des Generatorbetriebs und bei geöffneten Generatorschalter ist kein Schutz gegen indirektes Berühren gegeben. Betrachtet wird hierzu ein 4-polig ausgeführter Generatorschalter, bei dem sich die PEN-PE-Brücke im Generatorschaltschrank befindet. Ähnlich verhält es sich, wenn es weder im Generatorschaltschrank noch in der NSHV-SV eine PEN-Brücke gibt, dafür aber eine ZEP-Brücke in der NSHV-AV vorhanden ist. Kommt es hier während des Generatorbetriebs bei geöffnetem Generatorschalter zu einer leitenden Verbindung zwischen einem Außenleiter und dem Generatorgehäuse, ist kein Schutz gegeben (vgl. de 6-2013, S. 30-34 und de 7-2013, S. 28-32).

Frage in der Fachzeitschrift de 19-2016, S. 16 (Praxisprobleme): In der Ausgabe de 15/16-2011 gab es den Beitrag Verbindung von Transformatoren zur NSHV (mit Abbildung dargestellt). Im Gegensatz zur Abbildung mit einem 3-poligen Schalter ist in der DIN für Notstromaggregate ein 4-poliger Schalter und die Erdung des Generatorpunkts über die Haupterdungsschiene, ebenfalls wie in der Abbildung dargestellt, gefordert.

Antwort zu diesem Sachverhalt: Die Umschalteinrichtung ist auch im TN-System 4-polig auszuführen, da es bei einer 3-poligen Umschaltung zu einer nicht gewollten Stromflussverzweigung über die PEN-Leiter-Klemmen im Hausanschlusskasten kommt. Es wird grundsätzlich davon ausgegangen, dass im Fall des Notstrombetriebs die im Normalfall vorhandene Schutzmaßnahme nicht wirksam ist. Da jedoch eine vom Verteilnetz unabhängige Schutzmaßnahme wirksam werden muss, ist der notstromberechtigte Anlagenteil grundsätzlich als TN-S-System mit RCD-Schutzeinrichtungen zu konzipieren.

Es gilt $R_a \leq U_L / I_{\Delta N}$ (vgl. VDE-AR-N 4100:2019-04, S. 78).

Anmerkung: Wie Bild 3.7 zeigt, werden verschiedene Einspeiseschienen gebildet, die bei Bedarf gekuppelt werden können. So ist darauf zu achten, dass in jedem Schaltzustand der zentrale Erdungspunkt wirksam ist. Eine Überwachung des ZEP auf Betriebsströme mittels eines Differenzstrom-Überwachungssystems (RCM) ist ratsam, damit unzulässige Brücken zwischen dem Neutral- und den Schutzleiter in der Verbraucheranlage erkannt werden.

In TN-Systemen muss die Umschaltung von einer Stromversorgung auf eine alternative Stromversorgung mittels eines Schaltgeräts erfolgen, dass die Außenleiter und, wenn vorhanden, den Neutralleiter schaltet (vgl. VDE 0100-444:2010-10, S. 22).

Im Fall einer TT-Mehrfacheinspeisung in einer Anlage wird empfohlen, die Sternpunkte der verschiedenen Stromquellen aus EMV-Gründen miteinander und zentral an nur einem Punkt mit Erde zu verbinden. Weder Trafo noch Generatorsternpunkt dürfen direkt mit Erde verbunden werden. Der Leiter, der die Sternpunkte von Trafo und Generator untereinander verbindet, muss isoliert sein, hat die Funktion des PEN, muss gelb-grün sein und darf nicht mit dem Körper der Verbrauchsmittel verbunden werden. Nur eine Verbindung zwischen den untereinander verbundenen Sternpunkten der Stromquellen und dem Schutzleiter darf vorgesehen werden. Diese Verbindung muss innerhalb der Hauptverteilungsanlage angeordnet sein (vgl. VDE 0100-444:2010-10, S. 21). Die Bestimmung der Hauptverteilungsanlage ist für jedes Objekt vorzunehmen. Dabei gilt es die jeweilige Netzebene zu betrachten.

- Bei inselnetzbildenden Systemen kann der Kuppelschalter zusätzlich die Funktion des Netztrennschalters übernehmen. In diesem Fall ist VDE-AR-E 2510-2 einzuhalten und ein allpoliges Schalten erforderlich. Allpoliges Schalten bedeutet das Schalten aller aktiven Leiter der Erzeugungsanlage vom Einspeisepunkt in die Kundenanlage oder vom Netz des Netzbetreibers. Aktive Leiter sind alle Leiter, die dazu vorgesehen sind, im üblichen Betrieb unter Spannung zu stehen, einschließlich des Neutralleiters. Ist ein Schalten des Neutralleiters erforderlich, so ist ein Kuppelschalter einzusetzen, der den Neutralleiter beim Einschalten voreilend und beim Ausschalten nacheilend schaltet, mindestens aber gleichzeitig schaltet (vgl. VDE-AR-N 4105:2018-11, S. 64).

Hinweis: Mit dem Einsatz von vierpoligen Schaltern kann die Schutzmaßnahme im Inselbetrieb nur dann gewährleistet werden, wenn an einer zweiten Stelle eine PE-N-Verbindung eingebaut wird. Wenn man den Generatorschalter und den Netzkuppelschalter vierpolig ausführt, dann sollte die Brücke idealerweise direkt im Generatorklemmbrett eingebaut werden. Dadurch wäre auch im Inselbetrieb ein echter Schutzleiter vorhanden. Der Nachteil dieser Schaltung ist, dass es während des Netzparallelbetriebs zu Gebäudestreuströmen kommt. Wenn Gebäudeströme hingenommen werden können, dann können alle Schalter vierpolig ausgeführt werden. Die Anforderung ist dann, dass die Sternpunkte aller Stromquellen geerdet werden (vgl. VDE Schriftenreihe Bd. 122, S. 151ff.).

- Die detaillierten Vorgaben für die fachgerechte Planung mit Berechnungsbeispielen, technischen Mindestanforderungen für Anschluss und Parallelbetrieb von Erzeugungsanlagen am Niederspannungsnetz sind in VDE-AR-N 4105: 2018-11 vorgegeben, zusätzlich zu beachten ist auch die anzuwendende TAB des zuständigen Versorgers.
- Für die technisch vorschriftsmäßige Ausführung ist daher auch der beauftragte Fachunternehmer verantwortlich, der die Anlage liefert und betriebsfertig montiert. Die Vorgaben dazu sind in VDE 0100-551:2017-02 geregelt.
- Die wesentliche Aufgabe des Fachplaners ist die Abstimmung mit dem VNB, damit die Genehmigung zum Netzparallelbetrieb erteilt wird. Gegebenenfalls kann hier vom VNB eine Schaltmatrix mit den unterschiedlichen Schaltaktionen verlangt werden. Damit werden die verschiedenen Szenarien in zeichnerischer Form dargestellt (siehe Abschnitt 4.6).
- Wird ein FW-Schalter (FWS) gefordert, müssen alle Stromkreise der AV-Versorgung abgeschaltet werden. Nach Bild 3.7 sind das Q1 und Q2. Als Schalter sind hier Leistungs- oder Lastschalter zu verwenden (vgl. VDE 0100-560:2022-10, S. 13). Ein Beispiel dafür ist im Anhang D der genannten Norm zeichnerisch dargestellt. Weitere Ausführungen sind im Kapitel 9 abgehandelt.

Nachvollziehbar ist diese Problematik aus der folgenden Systemzeichnung, die in allpoliger Ausführung dargestellt ist.

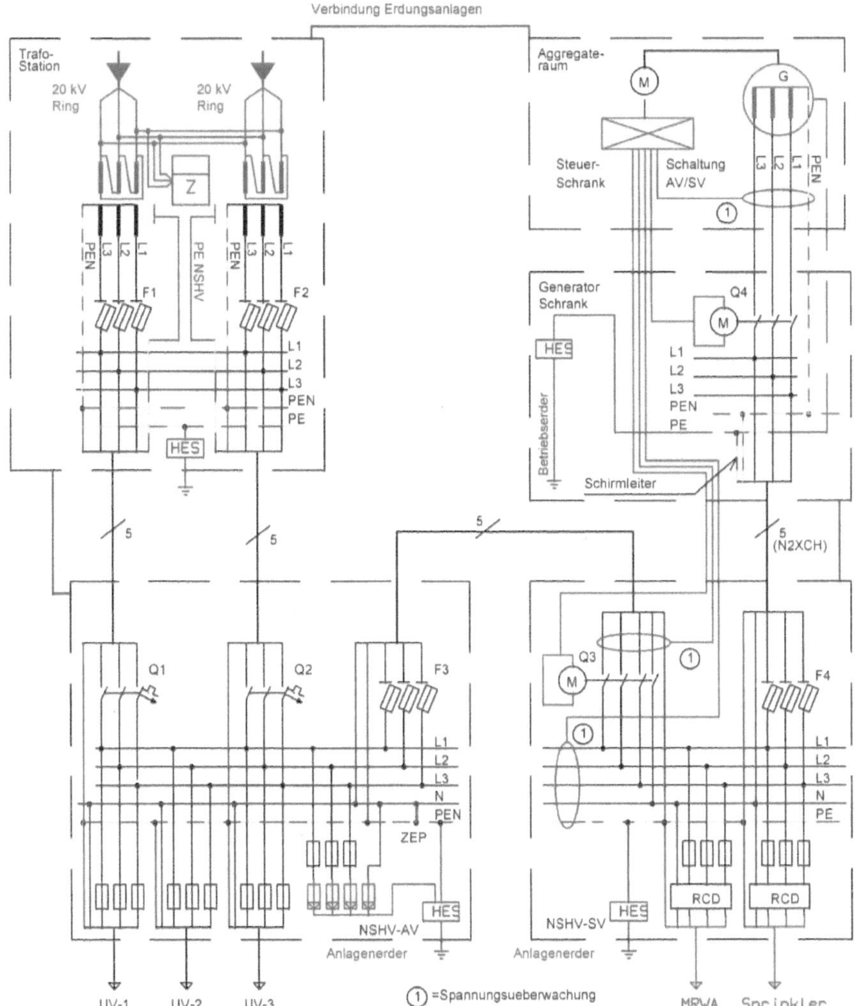

Bild 3.7: Systemzeichnung – Stromversorgung mit NEA

Kommentar zur Systemzeichnung: Die Abbildung zeigt eine Anlage mit verschiedenen Einspeiseschienen, die bei Bedarf gekuppelt werden können. Es ist darauf zu achten, dass in jedem Schaltzustand der ZEP wirksam ist. Erdungsanlagen sind untereinander zusammenzuschließen. In jedem Raum sind HES zu installieren. An diese sind alle leitenden Bauteile anzuschließen und mit der PE-Schiene zu verbinden. Die PE-Schienen der einzelnen Anlage sind untereinander zu verbinden. Für die Festlegung des PE-Querschnitts ist der Kurzschlussstrom zu betrachten (siehe Hinweis S. 84).

Folgende Vorgehensweise wird für eine korrekt geplante und funktionierende NEA der Sicherheitsstromversorgung in Sonderbauten empfohlen:

- Erfassung aller Notstrom-berechtigten Verbraucher mit allen Daten zur Dimensionierung der Anlage nach Tabelle 3.5,
- bei Unkenntnis der einzelnen Leistungsfaktoren ist mit cos φ 0,8 zu planen,
- Festlegung der Ausführungsklasse entsprechend der zu versorgenden Anlagen nach den Kategorien:
  - G1 – geringe Anforderung: allgemeine Anwendungen, einfache elektrische Antriebe,
  - G2 – wie öffentliche Netze: Beleuchtungsanlagen, Pumpen, Lüfter, Aufzüge,
  - G3 – höhere Anforderungen: Fernmeldeeinrichtungen, thyristorgesteuerte Einrichtungen,
  - G4 – höchste Anforderungen: Datenverarbeitungseinrichtungen, Computersysteme,
- gestaffelte Einschaltung nach den Kriterien der geforderten Verfügbarkeit der jeweiligen Sicherheitsanlage,
- zeitversetztes Einschalten bei mehreren Verbrauchern einer Sicherheitsanlage, z. B. mehrere Rauchgasventilatoren großer Leistung,
- Berücksichtigung der Stromspitzen bei direkten Zuschaltungen bzw. beim automatischen Umschalten von Verbrauchern mit Stern-Dreieck-Schaltung (siehe Abschnitt 3.4.8),
- Einbau von Schaltern in 3-poliger Ausführung bzw. 4-polige Ausführung der Umschalteinrichtung,
- Aufbau des gesamten AV-/SV-Netzes als TN-S-System. Aufbau des TN-S-Systems durchgängig in 5-poliger Ausführung auf der AV-/SV-Seite mit nur einer Verbindung zwischen dem PEN-/PE-Leiter in der NSHV-AV als ZEP. Der PEN-Leiter ist im gesamten Verlauf isoliert aufzubauen, d. h. auch in den Verteilungen der NSHV-AV/NSHV-SV sind die PEN-Stromschienen isoliert gegenüber Gehäuse und Geräteträger einzubauen (Schmolke, EMV-gerechte Errichtung von Niederspannungsanlagen, 2017, S. 163),

- Planen von RCD-Schutzschaltern in den SV-Abgangsstromkreisen gegebenenfalls für das TT-System. (Für das TN-S-System nicht mehr erlaubt.) (vgl. VDE 0100-560:2022-10, S. 16)

Hinweis: In manchen Gebieten ist nach Vorgabe des VNB auf der AV-Seite das TT-System zu errichten. Eine Abstimmung über den Aufbau der beiden Netze mit dem Prüfsachverständigen und dem VNB ist unbedingt erforderlich. Generell gilt aber, der notstromberechtigte Anlagenteil wird während des Generatorbetriebs als TN-S-System mit Schutz durch automatisches Abschalten betrieben. Das ist auch beim Kurzzeitparallelbetrieb anzuwenden (vgl. VDEW Notstromaggregate, S. 13).

Anmerkung: Der Einsatz von rechnergestützten Programmen für Kurzschluss- und Selektivitätsberechnungen ist nur bedingt möglich. Aus der Betrachtung des Energieflusses ergibt sich die Situation auch von Hand erstellte Berechnungen durchzuführen (vgl. de 6-2013, S. 30-34 und de 7-2013, S. 28-32).

In Anlehnung an diese Publikation sind im Zuge der Planung und Festlegung der Anlage auf der Transformator- und Aggregatseite mit dem VNB, der Lieferfirma und dem abnehmenden Sicherheitsprüfingenieur die nachfolgenden Punkt zu diskutieren:

- Betrachtung der möglichen Fehler in Form eines Kurzschlusses an den verschiedenen Stellen der SV-Seite

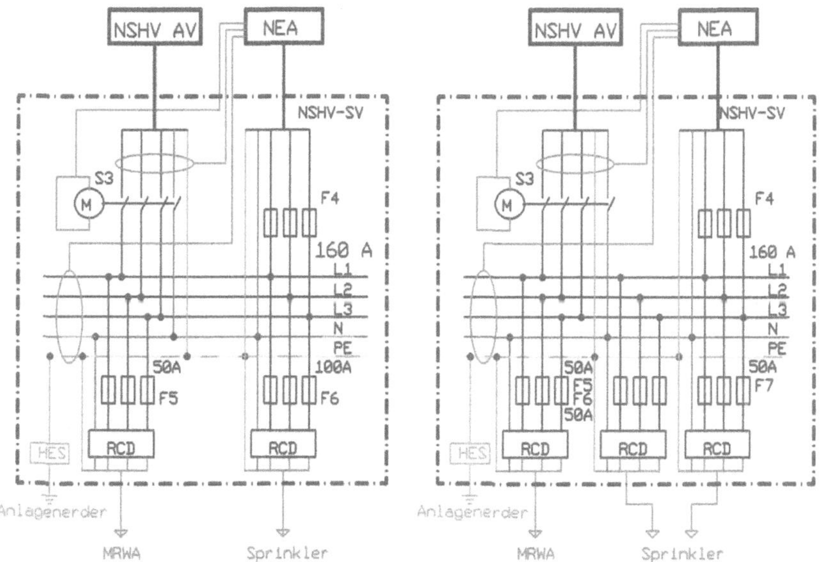

Bild 3.8: Systemzeichnung – Absicherung Verbraucher

Kommentar zur Systemzeichnung: Bei großen Verbrauchern mit hoher Stromaufnahme kann es sinnvoll sein, die Einspeisung mit einem Doppelkabel auszuführen. Die Kabel sind so zu sichern, dass die Sicherungen mit einer entsprechenden Abstufung die geforderte Selektivität erreichen.

- Eine besondere Beachtung bedarf die Auswahl der Kabel oder Leitungen vom Generator zum Verteiler-/Steuerschrank. Die Kabel sind gemäß VDE 0298-4 auszulegen. Innerhalb des Aggregatraums wird man die Querschnittsgröße nach Verlegeart F festlegen können. Zu beachten ist aber der schwingend montierte Generator. Ein geeigneter Kabeltyp ist NSSHÖU. Ungeeignet ist hingegen der Kabeltyp NSGAFÖU. Werden flexible Anschlusskabel eingesetzt, ist die wesentlich geringere Strombelastbarkeit zu bedenken (vgl. VDE Schriftenreihe Bd. 122, S. 132).
- Schutz für parallel geschaltete Leiter: Nach VDE 0100-430:2010-10 darf eine einzelne Schutzeinrichtung parallel geschalteter Leiter vor den Auswirkungen bei Kurzschlussströmen schützen, vorausgesetzt, dass die Auslösecharakteristik dieser Einrichtung ein wirkungsvolles Ansprechen sicherstellt, wenn ein Fehler an der kritischen Stelle in einem parallel geschalteten Leiter auftritt. Die Aufteilung der Kurzschlussströme zwischen den parallel geschalteten Leitern muss betrachtet werden. Falls die Auslösung einer einzelnen Schutzeinrichtung nicht wirkungsvoll sein kann, muss ein oder müssen mehrere der folgenden Maßnahmen angewendet werden:
  - Das Kabel ist mechanisch so verlegt, dass es vor Beschädigungen, Feuer usw. geschützt ist.
  - Für zwei parallel geschaltete Leiter ist an der Versorgungsseite eines jeden parallel geschalteten Leiters eine Schutzeinrichtung für den Schutz bei Kurzschluss vorgesehen.

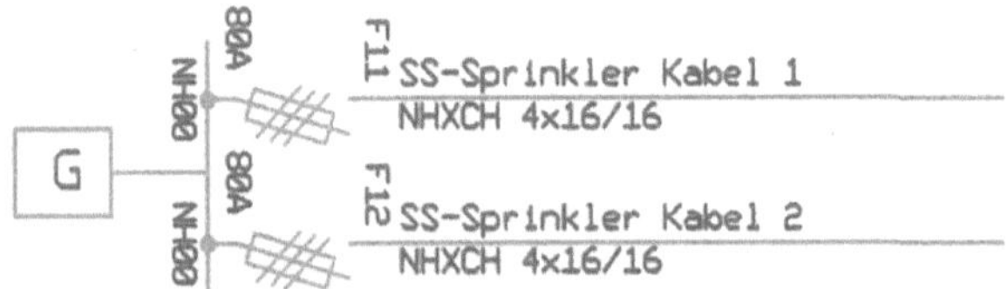

Bild 3.9: Systemzeichnung – Absicherung von zwei parallel geschalteten Leitern

Kommentar zur Systemzeichnung: Entspricht das Ausschaltvermögen einer nach VDE 0100-430 ausgewählten Schutzeinrichtung für den Schutz bei

Überlast mindestens dem Strom bei vollkommenen Kurzschluss an der Einbaustelle, so stellt diese gleichzeitig den Schutz bei Kurzschluss des nachgeschalteten Kabels/Leitung dar (vgl. VDE Schriftenreihe Bd. 118, S. 547).

- Für mehr als zwei parallel geschaltete Leiter sind an der Versorgungsseite und an der Lastseite eines jeden parallel geschalteten Leiters Schutzeinrichtungen für den Schutz bei Kurzschluss vorgesehen.

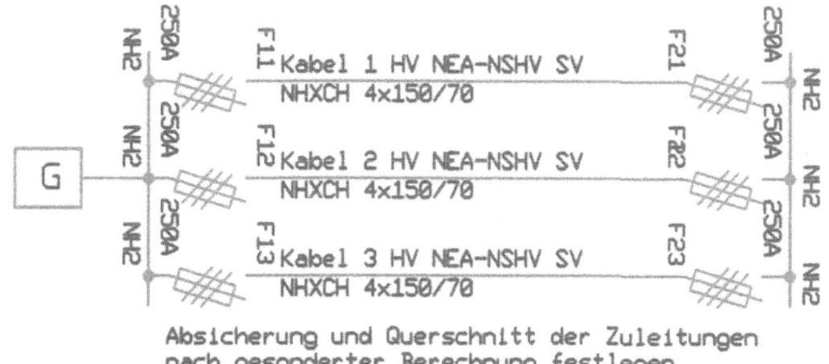

Bild 3.10: Systemzeichnung – Absicherung mehrerer parallel geschalteter Leiter (*Quelle:* vgl. VDE 0100-430:2010-10, S. 21)

- *Kommentar zur Systemzeichnung:* Es darf in der Zuleitung zu den parallelen Leitern eine gemeinsame Schutzeinrichtung zum Schutz bei Kurzschluss verwendet werden, wenn diese auf den kleinstmöglichen Kurzschlussstrom einer Parallelstrecke anspricht und die nachfolgend genannten Voraussetzungen erfüllt sind:
- Alle Kabel oder Leiter innerhalb des Parallelzweigs haben dieselben elektrischen Eigenschaften (Leiterquerschnitt, Leitermaterial, Isolierwerkstoff) und gleiche Länge.
- Es liegen bei allen Kabeln und Leitungen gleiche Verlegbedingungen (Verlegeart, Umgebungstemperatur) vor.
- Innerhalb des Parallelzweigs liegt eine gleichmäßige Stromaufteilung vor (gleicher Strom in allen parallelen Leitern).
- Innerhalb des Parallelzweigs liegen keine Abzweige und Einrichtungen zum Trennen und Schalten vor (vgl. VDE Schriftenreihe Bd. 118, S. 358).

Hinweis: Der besondere Schutz des Neutralleiters nach den verschiedenen Querschnitten im Verhältnis zu den Außenleitern bei den unterschiedlichen Netzsystemen, ist nach Betrachtung der Strombelastung zu schützen (vgl. VDE 0100-430:2010-10, S. 8).

3.7 Kurzschlussstrom der unterschiedlichen Aggregatgrößen

Die Kurzschlussleistung eines Generators ist im Vergleich zur Netzeinspeisung wesentlich geringer und in der Höhe nicht konstant. Bei Kurzschlussbeginn tritt ein relativ hoher Anfangskurzschlussstrom I_K`` auf, der nach ca. 15 ms bis 25 ms in den transienten Kurzschlussstrom $I_K$` übergeht. Dieser klingt nach ca. 120 ms bis 250 ms auf den Dauerkurzschlussstrom $I_K$ ab. Beschrieben wird dieser Vorgang durch die subtransiente Reaktanz $x_d$``, die transiente Reaktanz x_d` und die Synchronreaktanz x_d. Der Dauerkurzschlussstrom würde weniger als der Generatorstrom betragen, wenn nicht durch den Einfluss des Spannungsreglers im Generator eine Polradspannung erzeugt werden würde, die einen Dauerkurzschlussstrom I_K von 2...5 · $I_{N\,G}$ verursacht (vgl. www.stromerzeuger-lexikon.de, 2014).

Kommentar zur Tabelle: Für die Auslegung der Kabelanlage sind die in der Tabelle ermittelten Stromwerte I_NG maßgebend. Bei Leistungen über 1000 kVA ist eine Stromschiene einzubauen und mit Leistungsschalter zu sichern. Eine weitere Auflistung der Näherungswerte minimale 3- und 1-poliger Dauerkurzschlussströme und die dazugehörigen Impedanzen bzw. Schleifenimpedanzen an einer NSHV-SV bei Speisung mit ein bis drei Generatoren bis 2500 kVA ist in der VDE mit aufgenommen (vgl. VDE 0100 Bbl. 5:2021-06, S. 53f.).

Tabelle 3.4: Kurzschlussströme der verschiedenen Größen von NEA, Synchrongenerator Baureihe DSG (*Quelle:* VDE Schriftenreihe Bd. 118, 2. Auflage, S. 458)

Technische Daten Synchrongenerator Baureihe DSG
2p = 4 U_{rG} = 400 V f_r = 50 Hz n_r = 1500 min^{-1} cosφ = 0,8

Typ	Sr kVA	Ir A	I``$_{k3}$ kA	I_{k3} kA	I``$_{k1}$ kA	I_{k1} kA	i_p kA	x``$_d$ p.u.	x_2 p.u.	x_0 p.u.
29M1	30	43	0,381	$3 \cdot I_r$	0,447	$1{,}85 \cdot I_{k3}$	0,433	0,114	0,127	0,050
29M2	36	52	0,470	$3 \cdot I_r$	0,554	$1{,}85 \cdot I_{k3}$	0,547	0,111	0,124	0,047
29L1	44	64	0,603	$3 \cdot I_r$	0,713	$1{,}85 \cdot I_{k3}$	0,706	0,105	0,118	0,044
29L2	55	79	0,865	$3 \cdot I_r$	1,025	$1{,}85 \cdot I_{k3}$	1,025	0,093	0,104	0,038
36M1	68	98	0,778	$3 \cdot I_r$	0,906	$1{,}85 \cdot I_{k3}$	1,159	0,126	0,141	0,058
36M2	83	120	0,888	$3 \cdot I_r$	1,037	$1{,}85 \cdot I_{k3}$	1,326	0,135	0,151	0,061
36L1	100	144	1,074	$3 \cdot I_r$	1,256	$1{,}85 \cdot I_{k3}$	1,620	0,134	0,151	0,059
36L2	125	180	1,324	$3 \cdot I_r$	1,553	$1{,}85 \cdot I_{k3}$	2,009	0,131	0,147	0,056
43M1	150	217	1,490	$3 \cdot I_r$	1,750	$1{,}85 \cdot I_{k3}$	2,460	0,136	0,150	0,060
43M2	170	245	1,960	$3 \cdot I_r$	2,310	$1{,}85 \cdot I_{k3}$	3,220	0,125	0,139	0,054
43L1	205	296	2,440	$3 \cdot I_r$	2,890	$1{,}85 \cdot I_{k3}$	4,060	0,121	0,135	0,051
43L2	250	361	3,130	$3 \cdot I_r$	3,720	$1{,}85 \cdot I_{k3}$	5,240	0,115	0,128	0,048

52M0	300	433	2,740	$3 \cdot I_r$	3,180	$1{,}85 \cdot I_{k3}$	5,030	0,158	0,171	0,079
52M1	360	520	3,600	$3 \cdot I_r$	4,200	$1{,}85 \cdot I_{k3}$	6,580	0,144	0,156	0,071
52M2	400	577	4,250	$3 \cdot I_r$	4,970	$1{,}85 \cdot I_{k3}$	7,770	0,136	0,147	0,066
52L1	460	664	5,060	$3 \cdot I_r$	5,930	$1{,}85 \cdot I_{k3}$	9,260	0,131	0,142	0,063
52L2	530	765	6,180	$3 \cdot I_r$	7,250	$1{,}85 \cdot I_{k3}$	11,240	0,124	0,134	0,059
62M1	660	953	8,200	$3 \cdot I_r$	9,700	$1{,}85 \cdot I_{k3}$	14,300	0,116	0,129	0,050
62M2	750	1083	9,900	$3 \cdot I_r$	11,800	$1{,}85 \cdot I_{k3}$	17,300	0,109	0,120	0,047
62L1	900	1299	12,400	$3 \cdot I_r$	14,800	$1{,}85 \cdot I_{k3}$	21,700	0,105	0,115	0,044
62L2	1100	1588	15,000	$3 \cdot I_r$	17,900	$1{,}85 \cdot I_{k3}$	27,000	0,106	0,115	0,046
74M1	1400	2021	16,700	$3 \cdot I_r$	19,900	$1{,}85 \cdot I_{k3}$	31,500	0,120	0,140	0,050
74M2	1560	2252	19,400	$3 \cdot I_r$	23,100	$1{,}85 \cdot I_{k3}$	36,400	0,120	0,130	0,050
74L1	1750	2526	23,300	$3 \cdot I_r$	27,900	$1{,}85 \cdot I_{k3}$	44,100	0,110	0,120	0,040
74L2	2000	2887	27,100	$3 \cdot I_r$	32,400	$1{,}85 \cdot I_{k3}$	54,100	0,110	0,120	0,040

3.8 Dimensionierung der Netzersatzanlage

Die Bestimmung der Anlagengröße für die NEA ist die Grundlage für die Funktion der Sicherheitsstromversorgung. Hierzu bedarf es einer Aufstellung mit allen Verbrauchern und deren elektrischer Werte in Bezug auf Leistung, Spannung, Nennstrom, Leistungsfaktor und Anlauftechnik. Maßgebend für die Anlagengröße sind die Stromspitzen beim Zuschalten der angeschlossenen Motoren und Pumpen. Kritisch zu betrachten sind Direkt- und y/Δ-Schaltungen. Unkritisch sind Maschinen, die mit Frequenzumrichter (FU) zuschalten. Hier beträgt die Antriebsleistung ein Achtel der Nennleistung. Die Größe der Anlage wird daher von der Sprinklerpumpe bestimmt, für die nur der Direkt- bzw. die y/Δ-Schaltungen nach VdS erlaubt sind. Die Zeit für den Betrieb ist für die Anforderungen der Funktionen der verschiedenen Anlagen mit der Behörde, dem Prüfsachverständigen und dem Lieferanten bzw. dem Betreiber festzulegen, sollten im BSK hierzu keine Angaben gemacht sein.

Es folgt eine Aufstellung mit angeschlossenen Verbrauchern als realistisches Beispiel um zu erkennen, wie komplex und sensibel diese Sicherheitsanlage zu dimensionieren ist. Die Aufstellung ist mit allen Planern, die am Bau des Objekts beteiligt sind, abzustimmen.

Kommentar zur Tabelle: Die exakte Ermittlung der Leistungslast ist Voraussetzung für den verlässlichen und störungsfreien Betrieb. Nur auf Grundlage dieser Daten kann der Hersteller die Leistungsgröße der Anlage berechnen.

Tabelle 3.5: Verbraucher der Sicherheitsstromversorgung mit Versorgung durch die NEA

Anlagen, die nach den einschlägigen Normen aus einer NEA zu versorgen sind	Leistung in kW	Spannung in V	Nennstrom in A	Leistungsfaktor	Anlauftechnik
Sprinklerpumpe	37,00	400	66,7	0,8	y/Δ
Löschwasser Druckerhöhung	15,00	400	27,1	0,8	Direkt/y/Δ
Druckbelüftung Hochhaus	15,00	400	27,1	0,8	Direkt/y/Δ
Druckbelüftung Feuerwehr-Aufzug	11,00	400	19,8	0,8	Direkt/y/Δ
Brandfallsteuerung Personenaufzug	11,00	400	19,8	0,8	FU
MRA-Anlage	22,00	400	39,8	0,8	y/Δ
Sicherheitsbeleuchtungsanlage	3,50	400	6,3	0,8	Direkt
Feuerwehr-Aufzugsanlage	17,50	400	31,6	0,8	FU
Pumpe Löschwasser Schacht FW-Aufzug	2,1	230	11,4	0,8	Direkt

Hinweis: Für ein tieferes Hintergrundwissen sowie eigenständige Dimensionierung und Auslegung dieser komplexen Technik ist die VDE Schriftenreihe Bd. 122, Projektierung von Ersatzanlagen zu empfehlen. Damit ist es auch möglich, eine zugearbeitete Projektierung auf ihre Korrektheit zu überprüfen.

3.8.1 Berechnung der Aggregatleistung

Ein Aggregat besteht aus einem Antrieb und einem Generator als Stromerzeuger. Die abgegebene Leistung des Aggregats ist auf Grund von Verlusten geringer und berechnet sich wie folgt:

$$P_{\text{Aggregat}} = P_{\text{Motor}} \cdot \eta_{\text{Generator}}$$

P_{Aggregat} = Aggregatabgabeleistung in kW
P_{Motor} = Nettoleistung des Dieselmotors, d. h. Leistung abzgl. Hilfsantrieb wie Lüfter in kW
Der Leistungsbedarf der Hilfsantriebe ist dem Motordatenblatt zu entnehmen.

Der Wirkungsgrad η (eta) des Generators liegt je nach Fabrikat und Ausführung in der Größenordnung von:

- Aggregatgröße 30…50 kVA 0,83
- Aggregatgröße 100…250 kVA 0,9
- Aggregatgröße 315…750 kVA 0,93
- Aggregatgröße >1000 kVA 0,95

Aggregatleistung in kVA = $S = P/\cos\varphi$

Bei Aggregaten ist per Definition der $\cos\varphi$ 0,8, d. h.

Aggregatleistung in kVA = $S_{\text{Aggregat}} = P_{\text{Aggregat}} / 0{,}8$ = Scheinleistung

Beispiel: P_{Aggregat} = 80 kW; S_{Aggregat} = 80 kW / $\cos\varphi$ = 80 kW / 0,8 = 100 kVA

Hinweis: Die Leistungsauslegung für Ersatzstromaggregate mit einer Unterbrechungszeit von max. 15 s ist nach folgender Forderung zu planen:

Krankenhaus nach 15 s mit Versorgungsstufe 1 – 80 % der SI-Verbraucher und nach weiteren 5 s mit Versorgungsstufe 2 – 100 % der SI-Verbraucher.

Bauliche Anlagen für Menschenansammlungen nach 15 s mit 100 % der SI-Verbraucher (vgl. VDE Schriftenreihe Bd. 122, S. 97).

3.8.2 Bestimmung des Generatornennstroms

Der Nennstrom wird aus der Nennleistung und der Nennspannung nach der Formel berechnet:

$I = S/(U \cdot \sqrt{3})$

Es ist unbedingt zu beachten, dass bei einem Aggregat der Nennstrom nicht nach der Generatortypleistung, sondern nach der Aggregat-Nennleistung bestimmt wird, da der Generator durch Typensprung oder aus technischen Gründen bezüglich seiner Leistung größer sein kann als die Aggregatleistung.

Beispiel: Aggregat PRP: Leistung: 630 kVA, mit Generatortypleistung 650 kVA (I = 938 A)

Aggregat Nennstrom: 630 kVA / (400 V · $\sqrt{3}$) = 909,35 A

3.8.3 Ermittlung der Tankkapazität

Das benötigte Tankvolumen ist abhängig von der Motorleistung, dem Kraftstoffverbrauch und der geplanten Betriebszeit zwischen den Neubefüllungen. Eine angemessene Reservemenge ist dabei zusätzlich zu berücksichtigen.

$V = P \cdot be \cdot t / 830$

V = Tankvolumen in Litern
P = Motorleistung in kW (im Mittel benötigt)
t = Betriebszeit in Stunden
be = spezifischer Kraftstoffverbrauch in g/kWh. Er kann den Motordatenblättern entnommen werden. Für eine grobe Abschätzung ist jedoch ein Richtwert von 220 g/kWh hinreichend genau.
830 = spezifisches Gewicht von Diesel in g/l

Wichtig: Mit zunehmender Größe der NEA ist das Gewicht des Tagestanks von wesentlicher Bedeutung für die Berücksichtigung durch den Statiker bei der Raumplanung.

3.8.4 Anlagenauslegung für Pumpe von Sprinkleranlage

Sprinklerpumpen nach VdS dürfen nur direkt oder y / Δ betrieben werden. Hier ist zu berücksichtigen, dass der Anlaufstrom ca. $3{,}5 \cdot I_N$ beträgt.

Im Beispiel für eine Pumpe von 100 kW (P_{ab}) mit η 0,93 ergibt sich ein Anlaufstrom:

$I_A = 100000\text{ W} / (400\text{ V} \cdot \sqrt{3} \cdot \cos\varphi \cdot \eta) \cdot 3{,}5 =$

$= 100000\text{ W} / (400\text{ V} \cdot \sqrt{3} \cdot 0{,}9 \cdot 0{,}93) \cdot 3{,}5 = 604\text{ A}$

Ermittlung der Anlaufleistung (P_A) über den Anlaufstrom (I_A):

$P_A = U \cdot I_A \cdot \sqrt{3} \cdot \cos\varphi = 400\text{ V} \cdot 604\text{ A} \cdot \sqrt{3} \cdot 0{,}5 = 209{,}4\text{ kW}$; ($\cos\varphi_{\text{Anlauf}} = 0{,}5$)

Da bei Turbomotoren nur ca. 50…60 % der Nennleistung auf einen Schlag aufgeschaltet werden können, betrachten wir den Wert 50 % = 209,4 kW. Dafür benötigt man einen Dieselmotor von mindestens 418 $\text{kW}_{\text{mech.}}$.

Daraus ergibt sich die folgende benötigte Aggregatleistung:

$P_{ab} = P_{zu} \cdot \eta = 418\text{ kW} \cdot 0{,}93 = 388\text{ kW}_{\text{el.}}$

Bestimmung der Aggregatgröße: $S = P_{ab} \cdot \cos\varphi = 388\text{ kW} \cdot 0{,}8 = 485\text{ kVA}$.

Ergebnis: Als Faustformel beträgt der Faktor für die Auslegung der Aggregatleistung in kVA zum Betrieb einer Sprinklerpumpe mit 100 kW nach VdS in y-/Δ-Schaltung 4,85.

$S_{\text{Aggregat}}\text{ (kVA)} = P_{\text{Pumpe}}\text{ (kW)} \cdot 4{,}85$

Um den Spannungseinbruch innerhalb der Toleranz ≤ 15 % bzw. 20 % zu halten, sollte der Wert der transienten Reaktanz x_d des Generators im Bereich von 14 % bis 22 % sein. Den Wert für x_d findet man im Generatordatenblatt.

Hinweis: Zur Abschätzung des transienten Spannungsfalls (Spannungseinbruch) kann mit folgender Formel gerechnet werden: $\Delta U = \sqrt{3} \cdot \Delta I \cdot (R_G \cdot \cos\varphi + x'_d \cdot \sin\varphi)$

Eine umfassende Erklärung mit nachvollziehbarem Beispiel dazu ist in der VDE Vorschriftenreihe Bd. 122 enthalten (vgl. S. 102ff.).

Bei Sprinkleranlagen nach VdS (VdS CEA 4001) sind noch andere Gesichtspunkte zu beachten:

- Startversuche 5 statt 3 im Fehlerfall; 10 min Kühlnachlauf statt 2 min;

- Wegschalten aller Schutzmaßnahmen außer Überdrehzahlschutz (Maschine läuft im Sprinklerbetrieb bis es sie zerstört) (vgl. Planungshilfe NEA, OEBG Power Solutions).

3.8.5 Einplanung der Kraftstoffversorgung

Die Kraftstoffversorgung für eine Stromerzeugungsanlage bestehend aus Haupttank, Servicebehälter, Kraftstoffförderpumpe und Kraftstoffleitungen:

- Die Kapazität der Tankanlage ist so zu bemessen, dass bei Aggregat-Nennleistung mindestens der erforderliche Kraftstoffvorrat zur Verfügung steht. Für die Praxis ist das Tankvolumen so auszulegen, dass einmal im Jahr eine Befüllung durch den Betreiber erfolgt. Damit ergibt sich eine Kraftstoffmenge für 12 x 1 h Probebetrieb und 8 h Dauerbetrieb, z. B. für Versammlungsstätten entsprechend dem Kraftstoffverbrauch nach Aggregatgröße aus Tabelle 3.1 zuzüglich 10 % Reservevorhaltung verteilt auf Haupttank und Servicebehälter. Bei kleineren Anlagen kann ein Tank angebracht werden, der die Funktion von Haupt- und Servicebehälter vereint. Ein solcher Tank ist dann wie ein Servicebehälter auszubilden. Der Servicebehälter ist 0,5 m über dem Niveau der Einspritzpumpe anzubringen und muss einwandig ausgeführt sein. Dieser Tank muss für mindestens 2 h Betrieb ausgelegt sein, die Regel ist eine Betriebszeit von 3,5 h. Bei der Befüllung ist darauf zu achten, dass die Treibstoffmenge die vorgegebene Obergrenze nicht übersteigt. Bei randvoller Befüllung wird der Start abgebrochen und eine Störung angezeigt.
- Bei getrennten Tankanlagen muss die Förderpumpe in der Lage sein, bei unter Nennlast laufenden Motor den Kraftstoffbedarf des Motors zu fördern und zusätzlich den Servicebehälter wieder aufzufüllen. Dazu sollte die Förderleistung etwa den 1,3-fachen Wert des Kraftstoffverbrauchs des Motors betragen. Wenn ein Aggregat einen Kraftstoffbedarf von 100 l/h aufweist, muss die Pumpe ein Fördervolumen von mindestens 2,2 l/min aufweisen. Zudem ist bei der Pumpenwahl auch die Förder- bzw. Ansaughöhe zu berücksichtigen. Die Angaben auf den Pumpen decken meistens eine Förderleistung von 5 l/min für eine Höhe bis 40 m und 40 l/min für eine Höhe bis 5 m. Dazwischen kann mit hinreichender Genauigkeit linear interpoliert werden.
- Die Kraftstoffleitungen verbinden die Tankanlagen untereinander und mit dem Motor. Das gesamte Kraftstoffsystem bildet einen geschlossenen Kreis. Hierbei gilt, dass für Motoren bis 400 kW ein freier Leitungsdurchmesser von mind. 10 mm verlegt wird und bei größeren Leistungen mind. 12 mm. Bei der Verlegung ist darauf zu achten, dass keine Knick- und Scheuerstellen auftreten, eine Befestigung ohne mechanische Spannung erfolgt und am Motor die Leitung

schwingungsentkoppelt angeschlossen wird. Die sonstige Leitungsverlegung der Kraftstoffversorgung von Motor, Servicebehälter und Haupttank mit Rücklauf und Überlauf sind in Abstimmung mit der Errichterfirma einzubauen (vgl. VDE Schriftenreihe Bd. 122, S. 112 mit 117)

3.8.6 Auslegung des Abgassystems

Die richtige Auslegung des Abgassystems hat Einfluss auf die Lärmbelästigung und auf die Motorlebensdauer. Das wesentliche Kriterium ist der Abgasgegendruck. Dieser beeinflusst die thermische Beanspruchung des Motors als auch das Lastannahmeverhalten des ganzen Aggregats bei Lastwechsel.

Der zulässige Abgasgegendruck wird vom Motor bestimmt. Bei Saugmotoren liegt der Wert im Nennbetrieb bei ca. 100 hPa, bei Turbomotoren bei ca. 50 hPa.

Folgen eines zu hohen Abgasgegendrucks sind:

- unzulässig hohe Abgastemperatur und damit thermische Beanspruchung der Zylinderköpfe, Ventile und Turbolader,
- starke Rauchentwicklung,
- Reduzierung der Motorleistung.

Der Druckverlust der Abgasanlage ist sorgfältig zu berechnen. Im Neuzustand sollten 75 % des max. zulässigen Werts nicht überschritten werden.

Einflussnahme auf den Druckverlust einer Abgasanlage haben:

- Abgasmassenstrom des Motors (Herstellerangabe),
- Rohrlänge, Nennweite und Anzahl der Krümmer der Rohrleitung,
- Druckverlust sonstiger Bauteile wie Schalldämpfer, Abgasreinigungsanlage oder Wärmetauscher.

Hinweis: Bei der Rohrführung ist zu beachten, dass der Druckverlust eines 90°-Krümmers bis zu viermal so hoch sein kann wie der eines 1 m langen geraden Rohrstücks mit gleicher Nennweite.

Grundsätzlich hängt der Druckverlust einer Rohrleitung vom Abgasmassenstrom ab. Eine Leitung DN 140 hat bei einem Massenstrom von 300 kg/h einen Druckverlust von 0,1 hPa/m, bei einem Massenstrom von 3.000 kg/h von 8 hPa/m. Um mit Gewissheit eine voll funktionsfähige Anlage zu haben, sollte eine Messung des Gegendrucks bei der Inbetriebnahme vorgenommen werden.

Einfluss auf die Auslegung einer Abgasanlage hat die mechanische Befestigung. Die Abgasanlage muss schwingungsentkoppelt zum Gebäude montiert sein. Dazu sind an geeigneten Stellen Los- und Festpunkte sowie Kompensatoren einzubauen. Stahl dehnt sich bei Erwärmung um ca. 1,23 mm je Meter Länge und 100 K Temperaturerhöhung aus. Bei einer Abgastemperatur von ca. 500 °C am Anschlusspunkt des Motors und 5 m Rohrlänge ergibt sich eine Längenausdehnung von ca. 30 mm.

Wichtig: Die herstellerbedingte Zusage für die Lebensdauer des Motors wird nur dann erfolgen, wenn der Turbolader von jeglichen mechanischen Spannungen frei ist (vgl. VDE Schriftenreihe Bd. 122, S. 118ff.).

3.8.7 Kriterien für den Einbau der Raumbelüftung

Aufgabe der Zu- und Abluftanlage ist die Versorgung des Motors mit Verbrennungsluft und die Kühlung des Motors und des Raums beim Betrieb der Anlage.

Die Lüftung muss so bemessen sein, dass bei ungünstigen äußeren Bedingungen mit einer Außenluft von +30 °C die Raumtemperatur unter der zulässigen Umgebungstemperatur der jeweiligen Komponenten bleibt. Eine empfindliche Komponente ist der Generator, bei dem in der Regel max. +40 °C zugelassen sind.

Bei der Bemessung der Zu- und Abluftanlage sind folgende Punkte zu berücksichtigen:

- Verbrennungsluftbedarf des Motors,
- Verbrennungswärme des Motors,
- Strahlungswärme des Motors und des Generators,
- bei Turboladern die Kühlung der Ladeluft.

Für die Auslegung der Belüftung sind die Daten entsprechend der gewählten Anlagengröße beim Motorhersteller abzufragen.

Bei der Ausführung der Raumbelüftung sind zwei Varianten gebräuchlich:

- Abluftanlage mit angeflanschtem Kühlerventilator oder abgesetztem elektrischen Kühlerventilator,
- Zu- und Abluftanlage durch eine mechanische Lüftungsanlage (vgl. VDE Schriftenreihe Bd. 122, S. 129ff.).

3.9 Sicherheitsstromversorgung mit NEA im Container

Der wesentliche Vorteil einer Containeranlage ist, das betriebs- und anschlussfertige Anliefern und Aufstellen der Anlage auf dem dafür vorgesehenen Aufstellplatz. Es ist hier lediglich der Stellplatz so festzulegen und abzustimmen, dass hiervon keine Emissionsbelästigungen in Bezug auf Lärm und Abgasen seitens der Nachbarn und Anwohner zu beanstanden sind.

- Grundsätzlich müssen Anlagen einen ihrer Nutzung entsprechenden Schallschutz haben. Geräusche, die von ortsfesten Einrichtungen auf Grundstücken ausgehen, sind so zu dämmen, dass Gefahren oder unzumutbare Belästigungen nicht entstehen.
- Erschütterungen oder Schwingungen, die von ortsfesten Einrichtungen auf Grundstücke ausgehen, sind so zu dämmen, dass Gefahren oder unzumutbare Belästigungen nicht entstehen (vgl. BayBO Art. 13, (2,3)).

Zudem ist im Vorfeld zu klären, wie die Kabel vom Erdreich her durch den Containerboden in den Schaltschrank eingeführt werden. Die Aufstellfläche für den Container ist entsprechend herzurichten. Dabei ist von nachfolgenden Größen für die verschiedenen Leistungen auszugehen.

Bild 3.11: NEA im Container auf dem Gelände für Sicherheitsstromversorgung (*Quelle:* Notstromtechnik Clasen)

Tabelle 3.6: Abmessungen von Containeranlagen (*Quelle:* Notstromtechnik Clasen)

Aggregatleistung	Länge (m)	Breite (m)	Höhe (m)
100 kVA – 350 kVA	6,25	2,50	2,60
350 kVA – 800 kVA	9,38	2,50	2,60
800 kVA – 1400 kVA	12,50	2,50	2,60
über 1400 kVA	15,00	3,00	3,00

Kommentar zur Tabelle: Die Platzierung und die Größe des Containers sind in der Entwurfsplanung darzustellen und somit grundlegende Voraussetzung für die Abstimmung mit der Behörde und damit zum Erhalt der Genehmigung für den Betrieb der Anlage.

Die Herausforderung für den Planer ist die Dimensionierung und Verlegung der Kabelanlage, die ausgehend vom Container zu den Verbrauchern im Gebäude zu verlegen ist.

- Dimensionierung der Kabel: Ausgehend von den Verbrauchsleistungen sind die Kabel hinsichtlich Selektivität, Spannungsfall und Kurzschlussverhalten zu berechnen. Empfehlenswert ist hier eine computergestützte Berechnung, was von den Prüfsachverständigen auch gefordert wird.
- Verlegung der Kabel: Bei Verlegung von AV- und SV-Kabel ist im Gelände ein Abstand von 2 m einzuhalten und beim Zusammenführen am Gebäudeeintritt ein mechanischer Schutz anzubringen (siehe Abschnitt 8.2.13).

3.10 Containeranlage auf dem Dach

- Bei Gebäuden mit einem Fluchtniveau von nicht mehr als 22 m darf der Inhalt von Lagerbehältern auf dem Dach in Summe nicht mehr als 1000 l Dieselkraftstoff betragen, wobei eventuell in weiteren Containern gelagerte brennbare Flüssigkeiten bei dieser Menge einzubeziehen sind.
- Bei Gebäuden mit einem Fluchtniveau von mehr als 22 m und nicht mehr als 32 m darf der Inhalt von Lagerbehältern auf dem Dach in Summe nicht mehr als 500 l Dieselkraftstoff betragen, wobei eventuell in weiteren Containern gelagerte brennbare Flüssigkeiten bei dieser Menge einzubeziehen sind.
- Die Aufstellung des Containers muss den Anforderungen an die Decke bzw. den Fußboden eines Brennstofflagerraums entsprechen. Neben den statischen Anforderungen – Tragfähigkeit des Dachs – muss die darunter liegende Decke der Aufstellfläche in der Feuerwiderstandsdauer des Funktionserhalts gebaut sein (vgl. MLAR:2018-10, S. 125).
- In einem Abstand von 5 m von den Außenwänden der Container dürfen sich keine Öffnungen in der Gebäudehülle (Lüftungsöffnungen, Druckentlastungsorgane, Brandrauchentlüftungen usw.) befinden. Andernfalls sind Außenwände des Containers selbst in F90 oder gleichwertige Maßnahmen erforderlich.
- Die Zugänglichkeit auf die Dachfläche bzw. zum Container muss über Treppen sowie leicht und übersichtlich erfolgen.

- Die kraftstoffführenden Rohrleitungen sind in einem eigenen Installationsschacht zu führen sowie in flüssigkeitsdichten Schutzrohren zu verlegen (doppelwandige Ausführung) und mit einem Lecküberwachungssystem auf Basis eines Überdrucksystems auszuführen. Sofern ein Lagerraum für den Dieselkraftstoff (Vorratstank) mit einer flüssigkeitsdichten Auffangwanne vorhanden ist, genügt eine Verlegung der Rohrleitungen in flüssigkeitsdichten Schutzrohren (doppelwandige Ausführung).
- An die Umhüllungsfläche des Containers werden keine Anforderungen an den Brandschutz gestellt werden. Es kann daher auch eine wetterfeste Einhausung gebaut werden. Der Frostschutz muss aber sichergestellt sein (vgl. MLAR:2018-10, S. 125).

Hinweis: Die Belange des äußeren und inneren Blitzschutzes sind zu beachten. Sowohl das Aggregat mit der Einhausung als auch die Kabel, die ins Gebäude verlegt werden, sind durch bauliche und technische Maßnahmen zu schützen.

3.11 Gas-Warnanlage im Raum mit Notstrom-Dieselaggregat

Die Überwachung für Notstrom Dieselaggregate ergibt sich aus gesetzlichen Vorgaben und der BetrSichV. Die Überwachung gilt für folgende Gase:

- CO – Kohlen(stoff)monoxid
- NO – Stickstoffmonoxid
- NO_2 – Stickstoffdioxid
- CO_2 – Kohlen(stoff)dioxid

Die TRGS 900 gibt hier einen AGW-Wert vor, der zwingend und dauerhaft zu überwachen ist. Die Messergebnisse sind gemäß BG dauerhaft aufzuzeichnen und aufzubewahren (vgl. TRGS 554).

Zudem sind folgende Vorgaben bei der Projektierung einzuplanen:

- Eigenständige USV für 1 h mit 24 V DC, d. h. keine Mitbenutzung einer bereits vorhandenen USV (vgl. BG Merkblatt TO21).
- Alle Alarmierungsmittel müssen aus der GWA versorgt werden. Zugelassen sind nur Warnhupen und Warnleuchten in 24 V DC. Die Anbringung erfolgt im Vorraum und im jeweils zu überwachenden Bereich selbst (vgl. ASR 1.3, Pkt. 4-9)

- Die Überwachungsfläche eines Messfühlers darf 30 m² nicht überschreiten. Hat der Raum 100 m² sind jeweils 4 Messfühler für die Gase CO, NO, NO_2 und CO_2 einzusetzen. Zudem ist die Redundanz der Messfühler einzuhalten (vgl. TO21).
- Die GWA-Zentrale mit USV darf nicht im zu überwachenden Bereich installiert werden. Der Einbau muss im Vorraum, z. B. dem Elektroraum mit der NSHV-SV erfolgen.
- Die Aktivierung der Ablüfter im Alarmfall muss durch die GWA erfolgen.

Hinweis: Die Dimensionierung mit Anzahl der Lüfter zum Abtransport der Gase aus dem Raum nach erfolgter Warnmeldung, ist abgestimmt auf die Raumgröße mit dem Versorgungsingenieur festzulegen.

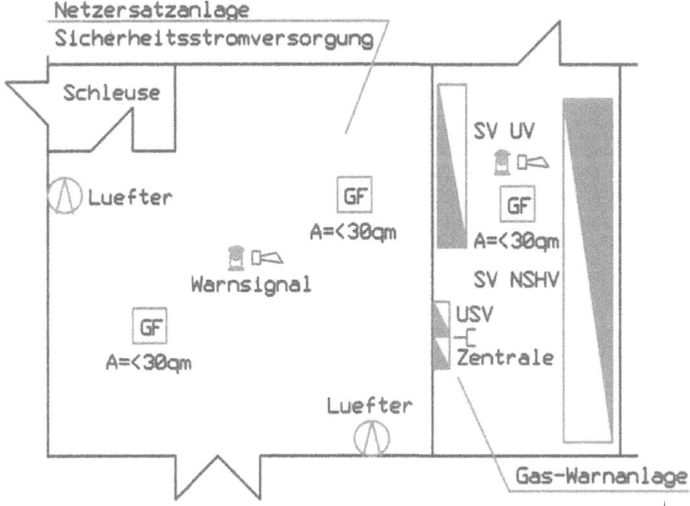

Bild 3.12: Systemzeichnung – Gas-Warnanlage im Raum NEA

Kommentar zur Systemzeichnung: Ein wesentliches Problem ergibt sich für den Ein bau der Lüfter, wenn der Raum innenliegend platziert wird. Hier gilt es, nach Lösungen zu suchen, um die brandschutztechnischen Anforderungen an Wände zu erreichen.

3.12 Bestimmung der Aggregatgröße nach dem größten Sicherungsabgang

Der Schutz durch automatische Abschaltung im Fehlerfall im TN System muss zwischen der größten Verbrauchssicherung eines Endstromkreises und dem erzeugten Kurzschlussstrom der NEA bei Notstrombetrieb koordiniert sein. Der Strom, der die Abschaltung für $U_0 \leq 230$ V AC in 0,4 s bewirkt, muss für die jeweilige Sicherungsgröße vom Generator bewerkstelligt werden.

Aus nachfolgender Tabelle sind für die gängigsten NH-Sicherungsgrößen der Betriebsklasse gG die Stromwerte für das automatische Abschalten zusammengefasst.

Tabelle 3.7: Zuordnung der größten Sicherung zur Aggregatgröße

Netzersatzanlage			Abgangssicherung Verbraucher		
S_N (kVA)	I_N (A)	$I_{K1\,min}$ (A)	I_N gG (A)	I_a gG (A)	I_a gG (A)
30	43	238	25	180	110
36	52	288	32	265	150
44	64	355	35	300	173
55	79	498	40	310	190
68	98	543	50	460	260
83	120	666	63	550	320
100	144	799	63	550	320
125	180	999	80	820	440
150	217	1204	100	1000	580
170	245	1359	100	1000	580
205	296	1642	125	1400	750
250	361	2003	160	1800	930
300	433	2403	160	1800	930
360	520	2886	200	2500	1500
400	577	3202	224	2800	1700
460	664	3685	250	3000	1800
530	765	4245	315	4000	2200
660	953	5289	315	4000	2200
750	1083	6010	400	5500	2800
900	1299	7209	400	5500	2800
Abschaltstrom nach den vorgegebenen Zeiten				t_a = 0,4 s	t_a = 5 s

Kommentar zur Tabelle: Aus der Tabelle wird ersichtlich, wie groß ein Verbraucher max. abgesichert sein darf, damit der Generator den Abschaltstrom im Fehlerfall erzeugt. Es wird angenommen, dass der Einbau der Sicherung in der NSHV-SV in unmittelbarer Nähe zum Generator erfolgt. Bei längeren Wegstrecken ist die Funktion rechnerisch zu prüfen. Zudem sind bei der Versorgung von Pumpen und Ventilatoren die Besonderheiten der Anlaufströme zu beachten. Die weiteren Sicherungen, die zum Einsatz kommen können, sind in den Tabellen der VDE Schriftenreihe Bd. 118, S. 100 bis 104 abgebildet.

Die Zuordnung der Abschaltzeiten nach VDE 0100-410 ist wie folgend definiert:

- t_a 0,4 s bei ≤ 230 V AC für Stromkreise $I_N \leq 32$ A,
- t_a 5,0 s bei ≤ 230 V AC für Stromkreise $I_N > 32$ A (Verteilungsstromkreise und Endstromkreise).

Für Verteilerstromkreise kann bei Generatorbetrieb die lange Abschaltzeit nicht hingenommen werden, weil die zulässige Kurzschlussdauer vom Generator etwa 2 s bis 3 s beträgt. Die Schutzgeräte müssen also so eingestellt bzw. ausgewählt werden, dass bei den auftretenden Kurzschlussströmen eine Abschaltung innerhalb dieser zulässigen Kurzschlussdauer erfolgt (vgl. VDE Schriftenreihe Bd. 122, S. 154).

Hinweis: Im Fehlerfall wird im TN-System eine Berührungsspannung von 115 V anstehen. Dadurch wird t_a auf max. 0,4 s begrenzt (vgl. Kiefer 2017, S 198).

Bei der Betrachtung der Selektivität zwischen der Absicherung Aggregat und der größtmöglichen Absicherung für einen zu versorgenden Verbraucher gilt die Faustformel: *Absicherung* = *Generatorleistung* · 0,33 (Faktor)

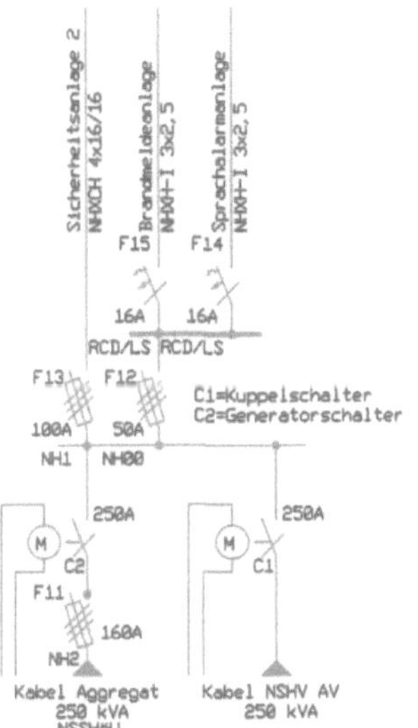

Bild 3.13: Systemzeichnung – Selektive Absicherung von Aggregat und Verbraucher (DXF 097)

Kommentar zur Systemzeichnung: Die Schutzeinrichtungen in Form von Schmelzsicherungen, Leistungsschaltern oder sekundären Schutzgeräten sind zum Schutz gegen gefährliche Körperströme, thermische Überlastung, zum Schutz nachgeordneter Schalt- und Verteileranlagen, dem Schutz der Stromquelle vor Überlast und Kurzschluss auszuwählen, rechnerisch zu belegen und zu dokumentieren. Bei gG-Sicherungen gelten 2 Stufen Unterschied oder das Bemessungsstromverhältnis 1:1,6 als selektiv (s. Kapitel 7).

Beispiel: 250 kVA (Generator) · 0,33 = 82 A (Sicherung). Aus der Normenreihe der Sicherungen ist hier zwischen einer 80-A- und einer 100-A-Sicherung zu wählen. Da das Aggregat mit 160 A vorgesichert ist, wird man in diesem Fall als größte Sicherung für den angeschlossenen Verbraucher eine 100-A-Sicherung einsetzen können.

Hinweis: Die in der Tabelle 3.7 größte Abgangssicherung für Verbraucher ist einzusetzen, wenn durch das Aggregat nur eine Sicherheitsanlage versorgt wird und Selektivität außer acht gelassen werden kann. Sind mehrere Anlagen zuzuschalten, ist Selektivität zwingend nachzuweisen.

3.13 Unterbrechungsfreie Stromversorgung für Sicherheitsanlagen

Der Einsatz einer USV-Anlage ist immer dann unerlässlich, wenn ein Ausfall des Netzes den Einsatz einer Sicherheitsanlage erfordert und die Bereitstellung mit einer Zeit ≤ 1 s vorgegeben ist. Die Technik, die dafür zur Anwendung kommt, ist die statische Anlage. Die dynamische Ausführung wird aus Kostengründen, sowohl in der Anschaffung als auch im Unterhalt, nur noch in Einzelfällen gebaut und ist daher kaum mehr von Bedeutung.

Die Dimensionierung und Auslegung der statischen USV ist abhängig von der zu versorgenden Last und der Zeitdauer für den Betrieb bei Netzausfall, der zu gewährleisten ist. Die Einsatzkriterien, die bei der Planung maßgebend sind, sind:

- gesetzliche Auflagen und Nutzerforderungen,
- Zulässigkeit der Kurzzeitunterbrechung für die Sicherheitsanlage,
- Versorgung der Verbraucher nach Größe der Nennleistung,
- Anzahl von Verbrauchern nach Leistungsgruppen und Staffelung, vorwiegend bei motorischen Verbrauchern,
- Zeitdauer der Überbrückung bei Netzausfall.

Wie bei der NEA ist auch bei der USV eine Auflistung aller zu versorgenden Verbraucher anzufertigen und dem Hersteller der USV zur Verfügung zu stellen, damit die Verantwortung für die Funktion der gesamten Anlage eindeutig zuweisbar ist.

Hinweis: Der von der Anlage zu liefernde Kurzschlussstrom zum selektiven Ansprechen des jeweils eingesetzten Leitungsschutzes muss ohne Zuhilfenahme des Netzes ausreichen. Die Angabe zum Kurzschlussstrom ist beim Hersteller zu erfragen und ist in der Regel vom Wechselrichter abhängig.

Ist eine NEA geplant bzw. vorhanden, sollte die USV nur für eine Überbrückungszeit von 5 min ausgelegt werden.

Die Zustandsmeldungen für Netz, USV und NEA sind an geeigneter Stelle anzubringen, damit bei Störungen notwendige Maßnahmen eingeleitet werden können. Für die Unterbringung der USV-Anlage sind die Räumlichkeiten bei der Grundrissauslegung einzuplanen. Die Planung ist nach der EltBauV durchzuführen. Grundsätzlich sind bei größeren Anlagen zwei Räume vorzusehen, die abhängig von der Anlagenleistung für folgende Abmessungen zur Verfügung stehen müssen.

Tabelle 3.8: Raumbedarf zum Einbau von USV-Anlagen (*Quelle:* AMEV Ersatzstrom, 2006)

USV	**Anlagengröße (m)**					**Technikraum (m)**			**Batterieraum (m)**		
kVA	**L**	**B**	**H**	**kg**	**m³/h**	**L**	**B**	**H**	**L**	**B**	**H**
50	0,90	0,70	1,70	800	600	1,50	2,20	2,30	4,00	2,00	2,20
120	2,10	0,70	1,70	1200	1500	2,50	2,20	2,30	4,00	3,00	2,20
220	2,80	0,90	1,90	3200	2700	3,00	2,20	2,30	5,00	3,00	2,20
500	3,40	1,00	1,90	7000	6000	5,00	4,00	2,30	10,0	3,00	2,20

Kommentar zur Tabelle: Die exakte Festlegung der Anlagengröße mit der Auslegung der Batteriekapazität bestimmt die genauen Abmessungen. Diese müssen für den jeweiligen Bedarf genau berechnet und rechnerisch nachgewiesen werden. Die Tabelle soll die Wichtigkeit aufzeigen. Die in der Tabelle enthaltenen Daten beziehen sich auf Anlagen für eine Überbrückungszeit von 10 min.

4 Varianten für den Aufbau der Sicherheitsstromversorgung

Der Aufbau der Sicherheitsstromversorgung ergibt sich aus den Anforderungen, welche Anlagen auch bei Ausfall der AV-Stromversorgung funktionieren müssen, und aus der Art der Nutzung des Gebäudes, z. B. für ein Krankenhaus, Versammlungsstätte, Verkaufsstätte usw.

Bei NEA über 30 kVA ist der Netz- und Anlagenschutz (NA-Schutz) als typgeprüfte Schutzeinrichtung mit Konformitätsausweis auszuführen, sollte der Netzparallelbetrieb zur Anwendung kommen. Der NA-Schutz besteht aus zwei in Reihe geschalteten, redundanten, galvanischen Schalteinrichtungen als z. B. Schütz, Motorschutzschalter oder Leistungsschalter. Die genaue Umsetzung ist in den Beispielzeichnungen der VNB in den jeweiligen TABs vorgegeben. Im Fehlerfall muss die Auslösung nach einer Zeitvorgabe des VNB erfolgen.

Wichtig: Für den Einbau des NA-Schutzes ist das notwendige Verteilerfeld mit Messung im Raum mit der NSHV-AV zu integrieren bzw. der zusätzliche Platzbedarf bei der Raumplanung mit zu berücksichtigen. Je nach Größe der NEA werden hier 1-2 Standschränke mit einer Breite von 1000 mm benötigt werden.

Für Planer, Installateure und Betreiber bedeutet dies:

- eine sichere und zuverlässige Stromversorgung zu errichten, zu betreiben und instand zu halten,
- alle einschlägigen Normen und Bestimmungen zu beachten und anzuwenden,
- den bestmöglichen Schutz aller Personen im Gebäude zu erreichen. Hierzu sind Systeme einzusetzen, die diesen Stand der Technik erfüllen und die nachfolgenden Kriterien beinhalten:
  - normgerechte Überwachung und Steuerung der AV-Stromversorgung und der SV-Stromversorgung,
  - ständige Information des technischen Betreiberpersonals über Anlagenzustände,
  - komfortabler und schneller Informationsaustausch über einfache Weitergabe dieser Daten an Leitsysteme,
  - hohe Sicherheit und Zuverlässigkeit durch fabrikfertige Komplettlösungen mit TÜV-Freigabe.

Die Varianten für den Aufbau ergeben sich aus der Struktur des Gebäudes, das es gesichert zu versorgen gilt. Die Möglichkeiten sind vielfältig. Die Entscheidung für die Umsetzung trifft der Elektro-Fachplaner zusammen mit dem Hersteller der NEA unter Einbeziehung des abnehmenden Sicherheitsprüfingenieurs.

Hinweis: Da jedoch eine vom Verteilnetz unabhängige Schutzmaßnahme wirksam werden muss, ist der notstromberechtigte Anlagenteil grundsätzlich als TN-S-System mit RCD-Schutzeinrichtungen zu konzipieren, was bei den folgenden Systemzeichnungen zu berücksichtigen ist.

Generell ist jede Anlage bestehend aus Aggregat und den zu versorgenden Sicherheitseinrichtungen ein Unikat und erfordert demnach immer eine individuelle Planung nach genauer Betrachtung der Leistungsgrößen, die es zu versorgen gilt. Neben den zu versorgenden Anlagen sind die zeitlichen Zuschaltungen, aber auch die Ereignisfälle, wie Stromausfall oder Feuer/Rauch und auch beide Ereignisse gleichzeitig, in die Überlegungen mit einzubeziehen.

In der bauordnungsrechtlichen Schutzzielbetrachtung wird von nur einem Brandereignis ausgegangen, also ist eine „Ein-Fehler-Betrachtung" grundsätzlich die Grundlage für die Anforderungen (vgl. MLAR:2018-10, S. 80).

Eine wichtige Festlegung ist die gestaffelte Zuschaltung der verschiedenen Einrichtungen, die sowohl zentral in der NSHV-SV als auch dezentral in den Schalt- und Steuerschränken vor Ort bei den Zentralen vorgenommen werden kann. Im Beispiel dazu wird die Festlegung für die dezentrale Steuerung mehrerer Aufzüge nach einer genauen Ablauffolge beschrieben.

Ereignis 1 Stromausfall:

- FW-Aufzug bleibt voll funktionsfähig. Stromversorgung nach dem Hochfahren der NEA in ca. 15 s.
- Personenaufzüge 1-2 erhalten Spannung nach Hochfahren des Aggregats für Evakuierungsfahrt. Die zwei Personenaufzüge dürfen nicht gleichzeitig evakuieren, sondern in gestaffelter Rangfolge nach Festlegung. Aufzug 3 bleibt für die Personenbeförderung in Betrieb.
- Die Personenaufzüge fahren zeitlich gestaffelt in die nächste Ebene und gehen außer Betrieb, solange der Netzausfall gemeldet ist.

Hinweis: Die Meldung Stromausfall muss in der Steuerung des jeweiligen Aufzugs verwertet werden können.

Ereignis 2 Feuer/Rauch

- Die gesamte Elektroanlage wird weiterhin aus dem vorhandenen Netz versorgt.
- Die drei Personenaufzüge fahren nach der dynamischen Brandfallsteuerung, hintereinander und nicht gleichzeitig, die richtige Haltestelle an und gehen außer Betrieb.

Hinweis: Die Meldung Feuer/Rauch muss in der Steuerung des jeweiligen Aufzugs verwertet werden können. Hierzu ist bei jedem Steuerschrank ein Koppler der BMA zu platzieren, der diese Meldung zur Verfügung stellt.

Ereignis 3 Stromausfall und Feuer/Rauch

- FW-Aufzug bleibt voll funktionsfähig. Stromversorgung nach dem Hochfahren der NEA in ca. 15 s.
- Die drei Personenaufzüge fahren nach der dynamischen Brandfallsteuerung, hintereinander und nicht gleichzeitig, die richtige Haltestelle an und gehen außer Betrieb.

Hinweis: Das Ereignis 3 erfordert weitere Überlegungen der dezentralen und zentralen Zuschaltung in gestaffelter Form nach der Wichtigkeit der Einrichtung, die zur Personenevakuierung dient als auch die automatische Feuerlöscheinrichtung, wie die Sprinklerpumpe, zu versorgen hat.

Die nachfolgenden Systemzeichnungen sind Möglichkeiten für den Aufbau der Sicherheitsstromversorgung. Die Details der Umsetzung mit den Festlegungen nach Verfügbarkeit unter Zuschaltung der einzelnen Leistungen in gestaffelter Form, sind mit großer Sorgfalt zu planen und abzustimmen. Hier sind die Belange des Brandschutzes mit den genauen Vorgaben aus der Brandfallmatrix, die auch vom Prüfsachverständigen für den baulichen Brandschutz festzulegen ist, entsprechend zu berücksichtigen.

Am häufigsten wird die Ausführung mit einem Notstromaggregat als Netzersatzanlage angewendet. Eine weitere Möglichkeit, ist wie im Abschnitt 4.2 zeichnerisch dargestellt, die Lösung mit zwei voneinander unabhängigen Ortsnetzen. Der dezentrale Aufbau, wie in der nachfolgenden Schemazeichnung gezeigt, ist dann gegeben, wenn mehrere Mieter in einem Gebäude vorhanden sind.

Kommentar zur folgenden Systemzeichnung: Die Umschalteinrichtung ist zeitlich so einzustellen, dass es bei den Schaltvorgängen zu keinen Kurzschlüssen kommen kann. Die Staffelung der Leistungszuschaltung ist so zu planen, dass die Anlage durch die Anlaufströme nicht abschaltet. Bei Containeranlagen wird als gängige Praxis neben der Anlagensteuerung für Motor und Generator auch die NSHV-SV eingebaut.

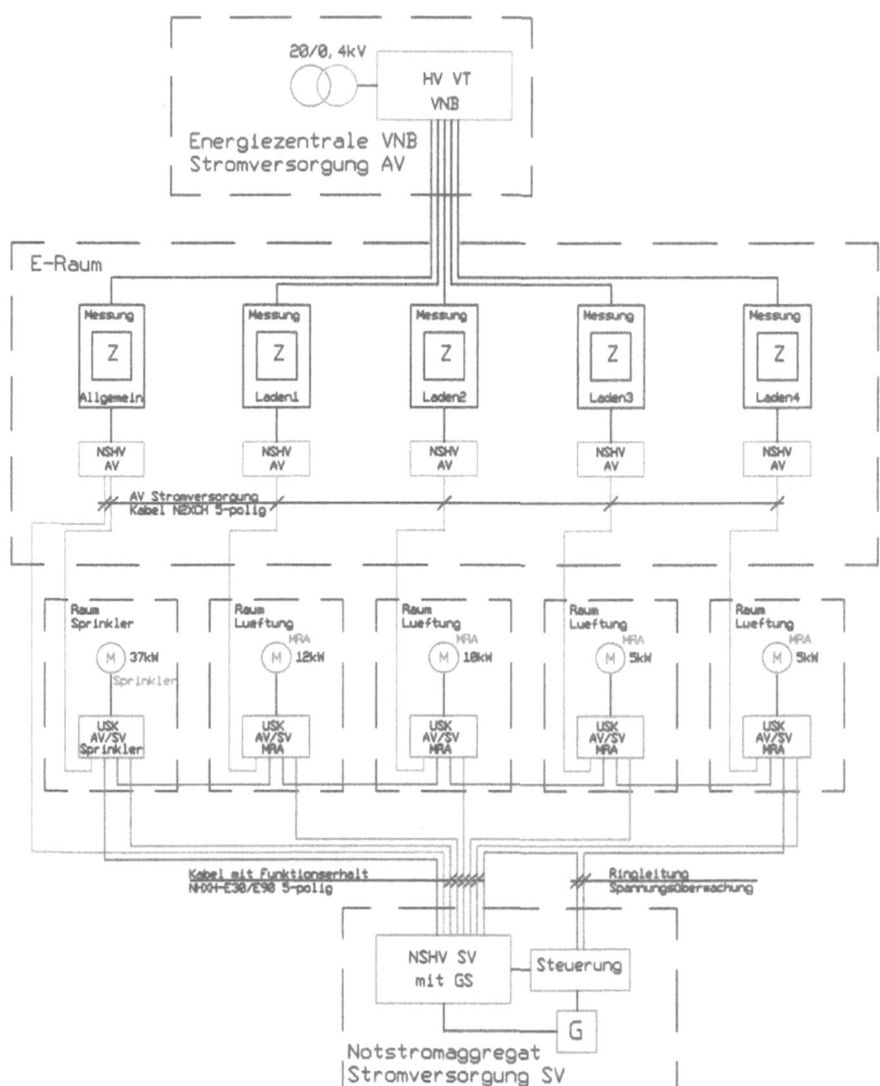

Bild 4.1: Systemzeichnung – Umschalteinrichtung in NSHV-SV-Container

4.1 Zentrale NEA im Container für mehrere Gebäude

Die Versorgung aus einer Containeranlage für mehrere Gebäude ergibt sich situationsbedingt. Ein Beispiel hierfür sind Gebäude auf einem gemeinsamen Grundstück, für die im BSK verschiedene Sicherheitsanlagen gefordert werden, die den Einbau in einem der Gebäude bzw. die Aufstellung einer NEA im Container auf dem gemeinsamen Grundstück als wirtschaftlichste Lösung bestimmen.

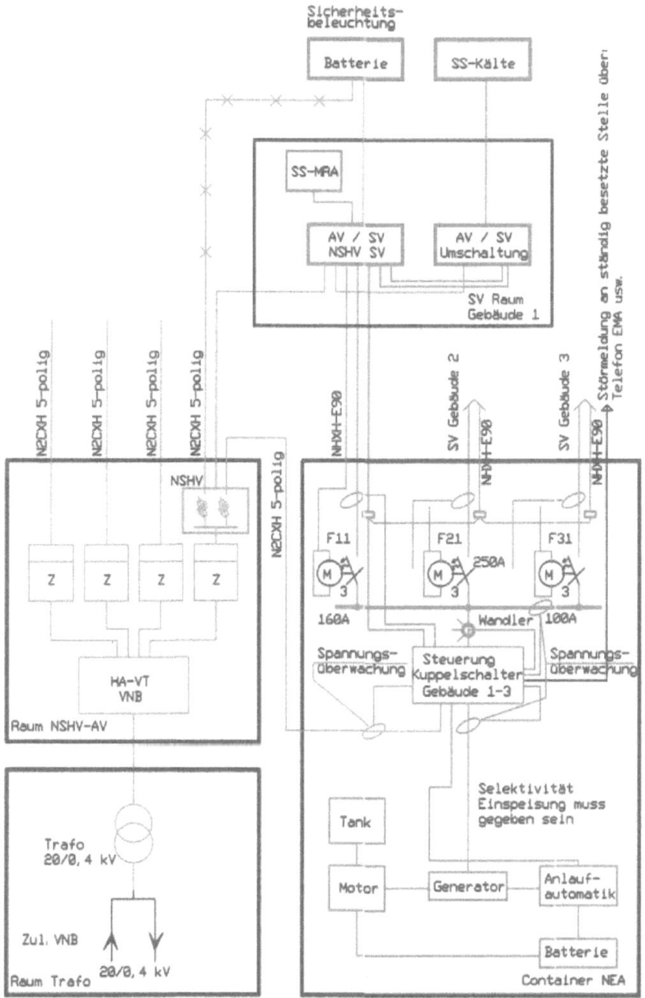

Bild 4.2: Systemzeichnung – Schema NEA in Container mit SV-Stromversorgung

Kommentar zur Systemzeichnung: Der gezeichnete Kälteschaltschrank ist nach Forderung des Betreibers zur Vermeidung von Schäden an den Lebensmittelprodukten aus der NEA zu versorgen und wird gleichzeitig als Last für den monatlichen Probebetrieb eingesetzt.

Zudem sind die weiteren Überlegungen bei der Planung zu betrachten. Die Platzierung an zentraler Stelle mit kurzer Anbindung zu den Anlagen in den verschiedenen Gebäuden ist im Vorfeld abzustimmen. Dabei sind die nachfolgenden Betrachtungen mit einzubeziehen:

- Die Aggregatleistung ist so auszulegen, dass die zu versorgende Anlage im Gebäude mit der größten Leistung sichergestellt ist. Es wird unterstellt, dass nicht gleichzeitig in jedem Gebäude der Gefahrenfall eintritt.
- Die Steuerung ist so aufzubauen, dass jeder Gebäudeteil mit einem separaten Generatorschalter eingespeist wird und die einzelnen Schalter gegeneinander verriegelt sind.
- Von jedem Gebäude sind die Steuerleitungen für die manuelle und automatische Ansteuerung in den Container zu verlegen. Die Ansteuerung kann erfolgen durch manuelle sowie automatische Rauchmelder, je nach Festlegung über die BMA bzw. MRA. Für die Umsetzung des Signals MRA wird eine NRA mit Akku erforderlich werden.
- Die SV-Räume in den einzelnen Gebäuden sind an der Gebäudeaußenwand zu platzieren. Es werden Kosten vermieden, die einen aufwendigen Kabelübergang von NYY-Kabel auf NHXH-Kabel verursachen. Ansonsten sind Leerrohre unter der Bodenplatte zu planen. Zudem kann hier auch gleich eine SV-Verteilung mit Steuereinrichtungen, z. B. für das Zuschalten in gestaffelter Form von mehreren Rauchgasventilatoren der MRA, eingebaut werden und auch die NRA-Zentrale für die Ansteuerung der MRA und der 24-V-Antrieb zum Öffnen der Nachströmung.
- Eine Telefonanbindung aus einem der Gebäude ist mit zu verlegen. Sie ist für Störmeldungen auf ständig besetzte Stellen zwingend erforderlich.
- Eigenstromversorgung: Für die Batterieerhaltungsladung sowie für die Frostfreihaltung ist eine Stromversorgung aus dem Netz von einem der zu versorgenden Gebäude zum Container zu verlegen.
- Wird für die Sicherheitsbeleuchtung nur in einem der Gebäude eine Ausfallzeit von 1 s und eine Betriebszeit von 3 h gefordert, ist eine Zentralbatterie zu installieren, die aus der SV-Stromversorgung des bestimmten Gebäudes versorgt wird und dann für eine Betriebszeit von 1 h ausgelegt ist. Ist es notwendig in jedem

Gebäude eine Zentralbatterieanlage zu installieren, ist jede Anlage auf eine Betriebszeit von 3 h auszulegen und aus der jeweiligen NSHV-AV zu versorgen.

Begründung: Es kann in einem Gebäude das Ereignis Stromausfall sowie zusätzlich das Ereignis Feuer/Rauch und im anderen Gebäude das Ereignis Stromausfall eintreten. Da die Annahme getroffen wurde, nur in einem Gebäude gibt es ein zu versorgendes Ereignis, besteht nicht die Möglichkeit die Zentralbatterieanlage gesichert für eine geforderte Zeit von 3 h mit der NEA zu versorgen. Dieses Szenario ist im Vorfeld mit dem abnehmenden Ingenieur zu besprechen.

Hinweis: Fehler bei der Kabelauswahl und Verlegung können mitunter sehr kostspielig sein, da eventuell bereits hergestellte Oberflächen wieder geöffnet werden müssen, aber auch Kabel mit langen Strecken neu zu verlegen sind.

4.2 Sicherheitsstromversorgung durch redundante Einspeisung

Grundsätzlich kann die Ersatzstromquelle (NEA) unter bestimmten Voraussetzungen, die im Einzelfall nachgewiesen werden müssen, durch eine redundante Einspeisung (duales System) des VNB ersetzt werden (vgl. VDE 0100-560:2022-10, S. 14). Für Sicherheitsbeleuchtungen und Alarmierungseinrichtungen kann diese Lösung keinesfalls angewendet werden. Für die Sprinkleranlage ist vorgegeben, das bei einer Versorgung aus zwei verschiedenen Netzen ab einer Spannung von 110 kV zusammengeführt werden darf. Auf einer darunter liegenden Spannungsebene ist das nicht erlaubt (VdS CEA 4001:2021-01, S. 75).

Der schematische Aufbau ist aus nachfolgender Zeichnung ersichtlich.

Kommentar zur folgenden Systemzeichnung: Sollte die Möglichkeit dieser Versorgung zu realisieren sein, ist im Vorfeld mit den Beteiligten und Verantwortlichen jede einzelne Anlage zu diskutieren und abzuwägen, ob alle geforderten Einrichtungen hierfür geeignet sind. Neben denen im Schema gezeichneten kommen auch Feuerwehraufzüge, Wasserdruckerhöhungsanlagen, Rauch-/Wärmeabzugsanlagen und Druckbelüftungsanlagen in Frage. Grundsätzlich muss aber aus diesem 2. Netz die Leistung immer bereitstehen, die im Gefahrenfall und bei Stromausfall im 1. Netz notwendig ist, um die Anlagen unterbrechungsfrei und in der vorgegebenen Zeit automatisch in Betrieb nehmen zu können.

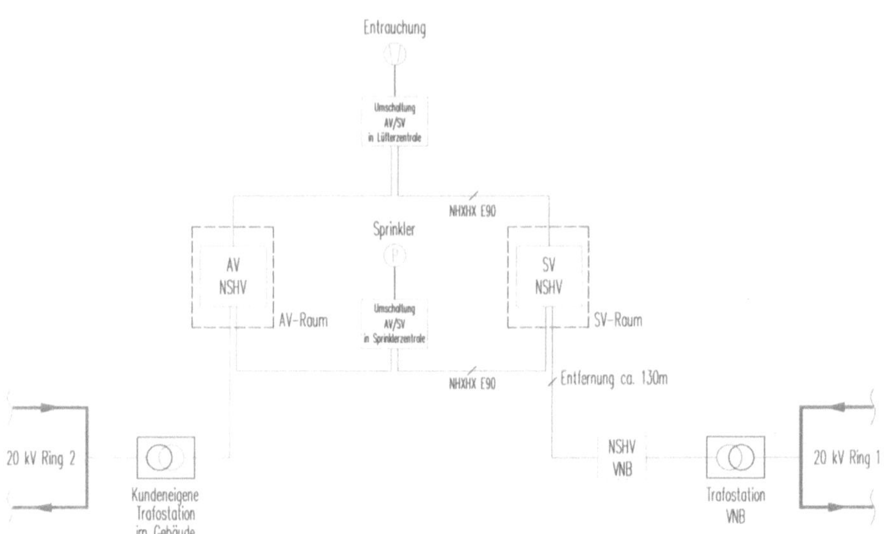

Bild 4.3: Systemzeichnung – Schema redundante Stromversorgung für Sicherheitsanlagen

Erfahrung aus der Praxis: Bei einer innerstädtischen Verkaufsstätte erfolgte die vom Brandschutzgutachter geforderte SV-Einspeisung aus einer unabhängigen autarken Trafostation, die an einer zweiten 20-kV-Mittelspannung mit zugehörigem Wasserkraftwerk angeschlossen ist und somit als zweites gesichertes Netz vom Prüfsachverständigen und vom VNB akzeptiert wurde. Vorteil hierbei war, dass die Investitionskosten für die NEA mit Räumlichkeiten in etwa gleich waren mit denen für Kabel und Verlegearbeiten für die SV-Versorgung, aber der Raumbedarf zum Einbau der NSHV-SV wesentlich kostengünstiger war und für Wartung, Instandhaltung sowie Kraftstoffverbrauch der Probeläufe keine Kosten mehr anfallen werden. Die Sicherheitsanlagen, die hier angeschlossen wurden, sind in der Systemzeichnung 4.3 dargestellt. Als Besonderheit für eine zusätzliche Sicherheit erfolgt die redundante Leitungsführung bis in die Technikräume der Anlagen, wo dezentral die Umschalteinrichtungen unmittelbar an den Einrichtungen installiert wurden. Somit erfolgte die Leitungsführung direkt aus der NSHV-AV und der NSHV-SV auf getrennten Wegen. Da der Verlauf der Kabel durch verschiedene Brandabschnitte erfolgte, wurde der Querschnitt des funktionserhaltenden Kabels unter Berücksichtigung der hohen Brandgastemperatur berechnet.

4.3 Sicherheitsstromversorgung – dezentrale Umschaltung AV/SV

Die SV-Stromversorgung wird dann mit dezentraler Umschaltung gebaut, wenn die Lüftungsanlagen in den Nutzungseinheiten nach dem BSK neben der Funktion der Raumlüftung im Gefahrenfall auch für den maschinellen Rauchabzug (MRA) verwendet werden. Da jeder Nutzer eine eigene autarke Anlage hat, muss zur Beibehaltung der getrennten Verbrauchserfassung die dezentrale Umschalteinrichtung installiert werden. Der zusätzliche Effekt, der sich hierbei ergibt, ist der redundante Aufbau der Kabelanlage AV/SV bis zur Sicherheitsanlage. Für die Umschalteinrichtung gibt es technisch sehr hochwertige Systemanlagen in modularer Bauweise als Reiheneinbaugeräte auf Normschienen.

Hinweis: Für die Anforderung der NEA im Störungsfall ist eine Steuerleitung als Ringleitung untereinander zwischen den Schalt- und Steuerschränken der Sicherheitsanlagen zu verlegen. Dabei sind Hin- und Rückleitung auf getrennten Wegen zu installieren. Alternativ hierzu sind Stichleitungen möglich, welche aber dann funktionserhaltend nach Anforderung der Funktionsdauer verlegt werden müssen.

Für die Dimensionierung ist bei nicht eindeutiger Festlegung im BSK zu hinterfragen, ob die Anlage für Vollversorgung aller Anlagen auszulegen ist oder ob auf Grund der Gebäudesituation nur ein Brandereignis zu betrachten ist. Damit muss die Anlage auf den leistungsmäßig größten Verbraucher ausgelegt werden.

Kommentar zur folgenden Systemzeichnung: Die dezentrale Umschaltung in unmittelbarer Nähe der Steuerung bei den jeweiligen Sicherheitsanlagen muss im selben Raum eingebaut werden. Zur Ansteuerung ist die Spannung der dazugehörigen AV/UV zu überwachen, so dass bei Stromausfall die NEA einschaltet und die SV-Versorgung zum Schaltschrank der Sicherheitsanlage im Gefahrenfall bereitsteht. Die AV/SV-Wechselzeit muss so eingestellt sein, dass es zu keiner Fehlschaltung kommen kann.

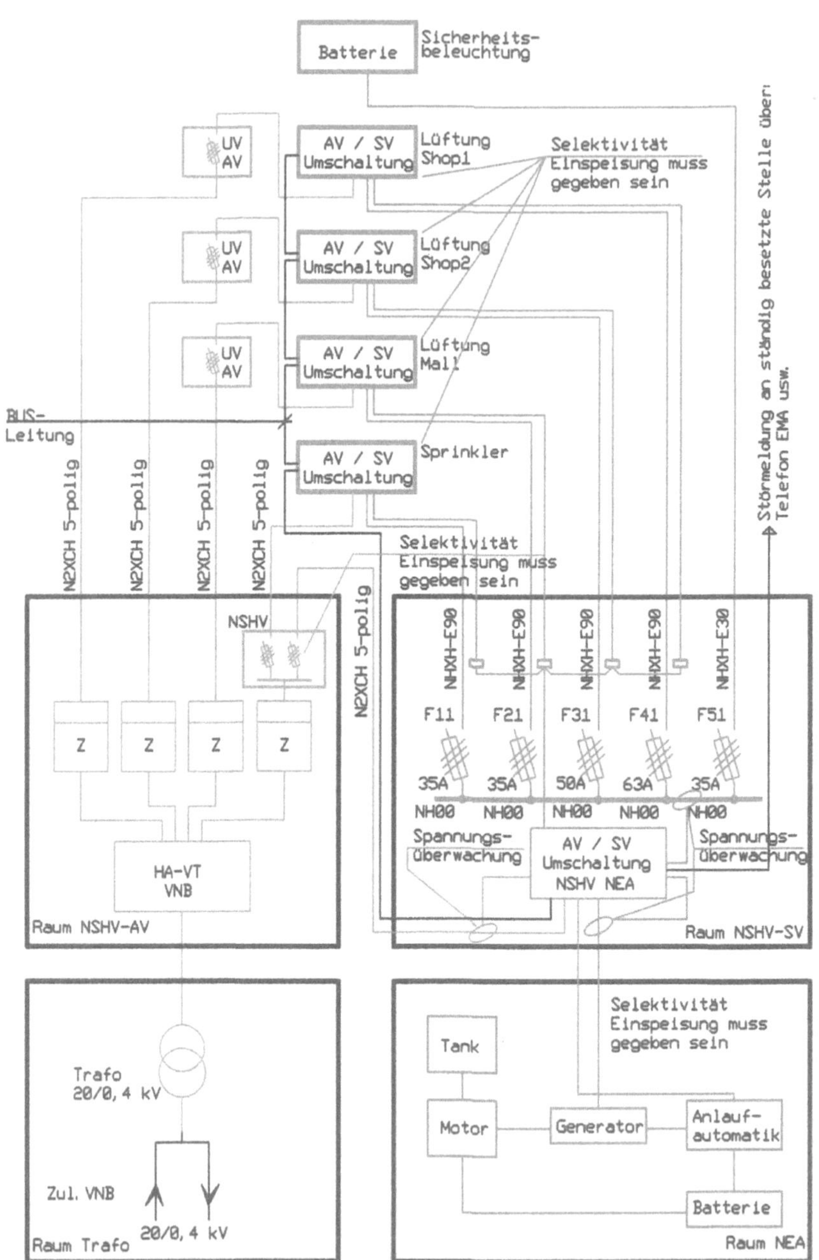

Bild 4.4: Systemzeichnung – Schema Sicherheitsstromversorgung dezentrale Umschaltung

4.4 Sicherheitsstromversorgung – zentrale Umschaltung AV/SV

Die Systemzeichnung 4.5 zeigt den Aufbau, der in der Regel zur Ausführung kommt, wenn die Anlage für ein Gebäude mit einer Kundenanlage gebaut wird.

Kommentar zur folgenden Systemzeichnung: Der Aufbau der Stromversorgung für die SV-Anlagen ist unter bestimmten Vorgaben zu planen. So müssen die Zuleitungen zu den Sicherheitsanlagen, wie Sprinkler, Feuerwehraufzüge und MRA, sowie zu Verteilungen von OP-Räumen und IT-Netzen im Krankenhaus, direkt von der NSHV-SV abgehen. Der Aufbau über Bereichs-Hauptverteiler SV ist nicht zulässig.

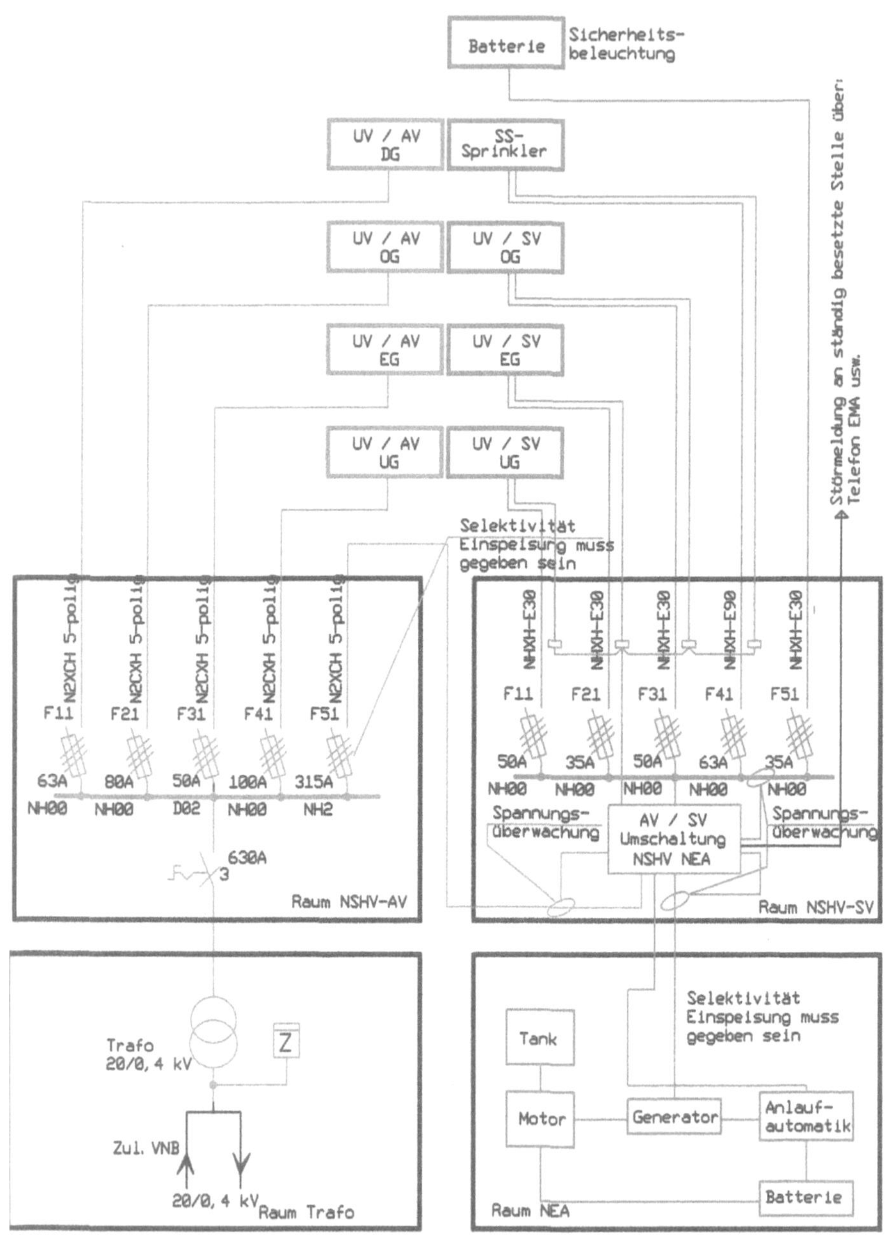

Bild 4.5: Systemzeichnung – Schema Sicherheitsstromversorgung zentraler Umschaltung

4.5 Aufschaltung nicht sicherheitsrelevanter Anlagen

Die Vielfalt der Anlagen in Gebäuden führt dazu, dass es Sinn ergibt, eine NEA für Sicherheitsanlagen auch für andere Einrichtungen zu nutzen. Als Beispiel sind hier zu nennen EDV-Rechenzentralen in Bürogebäuden oder die Verbundanlage der Kältetechnik in einem Lebensmittelmarkt. Grundsätzlich ist diese Möglichkeit in den DIN-VDE-Vorschriften mitberücksichtigt. *Hier heißt es:* Eine Stromquelle für Sicherheitszwecke darf nur dann zusätzlich für andere Zwecke als zur Versorgung von Einrichtungen für Sicherheitszwecke verwendet werden, wenn die Verfügbarkeit für die Versorgung der Einrichtungen für Sicherheitszwecke dadurch nicht beeinträchtigt wird. Ein Fehler, der in einem Stromkreis auftritt, der anderen Zwecken als der Versorgung von Einrichtungen für Sicherheitszwecke dient, darf zu keiner Unterbrechung irgendeines Stromkreises der Einrichtung für Sicherheitszwecke führen (vgl. DIN VDE 0100-560:2022-10, S. 14).

Kommentar zur folgenden Systemzeichnung: Der Aufbau der Stromversorgung für die SV-Anlagen ist unter bestimmten Vorgaben zu planen.

Für die Umsetzung gilt demnach:

- Rauswerfen nicht berechtigter Verbraucher mit Strommessung, das bei Überschreitung des vorgegebenen Grenzwerts automatisch und unverzögert erfolgt;
- Rauswerfen nicht berechtigter Verbraucher durch eine Alarmmeldung, wie der BMA, über einen Koppler im NEA-Steuerschrank.

Der Idealfall ist aber, die NEA für eine Vollversorgung auszulegen. Diese Entscheidung ist aber in Abstimmung mit dem Betreiber aus wirtschaftlichen Gründen zu treffen.

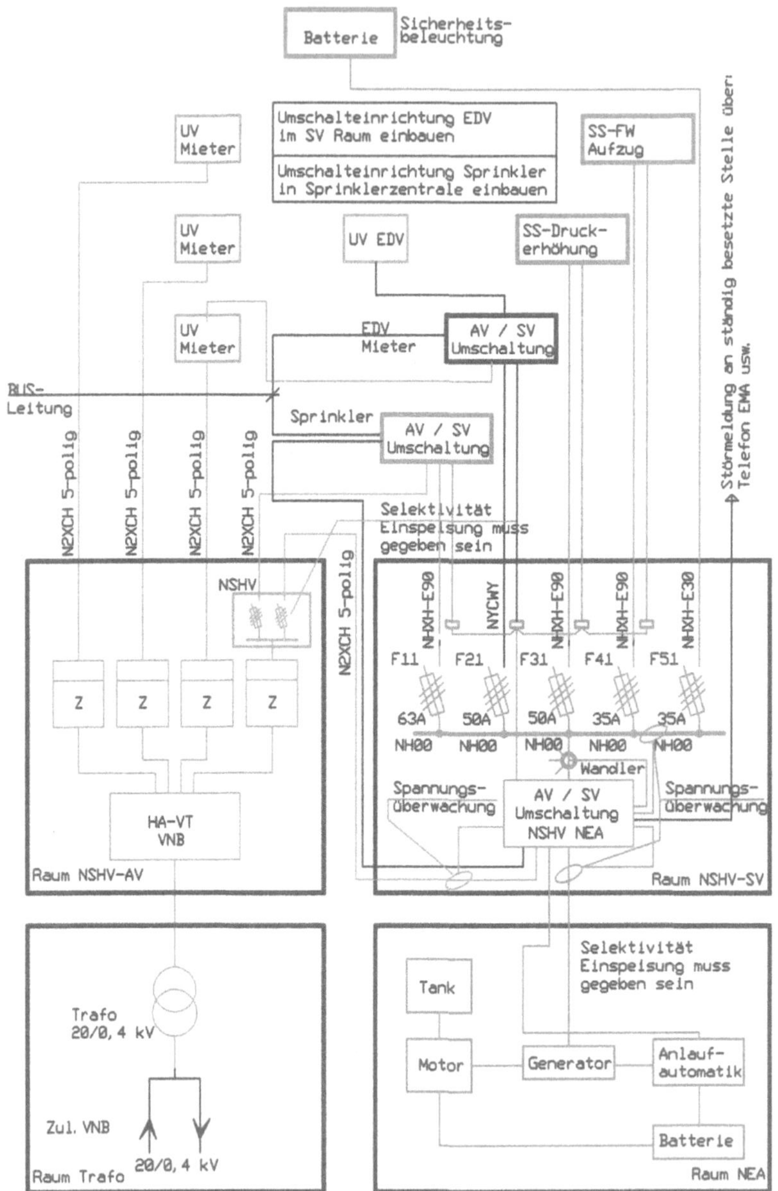

Bild 4.6: Systemzeichnung – Schema Sicherheitsstromversorgung mit AV-Verbraucher

4.6 Erzeugungsanlagen im Netzparallelbetrieb

Notstromaggregate für Sicherheitsanlagen mit monatlich vorgeschriebenem Probelauf im Netzparallelbetrieb müssen bei potenzieller Gefahr vom VNB weggeschaltet werden können. Diese Anlagenschaltung erfolgt im Zuge des Netzsicherheitsmanagements (NSM) über den Netzkuppelschalter. Die Ansteuerung (0 %...100 %) erfolgt über einen Tonfrequenz-Rundsteuerempfänger (TRE). Das NSM wirkt ausschließlich auf den Netzkuppelschalter, der die allgemeine Stromversorgung (AV) von der Sicherheitsstromversorgung (SV) trennt. Die Steuerung der Netzersatzanlage liegt im ausschließlichen Verantwortungsbereich des Anlagenbetreibers (vgl. VDE-AR-N 4100:2019-04, S. 50). Die technischen Vorgaben für den Anschluss an das Netz bestimmen sich durch den Netzanschlussvertrag zwischen Anschlussnehmer und Netzbetreiber. Die Details sind in den TAB geregelt, deren Grundlage auch die VDE-AR-N 4110 ist. Darin heißt es: Für Notstromaggregate mit einem zur Synchronisierung zugelassenen Kurzzeitparallelbetrieb von maximal 100 ms ist ein Probebetrieb zulässig. Die wesentlichen Festlegungen dazu sind im Kapitel 8.9 der TAB nachzulesen (vgl. TAB Bayernwerk:2021-05, S. 41). Geht der Probebetrieb über die 100 ms hinaus, sind die Anforderungen für Erzeugungsanlagen nach VDE-AR-N 4105 anzuwenden. Ausgenommen ist der Probebetrieb für Stromquellen für Sicherheitszwecke mit einem Start im Monat bei max. 60 min Betriebszeit und 50 % Nennlast. In diesem Fall sind Pkt. 5.4 und 10.4.1 aus VDE-AR-N 4110 einzuhalten. Dafür ist die Planung einer Messung und eines Netzanlagenschutzes (NA) zu bedenken.

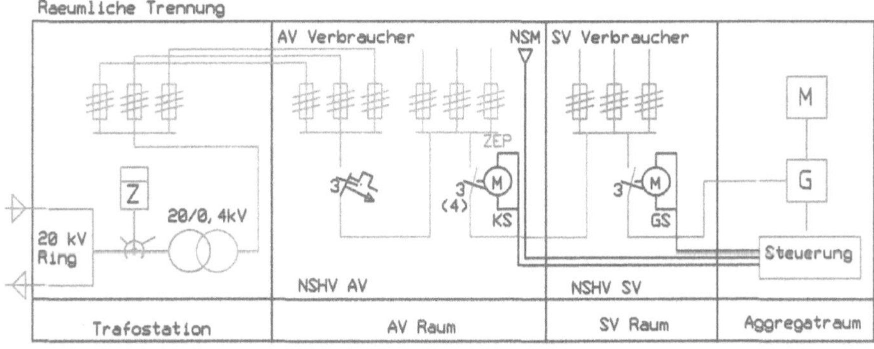

Bild 4.7: Systemzeichnung – Schaltungsbeispiel für NEA mit NSM

Kommentar zur Systemzeichnung: Bei der Version Netzparallelbetrieb ist die Netzkuppelschaltung mit dem VNB im Rahmen des NSM zu klären. Eine besondere Betrachtung ist für den ZEP anzustellen. Die Umsetzung für den zeitlich begrenzten Netzparallelbetrieb mit einem Notstromaggregat ist als Systemzeichnung in den

TAB genau vorgegeben (vgl. TAB-Bayernwerk:2021-05, S. 91). Aus der Abbildung sind die verschiedenen Szenarien aus den jeweiligen Schalterstellungen abzuleiten:

- Netzbetrieb
  - Der Generatorschalter ist in der Stellung Aus.
  - Die angeschlossenen Sicherheitsanlagen werden aus dem Netz über den geschlossenen Anlagenhauptschalter und den geschlossenen Netzkuppelschalter, der ausschließlich dem Zugriff des VNB unterliegt, versorgt.
- reiner Inselbetrieb (Ausfall des Transformators)
  - Der Netzkuppelschalter ist in der Stellung Aus.
  - Durch den Ausfall der Stromversorgung aus dem Netz erfolgt die Ausschaltung des Netzkuppelschalters und damit die Trennung der AV-Stromversorgung für die Sicherheitsanlagen.
  - Das Aggregat läuft hoch und der Generator vosorgt durch Zuschaltung mit dem Generatorschalter die Sicherheitsanlagen.
- Netzmanagement
  - Der Netzkuppelschalter geht während des Probelaufs durch Fernschaltung, z. B. Rundsteuerempfänger, in die Stellung Aus, das öffentliche Netz ist vorhanden.
  - Die NEA geht in Betrieb und versorgt durch Zuschaltung des Generatorschalters die Sicherheitsanlagen auf unbestimmte Zeit.
  - Die Verbraucher der AV-Stromversorgung werden mit geschlossenem Anlagenhauptschalter weiter aus dem Netz versorgt.
- Probebetrieb Netz parallel
  - Anlagenhauptschalter und Netzkuppelschalter sind in Stellung Ein.
  - Durch die Anlagenschaltung Probelauf mit Netzparallelbetrieb erfolgt die Kurzzeitsynchronisation zwischen AV- und SV-Betrieb und der Generatorschalter schaltet die beiden Versorgungssysteme parallel zusammen.

Da die Netzabschaltung für die Sicherheitsanlagen vom VNB fremdbestimmt wird, ist nach Möglichkeit der Probelauf im Inselbetrieb zu bevorzugen.

In Abstimmung mit den jeweiligen Lieferfirmen und mit Berücksichtigung der entsprechenden technischen Anlagen ist das in Betracht zu ziehen mit:

- Sprinklerpumpe
- Löschwasser-Druckerhöhung
- Sicherheitsbeleuchtungsanlage
- Feuerwehraufzug
- Lüftungsanlage für Entrauchung
- maschineller Rauch- und Wärmeabzugsanlage

Gegebenenfalls sind auch nicht sicherheitsstromberechtigte Fremdanlagen in die Überlegungen mit einzubeziehen, wie:

- Kälteanlagen
- Lüftungsanlagen
- USV-Anlagen für Rechenzentren

Hinweis: Überwiegend werden die Notstromaggregate so eingebaut, dass diese im Netzparallelbetrieb laufen. Die Vorgaben des VNB sind zu berücksichtigen und abzustimmen. Die Belastung im Probebetrieb erfordert eine Leistung von 50 % der Generatorleistung. Die zu versorgende Leistung im Gefahrenfall der angeschlossenen Anlagen ist hier irrelevant, da diese in der Regel im Bereich von 30 % bis 40 % der Generatorleistung liegen. In Abschnitt 4.1 bis 4.5, ausgenommen 4.2, wurden die Zeichnungen mit Umschaltung für den monatlichen Probelauf als Inselbetrieb konzipiert. In der Zeichnung nach 4.1 wurde z. B. die Verbundanlage der Kältetechnik für die Kühltruhen der Lebensmittel als Last mit 50 % der Aggregatleistung herangezogen. Mit der Einführung der neuen VDE-AR-N 4105 wird es immer kostenaufwendiger, die Vorgaben der VNB für den Netzparallelbetrieb umzusetzen. Zudem gibt es darin Vorgaben, die abweichend zu den Anforderungen für den sicheren Betrieb bei Stromausfällen durch ein Notstromaggregat zweckmäßig sind. Hier wäre es zutreffend, bei Anlagen, die nur der Sicherheitsstromversorgung dienen und auch nur für den monatlichen Probebetrieb netzparallel betrieben werden sollen, auf die Anwendung dieser Regeln zu verzichten und individuelle Vereinbarungen zu treffen, die sich an den bisher bewährten Regeln orientieren. Sollte es hier keine Einigung geben und die neue VDE-Anwendungsregel Anwendung finden, ist auf den dauernden Netzparallelbetrieb zu verzichten. Ersatzweise sind dann Lastwiderstände zu installieren, um den 50%-Lastprobelauf durchführen zu können.

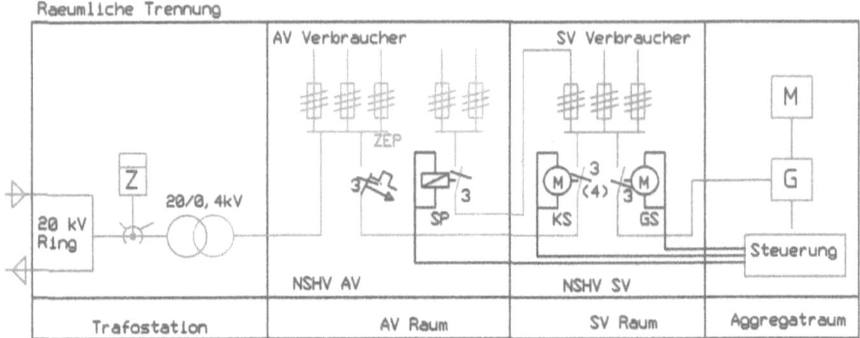

Bild 4.8: Systemzeichnung – Schaltungsbeispiel für NEA mit Lastwiderstand

Kommentar zur Systemzeichnung: Wird der Netzparallelbetrieb für den Probelauf seitens des VNB nicht erlaubt und die angeschlossene Last entspricht nicht den 50 %, sind Lastwiderstände einzuplanen. Ist dafür ein Verteiler notwendig, kann es sein, dass dieser nach Festlegung durch den Prüfsachverständigen im AV-Raum zu platzieren ist, damit die Brandlastfreihaltung des SV-Raums weiterhin gegeben ist. Der Schalter Probebetrieb (SP) ist so zu programmieren, dass im Ernstfall die Lastwiderstände außer Funktion bleiben bzw. gehen. Die Platzierung der Lastwiderstände ist unter Beachtung der damit entstehenden Wärmelast zu bedenken.

Erfolgt ein monatlicher Probelauf im Netzparallelbetrieb ist die Kurzschlussberechnung nach dieser Schaltung durch den Anlagenplaner zu erstellen. Der Parallelbetrieb des Netzes mit dem Notstromaggregat als Netzschaltungsart liefert im Kurzschlussfall auf jeden Fall größere Kurzschlussbelastungen als das Netz für sich alleine.

Für neue Anlagen muss man bei der Planung und Errichtung, die Kurzschlussstrombelastung nach VDE 0102 auch für den genannten Parallelbetrieb erstellen und für sich ergebende Kurzschlussbelastungen die Anlagenkurzschlussfestigkeit auslegen (vgl. de 7/2017, S. 30ff.).

5 Hinweis zu Pumpen und Ventilatoren für die Kabeldimensionierung

Pumpen oder Ventilatoren sollten entsprechend großzügig abgesichert werden, da lange Stillstandzeiten oder Verschmutzung höhere Belastungsströme und längere Anlaufströme erzeugen können. Daher schreibt VdS CEA Richtlinie 4001 für Sprinklerpumpen Folgendes bezüglich der Absicherung vor:

Die Sicherungen im Pumpenschaltschrank müssen ein träges Ansprechverhalten haben und so ausgelegt sein, dass sie dem Strom eines blockierten Motors für die Dauer von mindestens 75 % der Zeit bis zum Versagen der Wicklungen widerstehen können. Sie müssen danach mit dem normalen Strom zuzüglich 100 % für mindestens 5 h belastet werden können, d. h. Kabel sind für den doppelten Nenn- (Betriebs-) Strom auszulegen.

Eine Alternative hierzu gab es mit Änderung 2007-07: Dies kann auch realisiert werden, indem Hochleistungssicherungen im Pumpenschaltschrank eingesetzt werden, die so ausgelegt sind, dass sie den Starkstrom mindestens 20 s halten können. Der Nennstrom der Schutzeinrichtung muss größer als der Betriebsstrom des Stromkreises sein. Vorherrschende Meinung hierzu ist auch, dass in diesen sicherheitsrelevanten Anlagen kein Motorschutzschalter oder RCD-Schalter enthalten sein soll (vgl. Handbuch Funktionserhalt 2012-04, S. 9), was nun in der neuen VDE 0100-560 als nicht mehr zulässig übernommen wurde.

Hinweis: In der aktuellen Norm des VdS ist das Kabel zwischen NSHV und Sprinklerschaltschrank mit dem 1,5-fachen Nennlaststrom zu berechnen (vgl. VdS CEA 4001).

Sicherheitstechnische Anlagen, die nach dieser Betrachtung zu projektieren sind, sind:

- Sprinkleranlage
- maschinelle Entrauchung, insbesondere Brandgasventilatoren (Empfehlung)

Hinweis zum 1,5-fachen Nenn- (Betriebs-) Strom: Die Stromwerte sind aus dem Datenblatt bzw. dem Typenschild am Gerät selbst zu entnehmen. Der Wert in Ampere wird hier mit I_N bezeichnet, ist aber in der Formel aus Abschnitt 8.2.11 als I_B zu verstehen. Für die Berechnung des Leiterquerschnitts mit dem 1,5-fachen I_N zu v. g. Anlagen ist wie folgt vorzugehen:

Annahme: I_N auf Typenschild des Motors = 27,4 A; $I_B = 1{,}5 \cdot I_N = 1{,}5 \cdot 27{,}4\ \text{A} = 41{,}1\ \text{A}$.

Unter Einhalt des zulässigen Spannungsfalls ΔU über die Verlegestrecke des Kabels, der Brandeinwirkung mit 1.006 °C (ETK) im längsten Brandabschnitt und der ungünstigsten Verlegeart nach VDE 0298 ist dann die nächste Normgröße der Sicherung einzusetzen.

Hinweis: Bei großen elektrischen Pumpleistungen ist die Hausanschlusssicherung in die Betrachtung für den notwendigen Leistungsbedarf mit zu berücksichtigen. Es ist durchaus möglich, dass dafür eine hohe Absicherung benötigt wird und dadurch ein überaus hoher BKZ durch den Versorger verrechnet wird. Eine wirtschaftliche Lösung dazu ist dann eine Dieselpumpe. Eine technische Lösung ist, Verbraucher, die im Brandfall nicht benötigt werden, weg zu schalten, so dass der Strombedarf im Brandfall mit dem Einsatz der Sprinklerpumpe im Wesentlichen gleich bleibt.

5.1 Stern-Dreieck-Schaltung (y/Δ) von Pumpen und Ventilatoren

Bei großen Leistungen und langen Wegstrecken ist die Festlegung der Querschnitte nach Betrachtung der wirtschaftlichsten Lösung zu entscheiden. Bei y/Δ-Schaltung ist die Steuerung getrennt vom Klemmkasten zur Pumpe/Ventilator. Es muss dann ein Kabel 7-polig bzw. ein Doppel-Kabel 2x4-polig verlegt werden. Der Querschnitt kann dann nach I_{str} berechnet werden und ist entsprechend abzusichern. Es gilt hier die Vorgabe am Anfang jeder Querschnittsreduzierung eine Sicherung zu platzieren.

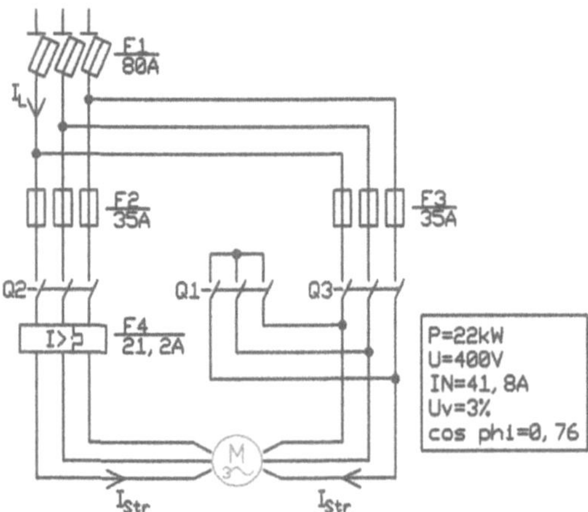

Bild 5.1: Systemzeichnung – y/Δ-Schaltung für Brandgasventilator

Kommentar zur Systemzeichnung: Nach Betrachtung für die Stromzuführung des Ventilators M3 nach Bild 8.12 ergibt sich mit Einrechnung der Brandraumtemperatur ein Leiterquerschnitt für ein Doppelkabel von 2x4x25 mm². Die Absicherung erfolgt nach Nennleistung und ≤ 3 % Spannungsfall. Erfolgt die Absicherung unter Zugrundelegen der Strangströme ergibt sich mit Absicherung nach Bild 5.1 ein Doppelkabel von 2x4x10 mm². Bei einer Wegstrecke von 120 m ist das die wirtschaftlich beste Lösung.

Hinweis: Der Motorschutz wird bei Sprinklerpumpen nicht eingebaut und bei den Ventilatoren in Abstimmung mit dem Prüfsachverständigen gegebenenfalls zum Einsatz kommen können. Im TT-System muss der RCD bei Zutreffen von Kriterien in der Norm gegebenenfalls geplant werden (vgl. VDE-AR-N 4100:2019-04, S. 83/84)!

6 Vorgaben für die Stromversorgung von Sprinkleranlagen

Als selbsttätige Feuerlöschanlage ist im Allgemeinen die Sprinkleranlage zu verstehen. Je nach Anzahl der Sprinklerköpfe und nach Art des Gebäudetyps kann die AV-Stromversorgung ausreichend sein oder zusätzlich eine SV-Stromversorgung gefordert werden. Die genauen Vorgaben sind in der VdS-Richtlinie 2092 enthalten. Demnach sind für die Energieversorgung von Pumpen folgende Anlagen möglich:

- öffentliche elektrische Netze – A
- Eigenstromerzeuger (BHKW) – B
- Dieselmotoren – C
- Ersatzstromerzeuger – D

In Abhängigkeit der definierten Brandgefahren (BG) 1-4 sind die verschiedenen Kombinationen der Energieversorgung für die Pumpen genau vorgegeben. Die anzuwendende BG für Sonderbauten wird die Klasse 3 und 4 sein. Abhängig von der Anzahl der Sprinklerköpfe, die im Gebäude installiert werden, ist vorgegeben, ob die Pumpe mit einer Energieversorgung zu betreiben ist oder mit zwei unabhängigen Anlagen ein redundanter Betrieb notwendig ist. Die Grenze hierbei sind für BG 3 und 4 bei 750 Sprinklerköpfe. Für Anlagen ≤ 750 Sprinklerköpfe sind Energieversorgungen nach A, B oder C zulässig. Die Forderung hierbei ist die Sprinklerschaltung (siehe Kapitel 9). Für Anlagen > 750 Sprinklerköpfe sind Energieversorgungen nach den Kombinationen A1, B1, C1 mit A2, B2, C2, D möglich.

Erklärung: Die Kombination A1/A2 bedeutet eine Stromversorgung aus zwei unabhängigen öffentlichen Netzen (siehe hierzu Abschnitt 4.2).

Hinweis: Die Sprühbereiche mit dem Absprühwinkel der Sprinklerköpfe müssen uneingeschränkt und ungehindert funktionieren. Die elektrischen Anlagen wie die Beleuchtung sind daher abzustimmen bzw. entsprechend anzupassen. Es gilt der Grundsatz „Löschen vor Licht".

Die weiteren Kriterien, die es zur Stromversorgung zu beachten gilt:

NEA, die für eine Sprinkleranlage und weitere Verbraucher ausgelegt sind, müssen bei Spannungsausfall, unabhängig vom Betriebszustand der Sprinkleranlage, anlaufen. NEA, die nur die Sprinkleranlage versorgen, dürfen nur bei Spannungsausfall am Sprinklerschaltschrank und Ansprechen der Sprinkleranlage anlaufen. Wird nach Wiederkehr der ersten Energiequelle automatisch zurückgeschaltet, müssen NEA noch 10 min nachlaufen (Bild 6.1 mit gestaffelter Zuschaltung der Anlagen).

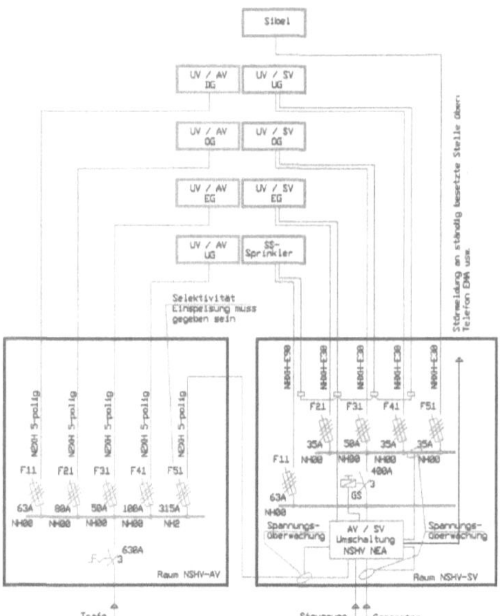

Bild 6.1: Systemzeichnung – Versorgung Sprinkleranlage und weitere Verbraucher

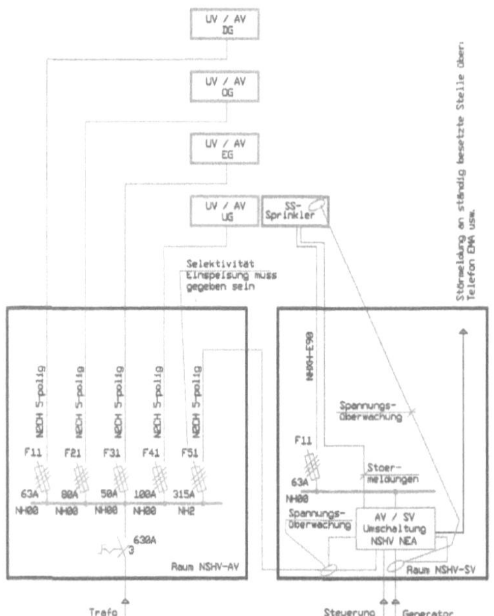

Bild 6.2: Systemzeichnung – Verbraucher nur Sprinkleranlage

7 Vorgaben an die Kabel- und Leitungsinstallation für Sicherheitsanlagen

Generell werden die nachfolgenden Anlagen neben der Stromversorgung durch den VNB aus dem öffentlichen Netz und ersatzweise bei Stromausfall zusätzlich über eine Sicherheitsstromversorgungseinrichtung in Form von Akkuanlagen bzw. Notstromaggregat versorgt. Für die Festlegung und Projektierung eines geeigneten zentralen Sicherheitsstromversorgungssystems dürfen Batterien als alternative Stromquellen eingesetzt werden. Dazu gibt es Kriterien, die im Zuge der Planung für die Ausführung und Umsetzung durch die VDE vorgegeben sind (VDE 0558-508:2022-10, S. 13). Je nach Forderung im BSK können einige dieser Anlagen auch über einen vorrangigen Stromkreis, welcher im allgemeinen Sprachgebrauch mit Sprinklerschaltung bezeichnet wird, versorgt werden (siehe Kapitel 9). Eine Übersicht über sämtliche Anlagen, die direkt aus der NSHV-SV versorgt werden müssen, wenn eine solche Anlage im BSK gefordert wird, zeigt die nachfolgende Schemazeichnung. Im Gegensatz zur Vorgängernorm müssen nun alle Kabel- und Leitungsanlagen für die Stromversorgung von Brandmelde- und Brandbekämpfungseinrichtungen von einem separaten Stromkreis aus der Gebäudehauptverteilung versorgt werden (VDE 0100-560:2022-10, S. 19). Die nicht dargestellten Anlagen, wie Tür-Feststellanlagen, sind gesondert zu betrachten und abzustimmen, wenn im BSK keine eindeutige Vorgabe gemacht ist.

Kommentar zur Systemzeichnung: Die Zuordnung erfolgt aus den aktuellen Verordnungen und DIN-Normen. Die endgültige Festlegung ist im BSK zu treffen. Vereinzelt gibt es Erleichterungen, wie bei der MRA, die auch unter bestimmten Voraussetzungen über Kabel mit E30-Funktionserhalt versorgt werden kann, oder wenn für tragende Bauteile der Sonderbauten nur eine Feuerwiderstandsdauer von 30 min gefordert wird (vgl. MLAR:2018-10, S. 90).

Anmerkung zu Kleinanlagen mit Akku-Pufferung: Die primäre Stromversorgung zu den Zentralen der BMA, SAA, HAA usw. ist im Detail unter Berücksichtigung der örtlichen Gegebenheiten mit dem Prüfsachverständigen festzulegen. Generell gilt für diese Anlagen Funktionserhalt E30. Aus Sicht des Verfassers ist davon auch das Kabel zwischen der NSHV und der Zentrale der jeweiligen Anlage gemeint. Insbesondere dann, wenn das Kabel über den Brandabschnitt hinaus ohne Überwachung verlegt wird. Begründet ist das auch mit einer Zeichnung in der MLAR (Bild L-VI-1: *Beispielhafte Anordnung von elektrischen Betriebsräumen in Verbindung mit der Sicherheitsstromversorgung und dem Geltungsbereich der MLAR und der EltBauV* auf S. 317). Hier wird gefordert, dass Steuerung und Stromversorgung, sowie die elektrische Leitungsanlage über einen Zeitraum von 30 min voll funktionsfähig bleiben (vgl. MLAR:2018-10, S. 307). Ist eine NEA installiert, ist der vorrangige Stromkreis in der NSHV-AV durch den Einbau des Sicherungsabgangs in der NSHV-SV zu ersetzen. Damit besteht auch die Möglichkeit, bei einzelnen Zentralen, sekundäre Energiequellen mit einer kleineren Kapazität einzusetzen, was nachfolgend auch beschrieben ist. Aus der Zeichnung ist auch ersichtlich, dass bei Anschluss der Kleinanlage mit Akkupufferung an die NSHV-AV die Forderung nach unbeabsichtigtem Abschalten nicht mehr gegeben ist.

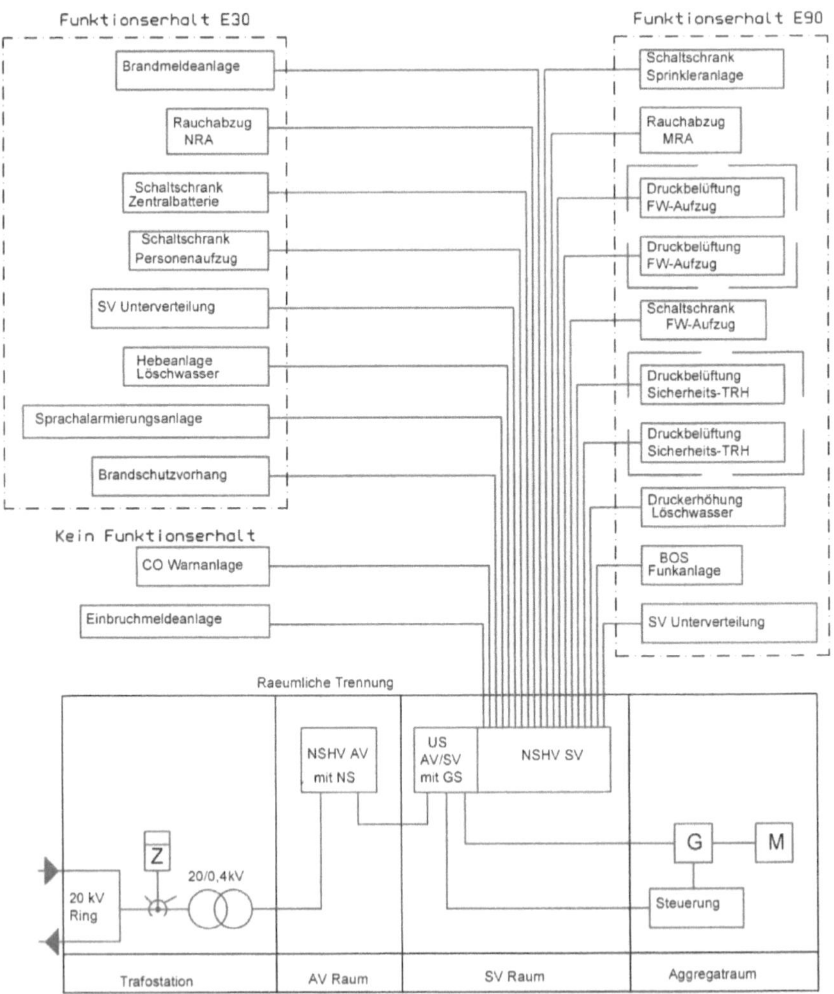

Bild 7.1: Systemzeichnung – Anlagen der Sicherheitsstromversorgung aus NSHV-SV

Zitat: „In den bauaufsichtlichen Vorschriften wird regelmäßig gefordert, dass z. B. Brandmeldezentralen an die Sicherheitsstromversorgungsanlage angeschlossen werden. Damit kann die notwendige Überbrückungszeit von Batterien reduziert werden. Mit nachvollziehbarer Begründung, dass die in der Brandmeldeanlage in der Zentraleinheit vorgesehenen Batterien eine ausreichend lange Betriebsfähigkeit entsprechend des geforderten Funktionserhalts sicherstellen können, kann gem. § 67 MBO eine Abweichung von den Vorschriften beantragt werden, so dass dann eine Anbindung an eine zentrale Sicherheitsstromversorgung nicht notwendig wird.

Hinweis: Eine formale Abweichung nach MBO § 67 ist für diesen Fall nur dann erforderlich, wenn die Brandmelde- bzw. Sprachalarmierungsanlage zusätzlich an eine Sicherheitsstromversorgung angeschlossen werden muss." (vgl. MLAR:2018-10, S. 316)

Anmerkung zur Akku-Pufferung für Drehstromanlagen: Zunehmende Bedeutung erlangen durch eine ausgereifte Technik, leistungsstarke Power Packs > 220 V in 3-phasiger Ausführung. Für den Einbau einer solchen zentralen Anlage mit entsprechender Dimensionierung zur Versorgung mehrerer sicherheitstechnischer Einrichtungen ist ein Raum nach Vorgabe der EltBauV einzuplanen (vgl. MLAR:2018-10, S. 313). Erfolgt ein dezentraler Aufbau der Sicherheitsstromversorgung für diese Drehstromantriebe, ist für jede dieser Anlagen ein separater Raum nach den Anforderungen der EltBauV für Zentralbatterieanlagen zu schaffen. Hier kann dann die Sicherheitsanlage zusammen mit der Batterie als Bestandteil der Einrichtung im selben Raum platziert werden. Die Entscheidung, ob eine zentrale oder mehrere dezentrale Anlagen installiert werden, ist entsprechend einer technischen Machbarkeit und nach wirtschaftlicher Abwägung zu treffen.

Empfehlung: Die Versorgungskabel von der NSHV zum Schaltschrank der Sicherheitsanlage soll mit Funktionserhalt E90 und wasserfest oder gegen Wasser geschützt installiert werden (vgl. VDE 0100-560:2022-10, S. 30).

Überprüfung der Selektivität

In VDE 0100-530:2018-06 wird Selektivität definiert, wenn zwei oder mehrere Schutzeinrichtungen in der Weise koordiniert sind, dass beim Auftreten von Fehlern nur die der Fehlerstelle unmittelbar vorgeschaltete Schutzeinrichtung ausschaltet. Eine ausführliche Beschreibung von Anforderungen zum Thema Selektivität zwischen Überstromschutzeinrichtungen unter Überlastbedingungen dazu ist auf Seite 32 mit 46 enthalten.

Die Ausführungen zum Thema Selektivität im Fehlerfall ist in VDE 0100 Bbl. 5 enthalten. Hierbei unterscheidet man:

- totale Selektivität (bei Schutzeinrichtungen)
- volle Selektivität (in Anlagen)
- Teilselektivität (in Anlagen)

In Netzen für die Sicherheitsstromversorgung von baulichen Anlagen für medizinisch genutzte Bereiche und für Menschenansammlungen ist die volle Selektivität nachzuweisen. Der Nachweis der Selektivität ist nach der:

- zeitverzögerten Überstromauslösung
- unverzögerten Überstromauslösung zu betrachten.

Hinweis: Die umfassende Erklärung hierzu ist in VDE 0100 Bbl. 5:2021-06, S. 37 mit 41 nachzulesen und entsprechend anzuwenden.

Selektivität des LS-Schalters in Bezug auf die vorgeschaltete Sicherung besteht bei allen Werten des Stroms, bei denen der I^2t-Durchlass-Wert des LS-Schalters kleiner ist als der Schmelz-I^2t-Wert der Sicherung.

Für die Kombination gL-Sicherung/LS-Schalter gilt: Bis zu einem Kurzschlussstrom von 1 kA zwischen einer Schmelzsicherung mit Bemessungsstrom 35 A und einem LS-Schalter B16A besteht Selektivität. Bei Sicherungen mit kleinerem Bemessungsstrom (25 A) ist im Kurzschlussbereich Selektivität nicht mehr gegeben (VDE Schriftenreihe Bd. 118, 2. Auflage, S. 146).

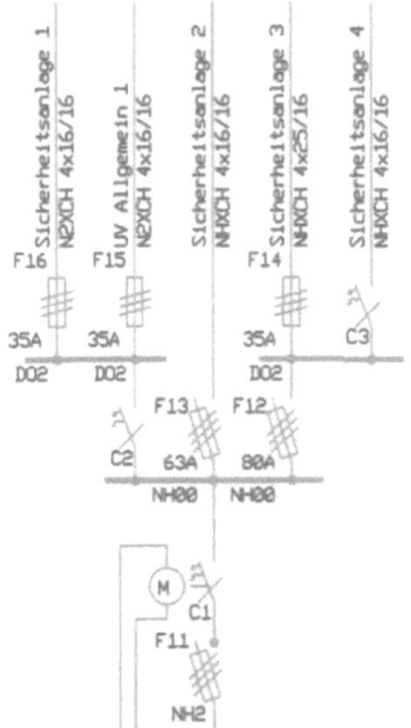

Bild 7.2: Systemzeichnung – Selektivität mit Sicherungen und Leistungsschaltern

Für die weiteren Kombinationen nach Bild 7.2 sind nachfolgende Hinweise für die technische Funktion der Auslösereihenfolge anzuwenden. Die minimalen Selektivitätswerte für Gerätekombinationen im Bereich der unverzögerten Überstromauslösung können – auch herstellerübergreifend – näherungsweise wie folgt ermittelt werden; diese Werte liegen im Allgemeinen niedriger als die durch die Hersteller selbst für ihre eigenen Kombinationen ermittelten.

Kommentar zur Systemzeichnung: Ist Selektivität mit dem Einsatz von Leistungsschaltern zu aufwendig, so besteht die Möglichkeit, in einer Reihe angeordneter Kombination von gG-Sicherung und Lastschalter, mit der entsprechenden Abstufung zur nachgeschalteten Sicherung dieses Ziel zu erreichen.

Betrachtung der Selektivität nach den Kombinationen der Schutzeinrichtungen

Selektivität zwischen Leistungsschaltern
Einspeise- und lastseitige Leistungsschalter (C1 – C2)

Selektivität in Reihe geschalteter Leistungsschalter kann mittels folgender Auslöser hergestellt werden:

- Stromselektivität durch Stromstaffelung
- Zeitselektivität durch Zeitstaffelung

Stromstaffelung wird durch unterschiedlich eingestellte Ansprechströme mit dem I-Auslöser erreicht. Voraussetzung dafür ist, dass die Kurzschlussströme an den Einbaustellen der Leistungsschalter ausreichend unterschiedlich sind. Zudem müssen sich die Bemessungsströme der Leistungsschalter vom Ansprechwert des I-Auslösers unterscheiden.

Hinweis: Die Betrachtung der Selektivität bei Kurzschlussströmen sollte sich bei unverzögerter Auslösung immer auf den I-Auslöser beziehen. Der Einstellwert des I-Auslösers darf höchstens auf 80 % des Kurzschussstroms eingestellt werden.

Bei annähernd gleich hohen Kurzschlussströmen an den Einbaustellen der Leistungsschalter kann die Selektivität mit der Zeitschaltung realisiert werden. Dazu wird der vorgeordnete Leistungsschalter mit einem zeitlich kurzverzögerten Kurzschlussstrom (S-Auslöser) versehen, damit im Fehlerfall nur der nachgeordnete Schalter den vom Fehler betroffenen Anlagenteil trennt. Zwischen zwei in Reihe liegenden Leistungsschaltern kann bei annähernd gleichen Kurzschlussströmen an den Einbaustellen Selektivität nur über eine Staffelzeit t_d von 70 ms bis 100 ms erreicht werden. Der I-Auslöser des vorgeschalteten Leistungsschalters ist nur von Bedeutung für eine Herabsetzung der Beanspruchung im Kurzschlussfall. Die Abschaltung des gewöhnlichen Kurzschlussstroms erfolgt in der Regel über den verzögerten S-Auslöser (vgl. VDE Schriftenreihe Bd. 118, S. 159).

Selektivität zwischen Schmelzsicherungen Einspeise- und lastseitige Sicherung (F11 – F12)

Zwischen zwei Schmelzsicherungen der Betriebsklasse gG bei Bemessungsströmen $I_N \geq 16$ A besteht im Kurzschlussfall Selektivität, wenn das Bemessungsstromverhältnis 1 : 1,6 eingehalten wird bzw. sich die Bemessungsströme um zwei Stufen unterscheiden. Generell gilt aber, der Schmelzwert I^2t_s muss kleiner sein als der Ausschaltwert I^2t_a. Die genauen Werte zu den Sicherungsstufen mit den verschiedenen Spannungen sind in Tabellen angegeben (vgl. VDE Schriftenreihe Bd. 118, S. 110 bis 113). Für die Selektivitätsbetrachtung müssen die Kurzschlussströme an der Einbaustelle berechnet/ermittelt werden.

Selektivität zwischen Schmelzsicherung und Leitungsschutzschaltern Einspeiseseitig Sicherung, lastseitig Leitungsschutzschalter (F12 – C3)

Die Koordination von Schmelzsicherung und LS-Schalter im selben Stromkreis macht es erforderlich, die Kennlinien der beiden Schutzeinrichtungen wegen der unterschiedlichen Auslöseverhalten zu berücksichtigen. Selektivität des LS-Schalters in Bezug auf die vorgeschaltete Sicherung besteht bei allen Werten des Stroms, bei denen der Durchlasswert I^2t des LS-Schalters kleiner ist als der Schmelzwert I^2t der Sicherung. Tabellen geben darüber Auskunft, bis zu welchen Kurzschlussströmen Selektivität zwischen LS-Schaltern und vorgeschalteter Sicherung besteht (vgl. VDE Schriftenreihe Bd. 118, S. 147 bis 149). Für jede Reihenschaltung aus LS-Schalter und vorgeschalteter Sicherung gibt es einen gewissen Grenzwert des Kurzschlussstroms – die Selektivitätsgrenze – bei deren Überschreitung die Sicherung anspricht, bevor der LS-Schalter ausschaltet.

Beispiel: An der Einbaustelle eines LS-Schalters 20 A / C wurde ein Kurzschlussstrom mit 1,5 kA errechnet. Dem LS-Schalter wurde eine gG Sicherung 50 A vorgeschaltet. Da gemäß Tabelle 6.7 (VDE Schriftenreihe Bd. 118) für diese Kombination der maximale Kurzschlussstrom 1,3 kA betragen darf, ist Selektivität nicht mehr gegeben. Es ist eine Sicherung 63 A erforderlich.

Für die Selektivitätsbetrachtung müssen die Kurzschlussströme an der Einbaustelle berechnet/ermittelt werden.

Selektivität zwischen Leitungsschutzschaltern Einspeise- und lastseitig LS-Schalter

In sicherungslosen Verteilungen bieten auch LS-Schalter in engen Grenzen untereinander Selektivität. Diese ist abhängig vom durchgelassenen Spitzenstrom des nachgeschalteten LS-Schalters und vom Auslösestrom des vorgeschalteten LS-Schalters. Für eine genaue Abstimmung sind die Tabellen der Hersteller zu verwenden. Bei einer Reihenschaltung von LS-Schaltern ist im Kurzschlussfall bei hohen Strömen jedoch keine Selektivität mehr gegeben, da der Kurzschlussstrom praktisch immer höher als die Ansprechwerte der beiden unverzögerten elektromagnetischen Auslöser ist, sodass beide LS-Schalter gleichzeitig auslösen (vgl. VDE Schriftenreihe Bd. 118, S. 150). Für die Selektivitätsbetrachtung müssen die Kurzschlussströme an der Einbaustelle berechnet/ermittelt werden.

Hinweis: Bei zwei Leitungsschutzschaltern (LS-Schalter, C1-C2) in Reihe besteht Selektivität im Allgemeinen bis zum Ansprechwert des Kurzschlussauslösers des vorgeschalteten LS-Schalters. Die Grenze liegt deutlich unterhalb der in den Anlagen üblichen Kurzschlussströme.

Selektivität zwischen Leistungsschaltern und Schmelzsicherung
Einspeiseseitig Leistungsschalter, lastseitig Sicherung (C1 – F12 oder F13)

Bei der Selektivitätsbetrachtung dieser Kombination ist zwischen dem Überlast- und Kurzschlussstrombereich zu unterscheiden und die zulässige Toleranz der Zeit-Strom-Bereiche von ± 10 % in Richtung der Stromachse zu berücksichtigen. Im Überlastbereich kann bei einer Abschaltzeit $t \geq 0{,}1$ s eine Aussage zur Selektivität mittels der Zeit-Strom-Kennlinie der Scherung getroffen werden. Im Kurzschlussfall kann der Durchlassstrom I_C der Sicherung den Ansprechstrom des unverzögerten Auslösers übersteigen. Eine absolute Selektivität kann erreicht werden, wenn der Leistungsschalter mit einem S-Auslöser versehen wird und damit die Kennlinie angehoben und ein Sicherheitsabstand t_d zwischen der Ausschalt-Kennlinie der Sicherung und der Verzögerung des S-Auslösers von $\Delta t \geq 0{,}1$ s gewählt wird (vgl. VDE Schriftenreihe Bd. 118, S. 163).

Selektivität zwischen Schmelzsicherung und Leistungsschaltern
Einspeiseseitig Sicherung, lastseitig Leistungsschalter (F11 – C2)

Bei dieser Kombination ist für die Selektivitätsbetrachtung zwischen Überlast- und Kurzschlussstrombereich zu unterscheiden. Im Überlastbereich ist ein Sicherheitsabstand von $t_a \geq 1$ s zwischen der Schmelzkennlinie, der unteren Kennlinie des Streubands und der Kennlinie des stromabhängigen verzögerten L-Auslösers erforderlich. Näherungsweise liegt die Selektivitätsgrenze im Kurzschlussfall an der Stelle, wo ein Sicherheitsabstand zwischen der unteren Kennlinie der Sicherung und der Ansprechzeit des unverzögerten I-Auslösers bzw. der Verzögerungszeit des kurzzeitverzögerten S-Auslösers von 70 ms unterschritten wird. Sicherheit für den Kurzschlussfall kann nur durch Vergleich der I^2t-Werte beider Schutzeinrichtungen getroffen werden. Dazu sind die max. I^2t-Werte des Leistungsschalters und die min. I^2t-Werte der Sicherung in ein gemeinsames Diagramm einzutragen. Der Schnittpunkt beider Kurven ergibt die Selektivitätsgrenze. Selektivität ist gegeben, wenn $I^2t_{\text{min.}}$ Sicherung > $I^2t_{\text{max.}}$ Schalter (vgl. VDE Schriftenreihe Bd. 118, S. 164).

Selektivität und SH-Schalter

Das Funktionsprinzip von selektiven Hauptleitungsschutzschaltern (SH-Schaltern) ermöglicht ein besonderes Selektivitätsverhalten – die sogenannte strombegrenzende Selektivität oder Energieselektivität. SH-Schalter sind gegenüber nachgeschalteten Leitungsschutzschaltern bei Kurzschlüssen in Endstromkreisen vollständig selektiv, nur der unmittelbar zugeordnete Leitungsschutzschalter schaltet ab. Bei diesem Abschaltvorgang erfolgt eine zusätzliche Strombegrenzung durch den SH-Schalter. Dadurch ergibt sich eine verbesserte Selektivität zu vorgeschalteten Sicherungen.

Leitungsschutzschalter für den Schutz von Endstromkreisen mit der Auslösecharakteristik B oder C (nach VDE 0641-11) mit der Energiebegrenzungsklasse 3 und einem Bemessungsschaltvermögen von 6 kA oder 10 kA sind bis zu 10 kA selektiv, wenn einspeiseseitig ein SH-Schalter verwendet wird. Die Kurzschlussselektivität ist dabei unabhängig vom Bemessungsstrom des SH-Schalters. Durch das Selektivitätsverhalten des SH-Schalters ergibt sich in diesem Fall gegenüber mit einer Einspeisesicherung gG 63 A eine Selektivität von bis zu 6 kA (vgl. VDE 0100 Bbl. 5:2021-06, S. 40-41).

Anmerkung: Der selektiven Abstufung der Schutzeinrichtungen und der richtigen Bemessung aller Netzkomponenten wird eine hohe Bedeutung beigemessen. VDE 0100-710:2012-10, S. 18 fordert dazu die Berechnung. Der rechnerische Nachweis wird gefordert für die zu erwartenden 3-poligen und 1-poligen Kurzschlussströme. Für die Überprüfung der Abschaltbedingungen ist der kleinste Kurschlussstrom I_{K1min} (siehe Backup-Schutz) relevant, während für die Beurteilung der Selektivität der größte Kurzschlussstrom I_{K3max} benötigt wird:

$$I_{\mathrm{K3max}} = \mathrm{c_{max}} \cdot U_{\mathrm{N}} / \sqrt{3} \cdot (\sqrt{R^2 + X^2})$$

Nach diesen Berechnungsergebnissen ist durch Kennlinienvergleich der in Reihe liegenden Schutzeinrichtungen die Selektivität zu beurteilen (vgl. VDE Schriftenreihe Bd. 118, S. 444).

Hinweis: Für die Berechnung des I_{K3max} sind die Werte der Resistanzen und Reaktanzen des Mitsystem $R_{(1)}$ bzw. $X_{(1)}$ einzusetzen. Die Werte des Nullsystem $R_{(0)}$ bzw. $X_{(0)}$ werden nicht berücksichtigt.

Backup-Schutz von Sicherungseinrichtungen

Hierunter versteht man das Zusammenwirken von zwei aufeinander abgestimmten, in Reihe geschalteten Überstromschutzeinrichtungen an Stellen, an denen ein Gerät (z. B. Leitungsschutzschalter) im Schadensfall den prospektiven Kurzschlussstrom alleine nicht zu schalten vermag. Tritt ein entsprechend hoher Kurzschlussstrom auf, entlastet die vorgeschaltete Überstromschutzeinrichtung die nächstliegende nachgeordnete und verhindert so deren übermäßige Beanspruchung. Die vorgeordnete Schutzeinrichtung muss ein entsprechendes Schaltvermögen besitzen. Die Schutzwirkung lässt sich durch Versuche ermitteln. Nach der Abschaltung sind beide Überstromschutzeinrichtungen voll funktionsfähig.

Hinweis: Beim Einsatz von LS-Schaltern mit einem Schaltvermögen 6 kA darf die Schleifenimpedanz Z_s nicht $\leq 42\ \text{m}\Omega$ sein, damit der Kurzschlussstrom den Wert 6 kA am Stromkreisverteiler nicht überschreitet. Ein Transformator mit S = 630 kVA, $u_{krT} = 6\ \%$ besitzt eine Impedanz von $Z_T \cong 15\ \text{m}\Omega$ (vgl. VDE Schriftenreihe Bd. 118, S. 130).

Fazit: Bei gebäudeintegrierten Transformatoren mit kurzen Kabelanbindungen zu den Verteilern müssen die Kenntnisse zu den Kurzschlussströmen vorhanden sein. Gegebenenfalls sind LS-Schalter mit einem Schaltvermögen von 10 kA einzubauen. Die Betrachtung betrifft auch die NSHV-SV, die im ungestörten Betrieb aus der NSHV-AV und damit vom Transformator versorgt wird.

Forderung an Kurzschlussschutzeinrichtungen

Sofern vom Netzbetreiber keine anderen Angaben vorliegen, müssen Kurzschlussschutzeinrichtungen mindestens folgendes Kurzschlussausschaltvermögen aufweisen:

- 25 kA bei Einbau im Hauptversorgungssystem (vor der Messeinrichtung),
- 10 kA bei Einbau im anlagenseitigen Anschlussraum eines Zählerplatzes. Dies darf auch mit dem kombinierten Kurzschlussausschaltvermögen erreicht werden,
- 6 kA bei Einbau im Stromkreisverteiler.

Die Messeinrichtung muss in Kombination mit der vorgeschalteten Überstromschutzeinrichtung eine bedingte Kurzschlussfestigkeit von 10 kA_{eff} aufweisen (vgl. VDE-AR-N 4100:2019-04, S. 39).

Um die Kurzschlussströme an den verschiedenen Knotenpunkten zu kennen, ist eine Berechnung nach den Berechnungsverfahren aus der Norm durchzuführen.

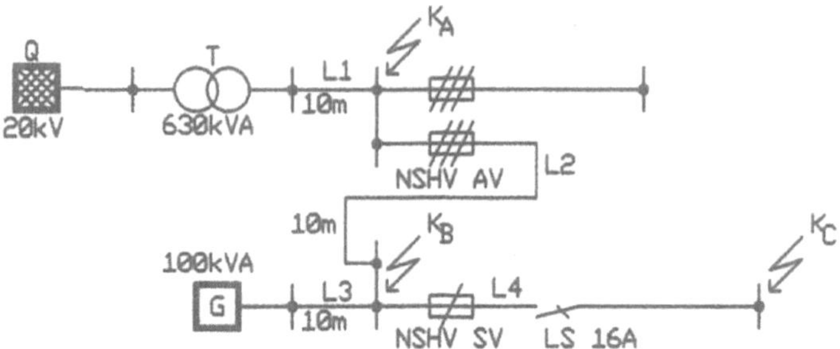

Bild 7.3: Systemzeichnung – Schema Kurzschlussberechnung Netz/NEA

Kommentar zur Systemzeichnung: Die Berechnung von Hand ist möglich. Wichtig ist dabei, immer die Anlage zu zeichnen und die notwendigen Daten zu ermitteln und zu dokumentieren. Um überschlägig zu aussagekräftigen Ergebnissen für die Niederspannungsnetzauslegung mit Netzersatzbetrieb bezüglich der Kurzschlussstrombelastung zu kommen, sind die wesentlichen Formeln dazu in VDE 0100 Bbl. 5:2021-06 angegeben. Ein computerunterstütztes Berechnungsprogramm in Form einer CD mit Erklärung in Kapitel 10 ist in der VDE Schriftenreihe Bd. 118 enthalten. Nach Kenntnis der Kurzschlussströme in der Anlage ist die koordinierte Auswahl der Schutzeinrichtungen vorzunehmen. Hierzu gilt es zu bedenken:

- Die Bestimmung des Generatorschalters und der nachfolgenden Schutzeinrichtung ist in Zeit-Strom-Diagramm einzutragen. Im Kurzschlussfall ist bei einer Ausschaltzeit $t \geq 0{,}1$ s Selektivität gewährleistet, wenn zwischen der Kennlinie des Generatorschalters und der nachfolgenden Sicherung eine Zeitdifferenz von mind. 100 ms besteht.
- Selektivität ist auch dann gewährleistet, wenn der Durchlassstrom der Sicherung kleiner als der Ansprechwert des Kurzschlussauslösers des Generatorschalters ist (vgl. VDE Schriftenreihe Bd. 118, S. 446).

Für die Beurteilung der normgerechten Funktion müssen die Impedanzen ermittelt werden. Dies gilt für den ungestörten Netzbetrieb und für den Generatorbetrieb bei Netzausfall. Bei der vereinfachten Berechnung werden Leitertemperaturen von 80 °C für alle Kabel und Leitungen angenommen.

1 Ermittlung der Impedanzen am Knoten K_A

$R_Q = 2 \cdot R_{(1)Q}$ $\qquad$ $X_Q = 2 \cdot X_{(1)Q}$

$R_T = 2 \cdot R_{(1)T} + R_{(0)T}$ $\qquad$ $X_T = 2 \cdot X_{(1)T} + X_{(0)T}$

$R_{L1} = 2 \cdot R_{(1)L1} + R_{(0)L1}$ $\qquad$ $X_{L1} = 2 \cdot X_{(1)L1} + X_{(0)L1}$

Hinweis: Die Daten für R_Q, R_T, X_Q und X_T sind beim Versorger zu erfragen bzw. für den Transformator aus den Datenblättern zu entnehmen und zu berechnen. Die Ermittlung der Leitungs-Resistanzen und -Reaktanzen ist für die verschiedenen Leitungsquerschnitte nach folgenden Formeln zu berechnen:

$R_{(1)L1} = R'_{(1)L1} \cdot l/n \cdot \vartheta_{TF} \cdot 2$ $\quad X_{(1)L1} = X'_{(1)L1} \cdot l/n \cdot \vartheta_{TF} \cdot 2$

$R_{(0)L\,1} = R_{(1)L1} \cdot (R_{(0)L\,1}/R_L)$ $\quad X_{(0)L\,1} = X_{(1)L1} \cdot (X_{(0)L\,1}/X_L)$

2 Berechnung des Kurzschlussstroms $I_{K1\,min}$ am Knoten K_A

$R_{KA} = R_Q + R_T + R_{L1}$ $\quad X_{KA} = X_Q + X_T + X_{L1}$

$I_{K1\,min} = (\sqrt{3} \cdot c_{min} \cdot U_N) / \sqrt{(R^2_{KA} + X^2_{KA})}$

3 Berechnung des Kurzschlussstroms $I_{K1\,min}$ am Knoten K_B

$R_{KB} = R_{KA} + 2R_{(1)L2} + R_{(0)L\,2}$ $\quad X_{KB} = X_{KA} + 2X_{(1)L2} + X_{(0)L\,2}$

$I_{K1\,min} = (\sqrt{3} \cdot c_{min} \cdot U_N) / \sqrt{(R^2_{KB} + X^2_{KB})}$

4 Berechnung des Kurzschlussstroms $I_{K1\,min}$ am Knoten K_C

$R_{KC} = R_{KB} + 2R_{(1)L4} + R_{(0)L\,4}$ $\quad X_{KC} = X_{KB} + 2X_{(1)L4} + X_{(0)L\,4}$

$I_{K1\,min} = (\sqrt{3} \cdot c_{min} \cdot U_N) / \sqrt{(R^2_{KC} + X^2_{KC})}$

5 Impedanzen der Leitungen

Die Impedanzen der Leitungen im Generatorbetrieb sind nach gleicher Weise wie nach 1 zu berechnen.

6 Impedanz für den Generator (Z_{Gmin})

Die Impedanz für den Generator (Z_{Gmin}) ist gesondert zu ermitteln:

$Z_{Gmin} = (U_{rG} \cdot c_{min}) / (\sqrt{3} \cdot I_{K1G})$ $\quad I_{K1G} = (U_{rG} \cdot c_{min}) / (\sqrt{3} \cdot Z_{Gmin})$

U_{rG} Nennspannung des Generators (400 V)

c_{min} Spannungsfaktor 0,95 im Niederspannungsnetz

I_{KrG} $I_r \cdot 3 \cdot 1{,}85$ (Wert aus Liste für gewählte NEA)

Hinweis: Der Resistanzwert R_G kann für die Berechnung des I_{K1min} vernachlässigt werden.

Das wesentliche Kriterium zum funktionierenden Betrieb ist die Betrachtung der Kurzschlussströme am Knoten K_B nach Bild 7.3 bei Netzbetrieb und Generatorbetrieb, sowie der Fehlerfall im Knoten K_C. Dazu ist aus folgender Tabelle ersichtlich, dass das eingesetzte Schutzorgan in K_B nach Betrachtung für den Fehlerfall im Netzbetrieb festgelegt wird. Für die weitere Betrachtung gilt die unbedingte Einhaltung der Leitungslängen bis K_C. Für den Anfangskurzschlussstrom am Knoten K_B sind die Motoren am Knoten K_C wie Rauchgasventilator und Sprinklerpumpe zu betrachten. Bei größeren Leistungen sind dessen Werte nicht mehr zu vernachlässigen (vgl. VDE Schriftenreihe Bd. 118, S. 393 und 406).

Fazit: Am Einbauort von Schalt- und Anlagenteilen, z. B. einer NSHV, muss der Nachweis der Kurzschlussfestigkeit belegt werden. Hier gilt, die Kurzschlussfestigkeit der von den Herstellern bereitgestellten Kurzschlussbemessungswerten muss größer sein als die Kurzschlussgrößen am Einbauort. Der Beleg für die Sicherstellung dieser Forderung kann mit normativen Computerprogrammen oder bei ausreichenden theoretischen Kenntnissen mit den aufgezeigten formellen Rechenschritten erfolgen.

Kriterien für den Einbau von LS-Automaten in der NSHV-SV für Sicherheitsanlagen

Normgemäß müssen Abgangssicherungen für Sicherheitsanlagen, wie BMA, SAA, NRA usw., in der NSHV platziert werden, bei NEA im SV-Teil. Werden hier als Schutzorgan für den Kurzschlussfall LS-Automaten verwendet, muss der I_{K1min} am Einbauort bekannt sein. Angaben hierzu sind in den VDE-Vorschriften enthalten (vgl. VDE 0100 Bbl. 5:2021-06).

Tabelle 7.1: Kurzschlussstrom in Bezug zur Leitungslänge bei Absicherung mit LS-Schalter B16A

	Trafo 630 kVA, 20/0,4 kV – u_{Kr} 6%					
Leitungslänge	10 m	10 m	90 m	148 m	239 m	351 m
A in mm²	600	95	1,5	2,5	4	6
I_{k1min}	12,9 kA	9,7 kA	≥80 A	≥80 A	≥80 A	≥80 A
Fehlerstelle	**K_A**	**K_B**	**K_{C1}**	**K_{C2}**	**K_{C3}**	**K_{C4}**
I_{k1min}	--	0,7 kA	≥80 A	≥80 A	≥80 A	≥80 A
A in mm²		95	1,5	2,5	4	6
Leitungslänge	--	10 m	90 m	148 m	239 m	351 m
	Generator 100 kVA, 400 V					

Kommentar zur Tabelle: Für einen LS-Schalter B16A muss bei einer Abschaltzeit von 0,4 s ein Abschaltstrom von mindestens $I_a = 5 \cdot I_N = 5 \cdot 16$ A = 80 A zum fließen kommen. Der Schutz mit gG-Sicherungen erfordert einen höheren Strom, was kürzere Leitungen bei gleichem Querschnitt mit sich bringt.

Werden Sicherungen der Kategorie gG bzw. Automaten der Kategorie C eingesetzt, beträgt $I_a = 7...10 \cdot I_N$ wodurch sich die oben ermitteltet Leitungslänge erheblich reduziert. Eine exakte Berechnung ist mit nachfolgender Formel gegeben.

Berechnung der max. Leitungslänge nach dem Abschaltstrom I_a eines LS-Automaten

Die zulässige Leitungslänge ist nach der eingebauten Sicherung und dem vorgegebenen Abschaltstrom in der vorgegebenen Abschaltzeit zu berechnen. Voraussetzung dafür ist die Kenntnis der Schleifenimpedanz des vorgelagerten Netzes bis zum Knoten der Sicherungseinbaustelle (vgl. VDE Schriftenreihe Bd. 118, S. 124). Bei Kenntnis der Schleifenimpedanz vor der Schutzeinrichtung (Z_V) können auch die Tabellen der VDE angewendet werden (vgl. VDE 0100 Bbl. 5:2021-06, S. 55ff.).

$$l_{max} = [(c_{min} \cdot U_N / \sqrt{3} \cdot I_a) - Z_V] / 2 \cdot Z`_L$$

l_{max} maximale Leitungslänge in m
c_{min} Spannungsfaktor 0,95
U_N Nennspannung in Volt (400 V)
I_a Abschaltstrom in A nach der verwendeten Charakteristik bei LS-Automaten bzw. gG-Sicherungen
Z_V Schleifenimpedanz des vorgelagerten Netzes
$Z`_L$ Impedanzbelag der Leitung für den Endstromkreis

Hinweis: Die max. zulässige Kabel- und Leitungslänge für den Fehlerschutz braucht nicht beachtet werden, wenn die Schutzeinrichtung eine Fehlerstrom-Schutzeinrichtung ist (vgl. VDE 0100-520 Bbl. 2:2010-10, S. 7).

Der Impedanzbelag für die verwendete Endstromkreisleitung ist als Tabellenwert in der VDE Schriftenreihe Bd. 118, S. 210 enthalten. Die Werte entsprechen einer Leitertemperatur 80 °C im Mitsystem bei $f = 50$ Hz.

Kommentar zur folgenden Tabelle: Die fachgerechte Installation erfordert Berechnungen für die Dimensionierung einer Leitung/Kabel in Bezug auf die max. Länge. Hierzu bedarf es für die Anwendung der oben genannten Formel der nötigen Größen, die in normierten Tabellen festgelegt sind. Die einzig unbekannte Z_V ist nach dem Rechengang am Knoten K_A aus Abbildung 7.3 zu berechnen. (Der Resistanzbelag wird in manchen Kabelhandbüchern und Datenblättern als Gleichstromwiderstandsbelag bezeichnet).

Tabelle 7.2: Kabel- und Leitungsbeläge in mΩ/m bei 50 Hz für 0,6/1kV (*Quelle:* VDE Schriftenreihe Bd. 118, 2. Auflage, S. 210)

	Kupfer			Aluminium		
Nenn-querschnitt q_n / mm²	**Resistanz-belag 80°C $R`_L$**	**Reaktanz-belag 80°C $X`_L$**	**Impedanz-belag 80°C $Z`_L$**	**Resistanz-belag 80°C $R`_L$**	**Reaktanz-belag 80°C $X`_L$**	**Impedanz-belag 80°C $Z`_L$**
1,5	14,620	0,115	14,620	-	-	-
2,5	8,770	0,110	8,770	14,800	0,110	14,800
4	5,654	0,107	5,655	9,260	0,107	9,260
6	3,757	0,100	3,758	6,170	0,100	6,170
10	2,244	0,094	2,246	3,700	0,094	3,700
16	1,415	0,090	1,418	2,324	0,090	2,326
25	0,898	0,086	0,902	1,489	0,086	1,492
35	0,652	0,083	0,657	1,086	0,083	1,089
50	0,482	0,083	0,489	0,796	0,083	0,800
70	0,336	0,082	0,346	0,551	0,082	0,557
95	0,244	0,082	0,257	0,398	0,082	0,406
120	0,195	0,080	0,211	0,316	0,080	0,326
150	0,155	0,080	0,174	0,258	0,080	0,270
185	0,125	0,080	0,148	0,207	0,080	0,222
240	0,095	0,079	0,124	0,162	0,079	0,180
300	0,078	0,079	0,111	0,133	0,079	0,155

Hinweis: Erfolgt die Berechnung der Impedanzen für Kabel von Sicherheitsanlagen, sind die Faktoren für die Widerstandsveränderung nach Tabelle 8.4 einzusetzen.

Abschaltstrom von gG-Sicherungen

In der folgenden Tabelle sind die Werte für zeitkritische Abschaltungen von gG-Sicherungen zusammengefasst. Ist der Kurzschlussstrom am Einbauort einer Sicherung bekannt, ist im Abgleich zu prüfen, ob dieser im Fehlerfall für das Auslösen der eingesetzten Sicherung in der vorgegebenen Zeit ausreicht.

Kommentar zur Tabelle: Die Werte in der Tabelle sind aus den Diagrammen eines Herstellers abgelesen und übernommen. Es handelt sich dabei um NH-Sicherungseinsätze der Größen 00, 1, 2 und 3. Kann auf Grund der Absicherung eines Normquerschnitts die Abschaltbedingung nicht erfüllt werden, ist gegebenenfalls ein Doppelkabel/-leitung zu verlegen, bei der jedes Kabel/Leitung separat gesichert ist.

Die Wahl der Kabelquerschnitte ist nach dem berechneten Strom und der Bemessungsstromregel vorzunehmen. Hier gilt aber zusätzlich die Empfehlung, den übernächsten Aderquerschnitt zu verwenden. Als Beispiel dazu ist dann für einen Strom von 85 A nicht die 100- A-Sicherung, sondern die 125-A-Sicherung zu verwenden. Die Auslastung liegt dann bei lediglich 60 %, was einen erheblichen Spielraum für Häufung oder auch erhöhte Temperaturen ermöglicht.

Tabelle 7.3: Zusammenhang von gG-Sicherung und Abschaltstrom nach vorgegebenen Zeiten

I_N **gG**	**25**	**32**	**35**	**40**	**50**	**63**	**80**	
I_a gG	180	265	300	310	460	550	820	**t=0,4s**
I_a gG	110	150	173	190	260	320	440	**t=5,0s**
I_N **gG**	**100**	**125**	**160**	**200**	**224**	**250**	**315**	
I_a gG	1000	1400	1800	2500	2800	3000	4000	**t=0,4s**
I_a gG	580	750	930	1500	1700	1800	2200	**t=5,0s**
I_N **gG**	**355**	**400**	**500**	**630**	**800**			
I_a gG	4750	5500	7000	7800	10000			**t=0,4s**
I_a gG	2400	2800	3400	4000	6000			**t=5,0s**

Anwendung der Bemessungsstromregel

Damit ist vorgegeben, dass der Betriebsstrom I_B kleiner sein muss als der Nennstrom I_N der Sicherung und dieser wiederum kleiner sein muss als der zulässige Strom I_Z, mit dem der Leiter belastet werden darf. Bei der Größe I_Z (I_R) ist der tatsächliche Wert in Bezug auf die Verlegung des Kabels/der Leitung über die gesamte Strecke zu betrachten. $I_B < I_N < I_Z$. Für die Werte I_Z (I_R) gilt es, die in den Tabellen der VDE-Vorschrift enthaltenen Mindestfaktoren wie folgt einzurechnen:

$$I_Z = I_R \cdot f_1 \cdot f_2 \cdot f_3 \cdot f_4$$

f_1 Umrechnungsfaktor für Temperaturabweichungen zu 25 °C (VDE 0298-4:2013-06, S. 42-44)

f_2 Umrechnungsfaktor für Häufung nach ihrer Verlegung (VDE 0298-4:2013-06, S. 45-48)

f_3 Umrechnungsfaktor für Verbraucher mit Oberschwingungen (VDE 0100-520 Bbl 3:2012-10, S. 8-11)

f_4 Umrechnungsfaktor für vieladrige Kabel/Leitungen (VDE 0298-4:2013-06, S. 49)

Hinweis: Der Umrechnungsfaktor f_3 muss nur bei 3-phasigen Wechselstromkreisen berücksichtigt werden (vgl. VdS 2025:2008-01(05), S. 14-22). Für eine besondere Betrachtung des N-Leiter-Querschnitts ist der Oberschwingungsanteil der Verbraucher zu berücksichtigen (vgl. VDE 0100-520 Bbl. 3:2012-10).

EMV – Überspannungsschutz

Der funktionierende Überspannungsschutz ist für alle folgenden Anlagen (Bild 7.1) zwingend zu installieren. Neben der allgemein bekannten Elektroinstallation mit dem vorgegebenen Netzsystem, einem äußeren und inneren Blitzschutzsystem betrifft das die richtige Auswahl und Platzierung von Überspannungsschutzgeräten in Form von Blitzstrom- und Überspannungsableitern. Der Einbau ist hierbei in den verschiedenen Kategorien nach Herstellerangaben vorzunehmen (vgl. VDE 0100-443/-534).

Wichtig: Beim Einsatz des SPD Typ 1 (BSA) ist immer ein zusätzlicher PA-Leiter mit direktem Anschluss an der HES zu verlegen. Beim Einsatz des SPD Typ 2 (ÜSA) ist kein zusätzlicher PA-Leiter von der HES zu verlegen. Hier ist der Anschluss an der PE-Schiene in der UV ausreichend (vgl. ZVEH-Broschüre Schutz bei Überspannungen in Niederspannungsanlagen, S. 21).

Beachtung der Brandabschnitte

Die Anzahl der Stromkreise für die Installation der Sicherheitsanlagen ergibt sich aus der Gebäudestruktur mit der Darstellung der Brandabschnitte in den Konzeptplänen des Brandschutznachweises. Das Schutzziel, das hier angewendet wird: Egal wo es brennt, es darf nur der eine betroffene Brandabschnitt ausfallen.

Die Grenze eines Brandabschnitts ist im Regelfall eine feuerbeständige Brandwand (BW) oder auch eine Wand, die in der Bauart gleich einer Brandwand (BBW) ausgebildet ist und in der Horizontalen die Geschossdecke. Als größter Abstand von Brandwänden zueinander sind maximal 40 m in der Horizontalen erlaubt. Notwendige Treppenräume bilden eigene Brandabschnitte und sind somit mit eigenen Zuleitungen in Funktionserhalt auszustatten.

Ohne Bedeutung sind für die Installation der Leitungsanlage die brandschutztechnisch ausgebildeten Raumwände (F30/F90) innerhalb eines Brandabschnitts.

Die folgende Systemzeichnung zeigt die damit verbundenen Konsequenzen für die Fachplanung der Sicherheitsanlagen auf. Dies soll auch nochmals mit der Durchnummerierung der Abschnittsbereiche (AB) von 1 bis 15 verdeutlicht werden.

Kommentar zur Systemzeichnung: Die Norm verlangt, dass bei Sicherheitsanlagen wie der Sicherheitsbeleuchtung und der Sprachalarmierung mindestens zwei Anlagenkreise je AB installiert werden. In den AB gibt es keine Anforderung an den Funktionserhalt der Leitungsanlage. Somit ist es erlaubt, die Kreise durch die verschiedenen Räume und notwendigen Flure unter Beachtung der maximalen Anzahl von Leuchten bzw. Lautsprechern zu verlegen.

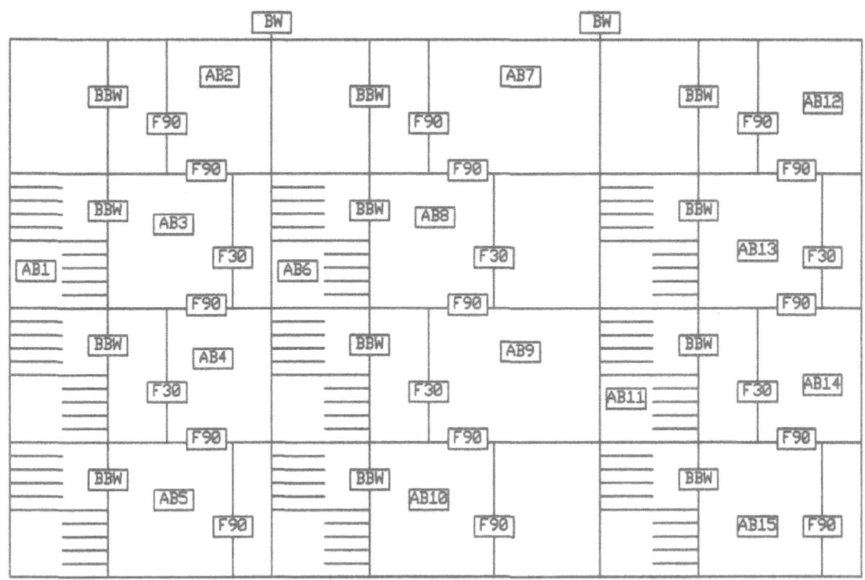

Bild 7.4: Systemzeichnung – Brandabschnitte (DXF 080)

Virtueller Brandabschnitt

Für die verschiedenen Anlagen in den nachfolgenden Abschnitten – Sicherheitsbeleuchtung, Brandmeldeanlage, Sprachalarmanlage usw. – ist der virtuelle Brandabschnitt bei der Installation der Kabelanlage zu beachten. Hierunter versteht man die Unterteilung der Fläche nach Festlegung in Abständen als Ersatz innenliegender Brandwände bei ausgedehnten Gebäuden. In der BayBO ist der Abstand von Brandwänden mit 40 m enthalten (vgl. BayBO § 1, Art. 28, (2) 3).

Kommentar zur folgenden Systemzeichnung: Die Einteilung der virtuellen Brandabschnitte kann nicht beliebig festgelegt werden, sondern ist symmetrisch aufzuteilen. Die gebildeten Flächen müssen in etwa gleich groß sein. Es gibt jedoch keine Vorgabe, die den virtuellen Brandabschnitt nach Länge und Breite mit jeweils 40 m begrenzt. Die in den Bauordnungen häufig vorzufindende Abgrenzung mit 40 m x 40 m ist hier nicht anzuwenden. Es ist demnach auch eine Flächengröße von 50 m x 30 m, wie in der Abbildung dargestellt, erlaubt. Wichtig ist, dass eine Gesamtfläche von 1.600 m² nicht überschritten wird. Zu empfehlen ist aber, bei einer Seitenlängenüberschreitung von 40 m dies im Vorfeld mit dem Prüfsachverständigen abzustimmen.

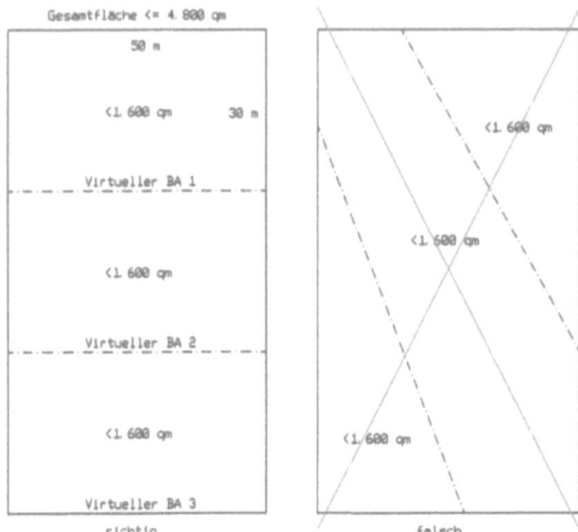

Bild 7.5: Systemzeichnung – Virtueller Brandabschnitt

Kabel mit verbessertem Brandverhalten

Kabel mit verbessertem Brandverhalten haben in der Regel eine zulässige Betriebstemperatur von 90 °C. Für das Errichten von Starkstromanlagen mit Nennspannungen bis 1000 V in Gebäuden ist jedoch eine maximale Betriebstemperatur von 70 °C für Kabel und Leitungen zugrunde zu legen, weil Installationsbaugeräte, Steckvorrichtungen, NS-Schaltgeräte, Klemmen, Befestigungsmaterial usw. für die Verwendung bei einer Betriebstemperatur von 70 °C bestimmt sind. Daher sollten auch Kabel und Leitungen, die für eine zulässige Betriebstemperatur am Leiter von 90 °C ausgelegt sind, nur mit einer Belastung betrieben werden, die zu einer maximalen Betriebstemperatur am Leiter von 70 °C im Anschlussbereich der vorgenannten Geräte führt. Die höhere zulässige Betriebstemperatur von 90 °C kann als thermische Reserve bei Häufung und/oder höheren Umgebungstemperaturen an anderen Stellen im Verlauf der Installation genutzt werden (vgl. VDE 0298-4:2013-06, S. 57).

Zulässiger Spannungsfall

Im Hauptstromversorgungssystem darf der Spannungsfall nach § 13 NAV einen Wert von 0,5 % der Nennspannung nicht überschreiten. Die Ermittlung des Spannungsfalls erfolgt rechnerisch unter Zugrundelegung des Bemessungsstroms der Hausanschlusssicherung. Für Wohngebäude liegt der zugrundeliegende Wert bei mindestens 63 A (vgl. VDE-AR-N 4100:2019-04, S. 39). Im Besonderen ist das Hauptversorgungssystem das Kabel vom Übergabepunkt des Versorgers bis zur Messeinrichtung. Der gestaffelte Spannungsfall in Bezug zur Leistung ist damit gegenstandslos. Allgemein sind für den Spannungsfall hinter der Messstelle VDE 0100-520 und DIN 18015 zu beachten.

Der Spannungsfall findet immer mehr an Bedeutung und wird von Messgeräten neuester Generation auch messtechnisch erfasst. Die Nichteinhaltung der Werte nach der Norm bringt eine Fehlermeldung im Messprotokoll. Daher wird es immer wichtiger, dieses Kriterium zu bedenken und die Länge der Leitung für einen Endstromkreis bezogen auf die Absicherung nach der Norm zu planen und zu verlegen.

Berechnung des Spannungsfalls in Volt für Leitungsquerschnitt $A_{Cu} < 50\ mm^2$ und $A_{Al} < 70\ mm^2$

Gleichstrom	Wechselstrom	Drehstrom
$U_V = (2 \cdot L \cdot I_B)/(\chi \cdot A)$	$U_V = (2 \cdot L \cdot I_B \cdot \cos\varphi)/(\chi \cdot A)$	$U_V = (\sqrt{3} \cdot L \cdot I_B \cdot \cos\varphi)/(\chi \cdot A))$
$U_V = (2 \cdot L \cdot P)/(\chi \cdot U \cdot A)$	$U_V = (2 \cdot L \cdot P)/(\chi \cdot U \cdot A)$	$U_V = (L \cdot P)/(\chi \cdot U \cdot A)$

Aufgrund des überwiegenden Resistanzanteils bei den genannten Querschnitten kann der reaktive Anteil in der Regel vernachlässigt werden.

Berechnung der zulässigen Leitungslänge für Leitungsquerschnitt $A_{Cu} \geq 50\ mm^2$ und $A_{Al} \geq 70\ mm^2$

Der Wert L_{norm} ist in Tabellen für die verschiedenen Kabeltypen enthalten (vgl. VDE 0100 Bbl. 5:2021-06, S. 61ff.).

Gleich-/Wechselstrom	Drehstrom	Parallelkabel/-leitungen
$L_{zul} = (L_{norm} \cdot U_N \cdot \Delta u/I_B)/2$	$L_{zul} = L_{norm} \cdot U_N \cdot \Delta u/I_B$	$L_{zul} = (L_{norm} \cdot U_N \cdot \Delta u/I_B) \cdot N$
$U_V = L_{zul} \cdot I_B \cdot 2/(L_{norm} \cdot 100\ \%)$	$U_V = L_{zul} \cdot I_B/(L_{norm} \cdot 100\ \%)$	$U_V = L_{zul} \cdot I_B/(L_{norm} \cdot N \cdot 100\ \%)$

Für 1-phasige Stromkreise (N-Leiter = Außenleiterquerschnitt) muss die ermittelte Länge halbiert werden, bei parallelen Kabelsystemen muss die ermittelte Länge mit der Anzahl der parallelen Systeme multipliziert werden, was in Zeile 1 der Formeln berücksichtigt ist. Mit der entsprechenden Umstellung nach Zeile 2 kann der Spannungsfall in Volt direkt berechnet werden.

A Leitungsquerschnitt
L einfache Länge; L_{zul} zulässige Leitungslänge; L_{norm} normierte Leitungslänge zu A
I_B Betriebsstrom
χ 56 (spezifische Leitfähigkeit für Kupfer 30 °C);
37 (spezifische Leitfähigkeit für Aluminium 30 °C)
U_V Spannungsfall in Volt; Δu Spannungsfall in %; U_N Nennspannung
N Anzahl der Parallel verlegten Kabel/Leitungen
$\cos\varphi$ Leistungsfaktor

Anmerkung: Der Wert χ 58 ist eine Sicherheit für eine Temperatur von 20 °C. Für Berechnungen unter Normalbedingungen wird in der Formel χ 56 eingesetzt, die der Temperatur 30 °C entspricht.

Hinweis: Im Ergebnis kann gesagt werden, dass bei Versorgung aus dem öffentlichen Netz bezogen auf die Nennspannung der elektrischen Anlage, für den Spannungsfall zwischen dem Übergabepunkt am z. B Hausanschlusskasten bis zum Anschlusspunkt von Beleuchtungsstromkreisen mit 3 % und in übrigen Stromkreisen mit 5 % ausgegangen werden kann. Wenn die Versorgung von einem privaten Energieversorger erfolgt, darf der Wert des Spannungsfalls bei Beleuchtungsstromkreisen sogar 6 % und bei anderen Stromkreisen 8 % annehmen, wobei im Text der Norm die vorgenannten Werte empfohlen werden (vgl. Kiefer 2017, S. 712).

Umschaltsteuerung von Kuppelschalter – Generatorschalter

Im Sinne einer hohen Verfügbarkeit sind die Verbraucher der SV-Schiene nach Erkennen einer Netzstörung von der gestörten Spannung zu trennen. Eine Netzstörung muss nicht immer nur ein allpoliger Netzausfall sein, sondern kann auch eine Über- oder Unterspannung sein. Ursache dafür können sein, der Ausfall eines Außenleiters auf der Oberspannungsseite oder durch eine Sternpunktverschiebung auf der Unterspannungsseite, die durch eine Neutralleiterunterbrechung hervorgerufen wird. Würde der Kuppelschalter eingeschaltet bleiben, dann wären alle Verbraucher – auch die der SV-Schiene – dieser Spannung während der Hochlaufzeit des Aggregats ausgesetzt. Bei empfindlichen Geräten in der Medizintechnik, Frequenzumrichter könnte es zu Beschädigungen kommen.

Empfehlung: Für eine hohe Verfügbarkeit von Sicherheitsanlagen ist es vorzuziehen, dass bei einer Netzstörung der Kuppelschalter ausschaltet, das Aggregat anläuft und der Generatorschalter auf die Schiene der Sicherheitsanlage aufschaltet. Damit ist mit diesem zeitversetzten Schaltvorgang auch eine Fehlschaltung ausgeschlossen.

Einheitstemperaturkurve für Kabel- und Leitungsanlagen

Der Anstieg der Umgebungs-Prüftemperatur über die Zeit im Brandfall wird durch die Einheits-Temperaturzeitkurve (ETK) bestimmt. Der rechnerische Nachweis dazu ist mit folgender Formel durchzuführen:

$$T = 20 + 345 \cdot \log(8t+1)$$

Dabei steht T für die Endtemperatur und t für die Zeit des Funktionserhalts der Sicherheitsanlage, für die die Anlage funktionieren muss.

Kommentar zum Diagramm: Die normativen Vorgaben für Kabel und Leitungen sind in der Regel E30 und E90. Werden diese für t in die Formel eingegeben, so ergibt sich eine Temperatur T für E30 mit 841 °C und 1006 °C für E90. Eine weitere gängige Funktionsdauer ist E180, welche dann eine Prüftemperatur von 1110 °C ergibt. Mit diesen Temperaturen sind die Widerstandswerte für die Kabel und Leitungsanlagen zu berechnen (vgl. VDE 0100-560:2022-10, S. 28). Eine Abhandlung dazu ist in Kapitel 8 aufgezeigt.

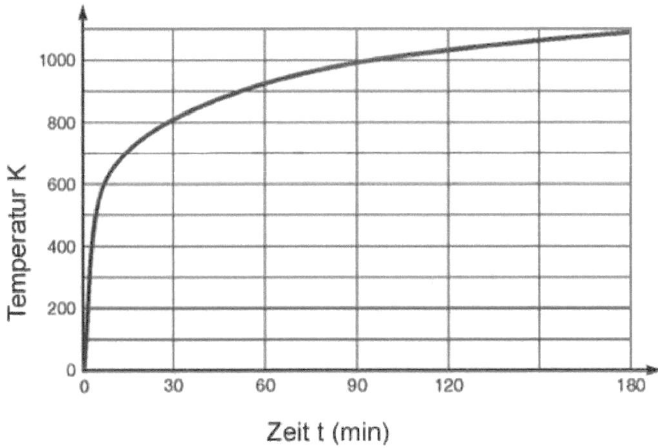

Bild 7.6: Diagramm Temperatur-Einheitszeitkurve für Bauprodukte

7.1 Sprinkleranlage, Druckwassererhöhung

- Die gesamte Kabelanlage für Haupt- und Steuerstromkreise muss nach DIN 4102-12 mit Funktionserhalt E90 aufgebaut sein (vgl. VDE 0100-560:2022-10, S. 17). Für Sprinkleranlagen muss ein VdS-zugelassenes Kabel vom Typ (N)HXCH FE 180/E90 installiert werden (geeignet für die Besprengung mit Wasser unter Druck – VdS-Verfahrensrichtlinie 2344). Kabel haben eine Anerkennungsnummer, die mit einem G beginnt. Auch Steuerleitungen, über welche der Zustand der Sprinkleranlage an das Aggregat weitergeleitet wird, müssen bei Brandeinwirkung funktionsfähig bleiben und daher mit Funktionserhalt E90 verlegt sein. Die Anwendung des Ruhestromprinzips in Verbindung mit Leitungen des Typs NHXMH oder J-Y(St)Y ist nicht zulässig.

  Hinweis: Innerhalb des Raums mit Zentralentechnik können die Leitungen und der Schaltschrank auch ohne Funktionserhalt ausgeführt werden. Das gilt auch für das Zuleitungskabel von der NSHV zum Schaltschrank der jeweiligen Anlage, wenn die beiden Räume nebeneinander angeordnet sind. (vgl. MLAR: 2018-10, S. 294 mit 295).

- Der Sicherungsabgang für das Zuleitungskabel zum Schaltschrank muss an der NSHV-SV erfolgen (VDE 0100-560:2022-10, S. 19).
- Die Bemessung für den Kraftstoffverbrauch der NEA-Tankanlage muss mit 12 h berechnet werden (siehe Tabelle 3.2).
- Ist begründet nur die AV-Stromversorgung verlangt, ist der vorrangige Stromkreis anzuwenden. Es muss hier ebenfalls ein E90-Kabel verlegt werden. Die Varianten nach Kapitel 9 sind zu diskutieren.
- Der besondere Hinweis zur Absicherung des Kabels nach Kapitel 5 ist zu beachten.
- Die Widerstandsveränderung bei Brandeinwirkung mit 1006 °C (ETK) im längsten Brandabschnitt ist unter Berücksichtigung des 1,5-fachen Nennstroms zu rechnen. Für den berechneten Leiterquerschnitt ist es sinnvoll, dafür die Freigabe vom verantwortlichen Versorgungstechniker bzw. der Errichterfirma einzuholen.
- Kein Motorschutz und unter Berücksichtigung des Netz-Systems gegebenenfalls kein RCD- und AFDD-Schalter (vgl. VDE 0100-560:2022-10, S. 16). Im TT-System muss der RCD bei Zutreffen von Kriterien in der Norm gegebenenfalls geplant werden (vgl. VDE-AR-N 4100:2019-04, S. 83/84)!
- Das Einschalten darf nur als Direkt- oder mit y/Δ-Anlauf erfolgen. Bei y/Δ-Anlauf ist zwischen Klemmkasten Pumpe und Steuerung Schaltschrank ein 7-poliges Kabel zu verlegen und der Querschnitt unter Betrachtung von I_{L} und I_{Str} zu berechnen.
- Der Spannungsfall in der Zuleitung darf max. 5 % von Hausanschluss bis Anschluss Klemmkasten Pumpe betragen. Demnach ist zu empfehlen, von Abgangssicherung in NSHV als Hauptverteilungsanlage bis Pumpe mit 3 % zu rechnen.
- Die Minderungsfaktoren f_1 und f_4 nach der Bemessungsstromregel sind einzurechnen.
- Die aus der Sprinklersteuerung sich nach den VdS-Richtlinien zu berücksichtigenden Vorgaben sind vom Anlagenhersteller entsprechend vorzurüsten und die Verkabelungen zu externen Feldgeräten in den Anlagenplänen des Positionsplans, der Schemazeichnung und dem Schaltplan der Steuerung darzustellen. Im Einzelnen sind dies, ohne Gewähr auf Vollständigkeit:
  - Störmeldungen der Motorüberwachung und der Starterbatterien
  - Meldung der Stellung von Absperrhähnen in Kraftstoffleitungen

 – Überwachung der Energieversorgung am Aggregat (vgl. VdS CEA 4001)

- Zwischen parallel verlaufenden Leitungstrassen von AV- und SV-Kabel zur Umschalteinrichtung in der Zentrale muss in der freien Fläche, wie einer Tiefgarage, ein Abstand nach VdS von 3 m eingehalten werden.
- Die Umschaltung AV/SV darf erst erfolgen, wenn der Generator seine Betriebsnenndaten erreicht hat. Die Umschaltzeit ist so zu parametrieren, dass es zu keiner Fehlschaltung kommt.
- Wird nach Wiederkehr der ersten Energiequelle automatisch zurückgeschaltet, muss die NEA noch 10 min nachlaufen.
- Selektivität zwischen den in Reihe liegenden Sicherungen muss belegt werden. Dazu ist die Absicherung im Steuerschrank der Anlage bei der Errichterfirma abzufragen.
- Werden die Kabel zum Funktionserhalt in Rohren unter der Bodenplatte verlegt, müssen die Rohre wasserdicht und gasdicht eingebaut werden.
- Eine Leitung für die Störmeldung an eine ständig besetzte Stelle nach Kapitel 11 ist vorzusehen.
- Nach den TAB der Feuerwehr muss eine Gegensprechanlage mit Sprechapparaten in der Sprinklerzentrale und am FW-Anlaufpunkt vorhanden sein. Anforderungen an den Funktionserhalt sind dafür nicht zu erfüllen.

7.2 Maschinelle Entrauchung – Brandgasventilator / Lüftungsanlage

- Die gesamte Kabelanlage für Haupt- und Steuerstromkreise muss nach DIN 4102-12 mit Funktionserhalt E90 aufgebaut sein (vgl. VDE 0100-560:2022-10, S. 17) (Ausnahmen: siehe Kapitel 1) (vgl. MLAR:2018-10, S. 269 mit 297).
- Der Sicherungsabgang für das Zuleitungskabel zum Schaltschrank muss an der NSHV-SV erfolgen (VDE 0100-560:2022-10, S. 19). Der Einbau der Zentrale muss im SV-Raum erfolgen. In diesem Raum muss ein automatischer Rauchmelder aus der RWA-Zentrale installiert sein. Wird das Lüftungsgerät zur Entrauchung eingesetzt, ist die Steuerung in der Lüftungszentrale zu platzieren.
- Die Bemessung für den Kraftstoffverbrauch der NEA-Tankanlage muss mit 3 h berechnet werden (siehe Tabelle 3.2).

- Ist begründet nur die AV-Stromversorgung verlangt, ist der vorrangige Stromkreis anzuwenden. Es muss hier ebenfalls ein E90-Kabel verlegt werden (Ausnahmen: siehe Kapitel 1).
- Der Einbau der Zentrale kann im AV-Raum erfolgen. In diesem Raum muss ein automatischer Rauchmelder aus der RWA-Zentrale installiert sein. Bei Entrauchung über die Lüftungsanlage wird der Schaltschrank im Raum der Lüftungszentrale verwendet.
- Erfolgt der Einbau der Zentrale im zu entrauchenden Raum, muss die Kabelanlage mit dem Gehäuse der Zentrale den geforderten Funktionserhalt erfüllen (vgl. MLAR:2018-10, S. 285). Varianten nach Kapitel 9 sind zu diskutieren.
- Der besondere Hinweis zur Absicherung des Kabels nach Kapitel 5 ist zu beachten.
- Die Widerstandsveränderung bei Brandeinwirkung mit 1006 °C (ETK) im längsten Brandabschnitt ist einzurechnen (wenn Kabel ausschließlich in dem Bereich verlegt wird, in dem nur 300 °C zu erwarten sind, kann der Faktor eventuell vernachlässigt werden – hier ist eine Abstimmung mit dem Prüfsachverständigen erforderlich).
- Kein Motorschutz und unter Berücksichtigung des Netz-Systems gegebenenfalls kein RCD- und AFDD-Schalter (vgl. VDE 0100-560:2022-10, S. 16). Im TT-System muss der RCD bei Zutreffen von Kriterien in der Norm gegebenenfalls geplant werden (vgl. VDE-AR-N 4100:2019-04, S. 83/84)!
- Das Einschalten ist als Direkt- oder mit y/Δ-Anlauf herzustellen. Bei y/Δ-Anlauf ist zwischen Klemmkasten Ventilator und Steuerung Schaltschrank ein 7-poliges Kabel zu verlegen. Werden Ventilatoren mit Frequenzumformer (FU) verbaut, reicht ein 5-poliges Kabel aus.
- Der Spannungsfall in der Zuleitung darf max. 5 % von Hausanschluss bis Anschlusskasten Ventilator betragen. Demnach ist zu empfehlen von der Abgangssicherung im NSHV bis Ventilator mit 3 % zu rechnen.
- Die Minderungsfaktoren f_1 und f_4 nach der Bemessungsstromregel sind einzurechnen.
- Erfolgt der Einbau von Rauchgasventilatoren in F0-Dachkonstruktionen, ist der Kabelweg gesondert zu betrachten. Gegebenenfalls ist eine Kabelverlegung außerhalb des Brandabschnitts über dem Dach die Lösung. Hierbei sind aber Näherungsabstände zu Blitzschutzanlagen einzuhalten und Vorgaben für Installationen auf der Dachdeckung, z. B. Foliendach, zu berücksichtigen und mit dem Architekten zu besprechen (siehe Abschnitt 8.2.15). Kann diese Lösung nicht

umgesetzt werden und die Verlegung muss an der Dachkonstruktion erfolgen, ist über die Formulierung im BSK eine Abweichung möglich. Die Kabelanlage ist dann so aufzubauen, dass bei einem Brand die Personenrettung als vorrangiges Schutzziel erreicht wird (vgl. MLAR:2018-10, S. 282-285).

- Die Auslösung der MRA hat je nach Vorgabe im BSK und Abstimmung mit der FW zu erfolgen. In Frage kommen hierfür automatische Rauchmelder aus der MRA und BMA, die gegebenenfalls unter Berücksichtigung der VDE 0833-2 zu platzieren sind, und Handfeuermelder, die ausschließlich von der FW anzugeben sind. Der Montageort von automatischen Rauchmeldern ist so zu wählen, dass eine schnelle Branderkennung möglich ist. Die Zugänglichkeit der Melder für Wartungsarbeiten ist zu berücksichtigen (vgl. BHE-Richtlinie MRA, 2016-01).

  Hinweis: Die TAB der zuständigen Feuerwehr sind zu berücksichtigen. Manche Feuerwehren lassen es nicht zu, dass die MRA mit Rauchmeldern der BMA ausgelöst wird.

- Bei automatischer Auslösung der Abluftventilatoren muss vorzeitig die Zuluftöffnung für die Nachströmung in Funktion gehen. Es muss sichergestellt sein, dass keine Sogwirkung an den Notausgängen auftritt.
- Gibt es im BSK keine Aussagen zur Stromversorgung für die MRA, muss generell eine redundante Energieversorgung vorhanden sein (vgl. BHE-Richtlinie MRA, 2016-01).
- Die Zentrale der MRA muss eine Schnittstelle für die Anbindung, z. B. an die BMA haben (vgl. BHE-Richtlinie MRA, 2016-01).
- Die Lüftungsfunktion muss der Funktion – maschinelle Entrauchung – untergeordnet sein, die Alarmfunktion darf nicht beeinträchtigt werden. Im Alarmfall ist die Lüftungsfunktion generell zu übersteuern (vgl. BHE-Richtlinie MRA, 2016-01).
- Die Umschaltung AV/SV darf erst erfolgen, wenn der Generator seine Betriebsnenndaten erreicht hat. Die Umschaltzeit ist so zu parametrieren, dass es zu keiner Fehlschaltung kommt.
- Selektivität zwischen den in Reihe liegenden Sicherungen muss belegt werden. Dazu ist die Absicherung im Steuerschrank der Anlage bei der Errichterfirma abzufragen.
- Eine Leitung für die Störmeldung an eine ständig besetzte Stelle nach Kapitel 11 ist vorzusehen.

- Bei Kabelverlegung mit Funktionserhalt (NHXH-E90) im Außenbereich müssen die Kabel mit einem UV-beständigen Installationsrohr bzw. Spiralschlauch vor Sonnenanstrahlung geschützt werden.

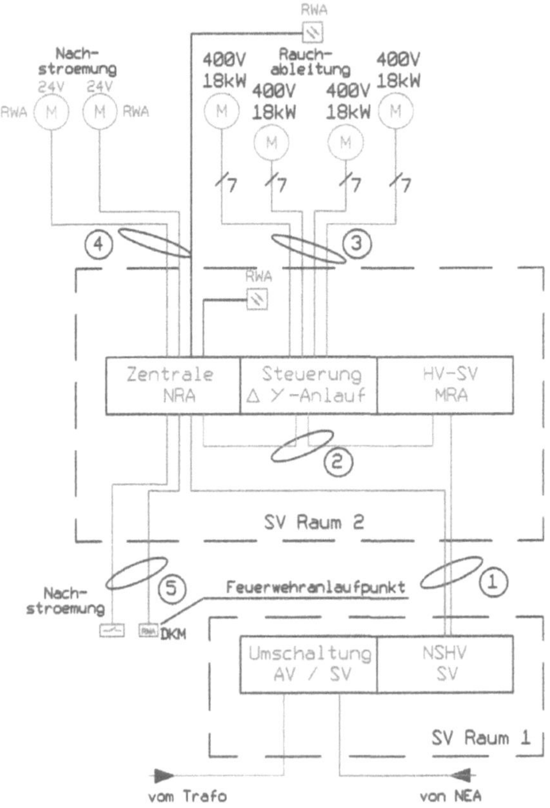

Bild 7.5: Systemzeichnung – MRA mit Brandgasventilatoren

Kommentar zur Systemzeichnung: Aus der Zeichnung sollen die nummerierten Kabelverlegungen zur Berechnung der Adernquerschnitte unter Berücksichtigung von F_V kritisch betrachtet werden:

- 1 = Kabelverlegung mit Funktionserhalt (NHXH-E90) unter Bestimmung von F_V durch den längsten Streckenabschnitt für Energieversorgung
- 2 = Kabelverlegung als Verbindungsleitung (N2XH) ausschließlich im Raum mit den Schalt- und Steuereinrichtungen erfordert keinen Funktionserhalt.

- 3 = Kabelverlegung mit Funktionserhalt (NHXH-E90) unter Berücksichtigung von F_V zwischen Steuerschrank und Brandgasventilator mit y/Δ-Anlauf. Gegebenenfalls ist bei der angenommenen Leistung eine gestaffelte Zuschaltung zu planen. Bei y/Δ-Anlauf ist 7-poliges Kabel erforderlich und der Querschnitt unter Betrachtung von I_L und I_{str} zu berechnen. Kommen Ventilatoren mit FU zum Einsatz kann ein 5-poliges Kabel verlegt werden.
- 4 = Kabelverlegung mit Funktionserhalt (NHXH-E90) unter Bestimmung von F_V zwischen NRA-Steuerung und Antrieben der Nachströmung
- 5 = Kabelverlegung mit Funktionserhalt (JE-H(ST)H E90) für die Ansteuerung der Nachströmung und manueller Auslösung der Anlage durch die Feuerwehr

Anmerkung: Die Leitungsverlegung zu den automatischen Rauchmeldern ist gesondert zu betrachten und kann bei entsprechendem Verlauf ohne Forderung an den Funktionserhalt installiert werden.

Hinweis: Ventilatoren in Außenwänden müssen aus energetischen Gründen eine Jalousie haben. Diese muss sich mit dem Anlaufen des Ventilators öffnen. Dazu ist eine Steuerleitung (7 x 1,5 mm²) zu verlegen. Erfolgt das Öffnen automatisch oder ist die Leitungsverlegung zischen MRA-Zentrale und Jalousie außerhalb des Brandabschnitts, gibt es keine Anforderung an den Funktionserhalt hierfür. Erfolgt das Öffnen manuell und der Leitungsverlauf ist durch den Brandabschnitt, ist die Leitung mit Funktionserhalt, je nach Anforderung E30 / E90, zu verlegen.

7.3 Druckbelüftung – Rauchschutz-Druckanlage

- Die gesamte Kabelanlage für Haupt- und Steuerstromkreise muss nach DIN 4102-12 mit Funktionserhalt E90 aufgebaut sein (vgl. VDE 0100-560:2022-10, S. 17). Im zugehörigen Lüftungsschacht können die Kabel und Leitungen ohne Funktionserhalt verlegt werden. Werden dazugehörige Leitungen durch das Sicherheitstreppenhaus verlegt, sind diese in einem I30-Kanal zu verlegen (vgl. MLAR:2018-10, S. 297 mit 300).
- Der Sicherungsabgang für das Zuleitungskabel zum Schaltschrank muss an der NSHV-SV erfolgen (VDE 0100-560:2022-10, S. 19).
- Die Bemessung für den Kraftstoffverbrauch der NEA-Tankanlage muss mit 8 h berechnet werden (siehe Tabelle 3.2).
- Die Widerstandsveränderung bei Brandeinwirkung mit 1006 °C (ETK) durch den Verlauf im längsten Brandabschnitt ist einzurechnen.

- Der besondere Hinweis zur Absicherung des Kabels nach Kapitel 5 ist zu beachten.
- Kein Motorschutz und unter Berücksichtigung des Netz-Systems gegebenenfalls kein RCD- und AFDD-Schalter (vgl. VDE 0100-560:2022-10, S. 16). Im TT-System muss der RCD bei Zutreffen von Kriterien in der Norm gegebenenfalls geplant werden (vgl. VDE-AR-N 4100:2019-04, S. 83/84)!
- Das Einschalten muss mit Direkt- oder y/Δ-Anlauf erfolgen. Bei y/Δ-Anlauf ist zwischen Steuerbrett Ventilator und Steuerung Schaltschrank ein 7-poliges Kabel zu verlegen.
- Der Spannungsfall in der Zuleitung darf max. 5 % von Hausanschluss bis Anschlusskasten Motor betragen. Demnach ist zu empfehlen, von der Abgangssicherung im NSHV bis Anschlusskasten Motor mit 3 % zu rechnen.
- Die Minderungsfaktoren f_1 und f_4 nach der Bemessungsstromregel sind einzurechnen.
- Die Umschaltung AV/SV darf erst erfolgen, wenn der Generator seine Betriebsnenndaten erreicht hat. Die Umschaltzeit ist so zu parametrieren, dass es zu keiner Fehlschaltung kommt.
- Selektivität zwischen den in Reihe liegenden Sicherungen muss belegt werden. Dazu ist die Absicherung im Steuerschrank der Anlage bei der Errichterfirma abzufragen.
- Eine Leitung für die Störmeldung an eine ständig besetzte Stelle nach Kapitel 11 ist vorzusehen.
- Jede Brandschutzklappe muss für jedes Geschoss einzeln angesteuert werden können. Ob das mit der Anlagenzentrale oder mit der BMA-Zentrale zu realisieren ist, muss im Zuge der Planabstimmung festgelegt werden.
- Die Anlage muss durch die Brandmeldeanlage automatisch ausgelöst werden. Sie muss den erforderlichen Überdruck umgehend nach Auslösung aufbauen.
- Der Aufstellraum für die RDA-Anlage muss brandlastfrei sein, jedoch darf der Schaltschrank der RDA im gleichen Raum aufgestellt werden, wenn im BSN nichts anderes festgelegt wurde (vgl. MLAR:2018-10, S. 297).
- Bei der Luftzuführung und Abströmung von Rauchgasen ist darauf zu achten, dass die Außenwandklappen so platziert werden, dass es zu keinem Rauchgaskurzschluss kommen kann.

Anmerkung: Für die Sicherstellung der Funktion wird diese Anlage bei manchen Sonderbauten, wie dem Hochhaus, redundant gebaut. Es sind daher zwei Kabel E90 in den Raum mit der Druckbelüftung zu verlegen. Das betrifft in der Regel die Druckbelüftungsanlage für jeweils FW-Aufzug mit Aufzugsvorraum und Sicherheitstreppenhaus. Generell ist für diese Anlagen ein Raum mit Tür (F90/T90) vorgegeben. Es dürfen keine fremden Brandlasten im Raum sein, eine Temperaturspanne im Bereich von 0 °C bis 25 °C ist zu halten.

- Werden Fenster als Abströmöffnung verwendet, muss der Antrieb über die Sicherheitsstromversorgung des Gebäudes oder über ein Netzgerät mit Akkupufferung versorgt werden (vgl. MLAR:2018-10, S. 300).

7.3.1 Druckbelüftung in Sicherheitstreppenhaus

- Fremde Leitungs- und Lüftungstrassen, gleich welcher Art, die nicht zum Betrieb des Sicherheitstreppenraums, sowie Schleusen und Vorräumen von FW-Aufzügen gehören, sind nicht zulässig.
- Vorräume/Schleusen zwischen notwendigen Fluren und notwendigen Sicherheitstreppenräumen sind in Verbindung mit Leitungsverlegungen und der Aufstellung von Verteilern wie ein Sicherheitstreppenraum zu sehen.
- Unter Leitungen zur Brandbekämpfung sind nasse, trockene, Feuerlöschleitungen und BOS-Gebäudefunksysteme zu verstehen.
- Unter elektrischen Leitungsanlagen zum Betrieb der Sicherheitstreppenräume sind Lichtleitungen (AV/SV), Schalterleitungen, Leitungen der Brandmelde- und Alarmierungsanlage und alle elektrischen Leitungen zum Betrieb der RDA-Anlage als Imputz-, Unterputz- oder Aufputz-Verlegung zu verstehen.
- Bei Aufputz-Verlegung sind ausschließlich nichtbrennbare Kabelführungsrohre zu verwenden.
- Die Ventilatoren und Schaltschränke der RDA-Anlage dienen zum Betrieb des Sicherheitstreppenraums. Aus diesem Grund ist eine Aufstellung und Montage innerhalb des Sicherheitstreppenhauses formell zulässig. Zum Zweck der Brandfrüherkennung sind Rauchmelder in der Nähe der Aufstellung und im Schaltschrank zu montieren.
- Sollte es sich jedoch um den einzigen Sicherheitstreppenraum ohne weiteren baulichen Rettungsweg handeln, dann ist eine Montage innerhalb des Sicherheitstreppenraums ohne besondere Vorkehrung abzulehnen. Die Vorkehrungen sind im Brandschutzkonzept zu beschreiben. In Konsequenz bedeutet das, bei nur einem Sicherheitstreppenhaus muss für die Unterbringung der RDA-Anlage vom Architekten im Zuge der Entwurfsplanung ein entsprechend großer Raum

eingeplant werden, vorzugsweise angrenzend an das Treppenhaus an unterster Stelle.

- In Gebäuden, in denen in einem Treppenraum RDA und RWA gleichzeitig installiert sind, ist sicherzustellen, dass bei Aktivierung der RDA die RWA-Auslösung übersteuert wird. Aus Sicht des RDA-Arbeitskreises sind RWA in druckbelüfteten Treppenräumen nicht sinnvoll.
- Die Montage von durchgängigen brandschutztechnisch ausgelegten Installationskanälen, z. B. Kapselung von nachgerüsteten Kabeltrassen ist als baurechtliche Abweichung zu beantragen. Eine Zustimmung sollte nur erfolgen, wenn keine andere Trassenführung möglich war und die Mindestfluchtwegbreite an keiner Stelle eingeschränkt ist (vgl. MLAR:2018-10, S. 207).

  Hinweis: Die Anforderungen an die Brandlastfreihaltung in Sicherheitstreppenhäusern sind sehr hoch. Es empfiehlt sich daher, in Abstimmung mit der Lieferfirma der RDA-Anlage eine Schlitz- und Beton-Leerrohrplanung anzufertigen, die gewährleistet, dass sämtliche Leitungen für die RDA-Anlage und die allgemeine Elektroinstallation, die für den Betrieb des Treppenhauses notwendig sind, in Unter-Putz-Ausführung hergestellt werden.

Kommentar zur folgenden Systemzeichnung: Nach dem gezeichneten Verlauf der Kabelanlage sind folgende Vorgaben für den Funktionserhalt zu beachten:

- Die Kabel 4 und 5 vom SS-RDA zur Druckregelanlage bzw. zum Drucksensor müssen durch die Beschaffenheit den geforderten Funktionserhalt sicherstellen. Die Verkabelung nach DIN 4102-12 ist umzusetzen. Ist der Verlauf innerhalb des Treppenraums, gilt E30-Anforderung, ansonsten ist E90 sicherzustellen.
- Das Kabel 6 vom SS-RDA zum Handauslöser muss durch die Beschaffenheit den geforderten Funktionserhalt sicherstellen. Hier genügt immer E30, dieser ist im Treppenhaus beim Eingang zu platzieren.

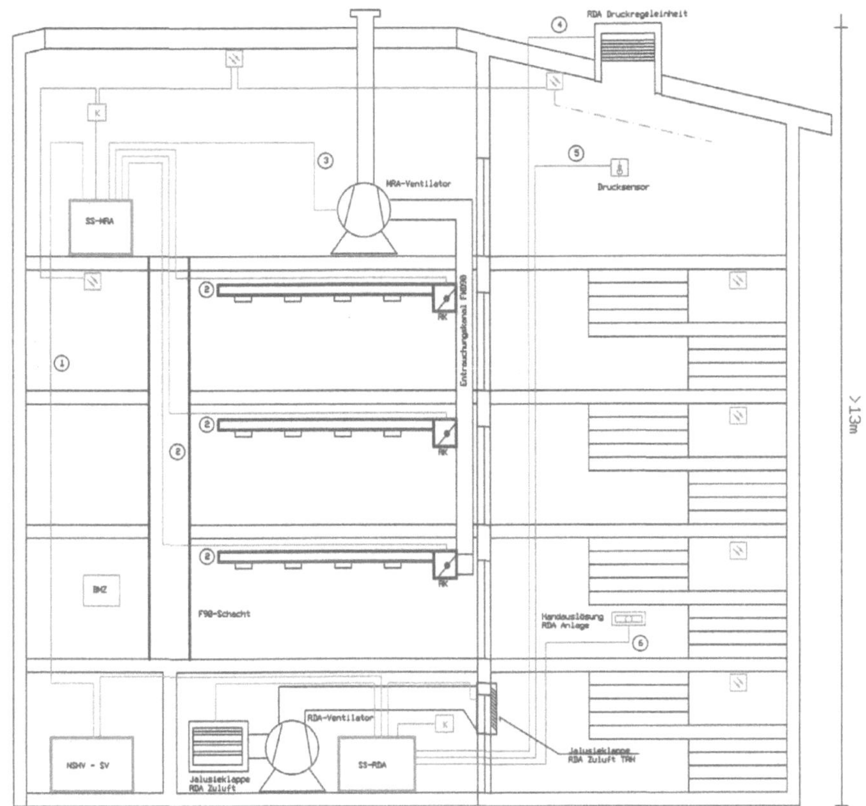

Bild 7.7: Systemzeichnung – RDA im Sicherheitstreppenraum (DXF 099)

7.4 Feuerwehr-Aufzug, Bettenaufzug

- Das Zuleitungskabel zum Steuerschrank der Aufzugsanlage muss mit Funktionserhalt E90 nach DIN 4102-12 installiert werden. Ausgenommen hiervon ist die Verlegung im zugehörigen Aufzugschacht (MLAR:2018-10, S. 301).
- Der Sicherungsabgang für das Zuleitungskabel zum Schaltschrank muss an der NSHV-SV erfolgen (VDE 0100-560:2022-10, S. 19). Im TT-System muss der RCD bei Zutreffen von Kriterien in der Norm gegebenenfalls geplant werden (vgl. VDE-AR-N 4100:2019-04, S. 83/84)! Es ist ein RCD Typ B zu planen.
- Die Bemessung für den Kraftstoffverbrauch der NEA-Tankanlage muss mit 8 h bzw. 24 h berechnet werden (siehe Tabelle 3.2).

- Die Widerstandsveränderung bei Brandeinwirkung mit 1006 °C (ETK) im längsten Brandabschnitt ist einzurechnen.
- Der Spannungsfall in der Zuleitung darf max. 5 % von Hausanschluss bis Anschlusskasten Antrieb betragen. Es ist zu empfehlen, von der Abgangssicherung im NSHV als Hauptverteilungsanlage bis Anschlusskasten Antrieb mit 3 % zu rechnen. Der tatsächliche Spannungsfall ist nach erfolgter Festlegung der Anlage zu berechnen und mit dem Aufzugsbauer abzustimmen.
- Die Umschaltung AV/SV darf erst erfolgen, wenn der Generator seine Betriebsnenndaten erreicht hat. Die Umschaltzeit ist so zu parametrieren, dass es zu keiner Fehlschaltung kommt.
- Der Steuerschrank muss im dazugehörigen Maschinenraum platziert sein. Bei maschinenraumlosen Anlagen muss der Steuerschrank in einem standardisiertem E90-Gehäuse integriert sein.
- Werden in zwei nebeneinanderliegenden Brandabschnitten jeweils ein Bettenaufzug zum Personentransport gebaut, muss die Sicherheitsstromversorgung unabhängig voneinander sein. Es müssen demnach zwei Netzersatzanlagen geplant werden (vgl. MLAR:2018-10, S. 302)
- Eine Hebeanlage im Schacht muss installiert werden. Es muss sichergestellt werden, dass kein Anstieg des Löschwassers über den vollständigen zusammengedrückten Puffer für den Fahrkorb erfolgt (EN 81-72:2003). Die Zuleitung muss demnach wie für den Aufzug in E90 Funktionserhalt bis zum Schacht verlegt werden. Ausgenommen hiervon ist die Verlegung im zugehörigen Aufzugschacht.
- Selektivität zwischen den in Reihe liegenden Sicherungen muss belegt werden. Dazu ist die Absicherung im Steuerschrank der Anlage bei der Errichterfirma abzufragen.
- Eine Leitung für die Störmeldung an eine ständig besetzte Stelle nach Kapitel 11 ist vorzusehen.
- Aufschaltung auf/über Telefonanlage bzw. GSM zu Sicherheitsdienst/Polizei zur Befreiung bei Notrufen

7.5 Brandfallsteuerung Personenaufzug

- Das Zuleitungskabel zum Steuerschrank der Aufzugsanlage muss mit Funktionserhalt E30 installiert werden. Ausgenommen hiervon ist die Verlegung im zugehörigen Aufzugschacht (vgl. MLAR:2018-10, S. 305 mit 306).

- Erleichterungen: Eine Erleichterung ist dann gegeben, wenn der Aufzug mit einer statischen Aufzugssteuerung ausgestattet ist und der gesamte Verlauf der Versorgungsleitung von NSHV-AV bzw. NSHV-SV und dem Steuerschrank der Aufzugsanlage durch automatische Rauchmelder der BMA überwacht wird und diese Melder ebenfalls die Brandfallfahrt einleiten. Die Überwachung des Leitungswegs durch Rauchmelder bzw. der Funktionserhalt der Zuleitung für den Aufzug kann entfallen, wenn die Brandfallfahrt durch eine Batterie abgesichert wird.

  Hinweis: Der konzeptionelle Nachweis für die Umsetzung dieser Erleichterungen ist über eine brandschutztechnische Beschreibung der Brandfallsteuerung durch den Fachplaner oder Errichter zu erbringen und dem Prüfsachverständigen der technischen Anlagen als Prüfunterlage zu übergeben. Es wird empfohlen, diese Abweichung von der MLAR bereits frühzeitig im BSK zu beschreiben (vgl. MLAR:2018-10, S. 307). Um Missverständnisse auszuschließen nochmals der Verweis auf die statische Steuerung. Für die häufiger zur Anwendung kommende halbdynamische und dynamische Steuerung kann diese Erleichterung nicht umgesetzt werden.

- Der Sicherungsabgang für das Zuleitungskabel zum Schaltschrank muss an der NSHV-SV erfolgen (VDE 0100-560:2022-10, S. 19). Im TT-System muss der RCD bei Zutreffen von Kriterien in der Norm gegebenenfalls geplant werden (vgl. VDE-AR-N 4100:2019-04, S. 83/84)! Es ist ein RCD Typ B zu planen.
- Die Bemessung für den Kraftstoffverbrauch der NEA-Tankanlage muss mit 3 h berechnet werden (siehe Tabelle 3.2).
- Ist begründet nur die AV-Stromversorgung verlangt, ist der vorrangige Stromkreis anzuwenden. Es muss hier ebenfalls ein E30-Kabel verlegt werden.
- Die Widerstandsveränderung bei Brandeinwirkung mit 841 °C (ETK) im längsten Brandabschnitt ist einzurechnen.
- Der Spannungsfall in der Zuleitung darf max. 5 % von Hausanschluss bis Anschlusskasten Antrieb betragen. Es ist zu empfehlen, von der Abgangssicherung in NSHV als Hauptverteilungsanlage bis Antrieb mit 3 % zu rechnen. Der tatsächliche Spannungsfall ist nach erfolgter Festlegung der Anlage zu berechnen und mit dem Aufzugsbauer abzustimmen.
- Die Minderungsfaktoren f_1 und f_4 nach der Bemessungsstromregel sind einzurechnen.
- Die Umschaltung AV/SV darf erst erfolgen, wenn der Generator seine Betriebsnenndaten erreicht. Die Umschaltzeit ist so zu parametrieren, dass es zu keiner Fehlschaltung kommt.

- Die Verkabelung für die Ansteuerung der geforderten Brandfallsteuerung ist zu berücksichtigen.
- Auslösen der Brandfallsteuerung durch die BMA oder NRA (siehe Kapitel 10). Bei BMA muss mit dem Taster Brandfallsteuerung im FBF diese Funktion abgeschaltet werden können. Ist BMA nicht flächendeckend installiert, z. B. in Schulen, ist die Anordnung der manuellen und automatischen Melder unter der anzuwendenden Kategorie von dynamischer, halbdynamischer oder statischer Steuerung zu planen. Mit dem Taster „Brandfallsteuerung ab" im FBF muss diese Funktion abgeschaltet werden können.
- Selektivität zwischen den in Reihe liegenden Sicherungen muss belegt werden. Dazu ist die Absicherung im Steuerschrank der Anlage bei der Errichterfirma abzufragen.
- Eine Leitung für die Störmeldung an eine ständig besetzte Stelle nach Kapitel 11 ist vorzusehen.
- Aufschaltung auf/über Telefonanlage bzw. GSM zu Sicherheitsdienst/Polizei zur Befreiung bei Notrufen

7.6 Brandmeldeanlage

Hinweis: Basis für eine qualifizierte Planung ist ein Brandmelde- und Alarmierungskonzept, das in geeigneter Form zu dokumentieren und als Bestandteil der Anlagendokumentation fortzuschreiben ist. Dabei gilt, Leitungsanlagen aller Art von BMA, die bauordnungsrechtlich gefordert sind, müssen auch im Brandfall funktionsfähig bleiben (vgl. VDE 0833-2:2022-06, S. 18).

- Die Brandmeldezentrale muss DIN EN 54-2 entsprechen. Neben den Forderungen aus DIN, VDE und MLAR ist hier auch die von den jeweiligen Städten und Landkreisen ausgearbeitete TAB zu beachten. Eine Karte von allen Feuerwehren mit eigener TAB nach dem aktuellen Stand, ist im Internet unter www-TABs der Feuerwehren aufrufbar.

Kommentar zur folgenden Systemzeichnung: Die Zeichnung soll einen Überblick geben, mit welchen externen Feldgeräten, neben den automatischen und manuellen Rauchmeldern, die Anlage zum funktionierenden Betrieb geplant werden muss.

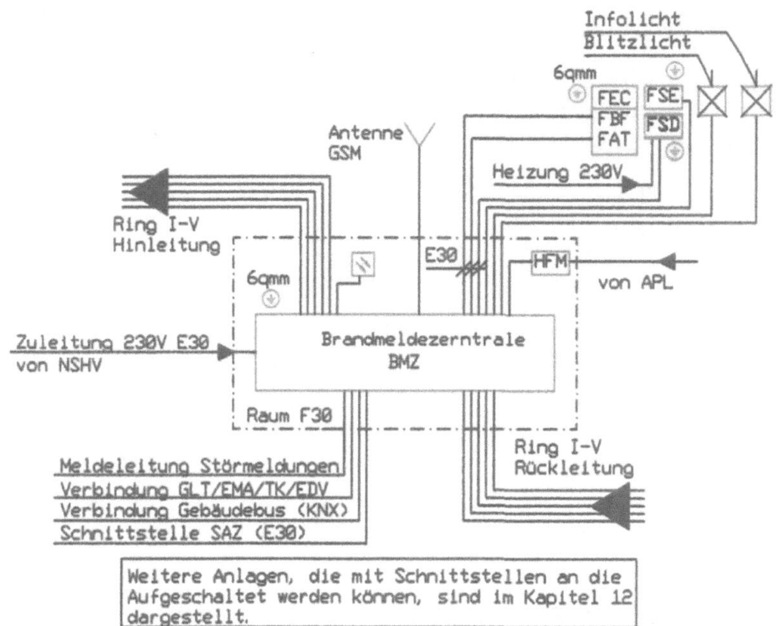

Bild 7.8: Systemzeichnung – Anschluss von externen Feldgeräten an BMZ (DXF 131)

- Die Energieversorgung muss in der Lage sein, die geforderte Funktion der BMA sicherzustellen. Dies gilt für die Kombination folgender Energiequellen: Für Anlagen mit integrierter Akku-Pufferung sind das 72 h. Für Anlagen mit USV und NEA sind das 4 h. Bei einer Überbrückungszeit von 4 h muss die NEA für mindestens 30 h den Betrieb der BMA aufrechterhalten können; 4 h, wenn für die BMA eine Netzersatzanlage zur Verfügung steht und Ersatzteile vorhanden sind und der Ausfall der Netzversorgung jederzeit erkannt wird (ständig besetzte beauftragte Stelle) und der Instandhalter ständig verfügbar ist; 30 h, wenn die Störung jederzeit erkannt wird (ständig besetzte beauftragte Stelle) und innerhalb von 24 h der Instandhalter verfügbar ist (VDE 0833-2:2017-10, S. 20).
- Für die Anlage ist Funktionserhalt E30 verlangt. Das Kabel zwischen dem Sicherungsabgang an der NSHV bis zur Zentrale als primäre Stromversorgung ist demnach nach den Vorgaben für E30 zu verlegen (MLAR:2018-10, S. 91).
- Ist eine NEA vorhanden, muss der Sicherungsabgang für das Zuleitungskabel zur Zentrale in der NSHV-SV eingebaut sein (VDE 0833-1:2014-10).
- Im TT-System muss der RCD bei Zutreffen von Kriterien in der Norm gegebenenfalls geplant werden (VDE-AR-N 4100:2019-04, S. 83/84)!

- Ist begründet nur die AV-Stromversorgung verlangt, muss der Einbau der Stromkreissicherung in der NSHV-AV sein (VDE 0100-560:2022-10, S. 19). Es ist der vorrangige Stromkreis anzuwenden, d. h. es muss ausgeschlossen sein, dass durch das Abschalten anderer Betriebsmittel der Stromkreis zur BMA unterbrochen wird (VDE 0833-2:2022-06, S. 54).
- Für die Energiezuführung aus dem elektrischen Netz muss ein eigener Stromkreis mit getrennter Absicherung vorhanden sein. Die Abgangssicherung für die BMZ muss besonders gekennzeichnet sein (VDE 0833-2:2022-06, S. 54).
- Ist der Zugang nur über elektrische Automatiktüren/Schiebetüren möglich, so ist ein eigener Schlüsselschalter mit FW-Schließung vorzusehen. Dabei ist die Tür so auszurüsten, dass die Zugänglichkeit auch bei Stromausfall gewährleistet ist (vgl. TAB FW).
- Bei Großanlagen mit Haupt- und Unterzentrale, ist ein Zentralenring für den Zusammenschluss zu installieren. Wichtig dabei ist, dass Hin- und Rückleitung zwischen den beiden Zentralen brandschutztechnisch auf getrennten Wegen verlegt werden, unabhängig davon, ob für den Ringaufbau LWL-Kabel/-Leitungen oder Kupferkabel/-leitungen verwendet werden.

  Anmerkung: Lichtwellenleiter-Kabel gelten als elektrische Leitungen (vgl. MLAR:2018-10, S. 387).
- Die Verkabelung zum FSD muss mit E30-Funktionserhalt ausgeführt werden. Da dieser nach dem Ruhestromprinzip funktioniert, muss die Stromversorgung bis zum Eintreffen der Feuerwehr vorhanden sein. Nur dann kann der FSD entriegelt werden und der Zugang zum Objekt ist gewährleistet. Vorzugsweise ist die Leitung zum FSD unter Putz oder im Metallrohr zu verlegen (vgl. DIN 14675-1:2020-01, S. 42).
- Ist das FSD vom Gebäude abgesetzt, müssen deren Leitungen mindestens 0,8 m tief im Erdreich und zusätzlich mechanisch geschützt verlegt werden. Zudem ist der FSD über eine Leitung mit einem Querschnitt von mindestens 4 mm² mit dem Potentialausgleich der BMA zu verbinden. Wenn kein frostgeschützter Einbau sichergestellt ist, muss der FSD mit einer Heizung ausgerüstet sein. Die Heizung ist mit einem AV-Stromkreis, der temperaturabhängig zu steuern ist, zu versorgen. SV-Versorgung ist nicht gefordert. Der Ausfall des Heizstromkreises ist als Störung zu melden (vgl. DIN 14675-1:2020-01, S. 42).
- Wird ein FSE installiert, ist der Einbau in unmittelbarer Nähe zum FSD vorzusehen. Das FSE muss von einer verantwortlichen Person der Feuerwehr betätigt werden, wie ein Handfeuermelder angeschlossen werden und einen Brandalarm

auslösen. Durch die Auslösung des FSE dürfen keine weiteren Brandfallsteuerungen aktiviert werden. Eine Fernauslösung der ÜE und die damit verbundene Entriegelung des FSD durch die hilfeleistende Stelle ist zulässig. Anforderungen an den Funktionserhalt für die Leitung zum FSE gibt es nicht.

- Bei abgesetzten Anlagen für FSD, FSE und FEC in Form einer Edelstahl-Standsäule ist der genaue Standort frühzeitig festzulegen und das notwendige Fundament anzugeben. Die Abmessungen (in mm) dafür sind: B: 1000, T: 1000, H: 800, das Gewicht der Säule beträgt 99 kg.
- Die Überwachung ergibt sich aus den verschiedenen Brandmeldekonzepten, die ins BSK mit übernommen werden können:
  - Kategorie 1: Vollschutz – Flächendeckende Überwachung mit Ausnahmen nach VDE 0833-2,
  - Kategorie 2: Teilschutz – Vorgaben hierzu sind im BSK zu benennen,
  - Kategorie 3: Schutz von Fluchtwegen,
  - Kategorie 4: Einrichtungsschutz (vgl. VdS 3140-V03, S. 1).

Hinweis: Der Ersteller des Brandschutzkonzepts sollte prüfen, ob der volle Überwachungsumfang wirklich benötigt wird oder auch zusätzlich weitere Ausnahmen von der Überwachung nach VDE 0833-2:2022-06 im Brandschutzkonzept definiert werden können. Beispielhaft ist die Überwachung aller Klima-, Be- und Entlüftungsanlagen mit Klima- und Lüftungszentralen sowie Zu- und Abluftkanäle zu hinterfragen. Aus der Sicht der Schutzzieldefinition ist diese Komplettüberwachung der Lüftungsanlagen nicht zielführend, sehr kostenintensiv und aufwendig. Hier sollte im BSK ein pragmatischer schutzzielorientierter Weg über die Raumüberwachung der Brandmeldeanlage gefunden werden. Kanalrauchmelder in Entlüftungsleitungen sollten zur Vermeidung von Fehlalarmen nur gemäß DIN EN 54 ausgeführt oder auf eine Überwachung der Kanäle verzichtet werden (vgl. MLAR:2018-10, S. 335).

- Das Zusammenwirken aller Sicherheitsanlagen mit dem Ablauf im Gefahrenfall ist in Form einer Brandfallmatrix genau zu definieren. Die übergeordnete Steuereinrichtung dazu ist die Zentrale der BMA. Eine Übersicht dazu ist aus Bild 12.1 ersichtlich.
- Aufschaltung der Alarmmeldung durch den zuständigen Konzessionär mit dem HFM an die Einsatzzentrale der Branddirektion bzw. ILS. Für die redundante Alarmmeldung sind zwei Wege gefordert. Der Erstweg erfolgt als IP-Anschluss bzw. Telefonanschluss für das öffentlich vermittelte Fernsprechnetz. Für den Zweitweg ist eine Mobilfunkverbindung mit einem GSM zu installieren. Hier ist

zu beachten, dass die Leitung zwischen der Antenne und der BMZ max. 30 m sein darf.

- Das Leitungsnetz für die externen Feldgeräte, wie automatische Rauchmelder, Handfeuermelder, Alarmgeber, Koppler usw., muss ebenfalls für die Dauer von 30 min funktionieren, was mit der Verkabelung der Ring-Bus-Technik unter Berücksichtigung der besonderen Installationsvorgaben erfüllt werden kann. Die Größe des BA mit 1.600 m^2 und der Meldebereich mit einer Gesamtfläche von 6.000 m^2 sind zu berücksichtigen. Ein einzelner Fehler darf die geforderte Funktion des Übertragungswegs nicht beeinträchtigen. Die umfassenden Kriterien, die zusätzlich beachtet werden müssen, sind für die Projektierung in der Norm genau enthalten (vgl. VDE 0833-2:2022-06, S. 25/26 und S. 52/53). Die Verkabelung der Rauchmelder im Zwischendeckenbereich muss mit E30-Kabel verlegt werden, wenn diese nicht mit überwacht werden, auch dann, wenn die Ring-Bus-Technik ausgeführt wird (vgl. MLAR:2018-10, S. 91, identisch MLAR: 2007, S. 68).

Hinweis: Leitungen für Alarmierungseinrichtungen müssen auch nach Absetzen der Meldung bis zum Abschluss der Evakuierung weiter funktionieren. Die Leitungsanlagen-Richtlinien fordern für diese Leitungen einen Funktionserhalt im Brandfall von 30 min. Ausgenommen sind die Leitungen und Verteiler, die nur der Versorgung von Geräten innerhalb eines Brandabschnitts eines Geschosses oder eines Treppenhauses dienen. Hierfür ist kein Funktionserhalt im Brandfall erforderlich. Die praktischen Hintergründe für diese Erleichterung sind, dass Warntongeber und Lautsprecher keinen Funktionserhalt haben. Zudem geht der Gesetzgeber davon aus, dass Personen, die sich im betroffenen Geschoss eines Brandabschnitts aufhalten, die Gefahr auch ohne Alarmierung selbst bemerken, wohingegen Personen in benachbarten Bereichen oder Geschossen unbedingt gewarnt werden müssen. Wichtig bei der Stichleitungstechnik ist, dass die abgehenden E30-Leitungen einzeln an der BMZ abgesichert und überwacht werden.

7.6.1 Kriterien für die Planung der Ringleitung

Bei mehr als 10 DKM oder 32 automatischen Meldern oder mehreren Brandabschnitten mit Ringtechnik verkabelten Meldern ist die Forderung zum Funktionserhalt durch Trennelemente oder Kurzschlussisolatoren nach DIN EN 54-17 erfüllt.

Die Kurzschlussisolatoren sorgen im Fall einer Leitungsstörung (Kurzschluss oder Unterbrechung) durch das Auftrennen der Ringleitung in zwei Stichleitungen dafür, dass nicht mehr als ein Meldebereich und nicht mehr als die vorgenannten Melder oder ein linienförmiger Melder oder eine Auswerteeinheit eines Ansaugrauchmelders oder einer Funktionsgruppe zum Alarmieren oder Steuern ausfallen. Damit ergeben sich bei der Projektierung der Anlage erhöhte Anforderungen an die Planung für die Verlegung der Hin- und Rückleitung auf getrennten Wegen.

Da Hin- und Rückleitungen nicht immer getrennt verlegt werden können, sind die nachfolgenden Ausführungsvarianten für die Umsetzung zu diskutieren und die beste Lösung ist in Abstimmung mit dem Prüfsachverständigen anzuwenden. Dabei ist zu unterscheiden nach der offenen Verlegung im Raum und der Verlegung innerhalb einer Zwischendecke.

- Leitungsverlegung im Raum mit automatischem Brandmelder erfordert keinen Funktionserhalt: Mit der Selbstüberwachung der Leitung durch die automatischen Brandmelder ist die Installation der Leitungsanlage ohne Funktionserhalt normenkonform.
- Leitungsverlegung im Raum ohne automatische Brandmelder, bei gemeinsamer Verlegung der Hin- und Rückleitung, erfordert Funktionserhalt: Die gemeinsame Verlegung innerhalb eines Raums von Hin- und Rückleitung erfordert den Funktionserhalt E30. Dazu ist neben der zugelassenen Leitung auch das damit geprüfte Befestigungs- bzw. Verlegsystem zu verwenden.
- Leitungsverlegung im Raum ohne automatische Brandmelder, aber Hin- oder Rückleitung sind brandschutztechnisch eingehaust, erfordert keinen Funktionserhalt: Auch hier gilt durch die gemeinsame Verlegung im Raum, dass die Anlage die Anforderung E30 erfüllen muss. Erfolgt das mit einer konventionellen Leitung, muss diese in einem Brandschutzkanal E30 verlegt werden. Ist der Verlauf als fremde Brandlast durch einen notwendigen Flur, muss der Kanal auch den Zusatz I30 erfüllen.
- Leitungsverlegung im Raum mit automatischen Brandmeldern und Abgrenzung durch virtuellen BA: Bei großen Flächen unter Anwendung des virtuellen BA ist sicherzustellen, dass nicht Hin- und Rückleitung durch den gleichen Raum vom BA 1 in den BA 2 verlegt werden. Hier ist dann eine Leitung in Funktionserhalt durch den BA 1 oder im Außenbereich zu verlegen. Begründet ist das auch damit, dass durch einen Fehler in einem Übertragungsweg nicht mehr ausfällt als ein Meldebereich mit höchstens 1.600 m² (vgl. VDE 0833-2:2022-06, S. 24). Die Abstimmung mit dem Prüfsachverständigen ist hierzu erforderlich.

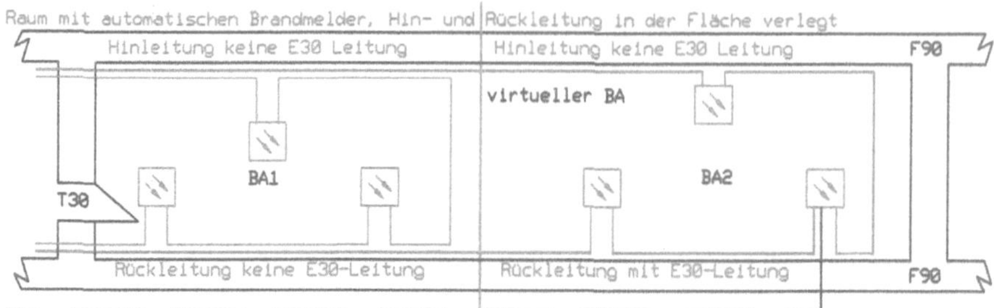

Bild 7.9: Systemzeichnung – Verlegung Ringleitung durch Raum mit automatischer Überwachung im zweiten Brandabschnitt (BA) (DXF 029-6)

- Leitungsverlegung im Raum mit automatischen Brandmeldern und Zwischendeckenüberwachung erfordert keinen Funktionserhalt: Der Installationsaufbau erfordert keinen Funktionserhalt, wenn auf eine Ereignismeldung eine umgehende Aktionsauslösung vorgenommen wird.
- Die Länge der Ring-Bus-Leitung wird durch akustische und optische Signalgeber begrenzt. Herstellerbedingt gibt es dafür auch den Begriff des Lastfaktors. Der Lastfaktor definiert die Stromaufnahme des Alarmgebers auf der Leitung im Alarmfall. Der maximal zulässige Gesamtlastfaktor einer einzelnen Ringleitung beträgt 96. Insgesamt können weiterhin bis zu 127 Busteilnehmer pro Ring betrieben werden. Manche Hersteller verwenden auch Diagramme aus denen abzulesen ist, wie lang eine Ringleitung bezogen auf die Anzahl der Alarmierungsgeräte sein darf.

  Beispiel: Die Alarmierung soll über Melder mit integrierten Warntongebern (Sounder) und akustische Signalgeber erfolgen. Der Lastfaktor für einen Sounder beträgt 2,0 und für einen Signalgeber 3,0. In einem Bürogebäude werden je Ring 25 St. Sounder und 10 St. Signalgeber montiert. Somit berechnet sich ein Gesamtlastfaktor von: 25 (Sounder) x 2 + 10 (Sirenen) x 3 = 80.

  Aus der Tabelle ergibt sich bei dem errechneten Lastfaktor 80 eine maximale Leitungslänge für den Analogring von 900 m mit einem Leitungsdurchmesser von 0,8 mm.

Tabelle 7.4: Bestimmung des Lastfaktors zur Leitungslänge für Brandmeldetechnik

max. Länge einer Bus-Ringleitung	Gesamtlastfaktor
bis 700 m	91 bis 96
bis 800 m	85 bis 90
bis 900 m	79 bis 84
bis 1.000 m	73 bis 78
bis 1.100 m	67 bis 72
bis 1.300 m	61 bis 66
bis 1.500 m	55 bis 60
bis 1.700 m	49 bis 54
bis 2.000 m	43 bis 48
bis 2.500 m	37 bis 42
bis 3.000 m	31 bis 36
bis 3.500 m	1 bis 30

Quelle: Esser, Planungshandbuch, Projektierungsbeispiel S. 388

Kommentar zur Tabelle: Die Teilnehmerbelegung der Ring-Bus-Leitung ist herstellerabhängig. Die Lastfaktoren der Bauteile sind daher immer aktuell mit dem Hersteller des eingesetzten Fabrikats abzustimmen. Bei der Belegung der Ringe ist darauf zu achten, dass Reserven für Nachinstallationen berücksichtigt sind. Bei Neuanlagen sollen max. 80…85 Teilnehmer zu den 127 möglichen geplant werden.

- Die Ring-Bus-Leitung ist auch für die sonstigen BMA-Systeme, wie Rauchansaugsystem, Wärmemelder mit Sensorband, Linienmelder mit Lichtschranke usw., anzuwenden. Hier werden die jeweiligen Auswerteeinheiten in den Ring eingebunden. Wichtig ist, dass diese Auswerteeinheiten im Überwachungsbereich des jeweiligen Brandabschnitts platziert werden.

  Hinweis: Bei Rauchansaugsystemen ist für die Prüfung/Wartung zu bedenken, dass beim am weitesten entfernten Loch des Ansaugrohrs zur Auswerteeinheit bei unzugänglicher Zwischendeckeninstallation eine Revisionsöffnung eingebaut wird. Hier muss das vom Hersteller zugelassene Prüfgas eingebracht werden können. Das Ansauggebläse erzeugt störende Geräusche. Es ist daher an einem Ort zu installieren, an dem es zu keinen Belästigungen für Bedienstete und Besucher kommt (vgl. AMEV BMA:2019, S. 38, 39).

- Die Verkabelung zu externen Feldgeräten, z. B. Signalgeber mit abgesetzten Netzteilen, im Stich muss mit E30 Funktionserhalt erfolgen. Dabei müssen die Netzgeräte im dazugehörigen Brandabschnitt platziert werden.

  Hinweis: Die Energieversorgung für die Netzteile muss die gleichen Kriterien wie für die sonstige BMA-Anlage erfüllen (Stromversorgung mit Funktionserhalt E30).

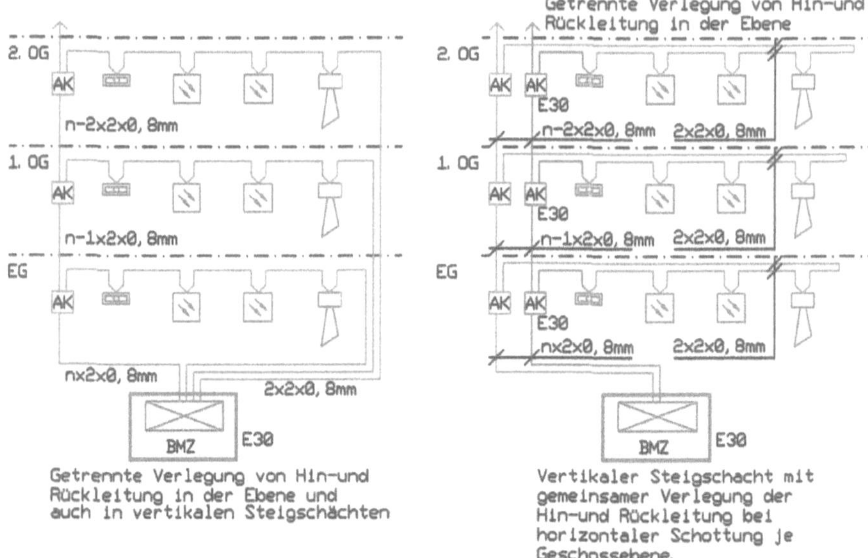

Bild 7.10: Systemzeichnung – Verkabelung Ring-Bus-Leitung Brandmeldeanlage (DXF 079)

Kommentar zur Systemzeichnung: Die Variante, das Ringbussystem mit einer Stammleitung zu installieren, zeigt die Abbildung. Diese ergibt sich aus der VDE 0833-2:2022-06, S. 57. Hier heißt es: Es dürfen mehrere Hinleitungen bzw. mehrere Rückleitungen in jeweils gemeinsamen Kabeln verlegt werden. Zu beachten ist dabei, dass die Anzahl der Leitungsverbindungen so gering wie möglich sein soll (vgl. VDE 0833-2:2022-06, S. 52). Situationsbedingt gilt es zu beachten, dass von der Zentrale bis zum ersten Melder je Ring die Leitung E30 zu verlegen ist.

7.6.2 Kriterien für die Planung der Stichleitung

Bei Altanlagen trifft man häufig auch noch Stichleitungen für die Installation von automatischen und nichtautomatischen Rauchmeldern an (vgl. MLAR:2018-10, S. 325). Werden diese Anlagen erweitert bzw. umgebaut, müssen folgende Errichterbestimmungen beachtet werden:

- Als Zuleitung vom Abgang an der BMZ bis in den zu überwachenden Raum/BA muss immer eine funktionserhaltende Leitung verlegt werden.
- Leitungsverlegung im Raum mit automatischen Rauchmeldern erfordert keine E30-Leitung.

- Leitungsverlegung im Zwischendeckenbereich ohne Überwachung für automatische Rauchmelder im Raum darunter, erfordert E30-Leitung in Zwischendecke.
- Leitungsverlegung brandschutztechnisch F30 eingehaust durch Raum ohne automatische Rauchmelder erfordert keine E30-Leitung.
- Leitungsverlegung durch Raum ohne automatische Rauchmelder in angrenzenden BA erfordert bei ungeschützter Verlegung E30-Leitung.
- Leitungsverlegung für nichtautomatische Rauchmelder im Raum/BA bis zum letzten Melder mit Funktionsanforderung.
- Bei Überwachung der nichtautomatischen Rauchmelder durch einen automatischen Rauchmelder an oberster Stelle in z. B. einem Treppenraum kann die Verkabelung ohne Funktionserhalt ausgeführt werden.

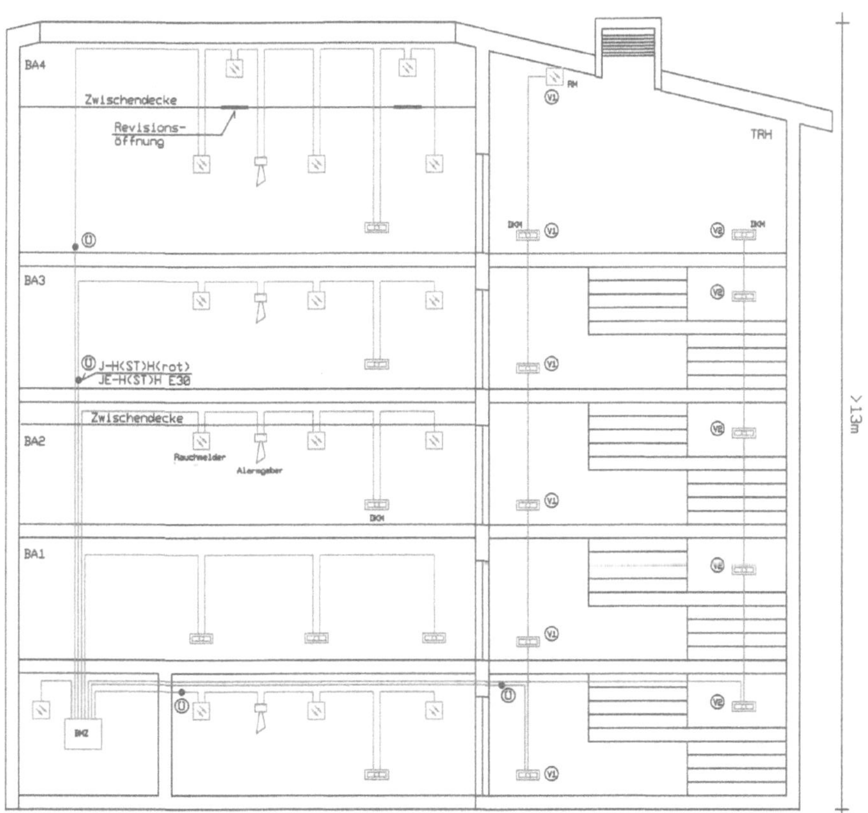

Bild 7.11: Systemzeichnung – Verkabelung Stichleitung Brandmeldeanlage (DXF 100)

Kommentar zur Systemzeichnung: Bei der Stichleitung als konventionelle Verkabelung der Brandmeldeanlage dürfen max. 10 Handfeuermelder oder 32 automatische Melder im Fall einer Leitungsstörung ausfallen. Daher resultiert die Forderung, die Leitung bei der Durchführung durch andere Brandabschnitte in Funktionserhalt auszuführen. Nach der MLAR dürfen keine Melder ausfallen, wenn die Leitungen nicht durch Rauchmelder überwacht werden.

Die Forderung aus dem Kommentar ist in der VDE so enthalten und in der Systemzeichnung wiedergegeben. Verdeutlicht ist das auch nochmals mit den beiden Varianten V1 und V2 im Treppenhaus. Die Darstellung zeigt, wird das Treppenhaus auch mit automatischem Melder V1 überwacht, kann innerhalb des Raums mit einer konventionellen Leitung verkabelt werden. Sind am Stich nach V2 nur manuelle Melder installiert, muss die Beschaffenheit der Leitung von der BMZ bis zum letzten Melder mit Funktionserhalt E30 nach DIN 4202-12 verlegt werden.

7.6.3 Bestimmung von Anzahl und Platzierung der Alarmgeber

Die wesentlichen Kriterien für die Bestimmung der Alarmgeber im Raum sind:

- der Schallpegel der Umgebung, in der ein akustischer Alarmgeber montiert werden soll,
- die Montagehöhe und die Entfernung zum Alarmgeber,
- der Schallpegel des Alarmgebers muss jederzeit an allen Stellen des Raums um +10 dB höher als der gemessene Störschallpegel liegen. Der Schallpegel muss jedoch mindestens 75 dB betragen. (Bei schwerhörigen Bewohnern sind zusätzlich optische Melder zu planen.)
- Der Signalton muss sich deutlich von den Umgebungsgeräuschen abheben. Bei ähnlichen Frequenzverläufen ist ein anderer Signalton auszuwählen und/oder die Alarmierung zusätzlich durch einen optischen Signalgeber zu signalisieren.
- *Forderung aus einer TAB:* Für jede bauaufsichtlich geforderte oder notwendige Brandmeldeanlage ist ein akustischer Räumungsalarm nach DIN 33404-3 (vgl. DIN 14675 und VDE 0833) vorzusehen. Gegebenenfalls muss hierbei auch VDE 0833-4 beachtet werden (vgl. TAB-ILS-FFB:2021-05, S. 8).
- Der Schallpegel darf max. 120 dB betragen. Bei einem örtlichen Störschalpegel von mehr als 110 dB muss zusätzlich optisch alarmiert werden.

Tabelle 7.5: Planung der akustischen Alarmgeber nach Höhe und Entfernung

Höhe (m)	**akustische Alarmgeber mit 92 dB (A) / 1 m**											
1	92											
2	86	85	83	81	79	77	76	75	74	73	72	70
3	82	82	81	79	78	77	75	74	73	72	72	70
4	80	80	79	78	77	76	75	73	73	72	71	70
5	78	78	77	7	76	75	74	73	73	72	71	70
6	76	76	76	75	75	74	73	73	72	71	71	69
7	75	75	75	74	74	73	73	72	71	71	70	69
8	74	74	74	73	73	73	72	71	71	70	70	69
9	73	73	73	72	72	72	71	71	70	70	69	68
10	72	72	72	72	71	71	71	70	70	69	69	68
11	71	71	71	71	71	70	70	70	69	69	69	68
12	70	70	70	70	70	70	69	69	68	68	68	67
	1	**2**	**3**	**4**	**5**	**6**	**7**	**8**	**9**	**10**	**11**	**12**
	Entfernung (m)											

Quelle: www.esser-systems.de

Kommentar zur Tabelle: Für die Projektierung der Alarmierung in der Brandmeldetechnik, gemäß der vorherrschenden Normen und Richtlinien, kann die Tabelle angewendet werden. Man wird damit auf der sicheren Seite sein. Generell gilt, der Schallpegel der Umgebung in der ein akustischer Alarmgeber montiert werden soll, muss durch eine Schallpegelmessung ermittelt werden.

Hinweis: Der vom Alarmgeber erzeugte Schallpegel wird für eine Entfernung von 1 m Abstand zur Schallquelle angegeben. Mit jeder Verdopplung des Abstands zur Schallquelle wird der Schallpegel um 6 dB gedämpft. In einem Abstand von 10 m zur Schallquelle ist der Schallpegel um -20 dB reduziert.

7.6.4 Wahl der automatischen Brandmelder

Die Kriterien für die Auswahl automatischer Brandmelder hat entsprechend der Raumnutzung, der wahrscheinlichen Brandentwicklung in der Entstehungsphase, der Raumhöhe, den Umgebungsbedingungen und den möglichen Störgrößen in dem zu überwachenden Bereich zu erfolgen. Demnach sind nachfolgende Überlegungen bei der Festlegung zu berücksichtigen:

- **Brandentwicklung:** Ist in der Entstehungsphase mit einem Schwelbrand zu rechnen, sind Rauchmelder zu verwenden. Ist mit einem offenen Brand mit schneller Brandentwicklung zu rechnen, können Rauch-, Wärme-, Flammenmelder oder Kombinationen der verschiedenen Melder verwendet werden.

- **Raumhöhe:** Je höher der Raum oder je größer der Abstand zwischen Brandherd und Decke ist, desto größer wird die Zone gleichmäßiger, aber geringerer Rauchkonzentrationen. Für die Auswahl des geeigneten Melders sind die Vorgaben des gewählten Herstellers zu beachten.
- **Umgebungstemperaturen:** Werden Melder bei Umgebungstemperaturen unter 0 °C eingesetzt, ist sicherzustellen, dass die Melder nicht vereisen können. Die zulässigen Einsatz- und Umgebungstemperaturen, die von den Herstellern von –20 °C bis +50 °C angegeben werden, sind keine Freigabe, da die Funktion nicht gewährleistet ist. (Gegebenenfalls sind hier Melder mit eingebauter Heizung zu installieren.)

Nachfolgend ist die Planung der Punktmelder als die am häufigsten verbaute Melderart ausführlich beschrieben.

7.6.5 Anordnung automatischer Punktmelder

- Der Montageort von automatischen Brandmeldern ist so zu wählen, dass eine schnelle Branderkennung möglich ist. In den Ecken zwischen Wand und Decke kann die aufsteigende heiße und rauchhaltige Luft die vorhandene Luft schlechter verdrängen, sodass sich hier Bereiche mit geringerer Temperatur und geringerer Rauchkonzentration bilden.
- Verdeckte Brandmelder sind so zu montieren, dass Ihre Zugänglichkeit leicht und selbsterklärend erfolgen kann. Dies betrifft automatische Rauchmelder in Doppelböden und in Zwischendecken. Im Doppelboden ist der Melder an einer umklappbaren Bodenplatte, die mit einer Kette gesichert ist, anzubringen. In Zwischendecken sind bei geschlossener Decke bezeichnete Revisionsöffnungen für die Sichtung der Melder einzuplanen. Als Mindestgröße wird hier eine Öffnung von 400 mm x 400 mm gefordert. Die TAB der zuständigen FW ist hier aber zu beachten. Die Forderungen für die Größen der Revisionsöffnungen sind hier mit 300 mm bis 500 mm festgelegt.
- Die besondere Überwachung ist in den Buchten von Doppelparkeranlagen in Tiefgaragen zu beachten. Hier ist auch der untere Raum mit einzubeziehen. Die Anforderungen aus den TAB der jeweiligen Branddirektion sind anzuwenden (vgl. TAB-ILS-FFB:2021-05, S. 7).
- Punktförmige Rauch- und Wärmemelder dürfen nur horizontal an Decke oder Konsole montiert werden. Ein Abstand von mindestens 0,5 m zu Wänden, Fenstern, Türen, Klimakanalöffnungen, Kanälen, die ≤15 cm unter der Decke verlaufen, Rohr- und Leitungstrassen ist einzuhalten. Ausgenommen sind Gänge, Kanäle und Räume, die schmäler als 1 m sind. Die weiteren Vorgaben hierzu sind

zusätzlich zu beachten (vgl. VDE 0833-2:2022-06, S. 26 mit 44, Ausnahmen S. 17).

- In der Praxis sind quadratische Überwachungsflächen selten möglich. Für die Melder-Anordnung in großen Räumen mit ebenen Decken, bei denen die Unterzüge nicht berücksichtigt werden müssen, empfiehlt sich daher folgende Vorgehensweise:

  1. Auswahl der Melder anhand der vorhandenen Brandlast, der zu erwartenden Brandkenngröße und der bekannten Täuschungsgrößen,
  2. Ermittlung der zulässigen Überwachungsfläche je Melder aus VDE 0833-2, Tabelle 2 anhand der Grundfläche (A_G) des Raums, der Deckenhöhe und der Dachneigung,
  3. Ermittlung des zulässigen D_H-Maßes zur Überwachungsfläche und Dachneigung,
  4. Berechnung der Mindestanzahl der erforderlichen Melder nach der Formel: $n = A_G / A_Ü$
  5. Berechnung der Seitenlänge ($S_Ü$) des Überwachungsquadrats ($A_Ü$): $S_ü = \sqrt{A_Ü}$
  6. Die Seitenlängen des Raums werden durch die Seitenlänge des Überwachungsquadrats geteilt. Daraus ergibt sich, wie oft das Überwachungsquadrat in die Grundfläche passt: $n_a = a / S_ü$, $n_b = b / S_ü$
  7. Nach der Anzahl der neu gebildeten Überwachungsflächen $A_Ü$ sind im Normalfall neue Rechtecke zu bilden, die folgende Bedingungen erfüllen müssen:

     Die neue Fläche muss kleiner sein als die zulässige Überwachungsfläche $S_a \times S_b < A_Ü$ und die halbe Diagonale muss kleiner als das zulässige D_H-Maß sein: $\sqrt{(S_a/2)^2+(S_b/2)^2} < D_H$
  8. Damit die Überwachungsflächen und Deckenabstände nicht ausgereizt werden, sind die Reserven möglichst gleichmäßig zu verteilen.

- Die Anpassung von Flächen in Bereichen mit Deckenfeldern, durch Eingrenzung mit Unterzügen oder sonstigen baulichen Konstruktionen und Räumen, kann zu Abweichungen gegenüber quadratischen Regelflächen führen, die in der VDE zugelassen werden. Die Zusammenstellung der zulässigen max. Seitenlängen in rechteckiger Form zeigt die folgende Tabelle. Abweichungen dazu sind in Bild 5 mit 8 aus den Diagrammen der VDE abzulesen (vgl. VDE 0833-2:2022-06, S. 33 mit 35).

Tabelle 7.6: Überwachungsbereich rechteckiger Räume mit automatischen Meldern

	Rauchmelder		Wärmemelder	
Dachneigung	≤20°	>20°	≤20°	>20°
Seitenverhältnis	2 : 3	1 : 3	1 : 2	1 : 4
Sicherungsbereich (m)	L x B	L x B	L x B	L x B
15 m² (3,87)²	3,15 x 4,75	2,23, x 6,69	2,73 x 5,46	1,93 x 7,72
20 m² (4,47)²	3,66 x 5,48	2,58 x 7,74	3,18 x 6,32	2,24 x 8,96
30 m² (5,47)²	4,45 x 6,68	3,15 x 9,45	3,85 x 7,70	2,73 x 10,9
36 m² (6,00)²	4,90 x 7,34	3,44 x 10,4	4,24 x 8,48	3,00 x 12,0
40 m² (6,32)²	5,16 x 7,74	3,65 x 19,9	4,47 x 8,94	3,16 x 12,6
48 m² (6,92)²	5,65 x 8,48	4,00 x 12,0	--	--
60 m² (7,75)²	6,30 x 9,60	4,30 x 13,4	--	--
80 m² (8,95)²	7,30 x 10,9	5,20 x 15,4	--	--
90 m² (9,49)²	7,75 x 11,6	5,45 x 16,5	--	--
10 m² (10)²	8,10 x 12,2	5,80 x 17,3	--	--

Kommentar zur Tabelle: Für die Einhaltung der Überwachungsbereiche sind die einzelnen Abmessungen vorgegeben. Die Auswahl der Melder sowie die Gebäudekonstruktion sind die wesentlichen Kriterien für die Festlegung der Überwachungsbereiche (vgl. VDE 0833-2:2022-06, S. 31ff). Die Raumhöhe begrenzt die Eignung der Rauchmelder-Typen zu den anzunehmenden Umgebungsbedingungen. Generell gilt hierzu, je schneller die Brandentwicklung und Rauchausbreitung, umso höher kann ein Melder im Raum platziert werden. Die Tabelle 1 aus VDE 0833-2:2022-06, S. 21 macht dazu konkrete Vorgaben und ist dementsprechend anzuwenden. Bei punktförmigen Rauchmeldern ist die Regelhöhe 12 m bzw. 16 m und bei punktförmigen Wärmemeldern 7,5 m. Flammenmelder können bis zu 26 m Raumhöhe (RH) eingesetzt werden.

Hinweis: Bei reinen VdS-Anlagen sind 12 m Montagehöhe für punktförmige Rauchmelder die Obergrenze.

- In Gängen und Deckenfeldern bis zu einer Breite von 3 m dürfen die Abstände von Sensorpunkten wie folgt gewählt werden:

Tabelle 7.7: Überwachungsbereich rechteckiger Räume mit automatischen Meldern

Abstände	**Rauchmelder**	**Wärmemelder**
Melder / Melder	15,00 m	10,00 m
Melder / Stirnseite	7,50 m	5,00 m
Zweimelderabhängigkeit Typ B	11,00 m	5,00 m

Kommentar zur Tabelle: Bei Ansteuerung von Feuerlöschanlagen darf der Abstand der Rauchmelder 7,5 m nicht übersteigen. In Kreuzungs-, Einmündungs- und Eckbereichen von Gängen ist jeweils ein Melder anzuordnen. Als Einmündungsbereich zählen auch Aussparungen von mehr als 1 m Tiefe und bis zu 3 m Breite (vgl. VDE 0833-2:2022-06. S. 37).

- In hohen Räumen, wie Industriehallen, Lichthöfen von Warenhäusern oder Foyers, sind Brandentwicklungen mit offenen Flammen unwahrscheinlich und der Einsatz von Flammenmeldern wenig sinnvoll. Hier ist die Empfehlung im vertikalen Abstand von max. 12 m Zwischenebenen zu bilden. Diese sind vorzugsweise mit linienförmigen Rauchmeldern zu überwachen.
- In Turmanlagen, deren Höhe mit Gitterrosten unterteilt sind, kann der Einsatz von punktförmigen Rauchmeldern die wirtschaftlichste Lösung sein. Die Rauchmelder sind dabei unter den Gitterrosten auf Rauchstauflächen von mindestens 0,5 m x 0,5 m zu montieren. Diese Rauchstauflächen können einfache Tafeln aus Blech oder Kunststoff sein. Hierzu gibt es keine besonderen Vorgaben.

7.6.6 Berücksichtigung von hochliegenden Deckenteilen

Eine komplexe Planung erfordert die Platzierung von punktförmigen Rauchmeldern in großflächigen Hallen mit höher liegenden Deckenteilen, wie Lichtkuppeln bzw. Lichtbändern, RWA-Öffnungen usw. Diese Einrichtungen müssen als eigener Raum betrachtet werden, wenn die Fläche dieser Einbauten 10 % der gesamten Deckenfläche übersteigt (Kriterium 1) oder diese Einbauten größer als die 0,6-fache Überwachungsfläche eines Melders sind (Kriterium 2).

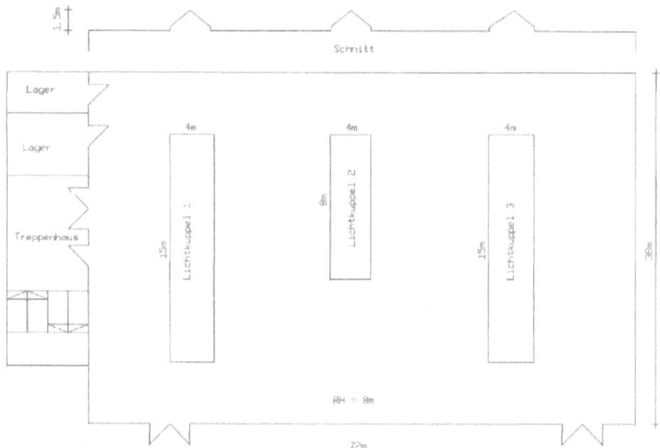

Bild 7.12: Systemzeichnung – Dachfläche mit hochliegenden Deckenteilen (DXF 096)

Nach Herstellerangaben ist die Überwachungsfläche eines Rauchmelders bis 12 m RH mit 80 m² angegeben. Die Dachneigung darf dabei bis 20° betragen.

Im Beispiel nach Bild 7.12 ergibt sich aus der folgenden Berechnung die Platzierung der automatischen Rauchmelder:

Grundfläche Halle A_G: 72 m x 38 m = 2.736 m²
Fläche Lichtkuppel 1, 3 ($A_{LK1,3}$): 15 m x 4 m = 60 m²
Fläche Lichtkuppel 2 (A_{LK2}): 8 m x 4 m = 32 m²

- Überprüfung der Kriterien 1 und 2 für Feld Lichtkuppel 1, 3:

  10 % der gesamten A_G beträgt 273,6 m². Da $A_{LK1,3}$ mit 60 m² < A_G, ist das Deckenfeld nicht zu überwachen.

  0,6-fach von 80 m² = 48 m². Da $A_{LK1,3}$ mit 60 m² größer ist als die zulässige Überwachungsfläche mit 48 m², ist das Deckenfeld zu überwachen.

  Ergebnis: Die Lichtkuppeln 1 und 3 müssen überwacht werden, da Kriterium 2 nicht erfüllt wird.

- Überprüfung der Kriterien 1 und 2 für Feld Lichtkuppel 2:

  10 % der gesamten A_G beträgt 273,6 m². Da A_{LK2} mit 32 m² < A_G, ist das Deckenfeld nicht zu überwachen.

  0,6-fach von 80 m² = 48 m². Da A_{LK2} mit 32 m² größer ist als die zulässige Überwachungsfläche mit 48 m², ist das Deckenfeld nicht zu überwachen.

  Ergebnis: Die Lichtkuppel 2 muss nicht überwacht werden, da Kriterium 1 und 2 erfüllt werden.

Hinweis: Aufgrund des Wärmestaus bei Sonneneinstrahlung dürfen die Rauchmelder nicht unmittelbar in der Glasebene montiert werden.

Tabelle 7.8: Abstand von punktförmigen Rauchmeldern zu Decken und Dächern nach Tabelle 3 aus VDE 0833-2

Raumhöhe	**Abstand D_L bei Dachneigung α**	
	≤ 20°	**>20°**
bis 6 m	bis 0,25 m	0,20 bis 0,50 m
über 6 m	bis 0,25 m	0,35 bis 1,00 m

Kommentar zur Tabelle: In Hallen mit Blechdächern oder verglasten Oberlichtern können im Sommer unter der Decke Temperaturen von mehr als 50 °C herrschen. Um auch bei diesen Wetterlagen eine sichere Branderkennung zu ermöglichen, müssen die rauchempfindlichen Teile der Brandmelder in einem bestimmten Abstand

D_L zur Decke nach Tabelle 7.8 montiert werden. Bei Dächern mit unterschiedlicher Neigung ist die kleinste vorkommende Neigung maßgebend.

Hinweis: Diese Festlegung gilt nicht für Wärmemelder. Diese sind immer direkt unter der Decke zu montieren.

Eine besondere Situation besteht bei Dächern, deren Neigung > 20° ist. Hierunter fallen Sattel-, Walm-, Pult- und Sheddächer. Weisen beide oder alle Dachseiten die gleiche Neigung auf, sind die Melder im Abstand D_L unter dem First bzw. dem höchsten Teil des Dachs anzuordnen.

7.6.7 Berücksichtigung von Unterzügen

Für die Brandmelderplanung müssen Unterzüge mit einer Höhe von mehr als 3 % der Raumhöhe, jedoch erst ab einer Höhe von 0,2 m berücksichtigt werden.

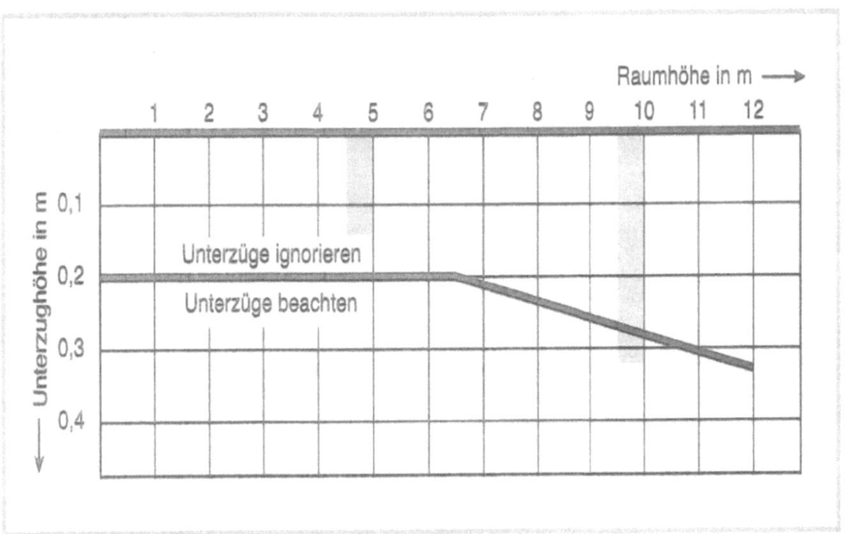

Bild 7.13: Abhängigkeit von Unterzügen zur Raumhöhe

Aus der Grafik ist zu entnehmen, dass ab einer Raumhöhe von > 6 m durch Unterzüge entstehende Deckenfelder wie eigene Räume zu bewerten sind. Aus der Grafik ist auch ersichtlich, dass bei Raumhöhen von 11 m die Unterzüge > 0,3 m sein dürfen, ohne berücksichtigt zu werden. Dies ist auch mit dem 3 %-Kriterium rechnerisch zu belegen: 0,30 m / 11 m · 100 % = 0,33 m. Im Ergebnis bedeutet das, die Unterzugshöhe darf maximal 0,33 m sein, ohne berücksichtigt zu werden.

Die wesentlichen Anforderungen sind auch aus der folgenden Systemzeichnung ersichtlich. Demnach haben die Unterzüge des kleineren Querschnitts keine Auswirkung auf die ungehinderte Rauch- und Wärmeausbreitung und bleiben daher unberücksichtigt.

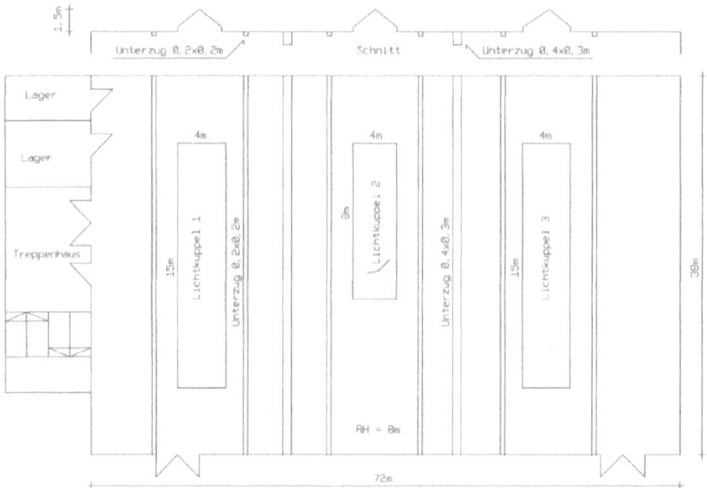

Bild 7.14: Systemzeichnung – Dachfläche mit verschiedenen Größen von Unterzügen (DXF 097)

Tabelle 7.9: Grenzen der Unterzughöhe (UZH) in Bezug zur Raumhöhe (RH)

RH (m)	5	6	7	7,5	8	9	10	11	12	13
UZH (m)	0,20	0,20	0,21	0,22	0,24	0,27	0,30	0,33	0,36	0,39

Kommentar zur Tabelle: Der Unterzug dessen Höhe ≤ 3 % der Raumhöhe ist, bleibt bei der Platzierung punktförmiger Rauchmelder unberücksichtigt. Die Rauch- und Wärmemelder dürfen direkt auf diesen Unterzügen montiert werden. Die Einsatzgrenze für Wärmemelder bis 7,5 m Raumhöhe ist dabei zu beachten. Bei Unterzügen mit ≤ 3 % zur Raumhöhe handelt es sich nicht um höherliegende Deckenfelder. Daher werden diese als Bestandteil eines durchgehenden großflächigen Deckenfelds bewertet.

Eine erschwerte Beurteilung ergibt sich, wenn über Hauptunterzügen in Querrichtung kleine Unterzüge oder Abstandhalter verlaufen. Hier ist nachweislich zu beurteilen, ob sich Rauch und Wärme an der Decke ungehindert ausbreiten können.

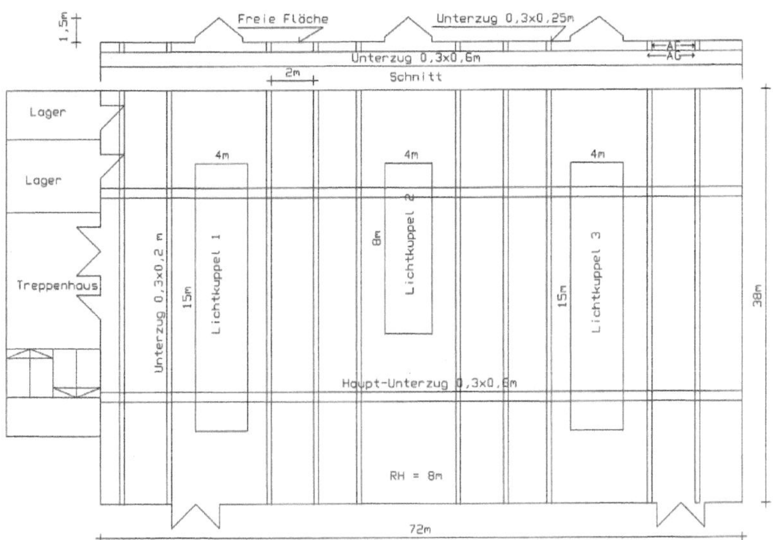

Bild 7.15: Systemzeichnung – Dachfläche mit quer und längs verlaufenden Unterzügen (DXF 098)

Die maßgebenden Kriterien, die erfüllt werden müssen, sind:

- der quer verlaufende Unterzug als Abstand zur Decke muss ≥ 3 % der Raumhöhe sein,
- der quer verlaufende Unterzug (A_S) muss eine Mindesthöhe von 0,25 m haben,
- die freie Fläche (A_F) zwischen den quer verlaufenden Unterzügen muss mindestens 75 % der Gesamtfläche (A_G) betragen.

Werden diese drei Kriterien nachgewiesen, brauchen die Hauptunterzüge unabhängig von deren Höhe nicht berücksichtigt werden.

Erklärung: Die freie Fläche ist definiert als der Abstand x Höhe zwischen zwei Sparren. Es sind hier die Sparren zu betrachten, die den geringsten Abstand zueinander haben. Die Gesamtfläche ist definiert als die freie Fläche mit dem Querschnitt des Sparrens als quer verlaufenden Unterzug.

7.6.8 Maßnahmen zur Falschalarmvermeidung

Hinsichtlich der Vermeidung von Falschalarmen können BMA mit automatischen Brandmeldern der Betriebsart TM (BMA mit technischen Maßnahmen) sowie PM (BMA mit personellen Maßnahmen) zur Vermeidung von Falschalarm betrieben werden.

Unter der Betriebsart TM versteht man die Verifizierung des Alarmzustands wie:

- Alarmzwischenspeicherung – der Brandmeldezustand wird erreicht, wenn nach einer max. Verzögerungszeit von 10 s die Brandkenngröße noch ansteht, sowie die Zweimelderabhängigkeit und Zweigruppenabhängigkeit.
- Komplexe Bewertung von Brandkenngrößen – Vergleich von Brandkenngrößenmustern und Einsatz von Mehrfachsensormeldern.

Unter der Betriebsart PM versteht man die Überprüfung des Alarmzustands durch Personen, bei der die Weiterleitung von Brandmeldungen an eine hilfeleistende Stelle verzögert wird. Dabei müssen folgende Bedingungen eingehalten werden:

- Die Verzögerung darf nur während der Zeit der Abwesenheit von Personen wirksam sein.
- Die Quittierung der einlaufenden Meldungen muss innerhalb 30 s erfolgen.
- Ohne Quittierung muss die Meldung spätestens nach 30 s weitergeleitet werden.
- Die max. Erkundungszeit darf nach der Quittierung 3 min betragen.
- Bei Eingang einer weiteren Meldung während der Erkundungszeit muss die Übertragungseinrichtung unverzögert angesteuert werden.
- Das Einschalten der Verzögerung der Weiterleitung darf nur manuell möglich sein, das Ausschalten muss automatisch erfolgen, wobei die Möglichkeit des manuellen Ausschaltens zusätzlich gegeben sein muss.

Hinweis: Eine weitere in der VDE genannte Betriebsart wird mit OM bezeichnet. Darunter versteht man Brandmeldeanlagen ohne besondere Maßnahmen zur Vermeidung von Falschalarm (vgl. VDE 0833-2:2022-06, S. 52).

Die Forderung zur Vermeidung von Falschalarm ist in den verschiedenen Verordnungen für Industriebauten, Verkaufs- und Beherbergungsstätten, Hochhäuser und fliegende Bauten enthalten (vgl. Pkt. 1.3).

Eine wirkungsvolle Methode ist die Zweimelder- oder Zweigruppenabhängigkeit. Das Ziel besteht darin, nicht jeden Alarm sofort zu melden, sondern erst eine zweite Alarmmeldung der gleichen oder einer benachbarten Meldergruppe abzuwarten. Das bedeutet eine gewisse Verzögerung in der Branderkennung, welche durch folgende Maßnahmen zu kompensieren ist:

- Reduzierung der Überwachungsfläche bei Rauchmelder um mindestens 30 %,
- Reduzierung der Überwachungsfläche bei Wärmemelder um mindestens 50 %,

- Reduzierung der Überwachungsfläche bei der Ansteuerung von Brandschutzeinrichtungen wie Löschanlagen um mindestens 50 %,
- für eine wirksame Falschalarmvermeidung ist ein Abstand der voneinander abhängigen Melder von mindestens 2,5 m erforderlich.

7.6.9 Perforierte Zwischendecken und Punktmelder

Zwischendecken mit runder oder eckiger Perforierung haben einen erschwerenden Einfluss auf die Branddetektion. Insbesondere wenn die Raumluft über die Zwischendecke abgesaugt wird, verstärkt sich dieser negative Einfluss. In solchen Fällen müssen die Decken in einem Radius von 0,5 m um den Melder geschlossen werden. Aus gestalterischen Gründen kann dieser Verschluss auf der Oberseite der Zwischendecke angebracht werden. Auf die Überwachung unterhalb der Zwischendecke kann unter folgenden Bedingungen verzichtet werden:

- Die Zwischendecke ist gleichmäßig perforiert,
- der offene Querschnitt beträgt mehr als 75 % der Gesamtdeckenfläche,
- die Dicke der Decke ist kleiner als das 3-fache des kleinsten Perforationsmaßes.

Hinweis: Bei gleichmäßig angeordneten runden Aussparungen kann eine freie Öffnungsfläche von 75 % so gut wie nicht erreicht werden. Es kann davon ausgegangen werden, dass Melder immer unterhalb der Decke montiert werden müssen.

7.6.10 Platzierung der Rauchmelder nach der 0,6-Regel

Die Norm lässt zu, dass bei Unterzügen von ≤ 0.8 m Höhe und Deckenfeldern mit einer Fläche von ≤ 0,6-facher Überwachungsfläche eines Melders mehrere Deckenfelder überwacht werden können. Die Grenze der Überwachungsfläche darf aber das 1,2-fache eines Melders nicht überschreiten. Ein Grund dieser zulässigen Überschreitung ist die Annahme, dass nach Abzug der Flächen der Unterzüge, die Überwachungsfläche der höherliegenden Deckenfelder gehalten wird.

Bei der Bestimmung für die Anzahl der Melder sind folgende Kriterien zu erfüllen:

- Die durch Deckenfelder begrenzten Flächen dürfen den 0,6-fachen Wert einer Überwachungsfläche nicht überschreiten, was für einen 60-m²-Melder 36 m² entspricht.
- Die gesamte Fläche, die mit einem Melder z. B. von 60 m² überwacht wird, darf den mit dem 1,2-fachen Wert, also 72 m² betragen.

- Der Abstand der Melder D_H zueinander darf für einen zulässigen 60-m²-Melder nicht mehr als 6,24 m betragen.

Hinweis: Die Anwendung der Regel ergibt sich häufig im Zuge der Entwurfsplanung bei der Abstimmung der Trassenplanung. Hier können Lüftungskanäle zu Unterzügen werden, die zu berücksichtigen sind.

7.6.11 Platzierung der Rauchmelder im Treppenraum

Die Kriterien, die dabei zu berücksichtigen sind, betreffen Treppenhaus-Auge, -Höhe und -Podest.

Ist das Auge nach Länge und Breite > 0,5 m (Bild 1, S. 25) und wird die Grundfläche des zu überwachenden Bereichs mit 60 m² nicht überschritten, ist bis zu je 6 m Treppenhaushöhe und an oberster Stelle ein Rauchmelder zu planen. Ist in Treppenräumen ein Treppenauge vorhanden, dessen Öffnung in Länge und Breite 0,5 m unterschreitet, ist auf jedem Stockwerk/Podest und an oberster Stelle ein Rauchmelder zu planen. Die Platzierung des Rauchmelders muss in Nähe zum Treppenauge sein.

7.7 Sprachalarmanlage (Evakuierungsanlage)

Die Sprachalarmzentrale muss DIN EN 54-16 entsprechen.

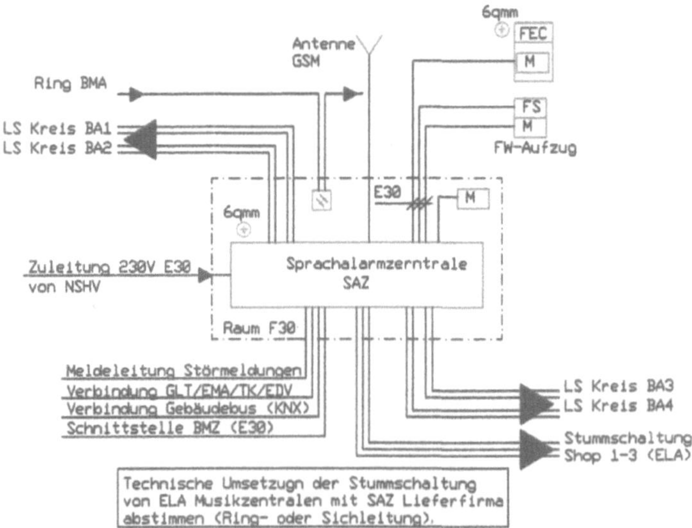

Bild 7.16: Systemzeichnung – Anschluss von externen Feldgeräten an SAZ (DXF 131)

Kommentar zur Systemzeichnung: Neben der Verkabelung der Lautsprecherkreise gibt es weitere Einrichtungen, die als Bestandteile der Anlage für den funktionierenden Betrieb bei der Projektierung zu bedenken sind. Wichtig dazu ist, dass Anzahl und Platzierung der Einsprechstellen mit der Feuerwehr abgestimmt werden.

- Die Energieversorgung muss in der Lage sein, die geforderte Funktion der SAA sicherzustellen. Dies betrifft jede einzelne Energiequelle. Für Anlagen mit integrierter Akku-Pufferung sind das 30 h. Für Anlagen mit USV und NEA sind das 4 h; bei einer Überbrückungszeit von 4 h muss die NEA für mind. 30 h den Betrieb der SAA aufrechterhalten können (VDE 0833-4:2014-10, S. 20).
- Für die Anlage ist Funktionserhalt E30 verlangt. Das Kabel zwischen dem Sicherungsabgang an der NSHV bis zur Zentrale als primäre Stromversorgung ist demnach nach den Vorgaben für E30 zu verlegen (MLAR:2018-10, S. 92).
- Der Sicherungsabgang für das Zuleitungskabel zur Zentrale muss an der NSHV-SV erfolgen. Im TT -System muss der RCD bei Zutreffen von Kriterien in der Norm gegebenenfalls geplant werden (VDE-AR-N 4100:2019-04, S. 83/84)!
- Ist begründet nur die AV-Stromversorgung verlangt, erfolgt der Einbau der Stromkreissicherung in der NSHV-AV (VDE 0100-560:2022-10, S. 19). Es ist der vorrangige Stromkreis anzuwenden, d. h. es muss ausgeschlossen sein, dass durch das Abschalten anderer Betriebsmittel der Stromkreis zur SAZ unterbrochen wird (VDE 0833-4:2014-10, S. 16).
- Die Abgangssicherung für die SAZ muss besonders gekennzeichnet sein (VDE 0833-4:2014-10, S. 16).
- Selektivität zwischen den in Reihe liegenden Sicherungen – bei Backup-Schutz – muss belegt werden.
- Leitungen zu externen Anlagen, z. B. einer ELA-Anlage im Mietbereich eines Konzessionärs, muss eventuell in Funktionserhalt E30 verlegt sein, damit die Fremdanlage im Gefahrenfall aus der Zentrale der SAA sicher weggeschaltet (Stummschaltung) werden kann.
- Eine Leitung für die Störmeldung an eine ständig besetzte Stelle nach Kapitel 11 ist vorzusehen.
- Wird eine Einsprechstelle für Durchsagen von den Einsatzkräften verlangt, ist die Kabelverlegung in E30 auszuführen.
- Die eingesetzten Lautsprecher müssen der DIN EN 54-24 entsprechen. Zu den Lautsprechern sind die Kabel bis in den jeweiligen Brandabschnitt funktionserhaltend E30 zu verlegen. Eine Lautsprechergruppe darf sich grundsätzlich nur über ein Geschoss erstrecken; ausgenommen hiervon sind Treppenräume, Licht-

und Aufzugsschächte bzw. turmartige Aufbauten, die zu jeweils eigenen Lautsprechergruppen zusammengefasst werden müssen. Der BA darf die Größe von 1.600 m² nicht überschreiten. Der virtuelle BA ist zu berücksichtigen. Es müssen mindestens zwei Kreise je BA installiert werden (vgl. VDE 0833-4:2014-10, S. 17). Dazu gibt es mehrere Möglichkeiten, wovon in nachfolgender Abbildung drei Varianten aufgezeigt sind.

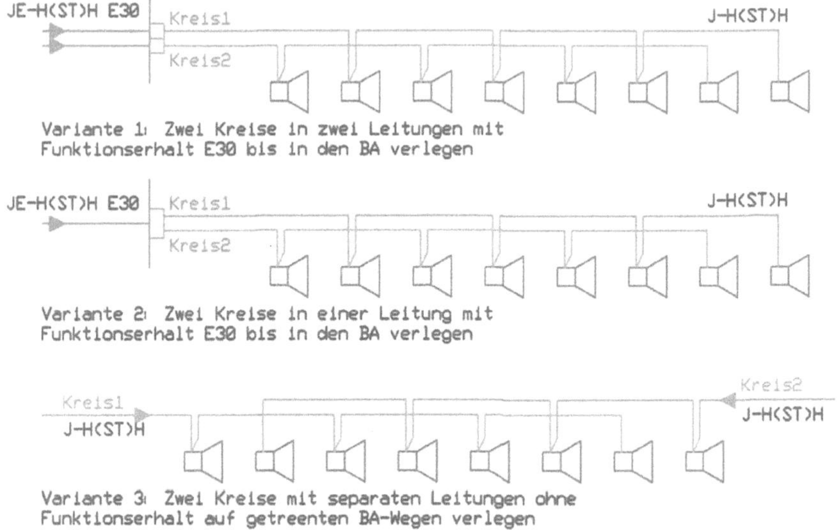

Bild 7.17: Systemzeichnung – Verkabelung Sprachalarmierung (DXF 072)

Kommentar zur Systemzeichnung: Die Verkabelung ist entsprechend den baulichen Gegebenheiten, nach wirtschaftlichen Gesichtspunkten und unter Einhaltung der aktuellen Normen und Vorschriften zu installieren. Zu den aufgezeigten Varianten gibt es noch weitere Beispiele, nach denen die Anlage gebaut werden kann. Zu beachten ist dabei, dass die Anzahl der Leitungsverbindungen so gering wie möglich sein soll (vgl. VDE 0833-4:2014-10, S. 24).

7.7.1 Grundlage für die Planung der Lautsprecher im BA

Die Schallquelle (Lautsprecher) muss für die Alarmierung so ausgelegt sein, dass die gefährdete Person eine Sprachverständlichkeit erreicht, dessen Mittelwert in jedem Alarmierungsbereich und abzüglich einer Standardabweichung auf der STI-Skala größer oder gleich 0,5 ist (vgl. VDE 0833-4:2014-10, S. 14).

Mit den genannten Werten müssen folgende Signale übertragen werden:

- Sprache in Form von Durchsagen,
- Sprache in Form von gespeicherten Texten,
- akustische Gefahrensignale.

Darüber hinaus darf der Artikulationsverlust von Konsonanten AL_{cons} höchstens 15 % betragen, das entspricht einem RASTI-Wert von 0,45 (Norm IEC 268/16). Diese Werte sind messtechnisch nachzuweisen.

Erklärung: Unter dem AL_{cons} versteht man den prozentualen Konsonantenverlust und unter STI den Sprachübertragungsindex. Die Sprachverständlichkeit ist direkt abhängig vom Hintergrundgeräuschpegel, von der Nachlaufzeit und von Raumform und Raumgröße. Der STI ist ein maschinengemessenes Verständlichkeitsmaß, dessen Wert zwischen 0 (vollständig unverständlich) und 1 (vollständig verständlich) liegt.

Tabelle 7.10: Gegenüberstellung der Vergleichsgrößen für Sprachverständlichkeit

STI	0 – 0,3	0,3 – 0,45	0,45 – 0,60	0,60 – 0,75	0,75 – 1
	unverständlich	schlecht	ausreichend	gut	ausgezeichnet
AL_{cons}	100 – 33%	33 – 15%	15 – 7%	7 – 3%	3 – 0%

Die SAA ist eine sicherheitsrelevante Einrichtung mit dem Schutzziel der Personenrettung durch unmittelbare Alarmierung und Einleitung der Evakuierung.

Dabei erfolgt die Auslösung in der Regel:

- automatisch durch Brandmelde- oder Gefahrenmeldeanlagen,
- manuell durch Steuereinrichtungen.

Hinweis: Die automatische Auslösung erfolgt durch die automatischen Rauchmeldesysteme der BMA und gegebenenfalls durch NRA und MRA, wenn diese mit aufgeschaltet sind. Für die manuelle Auslösung werden die DKM der BMA und die Mikrofone der Einsprechstellen genutzt.

Damit ergeben sich sehr hohe Anforderungen an die sicherheitsrelevanten Funktionen:

- ständige Betriebssicherheit (> 99 % Ausfallsicherheit),
- überwachte Leitungswege,
- Netz- und Notstromversorgung,

- automatische Ansteuerung durch die Brandmeldeanlage über zugelassene Schnittstellen,
- Möglichkeit der manuellen Auslösung,
- Priorität für den Brandfallbetrieb (Brandfalldurchsagen),
- hohe Sprachverständlichkeit und Mindestschallpegel +10 dB über der Umgebungslautstärke.

7.7.2 Bestimmung von Anzahl und Platzierung der Lautsprecher

Der Beschallungsumfang ergibt sich aus den Forderungen im Brandschutzkonzept. Sind dazu keine konkreten Anforderungen enthalten, sind diese dem BSK-Ersteller abzuverlangen. In der Regel ist von einer flächendeckenden Beschallung auszugehen, d. h. Vollbeschallung, was Kategorie 1 entspricht, es muss in allen Bereichen des Gebäudes alarmiert werden. Ausgenommen hiervon können Räume sein, die für Personen nicht zugänglich sind, z. B. Kabelkanäle und Schächte. Mit Kategorie 2 ist eine Teilbeschallung in der Norm enthalten. Hier werden nur ausgewählte Gebäudebereiche beschallt. Sofern im Baugenehmigungsbescheid nichts anderes gefordert ist, umfasst der Beschallungsumfang mindestens alle Meldebereiche der BMA (vgl. VDE 0833-4:21014:10, S. 13). Die Beschallungsarten lassen sich in drei Grundformen der Beschallung unterteilen:

- zentrale Beschallung,
- semizentrale Beschallung,
- verteilte Beschallung.

In der Praxis ist meistens eine Mischung aus den unterschiedlichen Beschallungsarten anzuwenden, die an die Anforderungen des zu beschallenden Objekts anzupassen sind. Die Platzierung der Schallquellen ist abhängig von der Raumgeometrie und den gegebenen Umwelteinflüssen. So werden in Gebäuden mit sehr großen bzw. sehr hohen Räumen, wie Messehallen, Sporthallen, Bahnhöfen oder Flughäfen, auch für die Innenbeschallung Trichter- bzw. Druckkammerlautsprecher oder leistungsstarke Lautsprechergruppen (Arrays) bevorzugt. Anzahl und Platzierung sind dann in Abstimmung mit der Herstellerfirma unter Berücksichtigung der örtlichen Gegebenheiten und der Architektur festzulegen.

Bei allen anderen Räumen mit einer Höhe von bis zu 6 m sind Lautsprecher an und in Decken einzubauen bzw. in unmittelbarer Nähe zur Decke mit Pendellautsprechern. Der Abstand der Lautsprecher zueinander und zur Deckenhöhe unter Berücksichtigung des Abstrahlwinkels ist aus der nachfolgenden Tabelle ersichtlich.

Tabelle 7.11: Lautsprecher – Schalldruck 1 W / 1 m + erforderlicher Mehrschalldruck + Störschalldruck + 10 dB (A) Überhöhungsschalldruck für Sprachverständlichkeit

Montagehöhe	Lautsprecherabstand bei Abstrahlwinkel: 90°	45°	30°	15°	erforderlicher Mehrschalldruck bis zum Ohr
3 m	6 m	3 m	2 m	1 m	10 dB (A)
6 m	12 m	6 m	4 m	2 m	16 dB (A)
10 m	20 m	10 m	7 m	3,5 m	20 dB (A)
16 m	32 m	16 m	10 m	5 m	24 dB (A)

Quelle: Herbert Puchner, Systemnorm für SAA, Abschn. 4.7

Kommentar zur Tabelle: Bei modernen hemisphärisch-omnidirektional abstrahlenden Lautsprechern nimmt lediglich der Abstand Lautsprecher Ohr um *x* Meter zu. Der Abstrahlwinkel muss dann mehr berücksichtigt werden. Deshalb benötigt man zur lückenlosen Beschallung viel weniger Lautsprecher als üblich. Bei wirkungsgradoptimierten Systemen wird zusätzlich gravierend weniger Lautsprecherleistung benötigt. Diese hat dann wiederum Auswirkungen auf die erforderliche Notstromkapazität, die man dann nicht so hoch vorhalten muss.

7.7.3 Installation der Lautsprecher im BA

Leitungen für SAA-Anlagen einschließlich der zugehörigen Installationssysteme müssen für den Funktionserhalt ausgelegt sein. Als Erleichterung gilt, dass im sogenannten Endbrandabschnitt keine Anforderungen an den Funktionserhalt gestellt werden (siehe Bild 7.14). Für die norm- und vorschriftsmäßige Beschallung sind aber folgende Kriterien umzusetzen:

- Für jeden Alarmierungsbereich bzw. Raum sind mindestens zwei Lautsprecher mit integrierten Übertragern zu planen.
- Eigenes Leitungsnetz für den A/B-Betrieb der Lautsprecher (A-Linie, B-Linie).
- Ansteuerung über Leistungsverstärker nach A/B inklusive Havarieverstärker.
- Wenn ein separater Lautstärkeregler gefordert ist, müssen jeweils 2 Lautstärkeregler eingesetzt werden, die mit Pflichtrufrelais ausgerüstet sein müssen (für Alarmierungsdurchsagen mit höchster Priorität).
- Der Anschluss der Lautsprecher ist abwechselnd über zwei Kreise im Raum zu verteilen. In jedem Raum sind mindestens abwechselnd auf zwei Kreise zwei Lautsprecher zu installieren. In sehr kleinen Räumen, z. B. WC, werden die zwei Lautsprecher als zwei in einem Gehäuse eingebaut und jeweils an die verschiedenen Lautsprecher-Kreise angeschlossen (A/B-Lautsprecher).

- Auswahl der Lautsprecher und Festlegung der Abstände in den unterschiedlichen Raumarten und Raumhöhen. Hierzu werden im Regelfall für Raumhöhen bis 6 m Lautsprecher mit einer Leistung von 6 W eingesetzt. In Lager-, Sozial- und sonstigen Nebenräumen und Raumhöhen bis 3 m mit Leistungen von 3 W und in Kleinräumen wie WC mit 1,5 W.
- Berücksichtigung der Schutzart IP bei der Auswahl von Lautsprechern in Räumen mit rauen Umgebungsbedingungen (Schwimmbäder, Kühlräume usw.).
- Beim Einbau von Lautsprechern in brandschutztechnisch klassifizierte Decken ist F30-Einhausung zum Erhalt der Brandschutztrennung einzuplanen.
- Beim Aufbau der Kreise ist darauf zu achten, dass Kreise mit Sprach- und Musikeinspielungen von denen, die für Spracheinspielungen genutzt werden, gesondert verkabelt werden.
- Standardmäßig sind Verstärker für Sprachanforderungen nach DIN mit Havarieverstärkern ausgestattet. Eine Verteilung der Lautsprecherkreise auf die verschiedenen Verstärker ist unabhängig von der Zuordnung der Brandabschnitte, sondern unter Berücksichtigung der Leistung je Kreis und Einhaltung einer 90 %-Auslastung aufzubauen.
- Nach Vorgabe verschiedener Systemanbieter für Zentralen und Lautsprecher werden je Kreis max. 20 St. Lautsprecher angeschlossen. Bei zwei Kreisen je BA von 1.600 m² ergibt das mit 40 St. Lautsprecher eine Flächenabdeckung von 40 m². Damit wird man in der Entwurfsplanung auf der sicheren Seite sein. Maßgebend ist der Schallpegel, den es zu erreichen gilt. Hier sind folgende Werte in der Norm enthalten:
  - niedrigster A-bewerteter Schallpegel: 65 dB,
  - niedrigster A-bewerteter Schallpegel in Schlaf- und Ruhebereichen: 75 dB (bei schwerhörigen Bewohnern sind zusätzlich optische Melder zu planen),
  - höchster A-bewerteter Alarmschallpegel (Begrenzung der Aussendung): 120 dB (vgl. VDE 0833-4:2014-10, S. 43).

  Hinweis: Um die Wirksamkeit der Anlage nach Fertigstellung sicherzustellen, ist es zweckmäßig, die vorhandenen Gegebenheiten, anhand der Entwurfsplanung, mit einem rechnergestützten Simulations-Programm im Vorfeld zu prüfen.
- Als Mindestdurchmesser der Lautsprecherzuleitung wird im Regelfall 0,8 mm je Ader verwendet. Meist kommen in geschirmter, halogenfreier Ausführung 2x2x0,8 mm-Leitungen zum Einsatz.

- Bei der Leitungsdimensionierung ist ein max. einzuhaltender Spannungsfall von 10 % für 100-V-Anlagen bezogen auf die Gesamtlänge und unter Berücksichtigung der angeschlossenen Lautsprecher zu planen.

Die zulässigen Längen bezogen auf die zu versorgende Lautsprecher-Leistung sind der nachfolgenden Tabelle zu entnehmen:

Tabelle 7.12: Leitungslängen unter Berücksichtigung eines Spannungsfalls von 10 % (*Quelle:* Esser, Planungsgrundlagen für SAA, S. 92)

Z	100 V		Entfernung / Abstand in m								
Ohm	**Watt**	**APM**	**100**	**200**	**300**	**400**	**500**	**600**	**700**	**800**	**900**
1600	6	0,06	0,3	0,3	0,3	0,3	0,3	0,3	0,3	0,3	0,3
840	12	0,12	0,3	0,3	0,3	0,3	0,3	0,3	0,5	0,5	0,5
420	24	0,24	0,3	0,3	0,3	0,5	0,5	0,5	0,75	1,0	1,0
335	30	0,30	0,3	0,3	0,3	0,5	0,75	0,75	1,0	1,0	1,5
250	40	0,40	0,3	0,5	0,5	0,75	0,75	1,0	1,5	1,5	2,5
200	50	0,50	0,3	0,75	0,75	0,75	1,0	1,5	2,5	2,5	2,5
125	80	0,80	0,3	0,75	1,0	1,5	2,5	2,5	2,5	2,5	4,0
100	100	1,00	0,5	0,75	1,5	1,5	2,5	2,5	2,5	4,0	4,0
80	125	1,25	0,5	0,75	1,5	2,0	2,5	4,0	4,0	4,0	4,0
65	150	1,54	0,5	1,0	1,5	2,5	2,5	4,0	4,0	4,0	6,0
50	200	2,00	0,5	1,5	2,5	4,0	4,0	6,0	6,0	6,0	
			Aderquerschnitt für Cu-Leiter in mm²								

Kommentar zur Tabelle: Bei der Festlegung der Leitung ist die Leistung exakt zu ermitteln und die Länge als Grundlage für die Wahl des Querschnitts nach Tabelle 7.12 zu planen.

Werden größere Querschnitte benötigt, ist die Regel durch Verdrillen von Adern den Querschnitt zu vergrößern.

Bei der Installation des Leitungsnetzes für SAA werden meist solche Leitungen verlegt, bei denen je nach Typ nicht der Querschnitt der einzelnen Ader, sondern der Durchmesser der Ader, wie z. B. bei der o. g. Leitung 2x2x0,8 mm angegeben ist. Für die Berechnung des Durchmessers (mm) aus dem Querschnitt (mm²) ist folgende Formel anzuwenden: $d = \sqrt{4A} / \pi$

Tabelle 7.13: Umrechnung der Querschnitte in den Durchmesser der jeweiligen Ader

Querschnitt mm²	0,3	0,5	0,75	1,0	1,5	2,5	4,0	6,0
Durchmesser mm	0,6	0,8	0,98	1,13	1,4	1,8	2,25	2,76

Kommentar zur Tabelle: Bei Kenntnis der Leistung und Ermittlung der maximalen Länge des ungünstigsten Lautsprecherkreises innerhalb eines BA, kann der tatsächliche Spannungsfall mit folgender Formel berechnet werden:

$U_V = 2 \cdot l \cdot P / \chi / A / U$

Beispielrechnung: Für den ungünstigsten Lautsprecherkreis mit 300 m Länge, 80 W Leistung und Leitung 2x2x0,8 mm ist der Spannungsfall zu berechnen. Unter Anwendung o. g. Formel und Verdrillen von zwei Adern ergibt sich ein Querschnitt von 1 mm², wodurch ein U_V von 8,57 % errechnet wird, was auch konform mit dem Wert in der Tabelle 7.12 ist.

7.8 Natürlicher Rauchabzug Dachkuppel/Oberlicht

Die Technik der Rauchabzugsanlage sorgt dafür, dass bei einem Brand entstehender Rauch, Wärme und heiße Brandgase kontrolliert aus dem Gebäude abgeführt werden. Dabei ist situationsbedingt nach der Gebäudenutzung festzulegen, ob das Öffnen manuell oder automatisch erfolgen muss. Die Festlegung dazu macht die Feuerwehr und muss aus dem BSK hervorgehen.

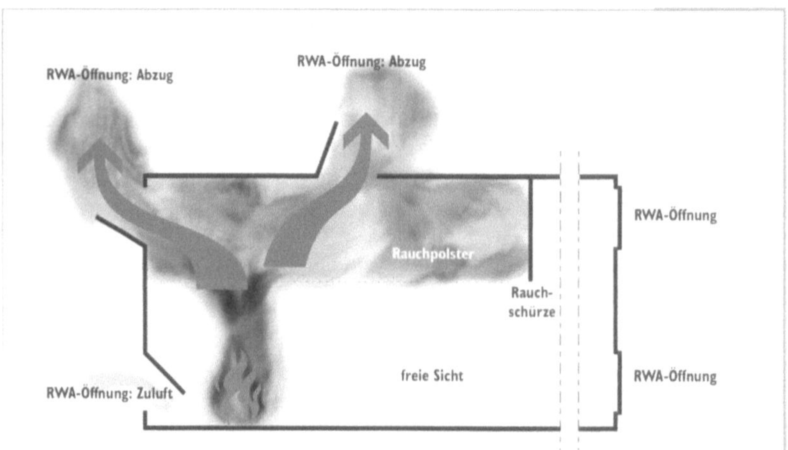

Bild 7.18: Gleichgewichtszustand zwischen zuströmender Luft und ableitenden Gasen (*Quelle:* Simon RWA)

Kommentar zur Abbildung: Die bildliche Darstellung der Rauchentwicklung zeigt, dass durch den Einbau einer NRA am Boden eine rauchfreie Zone entsteht und somit die Gefahr der Einsatzkräfte bei Rettungs- und Brandbekämpfungsarbeiten verringert wird.

- Die Leistungsdauer der Zentrale ist für 72 h Notstromversorgungszeit zuzüglich 3 Doppelhüben vorzusehen. Externe Signalgeräte, optisch und akustisch, sind bei der Stromversorgung der Steuerung einzuplanen. Es muss neben dem Akkubetrieb eine zweite Energiequelle, z. B. aus dem öffentlichen Netz, vorhanden sein.
- Der Betrieb von Nebenfunktionen ist zulässig, z. B. Öffnen durch Temperatursensor, Schließen durch Regensensor usw. Hierdurch darf die Alarmfunktion nicht beeinträchtigt werden. Im Alarmfall sind die Nebenfunktionen generell außer Betrieb zu nehmen.

  Hinweis: Bei Dachkuppeln mit Lüftungsfunktion empfiehlt es sich, die Scharnierseite zur Hauptwetterseite auszurichten.
- Die Zentrale der NRA ist in dem Brandabschnitt zu platzieren, in dem sich die Antriebe für die Öffnungen befinden, vorzugsweise in einem Technikraum; Anforderung mindestens F30 oder Umhausung in der entsprechenden Brandschutzklasse. Hier ist ein automatischer Rauchmelder aus dieser Zentrale zu installieren (vgl. MLAR:2018-10, S. 307). Die Querschnitte der Zuleitungen zu den Antrieben sind zu berechnen (s. Abschnitt 7.10).
- Für die Anlage ist Funktionserhalt E30 verlangt. Das Kabel zwischen dem Sicherungsabgang an der NSHV bis zur Zentrale als primäre Stromversorgung ist nach den Vorgaben für E30 zu verlegen (MLAR:2018-10, S. 93). Ausnahme ist, wenn der Kabel-Leitungsverlauf auch durch fremde Brandabschnitte führt, und vollumfänglich mit automatischen Rauchmeldern überwacht wird.

  Hinweis: Wird vom Betreiber oder der Feuerwehr vorgegeben, dass die Öffnung manuell mit Handsteuereinrichtungen erfolgen muss, so ist die Verkabelung mit Funktionserhalt E30 herzustellen. Dies trifft auch dann zu, wenn der gesamte Verlauf der Leitungsverlegung überwacht ist, z. B. mit automatischen Rauchmeldern der BMA.
- Für die primäre Versorgung aus dem Netz muss der vorrangige Stromkreis angewendet werden. Der Kabelabgang muss unmittelbar nach der Messung des VNB vor dem Hauptschalter in der NSHV abzweigen. Beispielhaft nach einer Richtlinie ist das wie folgt definiert: Von der Absicherung der NRA-EA bis zum Einspeisepunkt der Niederspannung des elektrischen Netzes (Stelle der Energieeinspeisung in das Gebäude, in dem sich die NRA-EA-Zentrale befindet) darf nur einmal abgesichert werden (vgl. BHE-Richtlinie NRA-EA, 2014-04).
- Der Sicherungsabgang in der NSHV-AV muss besonders gekennzeichnet sein (VDE 0100-560:2022-10, S. 16).

- Ist eine NEA installiert, muss die Anlage aus der NSHV-SV versorgt werden. Im TT-System muss der RCD bei Zutreffen von Kriterien in der Norm gegebenenfalls geplant werden (VDE-AR-N 4100:2019-04, S. 83/84)!
- Die Bemessung für den Kraftstoffverbrauch der NEA-Tankanlage muss mit 3 h berechnet werden (siehe Tabelle 3.2).
- Bei Flächen über 1.600 m² ist der virtuelle Brandabschnitt zu berücksichtigen. Es ist hier jeweils eine Auslösegruppe in der Zentrale mit automatischer und manueller Auslöseeinrichtung zu planen. Pro Rauchabschnitt muss mindestens eine Handbedienstelle angebracht sein. Handbedienstellen müssen gut sichtbar angebracht, frei zugänglich und ausreichend durch Tageslicht oder eine andere Lichtquelle beleuchtet sein. Die Positionierung ist in Abstimmung mit den örtlichen Brandschutzbehörden vorzunehmen.
- Die Kabel zwischen Zentrale und Antrieben der Zu- und Abluftöffnungen sind in Funktionserhalt E30 zu verlegen, ebenso die Steuerleitungen, z. B. Oberschließer von Automatiktüren. Ausgenommen sind Anlagen, die bei einer Störung der Stromversorgung selbstständig öffnen, sowie Leitungsanlagen, die im gesamten Verlauf durch automatische Rauchmelder überwacht werden und das Ansprechen eines Brandmelders durch Rauch bewirkt, dass die Anlage selbstständig öffnet (vgl. MLAR:2018-10, S. 93).

  Hinweis: Die TAB der zuständigen Feuerwehr sind zu berücksichtigen. Manche Feuerwehren lassen es nicht zu, dass die NRA mit Rauchmeldern der BMA ausgelöst wird.
- Selektivität zwischen den in Reihe liegenden Sicherungen – bei Backup-Schutz – muss belegt werden.
- In Anlehnung an VDE 0100-560:2022-10, S. 15 ist im Raum mit der Zentrale eine Temperatur von 20 °C für die Langlebigkeit der Batterien/Akkus zu fordern. Frostfreihaltung muss in jedem Fall gegeben sein.
- Der Montageort von automatischen Brandmeldern ist so zu wählen, dass eine schnelle Branderkennung möglich ist. Brandmelder dürfen nur horizontal an Decke oder Konsole montiert werden. Ein Abstand von mindestens 0,5 m zu Fenstern, Türen, Klimakanalöffnungen ist einzuhalten.

Kommentar zur folgenden Systemzeichnung: Neben dem seitlichen, horizontalen Abstand ist auch der vertikale Abstand zu bedenken. Ist dieser > 15 cm, kann der RM auch näher an einen Binder/Unterzug platziert werden. Werden Deckenfelder gebildet, die > 30 m² sind, ist in jedem Deckenfeld ein Melder zu installieren.

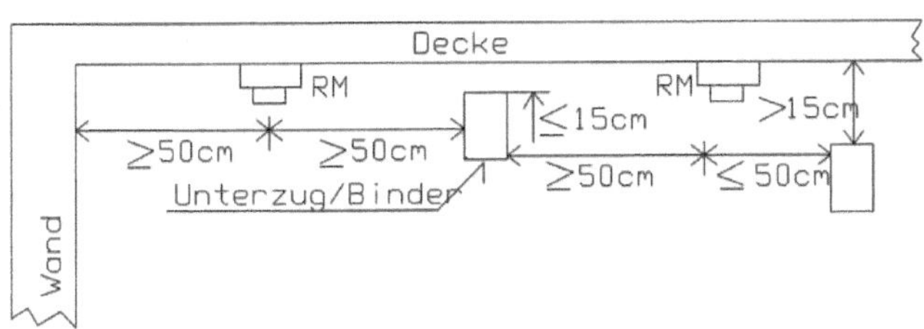

Bild 7.19: Systemzeichnung – Platzierung automatische Rauchmelder (RM) (DXF 132)

- Die Überwachungsfläche sollte nach BSK bzw. nach VDE 0833-2 festgelegt werden. Abweichungen sind mit dem Auftraggeber zu vereinbaren und zu dokumentieren. Erfolgt die Ansteuerung der RWA nicht mit der BMA, ist die Umsetzung wie folgt auszuführen: Nach DIN 18232-2 ist ein automatischer Rauchmelder (RM) je 200 m² Überwachungsfläche zu berücksichtigen. Die RM sind hierzu im Bereich der RWA-Geräte (Abluftöffnung) einzubauen. Damit ist auch eine schnellere Auslösung als bei herkömmlichen Thermo-Auslösegeräten möglich. Kleinere Überwachungsflächen als 200 m² sind zulässig. Erfolgt die Überwachung mit linienförmigen RM, genügt ein Linienabstand von 10 m. Eine Montagehöhe der RM ≥ 12 m soll nicht überschritten werden. Die Abstände zu Dachflächen sind abhängig zur Dachneigung nach VDE 0833-2 anzuwenden.
- Bei kombinierten Anlagen von NRA und Sprinkler in einem Raum, ist die Aktivierung der RWA über Melder mit der Kenngröße Rauch sinnvoll. Die Melder sind möglichst deckennah anzuordnen. Durch die Kombination der Thermoelemente am Sprinkler mit den Rauchmeldern der RWA reagiert der Sprinkler bei geöffneter RWA früher. Grund ist die verbesserte Wärmeübertragung der sich bewegenden Heißgasschicht.
- Die RWA-Zentrale und deren Leitungsanlage dürfen innerhalb von Rettungswegen offen montiert/verlegt werden, da diese zum Betrieb der notwendigen Rettungswege erforderlich sind (vgl. MLAR:2018-10, S. 93).
- Sind Teile der RWA wie die Zentrale nicht im zu entrauchenden Raum untergebracht, so ist ab Verlassen des zu entrauchenden Raums die Anlage in Funktionserhalt weiterzuführen oder durch zusätzliche automatische Brandmelder in die Eigenüberwachung sowie die direkte Auslösung mit einzubeziehen. Die automatische Auslösung der Rauchabzugsanlage kann durch einen Brandmelder oder durch eine BMA (flächendeckend) erfolgen (vgl. BHE-Richtlinie NRA-EA, 2014-04).
- Abschalten technischer Anlagen für eine ungehinderte Rauchableitung (siehe Kapitel 12)
- Leitung für Störmeldung an ständig besetzte Stelle nach Kapitel 11

Erklärung: Unter **Rauchabzug** versteht man die Entrauchung im Brandfall (Wärmeentrauchung). Bestandteil sind natürliche Rauch- und Wärmeabzugsgeräte (NRWG). Es entsteht eine stabile raucharme Schicht in Bodennähe, welche die sichere Nutzung von Flucht- und Rettungswegen ermöglicht.

Unter **Rauchableitung** ist die Kaltentrauchung gemeint. Diese wird nach einem Feuer zur Entrauchung des im Gebäude verbliebenen Rauchs eingesetzt. Hierbei handelt es sich um ein nicht sicherheitsrelevantes Bauprodukt, welches in der Bauregelliste C aufgeführt ist. Bauprodukte der Klasse C besitzen keine Anforderung (vgl. RWA allgemein:2018-01, S. 8).

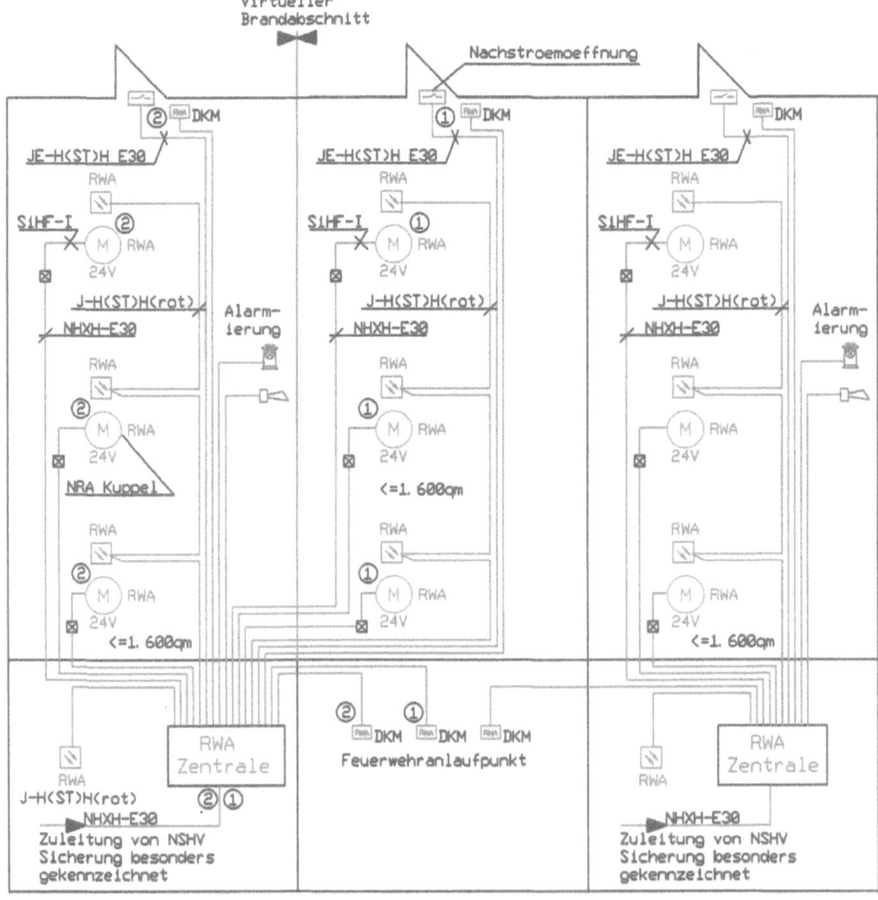

Bild 7.20: Systemzeichnung – NRA in Dachkuppel (DXF 062)

Kommentar zur Systemzeichnung: Nach VKV § 16 müssen Verkaufsräume ohne notwendige Fenster sowie Ladenstraßen ausreichende Rauchabzugsanlagen haben. Diese müssen von Hand und automatisch durch Rauchmelder ausgelöst werden können. Unter Anwendung der Industrierichtlinien kann vom Verfasser des BSK hier auch der virtuelle Brandabschnitt eingeführt werden. Dies erfordert dann die Installation einer Auslösegruppe, die in Bild 7.20 mit 1 und 2 dargestellt sind.

- Auch bei Unter-Putz-Verlegung der Leitungen sind die gleichen Anforderungen wie bei der Auf-Putz-Installation zu erfüllen. Will man der Forderung des Funktionserhalts nachkommen, so müssen diese ebenfalls die Klassifikation E30 aufweisen oder der Raum muss durch Rauchmelder gesichert sein (vgl. RWA heute, S. 19).

Natürlicher Rauchabzug mit CO-Auslöser

Eine sichere Anlage und alternative Lösung zu elektrischen Anlagen ist das automatische thermische Auslösegerät. Dieses kann sowohl an eine vorhandene Druckluftleitung als auch direkt an einen Pneumatik-Zylinder angeschlossen werden. Nach Erreichen der gewählten Auslösetemperatur platzt der Glaskolben und die angeflanschte CO-Flasche wird geöffnet. Optional kann die Öffnung auch mit einem komplexen Druckluftsystem, mit einem Auslösekasten für eine sichere Entrauchung der RWA-Anlage umgesetzt werden. Der CO-Auslösekasten wird als Handauslöseeinheit bei pneumatischen Rauch- und Wärmeabzugsanlagen an zentraler Stelle gesetzt. Die Verbindung zwischen den Auslösekästen wird mit mind. 6 mm Kupferrohren hergestellt. Da es sich um sehr individuelle und komplexe Anlagen handelt, sind die Details nach der Entscheidungsfindung mit der zugelassenen und autorisierten Lieferfirma zu klären. In der Regel werden von diesen auch die Kupferrohre zwischen dem Auslösekasten und der Öffnungseinrichtung installiert.

Wie an der Abbildung (Bild 7.18, Schnitt durch Gebäude mit RWA) zu erkennen ist, funktioniert der natürliche Rauch- und Wärmeabzug nur dann, wenn neben den automatisch öffnenden Ablufteinrichtungen auch die Nachströmung durch automatisch öffnende Einrichtungen gewährleistet wird. In der Regel sind dies Türen oder Oberlichter. Werden diese Antriebe elektrisch versorgt, so sind die notwendigen Kabel hierfür mit Funktionserhalt E30 zu verlegen, sollte es im Gebäude keine BMA geben, die den gesamten Verlauf der Motorkabel überwacht. In der nachfolgenden Zeichnung ist der Umfang der RWA-Anlage schematisch dargestellt.

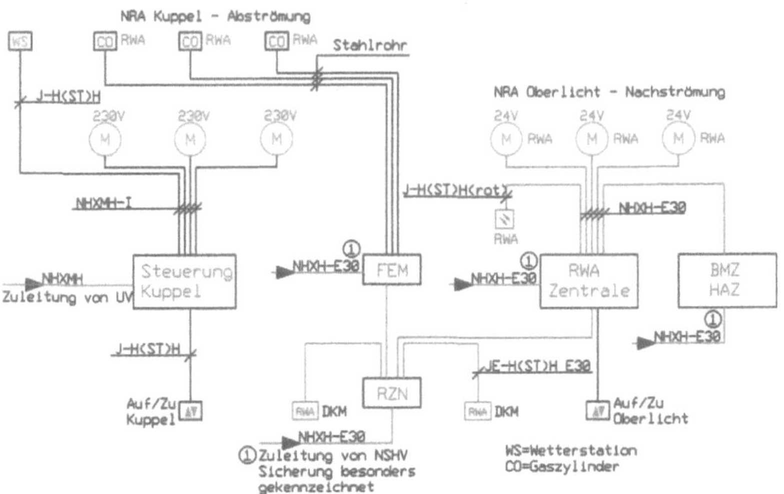

Bild 7.21: Systemzeichnung – NRA mit CO-Auslösung (DXF 091)

Kommentar zur Systemzeichnung: Die Anbindung der Lichtkuppeln erfolgt hier mit Stahl- oder Kupferrohren, Durchmesser zwischen 6 mm und 10 mm. Die Größe richtet sich nach der montierten CO-Kartusche an der zu öffnenden Einrichtung. Die Verlegung darf nur von fachkundigem und hierfür geschultem Personal vorgenommen werden.

Zum täglichen Lüften werden hier zusätzlich Motorantriebe 230 V mit elektrischer Betätigung installiert. Es handelt sich um eine zusätzliche Einrichtung, die autark arbeitet. Dazu wird jede Öffnung manuell von zentraler Stelle aus mit einem Tableau und übergeordnet mit Regen- und Windwächter gesteuert. Es sind auf dem Markt Anlagen erhältlich, die als Kompaktgeräte in abgeschlossenem Gehäuse als Lüftungszentrale fungieren. Diese enthalten Trafo, Gleichrichter, Steuer- und Regelelektronik, Ausgangsrelais und Sicherungen zum Betrieb von 230-V-AC-Stellantrieben (Motore) (vgl. Simon, RWA-Lüftungssteuerung, 4).

7.9 Natürlicher Rauchabzug Treppenhaus

Nachfolgende Vorgaben beziehen sich auf Rauchabzugsanlagen für notwendige Treppenräume. Einen Unterschied dazu gibt es zu Rauchableitungsöffnungen in notwendigen Treppenräumen. Diese Anlage ist in der MBO § 35 (8) bzw. in Sonderbauverordnungen/-richtlinien geregelt. Rauchableitungsöffnungen sind nicht prüfpflichtig. Rauchableitungsöffnungen, deren Steuerung und die zugehörigen Leitungsanlagen unterliegen keiner Anforderung (vgl. MLAR:2018-10, S. 308).

Hinweis: Gibt es im BSK keine konkrete Aussage zur Art der geforderten Anlage, ob Rauchabzug oder Rauchableitung, ist diese dem Konzeptersteller abzuverlangen.

- Die Leistungsdauer der Zentrale ist für 72 h Notstromversorgungszeit zuzüglich 3 Doppelhüben vorzusehen. Externe Signalgeräte, optisch und akustisch, sind bei der Stromversorgung der Steuerung einzuplanen. Es muss neben dem Akkubetrieb eine zweite Energiequelle, z. B. aus dem öffentlichen Netz, vorhanden sein.

- Der Betrieb von Nebenfunktionen ist zulässig, z. B. Öffnen durch Temperatursensor, Schließen durch Regensensor usw. Hierdurch darf die Alarmfunktion nicht beeinträchtigt werden. Im Alarmfall sind die Nebenfunktionen generell außer Betrieb zu nehmen.

- Die Zentrale der NRA ist in dem Brandabschnitt zu platzieren, in dem sich der Antrieb für die Öffnungen befindet, vorzugsweise am obersten Geschoss des zu überwachenden Treppenhauses. Hier ist ein automatischer Rauchmelder aus dieser Zentrale zu installieren.

- Das Zuleitungskabel von der NSHV zur Zentrale der NRA muss bis in den Treppenraum mit Funktionserhalt E30 verlegt sein, wenn der Leitungsweg durch fremde Brandabschnitte führt, und der Kabelverlauf nicht vollumfänglich mit automatischen Rauchmeldern überwacht wird. Darauf kann verzichtet werden, wenn bei einer Störung die Öffnung mit Federkraft erfolgt oder der Leitungsgang mit automatischen Meldern überwacht wird. Für die primäre Versorgung aus dem Netz muss der vorrangige Stromkreis angewendet werden (vgl. BHE-Richtlinie NRA-EA:2014-04, S. 11).

- Der Sicherungsabgang in der NSHV-AV muss besonders gekennzeichnet sein (VDE 0100-560:2022-10, S. 16).

- Ist eine NEA installiert, muss die Anlage aus der NSHV-SV versorgt werden. Im TT-System muss der RCD bei Zutreffen von Kriterien in der Norm gegebenenfalls geplant werden (VDE-AR-N 4100:2019-04, S. 83/84)!

- Die Kabel zwischen Zentrale und Antrieben der Zu- und Abluftöffnungen sind in Funktionserhalt E30 zu verlegen. Ausgenommen sind Anlagen, die bei einer Störung der Stromversorgung selbstständig öffnen, sowie Leitungsanlagen, die im gesamten Verlauf durch automatische Rauchmelder überwacht werden und das Ansprechen eines Brandmelders durch Rauch bewirkt, dass die Anlage selbstständig öffnet (vgl. BHE-Richtlinie NRA-EA:2014-04, S. 9).

  Hinweis: Die TAB der zuständigen Feuerwehr sind zu berücksichtigen. Manche Feuerwehren lassen es nicht zu, dass die NRA mit Rauchmeldern der BMA ausgelöst wird.

- Selektivität zwischen den in Reihe liegenden Sicherungen – bei Backup-Schutz – muss belegt werden.
- In Anlehnung an VDE 0100-560:2022-10, S. 15 ist im Raum mit der Zentrale eine Temperatur von 20 °C für die Langlebigkeit der Batterien/Akkus zu fordern. Frostfreihaltung muss in jedem Fall gegeben sein.
- Der Montageort von automatischen Brandmeldern ist so zu wählen, dass eine schnelle Branderkennung möglich ist, bei Treppenhäusern das Treppenhaus-Auge. Brandmelder dürfen nur horizontal an Decke oder Konsole montiert werden. Ein Abstand von mindestens 0,5 m zu Fenstern, Türen, Klimakanalöffnungen ist einzuhalten.
- Sind Teile der RWA wie die Zentrale nicht im zu entrauchenden Treppenhaus untergebracht, so ist ab Verlassen des zu entrauchenden Treppenraums die Anlage in Funktionserhalt weiterzuführen oder durch zusätzliche automatische Brandmelder in die Eigenüberwachung sowie die direkte Auslösung mit einzubeziehen. Die automatische Auslösung der Rauchabzugsanlage kann durch einen Brandmelder an oberster Stelle des Treppenhauses oder durch eine BMA (flächendeckend) erfolgen (vgl. BHE-Richtlinie NRA-EA:2014-04).
- Bei innenliegenden TRH ist ein Dachfenster und bei außenliegenden TRH ein Wandfenster die Regel. Die genaue Platzierung und Größe hat in Abstimmung zwischen Architekten und BSN-Verfasser zu erfolgen. In der Literatur ist für Wandfenster die Platzierung auf dem obersten Podest mit UK = 80 über FFB und OK = 180 über FFB nachzulesen. Diese Maßangabe ist in den Vorschriften nicht enthalten.

  Hinweis: Wird das Fenster zum Lüften genutzt und erfolgt das Schließen mit einem manuellen Schalter, muss dieser so platziert werden, dass Sichtverbindung vom Schalter zum Fenster besteht.
- Leitung für Störmeldung an ständig besetzte Stelle nach Kapitel 11
- Auch bei Unter-Putz-Verlegung der Leitungen sind die gleichen Anforderungen wie bei der Auf-Putz-Installation zu erfüllen. Will man der Forderung des Funktionserhalts nachkommen, so müssen diese ebenfalls die Klassifikation E30 aufweisen, oder der Raum muss durch Rauchmelder gesichert sein (vgl. RWA heute, S. 19).

Kommentar zur folgenden Systemzeichnung: Die Anzahl und Lage der Handauslöser wird im BSK angegeben. Zu beachten ist, dass bei manchen Gebäudetypen auf jedem Geschoss ein solcher zu setzen ist. Es gibt aber auch Gebäude, bei denen auf dem obersten Podest und in ebenerdiger Höhe nahe beim Außenzugang die Platzierung vorgegeben ist.

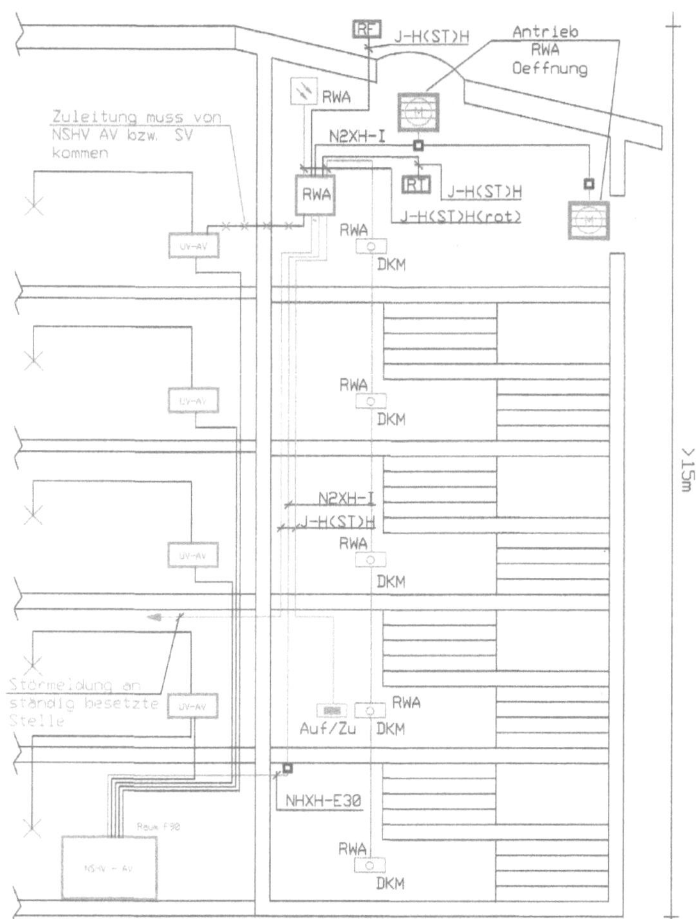

Bild 7.22: Systemzeichnung – NRA in Treppenhaus (DXF 064)

Die Bundesländer schreiben in den jeweiligen Landesbauordnungen vor, dass Treppenräume mit einem Rauchabzug, mit einer Rauchabzugsvorrichtung oder einer Öffnung zur Rauchableitung ausgerüstet sein müssen. Die Vorgaben sind bundesweit nicht einheitlich, sie können also im Einzelfall von den beschriebenen Lösungen abweichen.

- Innenliegende Treppenräume, die nicht unmittelbar an einer Außenwand liegen, z. B. allseitig von Wohnungen oder Büroräumen umgeben sind, müssen grundsätzlich und ohne Rücksicht auf die Gebäudehöhe oder Geschossanzahl mit einer Rauchabzugsvorrichtung ausgestattet werden.

- Außenliegende Treppenräume dagegen, die mit mindestens einer Seite an eine Außenwand angrenzen, in der zu öffnende Fenster eingesetzt sind, müssen ab einer bestimmten Gebäudehöhe oder Geschosszahl mit einer Rauchabzugsvorrichtung ausgestattet werden. Je nach Bundesland kann diese Grenze variieren:
  - ab 7,00 m vorhandener Geschossbodenhöhe über Gelände,
  - ab 7,75 m vorhandener Brüstungshöhe über Gelände,
  - ab fünf Vollgeschossen,
  - ab 13,00 m vorhandener Geschosshöhe über Gelände.
- In Treppenräumen von Sonderbauten, wie beispielsweise in Kultureinrichtungen oder Verkaufsstätten, von denen angenommen werden muss, dass sie dem Aufenthalt ortsunkundiger Personen dienen und für hohes Publikumsaufkommen dimensioniert sind, ist immer ein Rauchabzug vorzusehen. Hier müssen Auslösestellen auf jeder Etage platziert sein. Ansonsten gilt für die manuelle Betätigung einen Auslösetaster in der Nähe des Hauseingangs, am obersten Treppenpodest und weitere nach jeder 3. Etage zu planen.
- Auf den Funktionserhalt innerhalb des Treppenraums darf nur dann verzichtet werden, wenn ein automatischer Rauchmelder an oberster Stelle installiert ist und die Zentrale ebenfalls auf dem obersten Podest platziert ist. Die Tabellen 7.16 und 7.17 sind zudem zu beachten.

7.10 Verkabelung Antriebe 24 V mit Schwerpunkt: Leiterquerschnitte und Adernzahl

In Abhängigkeit der angeschlossenen Bauteile sind unterschiedliche Leitungen zur Steuereinrichtung zu verlegen. Die Leitungen zu den Handsteuereinrichtungen (RWA-Taster) und den automatischen Meldern (z. B. Rauchmeldern) sind meist mehradrige Leitungen mit einem Aderndurchmesser von 0,8 mm. Die zulässige Länge ist bei den Systemen unterschiedlich und daher mit dem Hersteller abzustimmen. Aus Funktionsgründen werden in der Regel geschirmte Leitungen empfohlen. Die Anschlüsse der Lüftungskomponenten wie Ansteuerung durch GLT erfolgen ebenfalls meist mit mehradrigen Leitungen, Aderndurchmesser 0,8 mm (vgl. RWA heute 2005, S. 20).

Hinweis: Die Anschlussleitung am Antrieb gehört zur Systemkomponente und ist somit nicht Bestandteil der Elektroinstallation. Diese muss wärmebeständig aber nicht funktionserhaltend sein (vgl. RWA heute 2005, S. 19).

In der Regel sind nachfolgende Kabel und Leitungen zu verlegen:

Verkabelung der NRA ohne Überwachung der Leitungsverlegung

Tabelle 7.14: Verkabelung NRA mit Funktionserhalt E30

Bauteil/Anlage	Leitungs-/Kabeltyp
Antrieb/Motor	NHXH-O 3-polig / NHXH-I 4-polig
automatischer Rauchmelder	J-H(ST)H 2x2x0,8 III Bd rot
Handsteuereinrichtung	JE-H(ST)H E30 6x2x0,8 mm
Lüftungstaster, manuell	J-H(ST)H 2x2x0,8
Wind-/Regenwächter	J-H(ST)H 6x2x0,8 (nach Herstellerangaben)
Aufschaltung BMA	J-H(ST)H 2x2x0,8 bzw. JE-H(ST)H E30 4x2x0,8 mm
Aufschaltung GLT	J-H(ST)H 2x2x0,8
Aufschaltung EIB/KNX	J-H(ST)H 2x2x0,8 (KNX grün)

Hinweis: Werden die Öffnungen auch zum Lüften benutzt, kann es sinnvoll sein, die Offenstellung optisch anzuzeigen. Es ist dann zu den Antrieben eine 7-polige Leitung zu legen. Grundsätzlich ist diese Funktion im Vorfeld mit dem Hersteller abzustimmen.

Verkabelung der NRA mit Überwachung der Leitungsverlegung

Tabelle 7.15: Verkabelung NRA ohne Anforderung an den Funktionserhalt

Bauteil/Anlage	Leitungs-/Kabeltyp
Antrieb/Motor	NHXMH-O 3-polig / NHXMH-I 4-polig
automatischer Rauchmelder	J-H(ST)H 2x2x0,8 III Bd rot
Handsteuereinrichtung	J-H(ST)H 6x2x0,8 mm
Lüftungstaster, manuell	J-H(ST)H 2x2x0,8
Wind-/Regenwächter	J-H(ST)H 6x2x0,8 (nach Herstellerangaben)
Aufschaltung BMA	J-H(ST)H 2x2x0,8 bzw. JE-H(ST)H E30 4x2x0,8 mm
Aufschaltung GLT	J-H(ST)H 2x2x0,8
Aufschaltung EIB/KNX	J-H(ST)H 2x2x0,8 (KNX grün)

Kommentar zur Tabelle: Erfolgt die Aufschaltung auf die BMA im Ring-Bus mit einem Koppler ist Funktionserhalt E30 gegeben. Erfolgt die Aufschaltung auf die BMA im Stich über eine Schnittstelle zwischen den beiden Zentralen ist die Verlegung der Leitung mit E30-Funktionserhalt auszuführen, wenn Funktionserhalt gefordert wird.

Weitere Angaben zur Verkabelung:

- Handsteuereinrichtung 1-*n* in Serie verbunden, Leitung JE-H(ST)H E30 6 x 2 x 0,8 mm bzw. IY(ST)Y 6 x 2 x 0,8 mm bei mehreren manuellen Auslösemeldern

- Automatische Melder 1-*n* in Serie verbunden, Leitung J-H(ST)H 2 x 2 x 0,8 mm bei mehreren automatischen Auslösemeldern
- Als Zuleitung zum Antrieb sind in der Regel drei Adern erforderlich: zwei Adern für die Versorgung des Antriebs, eine Ader für die Leitungsüberwachung. Wird eine grün/gelbe Ader mit verlegt, ist eine 4-polige Leitung zu verlegen, bzw. gegebenenfalls 7-polig, wenn Statusanzeige der Öffnung gefordert wird.
- Der Querschnitt der Verbindungsleitungen zwischen der Steuereinrichtung als Zentrale mit der Notstromversorgung zu den elektromotorischen Antrieben ist individuell entsprechend den Gegebenheiten unter Berücksichtigung der automatischen und manuellen Öffnung mit den nachfolgenden Tabellen für jeden Antrieb festzulegen.

Berechnung der Querschnitte ohne Berücksichtigung der Wärmeeinwirkung

Tabelle 7.16: Maximale Länge des Kabels von Steuerung NRA zum Antrieb 24 V, 48 V (*Quelle:* GEZE Systemunterlagen RWA, 88)

Adernquer-schnitt	Stromaufnahme Antrieb in Ampere A (*I*)								Spannung Antrieb
A = mm²	0,5	1	1,5	2	2,5	3	3,5	4	Volt
1,5	219 m	109 m	73 m	54 m	43 m	36 m	31 m	27 m	24 (48)
2,5	-	182 m	121 m	91 m	73 m	60 m	52 m	45 m	24 (48)
4	-	-	194 m	146 m	116 m	97 m	83 m	73 m	24 (48)
6	-	-	292 m	219 m	175 m	146 m	125 m	109 m	24 (48)
	maximale Länge (*L*) des Kabels aus Kupfer								

Kommentar zur Tabelle: Der Adernquerschnitt der Leitungen ist mit der beschriebenen Formel zu berechnen (ohne Funktionserhalt). $L = A \cdot 73/I$. Die Querschnittsberechnung mit der Formel ist für am Markt erhältliche Antriebe von 24 V und 48 V anwendbar. Manche Hersteller, z. B. D+HE, rechnen mit der Formel: $L = A \cdot 80/I$. Damit ergeben sich längere Strecken. Somit ist man bei Anwendung der in Tabelle 7.16 enthaltenen Längen auf der sicheren Seite.

Aus der Tabelle ist zu entnehmen, wie lang die Streckenlänge von der Steuerung bis zum Antrieb sein darf, damit die Öffnungsfunktion im Bedarfsfall gegeben ist.

Berechnung der Querschnitte mit Berücksichtigung der Wärmeeinwirkung

Tabelle 7.17: Maximale Länge des Kabels mit Erwärmung von Steuerung NRA zum Antrieb 24 V, 48 V

Adernquer-schnitt A = mm²	Stromaufnahme Antrieb in Ampere A (I)								Spannung Antrieb
	1	2	3	4	6	8	10	12	Volt
1,5	72 m	39 m	26 m	19 m	13 m	9,5 m	7,5 m	6,5 m	24 (48)
2,5	131 m	65 m	43 m	32 m	21,5 m	16 m	13 m	10,5 m	24 (48)
4	-	105 m	70 m	52 m	35 m	26 m	21 m	17,5 m	24(48)
6	-	-	105 m	78 m	52 m	39 m	31 m	26 m	24 (48)
	maximale Länge (L) des Kabels aus Kupfer								

Kommentar zur Tabelle: Die Berechnungen bei der Bestimmung der Leitungsquerschnitte zu den Antrieben mit Einrechnung der Erwärmung für Funktionserhalt E30 bringen bezogen auf die Länge im Ergebnis größere Querschnitte.

Die Formel, die hier anzuwenden ist:

$A = 0{,}019 \cdot N \cdot I \cdot L$ (vgl. Simon RWA)

A = Leiterquerschnitt je Ader in mm²
N = Anzahl der Antriebe je Stichleitung
I = Stromaufnahme je Antrieb in Ampere
L = Länge der Stichleitung in Meter
0,019 = Faktor mit Berücksichtigung der Erwärmung und des zulässigen Spannungsfalls

Die Querschnittsberechnung mit der Formel ist für am Markt erhältliche Antriebe von 24 V und 48 V anwendbar.

Hinweis: Wegen der Komplexität ist die endgültige Festlegung der Leiterquerschnitte für die Antriebe immer situationsbedingt nach dem eingesetzten Fabrikat für jedes Objekt mit dem jeweiligen Sachkundigen abzustimmen. Bei der Installation ist folgendes zu beachten – Verbindungskabel, die von der Zentrale bis zur Übergangsdose beim Antrieb als Stichleitung verlegt werden – Leitungstyp überwacht: NHXMH-I; Leitungstyp nicht überwacht: NHXH-I E30.

7.11 RWA-Anlagen in Großobjekten mit 230-V-Antrieben

Werden die in der Tabelle ermittelten Längen auf Grund der Objektgröße und der Vielzahl von Antrieben bei weitem überschritten, sind Überlegungen anzustellen, ob nicht mit anderen Techniken eine kostengünstigere Alternative machbar ist.

Bemerkung: Sicherheit im Betrieb durch RWA-Anlagen mit 230-V-Notstromversorgung. Dieses System eignet sich für komplexe Objekte mit schweren Fenstern, die starke Antriebe erfordern und zudem lange Verkabelungswege haben. Eine weitere Anwendung ist, wenn mehrere Antriebe (bis 20 St.) mit einem Kabel versorgt werden. Objekte dieser Art sind z. B.: Glasatrien, Industriegebäude, Bahnhöfe, Flughäfen und große Mehrzweckhallen. Mit dem Einsatz der 230-V-Notstromzentrale reduziert sich im Vergleich zur herkömmlichen 24-V-Notstromtechnik der Kabelquerschnitt nahezu um den Faktor 10 (vgl. D+H 230 V Notstromversorgung, 3).

Verkabelung mit Funktionserhalt E30. Die Notstromversorgung kann integriert mit der Steuerung durch eine Art 230-V-USV-Anlage realisiert werden, oder im Falle eines Vorhandenseins einer NEA, an dieser Einrichtung angeschlossen werden. Die Projektierung ist hier mit den Herstellern abzustimmen, die Anlagen dieses Systems vertreiben, z. B die Fa. D+H. Eine Entscheidung ist nach wirtschaftlichen Gesichtspunkten zu treffen. Beim Einsatz einer USV kann ein zusätzlicher Raum erforderlich werden, was mit dem Prüfsachverständigen im Vorfeld zu klären ist. Beim Anschluss an die NEA ohne USV ist zu berücksichtigen, dass diese Anlage erst nach ca. 15 s auf SV-Betrieb schalten kann.

Um den Vorschriften gerecht zu werden, sind die Kabel- und Leitungsauswahl und deren Installation auf zugelassenen Befestigungs- und Leitungstragsystemen vorzunehmen. Diese Festlegungen sind aus den Überlegungen nach Kapitel 8 abzuleiten.

7.12 Rauchabführung Fahrschacht Aufzug

- Die Zentrale der NRA mit der Auswerteeinheit des RAS ist im Aufzug-Maschinenraum oder an oberster Stelle im Aufzugschacht zu platzieren, in dem sich die Antriebe für die Öffnungen befinden, gegebenenfalls auch in einem Technikraum. Es ist immer ein automatischer Rauchmelder aus dieser Zentrale zu installieren (siehe Kapitel 10).
- Im Fahrschacht ist das Rauchansaugrohr zu installieren.
- Das Zuleitungskabel von der NSHV zur Zentrale der NRA ist bis in den Fahrschacht funktionserhaltend E30 zu verlegen. Innerhalb des Fahrschachts kann eine NHXMH-Leitung verlegt werden. Es ist der vorrangige Stromkreis anzuwenden (VDE 0100-560:2022-10, S. 19).
- Ist eine NEA installiert, muss die Anlage aus der NSHV-SV versorgt werden. Die Kabelverlegung ist in gleicher Art wie bei der AV-Versorgung auszuführen. Im TT -System muss der RCD bei Zutreffen von Kriterien in der Norm gegebenenfalls geplant werden (VDE-AR-N 4100:2019-04, S. 83/84)!

- Die Bemessung für den Kraftstoffverbrauch der NEA-Tankanlage bzw. einer Power-Pack-Batterieanlage muss mit 3 h berechnet werden (siehe Tabelle 3.2).
- Für die manuelle Öffnung muss ein Druckknopfmelder an allgemein zugänglicher Stelle bzw. beim FW-Anlaufpunkt installiert werden. Die Leitung dafür muss in Funktionserhalt E30 verlegt werden.
- Die Kabel zwischen Zentrale und Antrieben der Zu- und Abluftöffnungen sind in Funktionserhalt E30 zu verlegen. Ausgenommen sind Anlagen, die bei einer Störung der Stromversorgung selbstständig öffnen, sowie Leitungsanlagen, die im gesamten Verlauf durch automatische Rauchmelder überwacht werden und das Ansprechen eines Brandmelders durch Rauch bewirkt, dass die Anlage selbstständig öffnet (vgl. MLAR:2018-10, S. 98).
- In Anlehnung an VDE 0100-560:2022-10, S. 15 ist im Raum/Schacht mit der Zentrale eine Temperatur von 20 °C für die Langlebigkeit der Batterien/Akkus zu fordern. Frostfreihaltung muss in jedem Fall gegeben sein.
- Selektivität zwischen den in Reihe liegenden Sicherungen – bei Backup-Schutz – muss belegt werden.
- Leitung für Störmeldung an ständig besetzte Stelle nach Kapitel 11

7.13 Sonnenschutz vor NRA-Öffnungen / 2. Rettungsweg

- Bei außenliegenden Antrieben ist eine USV-Anlage für 230-V-Motore zu planen. (Motor in der Schutzart IP 54 ist nur in 230-V-Ausführung derzeit auf dem Markt erhältlich).

  Hinweis: Bei kurzen Anschlussleitungen zu den Antrieben wird abhängig von der Stromstärke auch eine Leitung mit Querschnitt 0,75 mm² verlegt. Zu bedenken gibt es hierzu, dass dieser Querschnitt nur bis zu einer Länge von max. 10 m zulässig ist. Bei längeren Strecken muss nach VDE eine Leitung mit größerem Querschnitt verlegt werden. Zudem dürfen flexible Leitungen nicht im bzw. unter Putz verlegt werden.

- Für die direkte Ansteuerung zum Hochfahren ist eine Bypassschaltung als vorrangige Funktion in die Sonnenschutzsteuerung einzubauen.

  Hinweis: Die Notwendigkeit einer Bypassschaltung ist letztendlich mit dem Prüfsachverständigen zu klären. Ist aerodynamisch die Rauchableitung durch den Abstand von Jalousie und NRA-Öffnung vorhanden, muss die Jalousie nicht hochgefahren werden.

- Die Notwendigkeit für Funktionserhalt der Kabel zu den Antrieben der Sonnenschutzmotoren ist mit dem Prüfsachverständigen zu klären. Befindet sich die Zentrale in einem anderen Brandabschnitt und ist der Verlauf der Kabel nicht vollständig mit automatischen Rauchmeldern überwacht, ist die Kabelanlage mit Funktionserhalt E30 zu installieren.
- Neben der NRA als auslösende Einrichtung zum Ansteuern für das Hochfahren im Gefahrfall kann auch die BMA über einen Koppler dafür verwendet werden.
- In Anlehnung an VDE 0100-560:2022-10, S. 15 ist im Raum mit der Zentrale eine Temperatur von 20 °C für die Langlebigkeit der Batterien/Akkus zu fordern. Eine Mindesttemperatur von 5 °C muss in jedem Fall gegeben sein.
- Selektivität zwischen den in Reihe liegenden Sicherungen – bei Backup-Schutz – muss belegt werden.
- Leitung für Störmeldung an ständig besetzte Stelle nach Kapitel 11

  Hinweis: Eine Alternative zur elektrischen Lösung sind mechanische Einrichtungen, die mit einer Art Schlagtaster bei Betätigung durch den Flüchtenden sofort hochschnellen. Diese Einrichtung wird aber nur für die Freimachung des Rettungswegs funktionieren.

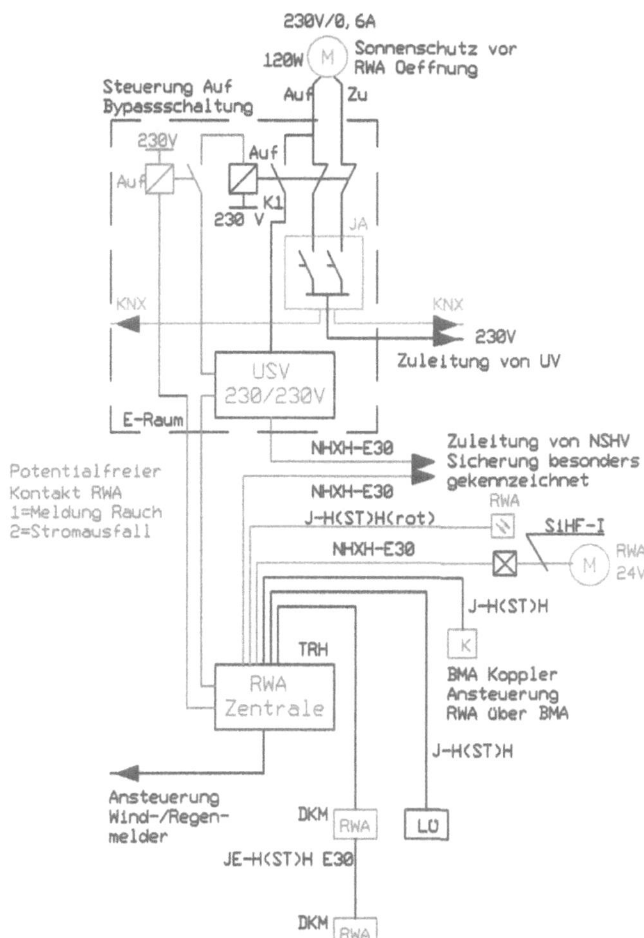

Bild 7.23: Systemzeichnung – Bypassschaltung Sonnenschutz (DXF 052)

Kommentar zur Systemzeichnung: Bei dem Ereignis Stromausfall, Meldung Rauch/Brand und Ausfall BUS-Steuerung muss sichergestellt sein, dass der Sonnenschutz unverzüglich in die Auf-Position fährt, damit die Rauchableitung ungehindert erfolgen kann.

7.14 Sicherheitsbeleuchtung mit zentralem Stromversorgungssystem

Die folgenden Ausführungen sind ein kleiner Auszug aus einer umfassenden Thematik für diese Sicherheitsanlage. Eine detaillierte Abhandlung mit den verschiedenen Varianten zur Installation der Sicherheitsbeleuchtung ist im Buch *Leitfaden Sicherheitsbeleuchtung* des gleichnamigen Autors niedergeschrieben.

- Das Zuleitungskabel, z. B. als NHXMH-Leitung, muss aus der NSHV-AV zur Zentrale der Batterieanlage für die Sicherheitsbeleuchtung verlegt werden. Wird ein FW-Schalter gefordert, ist der vorrangige Stromkreis verlangt (VDE 0100-560:2022-10, S. 26).
- Ist eine NEA installiert, muss die Abgangssicherung in der NSHV-SV enthalten sein, wenn Sicherheitsstromversorgung für Sicherheitsbeleuchtung nach den Vorgaben in den Abschnitten 1.3.1 bis 1.3.11 gefordert wird. Das Zuleitungskabel ist mit Funktionserhalt E30 zu verlegen. Die Widerstandsveränderung bei Brandeinwirkung mit 841 °C (ETK) im längsten Brandabschnitt ist einzurechnen. Die Batteriekapazität kann dann unabhängig von der geforderten Betriebszeit auf 1 h reduziert werden.
- Die Bemessung für den Kraftstoffverbrauch der NEA-Tankanlage bzw. einer Power-Pack-Batterieanlage muss mit 3 h oder 8 h berechnet werden.
- Der Querschnitt für die Zuleitung aus der NSHV zur Zentrale der Anlage ist unter Berücksichtigung der ermittelten Batterieleistung nach der vom Hersteller vorgegebenen Absicherungstabelle zu wählen. Selektivität von der Sicherung der Netzeinspeisung zur Zentralensicherung innerhalb der Steuerung und wiederum zu den Abgangssicherungen der jeweiligen Endstromkreise muss gegeben sein.
- Der Mindestquerschnitt für Endstromkreise beträgt 1,5 mm². Endstromkreise dürfen nicht durch feuergefährdete und in keinem Fall durch explosionsgefährdete Bereiche geführt werden (vgl. VDE 0100-560:2022-10, S. 16).

  Hinweis: Garagen und Ölfeuerungsräume (weitere Räume siehe Abschnitt 2.8) werden als feuergefährdete Betriebsstätte behandelt (vgl. Kiefer, S. 100). Demnach sind Endstromkreise durch diese Räume innerhalb eines Brandabschnitts mit Funktionserhalt E30 zu verlegen.
- Die Endstromkreise müssen von der Zentrale bis in den Brandabschnitt in Funktionserhalt E30 verlegt sein. Bei Leuchten-Einzelüberwachung sind das zwei Stromkreise im Mischbetrieb je Brandabschnitt. E30 gilt auch für Steuerstromkreise zum Schalten von Zeitlichtgeräten mit Tasterbetrieb. Die Festlegung der

Brandabschnitte muss im Brandschutzplan gezeichnet sein (Bild 1.1). Als Brandabschnitte gelten im Regelfall die vertikalen Brandwände mit den horizontalen Geschossdecken. Zudem gelten Treppenräume als eigene Brandabschnitte. Ein meist nicht gezeichneter aber zu beachtender Brandabschnitt ist der virtuelle (Bild 7.5).

Hinweis: Die Verkabelung nach LOOP-Technik entspricht einer Verkabelung mit Funktionserhalt E30, erfolgt aber ausschließlich mit konventionellen Leitungen. Findet nur Anwendung, wenn die Gebäudekonstruktion die Voraussetzungen für diese Art der Technik erfüllt. Hier ist zwingend der Prüfingenieur einzubinden.

Bild 7.24: Systemzeichnung – Zentralbatterieanlage (DXF 016)

Kommentar zur Systemzeichnung: Aus der Abbildung ist die Installation der Leitungsanlage unter Berücksichtigung des natürlichen und virtuellen Brandabschnitts ersichtlich. Zudem sind auch die Anforderungen an den Einsatz von Unterstationen in den verschiedenen Brandabschnitten dargestellt.

- Die Anzahl der Leuchten je Stromkreis ist mit 20 St. begrenzt. Jede Leuchte und dazugehörige Schaltungskomponente muss mit einem roten Schild, Mindestdurchmesser 30 mm gekennzeichnet sein. Zudem ist eine Belastung mit 60 % bezogen auf den Nennstrom der Sicherung vorgegeben (vgl. VDE 0100-560:2022-10, S. 18). Dazu ergeben sich aus den gängigen Sicherungen in der Zentrale folgende Werte.

Tabelle 7.18: Zulässige Belastung der Endstromkreise in Ampere und Watt

Stromkreissicherung in A	**2**	**3,15**	**4**	**6,3**	**10**
60 % Belastung in A	1,2	1,89	2,4	3,78	6
max. Leistung in W (VA)	264	415,8	528	816	1320

Kommentar zur Tabelle: Zu den Werten in der Tabelle sind auch die Einschaltströme zu berücksichtigen. Zu empfehlen ist hierzu die Anlage als Systembauweise zu liefern und zu installieren. Mit dem Einzug der LED-Leuchten sind die Anlagen in Bezug auf die Kapazität kleiner geworden. Die LED-Leuchten haben aber einen hohen Einschaltstrom.

- Der ungünstigste Stromkreis mit der längsten Strecke, der Maximalbelegung an Leuchten ist auf Einhaltung des zulässigen Spannungsfalls und des Kurzschlussstroms an der am weitesten entfernten Leuchte zu prüfen. Ein Kurzschluss in einem Stromkreis darf die Versorgung von Leuchten anderer Stromkreise nicht unterbrechen (vgl. VDE 0100-560:2022-10, S. 18). Leitungslängen von 300 m pro Stromkreis sind keine Seltenheit. 216-V-Batterieanlagen haben einen Kurzschlussstrom von ca.1.700 A und damit einen Innenwiderstand von ca. 130 mΩ. Der zugehörige Wert ist aber immer beim Hersteller des eingesetzten Fabrikats abzufragen. Generell gilt aber: Je größer die Kapazität, desto kleiner der Innenwiderstand.

  Wichtig: Für den Batteriebetrieb darf nach DIN EN 50171 am Ende der Betriebsdauer, die Ausgangsspannung nicht geringer sein als 90 % der Nennspannung. Dies ergibt bei 216-V-Anlagen den Wert 194,4 V DC.

Tabelle 7.19: Leitungslängen nach den Kriterien der Abschaltbedingungen und des Spannungsfalls

Leistung (W)	**120**	**200**	**400**	**200**	**300**	**400**	
A (mm²)	1,5	1,5	1,5	2,5	2,5	2,5	
l_{max}(m) U_v 3%	680	460	240	630	480	290	G = 3,15 A
l_{max}(m) i_a	552	552	552	921	921	921	I_a = 12,6 A
l_{max}(m) i_a	274	274	456	456	708	708	G = 6,3 A
l_{max}(m) U_v 3%	160	110	240	185	340	290	I_a = 25,2 A
A (mm²)	1,5	1,5	2,5	2,5	4	4	
Leistung (W)	**600**	**800**	**600**	**800**	**600**	**800**	

Kommentar zur Tabelle: Bei Neuanlagen werden ausschließlich Leuchten in LED-Technik installiert. Die Absicherung in den Zentralen erfolgt je Stromkreis bei einer Anzahl von 20 St. Leuchten, mit Feinsicherungen des Typ G 3,15 A bzw. G 6,3 A. Daraus ergibt sich, wie der Tabelle zu entnehmen ist, dass die Stromkreise mit einer geringen Leistung belastet werden. Somit ist es notwendig, die Leitungslänge zu ermitteln und rechnerisch nachzuweisen, dass der funktionierende Betrieb gewährleitet ist.

Die Spannungsfall-Berechnung erfolgte mit einer gleichmäßigen Lastverteilung auf die Länge mit angenommen Leistungen je Absicherung, verteilt auf die max. Anzahl von 20 Leuchten je Stromkreis. Maßgebend für die Berechnung ist der Spannungswert am Ende der Betriebsdauer. Vom unteren Wert ausgehend mit 194,4 V DC ist der 3 %-Spannungsfall für die installierte Leitungslänge zu berechnen. Eine dafür anzuwendende Formel ist in VDE 0100-520:2013-06, Anhang G enthalten.

Hiernach gilt:

$U_V = b(\rho \cdot l/A \cdot \cos\varphi + \lambda \cdot l \cdot \sin\varphi) I_B$

U_V	Spannungsfall in V
b	Faktor; 2 bei einphasigen Stromkreisen
ρ	spezifischer Widerstand; bei 20 °C mit 0,0225 Ωmm²/m (Cu), 0,036 Ωmm²/m (Al)
l	Leitungslänge in m
A	Leiterquerschnitt in mm²
λ	Blindwiderstand des Leiters, der mit 0,00008 Ω/m angenommen wird
$\cos\varphi$	0,8 (Annahme); $\sin\varphi$ 0,6 (Annahme)
I_B	Betriebsstrom in A

Zum gleichen Ergebnis wird man auch mit der Spannungsfall-Formel kommen:

$U_V = (2 \cdot l \cdot I_B)/(\chi \cdot A)$ (siehe Kapitel 7: Spannungsfall)

Hinweis: Bei Feinsicherungen des Typ G ist der Abschaltstrom mit $4 \cdot I_N$ von den Sicherungsherstellern angegeben. Für die Berechnung der Werte aus Tabelle 7.19

kann mit der Formel gerechnet werden: $l_{max} = [(c_{min} \cdot U_N / \sqrt{3} \cdot I_a) - Z_V] / 2 \cdot Z'_L$ (siehe Kapitel 7: max. Leitungslänge nach dem Abschaltstrom).

- Bei Altanlagen sind max. 12 St. Leuchten je Stromkreis zugelassen. Dies ist bei Neuverkabelung und Erhalt der alten Zentrale zu berücksichtigen.
- Wird die Altanlage erneuert und die Leuchtenanzahl je Stromkreis von 12 St. auf bis zu 20 St. ausgebaut ist die max. Leitungslänge zu prüfen.
- Für den Einbau von abgesetzten Elektronikbausteinen der Sicherheitsleuchten in Zwischendecken sind die Größen der dazu notwendigen Revisionsöffnungen anzugeben. Eine Regelgröße dafür ist 30 cm x 30 cm.
- Wird die Anlage von 24 V auf Anlagen > 60 V umgerüstet, ist zu prüfen, ob ein Schutzleiter bei der ursprünglichen Installation der Endstromkreise mit verlegt wurde. Fehlt dieser, ist eine Nachrüstung durch Neuinstallation der Leitungsanlage bzw. die Montage von Leuchten in der Schutzklasse 2 mit dem Prüfsachverständigen und dem Eigentümer zu diskutieren.
- In Räumen, die mit einer BL- oder DL-Leuchte bestückt sind, müssen bei mehr als zwei Leuchten diese von zwei verschiedenen Stromkreisen versorgt sein (redundanter Aufbau). Die Beleuchtung eines Bereichs des Rettungswegs muss von zwei oder mehr Leuchten erfolgen, so dass der Ausfall einer Leuchte den Rettungsweg nicht total verdunkelt oder die Kennzeichnung des Rettungswegs unwirksam macht (VDE 0108-100:2005-01, S. 7).
- Sind in einem Raum zwei Leuchten der AV-Stromversorgung installiert, müssen diese von zwei verschiedenen Stromkreisen eingespeist, und auf zwei RCD-Schalter verteilt werden, wenn die geforderte Sicherheitsbeleuchtung in Bereitschaftsbetrieb installiert ist (vgl. VDE 0100-718:2014-06, S. 8).
- In Räumen, in denen Sicherheitsbeleuchtung in Bereitschaftsbetrieb gefordert ist, muss die Stromversorgung der allgemeinen Beleuchtung für einen Bereich im Endstromkreis überwacht werden, d. h. einer der zwei AV-Stromkreise muss an einer Spannungsüberwachung angeschlossen sein (vgl. VDE 0100-560:2022-10, S. 18, 560.9.6), in Verkaufsräumen mit großen Flächen 30 % bzw. 1/3 der installierten Beleuchtungsstromkreise. Folgende weitere Anlageteile in den AV-Verteilungen sind in die Überwachung mit einzubeziehen:
  - Spannungsüberwachung nach LS-Automaten der Stromkreise für Räume, in denen Bereitschaftsleuchten installiert sind,
  - Meldekontakt von LS-Automaten für Steuerstromkreise der geschalteten AV-Beleuchtung,
  - Diagnosebausteine für die Überwachung von BUS-Systemen, z. B. KNX,

  - Steuersicherungen der Beleuchtung sind an die Spannungsüberwachung anzuschließen, wenn Schaltungen in Räumen, in denen Sicherheitsleuchten sind, durchgeführt werden.

- Für Störungs- und Spannungsüberwachung sind zu den betreffenden AV-Verteilern Ring- oder Stichleitungen zu verlegen; Stichleitungen mit Funktionserhalt E30, Ringleitungen ohne Anforderung. Eine Abstimmung hierzu ist zwingend mit dem Hersteller der Zentrale vorzunehmen. Der Prüfsachverständige ist in die Entscheidungsfindung einzubeziehen.

- Steuerungs- und Bussysteme der Sicherheitsbeleuchtung müssen unabhängig von Steuerungs- und Bussystemen der allgemeinen Beleuchtung sein und mit Funktionserhalt ausgeführt sein. Dies gilt auch für die BUS-Leitung bei Einzelbatteriesystemen (vgl. VDE 0100-560:2022-10, S. 17). Eine Kopplung beider Systeme ist nur mittels Schnittstelle zulässig, die eine galvanische Trennung beider Bussysteme voneinander sicherstellt (vgl. GAZ Notstromsysteme, S. 32).

- Die Absicherung der Endstromkreise muss 2-polig erfolgen (L/N). Endstromkreise der Sicherheitsbeleuchtung aus einer Zentral- oder Gruppenbatterieanlage dürfen keine RCD-Schalter haben.

- Störmeldeleitung an ständig besetzte Stelle (s. Kapitel 11). Der Zustand der Stromquelle für Sicherheitszwecke muss angezeigt werden (betriebsbereit, Störung, Stromquelle in Betrieb). Dies kann z. B. über ein Störmeldetableau erfolgen. Es ist jedoch auch möglich, die geforderten Meldungen auf die Gebäudeleittechnik (GLT) aufzuschalten und die Anzeige somit in der Leitwarte zu realisieren (vgl. VDE 0100-560:2022-10, S. 15).

- Gleichmäßigkeit von 40:1; 40 lx gemessen direkt unter der Leuchte; 1 lx gemessen auf Mitte der Entfernung zweier Leuchten zueinander.

- In Kabinen von Personenaufzügen muss eine Sicherheitsbeleuchtung als Antipanikbeleuchtung eingebaut sein. Das kann mit einer Einzelbatterieleuchte oder einer zentral gespeisten Leuchte verwirklicht sein. Bei einer zentral gespeisten Leuchte muss die Zuleitung feuergeschützt verlegt werden (vgl. VDE 0108-100:2005-01, S. 8).

- In Schwimmbädern ist bei Becken mit einer Tiefe ab 1,35 m eine Beleuchtungsstärke von 15 lx auf der Wasseroberfläche gefordert.

- In Kühlräumen/Tiefkühlräumen mit einer Fläche von mehr als 10 m² ist eine unabhängige Sicherheitsbeleuchtung oder Markierung aus lang nachleuchtendem Material zu installieren (vgl. DIN 8986:2012-10, S. 6).

- In notwendigen Treppenraum ohne Fenster von mehr als 13 m Höhe muss eine Sicherheitsbeleuchtung installiert werden (vgl. BayBO Art. 34,7). Die Anmerkung zu Wandöffnungen mit Glaseinsatz aus Pkt. 1.3.9 ist zu beachten!
- Evakuierungsbeleuchtung als Antipanikbeleuchtung mit einer Beleuchtungsstärke von 0,5 lx in Räumen mit Menschenansammlungen ab einer Fläche von 60 m², wie Hallen, Großraumbüros usw. (vgl. VDE 0108-100:2005-01, S. 7).
- Sicherheitsleuchten sind so zu platzieren, dass ein sicheres Verlassen des Gebäudes gewährleistet wird. Hinweisleuchten auf Rettungswegen sind so zu montieren, dass von jeder Stelle im Raum Einsichtnahme gewährleistet ist. Bei hohen Räumen sind die Leuchten auf entsprechende Höhe abzupendeln. In Verkaufsräumen z. B. sind abgependelte Werbeschilder zu berücksichtigen. Hier wird eine Höhe von max. 2,80 m sinnvoll sein. Generell gilt: Die Montagehöhe einer Rettungszeichenleuchte darf nicht höher als 20° über der horizontalen Blickrichtung sein. (vgl. DIN EN 1838). Bei einer Entfernungsweite von ca. 3,5 m beträgt die Montagehöhe 2,40 m für einen Menschen von 1,80 m Größe. Zusätzlich sind nachfolgende Vorgaben zu beachten:

  Eine Sicherheitsbeleuchtung muss angebracht werden:

  - mindestens 2 m über dem Boden,
  - an jeder im Notfall zu benutzenden Ausgangstür,
  - nahe (max. 2 m Abstand) einer Treppe, um jede Treppenstufe direkt zu beleuchten,
  - nahe (max. 2 m Abstand) jeder Niveauänderung,
  - bei jeder Richtungsänderung,
  - bei jeder Kreuzung der Gänge/Flure,
  - außerhalb und nahe (max. 2 m Abstand) jedes Ausgangs,
  - nahe (max. 2 m Abstand) jeder 1.-Hilfe-Stelle,
  - nahe (max. 2 m Abstand) jeder Brandbekämpfungs- oder Meldeeinrichtung.

    Achtung: Liegen die 1.-Hilfe- und Brandbekämpfungsstellen nicht am Rettungsweg oder im Bereich der Antipanikbeleuchtung, müssen sie, auf dem Boden gemessen, mit 5 lx beleuchtet sein (vgl. DIN EN 1838). Berücksichtigung von Sicherheitseinrichtungen außerhalb der Rettungswege bzw. von Antipanikbereichen, die im Gefahrenfall auch bei Ausfall der allgemeinen Beleuchtung gut beleuchtet sein müssen.

- Wird die adaptive Fluchtwegbeleuchtung gefordert, ist jedes Hinweisschild nach BSK festzulegen, das für die Entfluchtung der Personen aus dem Gebäude benötigt wird. Als Steuereinrichtung kann die BMA fungieren. Die Ansteuerung der Hinweisleuchten erfolgt dabei mit Relaiskoppler. Diese sind unmittelbar bei der Leuchte zu platzieren.

  Erklärung: Bei der adaptiven Fluchtweglenkung ist das aus verschiedenen Bauteilen bestehende System entscheidend. Die technische Umsetzung dazu bietet sich mit der BMA an. Die Entfluchtung wird durch die Rot-/ Grün-Schaltung gelenkt. Ist ein Fluchtweg verraucht, werden die Hinweisleuchten mit dem automatischen Melder über den Koppler auf Rot geschaltet. Somit wird der Fluchtweg im Gefahrenfall als nicht nutzbar gekennzeichnet.

- Bei kombinierten Sicherheitsleuchten für den Deckeneinbau ist die Einbautiefe anzugeben. Es ist im Zuge der Planung sicherzustellen, dass es zu keinen Kollisionen mit der TGA kommt. Im Verwaltungsbau wird man bei ersten Angaben, ohne genauere Festlegung eines Leuchtentyps mit 12 cm Einbautiefe auskommen.

- Die Größe der Piktogramme ist aus den gegebenen Abständen nach Vorgabe der VDE festzulegen. Grundsätzlich sind die Größen für bestimmte Abstände genau festgelegt und genormt. Die Bestimmung ist nach der Formel: $l = z \cdot h$ zu berechnen. Darin bedeutet:

  l = Erkennungsweite (Entfernung senkrecht zum Zeichen, aus der eine sichere Erkennung des Zeicheninhalts möglich ist),
  z = Distanzfaktor mit 200 bei hinterleuchteten Zeichen und 100 bei angestrahlten Zeichen,
  h = Höhe des Rettungszeichens.

  Beispiel: Bei einer Entfernung von 24 m wird die Höhe h des hinterleuchteten Rettungszeichens wie folgt ermittelt: $h = l / z$ = 24.000 mm / 200 = 120 mm bzw. 12 cm.

  Hinweis: Die Höhe des hinterleuchteten Rettungszeichens bei einer Entfernung von 24 m muss mindestens 12 cm betragen. (Es gibt aber auch Größenvorgaben in den BSN, die dann umgesetzt werden müssen). Die Abstände von zwei Rettungszeichen sind die 2-fache Strecke der angegebenen Entfernungsweite für die Leuchten ausgelegt sind. So ist ein max. Abstand von einer Leuchte mit Entfernungsweite 24 m zur zweiten Leuchte bei Blickkontakt 48 m zueinander (vgl. DIN EN 1838).

7.15 Stromkreisverteiler SV-Stromversorgung Hochhaus

- Das Zuleitungskabel zur Stromkreisverteilung im jeweiligen Brandabschnitt bzw. in das jeweilige Geschoss muss nach DIN 4102-12 mit Funktionserhalt E90 installiert werden (MLAR 2018, S. 89).
- Der Sicherungsabgang für das Zuleitungskabel für die genannte Verteilung muss an der NSHV-SV erfolgen.
- Die Widerstandsveränderung bei Brandeinwirkung mit 1006 °C (ETK) im längsten Brandabschnitt ist einzurechnen.
- Der Spannungsfall in der Zuleitung ist so zu rechnen, dass er für die am weitesten entfernte Steckdose vom Stromkreisverteiler max. 5 % beträgt, Beleuchtung 3 % (VDE 0100-520:2013-06, S. 36).
- Die Minderungsfaktoren f_1 und f_4 nach der Bemessungsstromregel sind einzurechnen.
- Selektivität zwischen den in Reihe liegenden Sicherungen muss belegt werden.

7.16 Stromkreisverteiler SV-Krankenhaus für Räume Gruppe 1

- Das Zuleitungskabel zwischen den Räumen der NSHV und dem Raum mit der Stromkreisverteilung muss nach DIN 4102-12 mit Funktionserhalt E90 (E30) installiert werden (Festlegung nach Abstimmung mit Betreiber).
- Der Sicherungsabgang für das Zuleitungskabel für die genannte Verteilung muss an der NSHV-SV erfolgen (VDE 0100-710:2012-10).
- Die Bemessung für den Kraftstoffverbrauch der NEA-Tankanlage bzw. einer Power-Pack-Batterieanlage muss mit 24 h berechnet werden (siehe Tabelle 3.2).
- Die Widerstandsveränderung bei Brandeinwirkung mit 1006 °C (ETK) (841 °C) im längsten Brandabschnitt ist einzurechnen.
- Der Spannungsfall in der Zuleitung ist so zu rechnen, dass er für die am weitesten entfernte Steckdose vom Stromkreisverteiler max. 5 % beträgt, Beleuchtung 3 % (VDE 0100-520:2013-06, S. 36).
- Selektivität zwischen den in Reihe liegenden Sicherungen muss belegt werden.
- Der Aufbau der Stromversorgung als TT-System ist erlaubt.

- In den Systemen IT, TN und TT darf die dauernd zulässige Berührungsspannung U_L 25 V AC oder 60 V DC nicht überschreiten.
- Es sind RCD-Schalter des Typ A(F)/B einzusetzen bzw. werden empfohlen.
- Die Erfordernis von Brandschutzschaltern ist mit dem Betreiber zu klären.
- Der Aufbau der Verteilung ist so vorzunehmen, dass die Abgangssicherungen der Räume ohne Anforderung und die Räume nach Gruppe 1 innerhalb der Einhausung räumlich getrennt mit Abschottung eingebaut werden.

  Hinweis: Die Festlegung der Räume Gruppe 1 zur Stromversorgung für Sicherheitszwecke nach Tabelle B.1 aus VDE 0100-710:2012-10, S. 27-29 muss mit der medizinischen und technischen Leitung der Einrichtung vorgenommen werden.

7.17 Stromkreisverteiler SV-Krankenhaus für Räume Gruppe 2

- Die Stromkreisverteilung der Räume Gruppe 2 muss mit einer 1. und 2. Leitung versorgt werden. Hierzu ist in jeder Verteilung eine Umschalteinrichtung erforderlich.

  Die beiden Leitungen sind auf getrennten Trassen zu verlegen. Die 1. Leitung ist an die NSHV-AV anzuschließen und hat keine Anforderung an den Funktionserhalt, die 2. Leitung muss an die NSHV-SV angeschlossen werden und ist nach DIN 4102-12 mit Funktionserhalt E90 bis zur Stromkreisverteilung zu verlegen (VDE 0100-710:2012-10).
- Die Bemessung für den Kraftstoffverbrauch der NEA-Tankanlage bzw. einer Power-Pack-Batterieanlage muss mit 24 h berechnet werden (siehe Tabelle 3.2).
- Die Stromkreisverteilung mit Umschalteinrichtung für die besondere Sicherheitsstromversorgung (BSV) muss bis in den jeweiligen Brandabschnitt funktionserhaltend E90 verlegt werden. Die Abgangssicherung hierfür muss in der NSHV-SV sein. Die Sicherheitsstromquelle als USV für die BSV ist im Brandabschnitt der zu versorgenden Geräte wie OP-Lichtgerät zu installieren. Ob für diese USV ein eigener Raum notwendig ist oder dieser zusammen mit dem SV-Verteiler im gleichen Raum eingebaut werden kann, muss aus dem BSK hervorgehen.
- Die Widerstandsveränderung bei Brandeinwirkung mit 1006 °C (ETK) im längsten Brandabschnitt ist einzurechnen.

- Der Spannungsfall in der Zuleitung ist so zu rechnen, dass er für die am weitesten entfernte Steckdose vom Stromkreisverteiler max. 3 % beträgt.
- Die Minderungsfaktoren f_1 und f_4 nach der Bemessungsstromregel sind einzurechnen.
- Selektivität zwischen den in Reihe liegenden Sicherungen muss belegt werden. Für den ordnungsgemäßen Betrieb der Anlage sind Überstrom-Schutzeinrichtungen so auszuwählen und zu errichten (Selektivität), dass ein Überstrom in einem Stromkreis die ordnungsgemäße Funktion anderer Stromkreise für Sicherheitszwecke nicht beeinträchtigt (vgl. VDE 0100-560:2022-10, S. 16).
- Die Stromversorgung ist für Großverbraucher als TN-S-System zu errichten, für sonstige Verbraucher und Steckdosenstromkreise das IT-System.
- Die max. Leitungslänge zwischen der Sekundärwicklung des IT-Transformators und den stromverbrauchenden Betriebsmitteln sollte 25 m nicht überschreiten (vgl. VDE 0100-710:2012-10, S. 16).
- In den Systemen IT und TN darf die dauernd zulässige Berührungsspannung U_L 25 V AC oder 60 V DC nicht überschreiten.
- Bei Erfordernis von RCD-Schaltern in TN-S-Stromkreisen werden Geräte des Typ B empfohlen, insbesondere dann, wenn die Charakteristik der Last in Bezug auf mögliche Gleichfehlerströme > 6 mA nicht bekannt ist (vgl. VDE 0100-710 Bbl. 1:2014-06, S. 5).
- Die Erfordernis von Brandschutzschaltern ist mit dem Betreiber zu klären.
- Die gesamte Stromversorgung muss überwacht und an eine ständig besetzte Stelle gemeldet werden.
- Die Stromkreise sind mit geschirmten Leitungen (NHXMH(St)-I) zu installieren.
- Die Kombination für den redundanten Aufbau der Stromversorgung sind AV/SV oder BSV/SV. Die Kombination AV/BSV ist in der Norm nicht berücksichtigt. Sollte diese angewendet werden, ist das mit dem abnehmenden Prüfsachverständigen zu klären.
- Die Bypassschaltung zur unterbrechungsfreien Überbrückung der Umschalteinrichtung zu Wartungsarbeiten ist in Räumen mit dauernder Patientenversorgung anzuwenden (Intensivstation).

  Hinweis: Die Festlegung der Räume Gruppe 2 zur Stromversorgung für Sicherheitszwecke nach Tabelle B.1 aus VDE 0100-710:2012-10, S. 27-29 muss mit der medizinischen und technischen Leitung der Einrichtung vorgenommen werden.

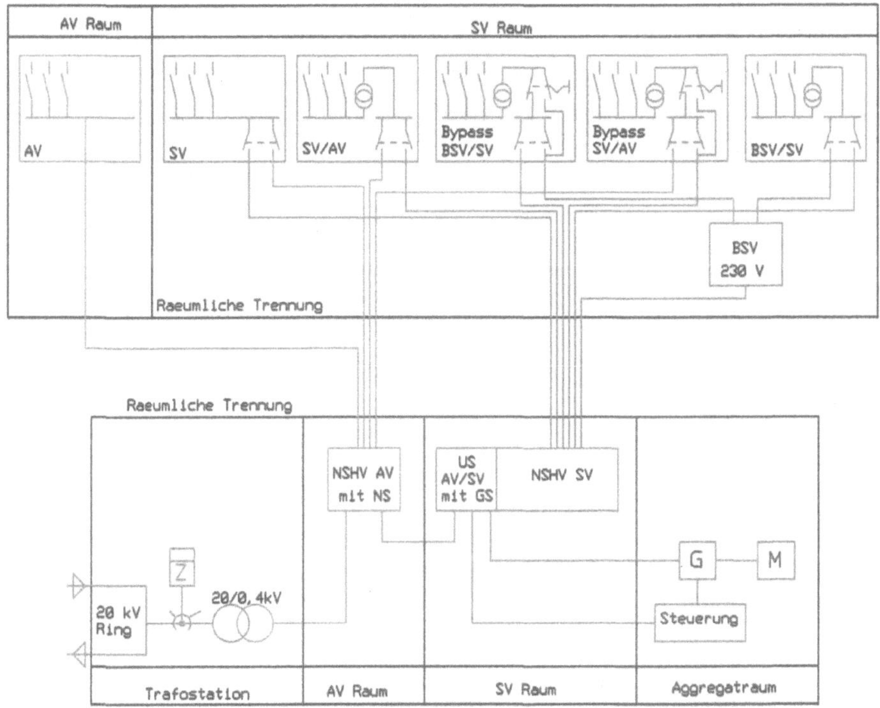

Bild 7.25: Systemzeichnung – Stromversorgung Räume Gruppe 2 – Krankenhaus (DXF 049)

Kommentar zur Systemzeichnung: Die Komplexität der Stromversorgung abgestimmt auf die jeweilige Nutzung erfordert die Einbeziehung von spezialisierten Unternehmen. Gute und ausführliche Details hierzu sind als Komplettübersicht die MEDICS der Fa. Bender. Die Systemzeichnung ist nur als Hilfestellung zur umfangreichen Planung gedacht. In jedem Fall müssen hier noch die Kabel- und Leitungsabgänge der sonstigen Sicherheitsanlagen nach Bild 7.1 berücksichtigt werden.

Auch die Anlagen zum Notbetrieb der Einrichtung wie unter Abschnitt 1.3.10 sind mit dem Betreiber zu diskutieren und bei der Projektierung der NSHV-SV entsprechend zu planen.

7.18 Hausalarmanlage Typ A

Einsatzgebiete: Hochhäuser, Beherbergungsstätten, Verkaufsstätten, Versammlungsstätten, Schulen, Sportstätten

- Die Hausalarmzentrale muss DIN EN 54-2 und DIN EN 54-4 entsprechen.
- Hausalarmanlagen (HAA) sind in Anlehnung an die VDE 0833-2 zu errichten.
- Die Energieversorgung muss mit verfügbarer, ständig besetzter Stelle für 72 h ausgelegt werden.
- Für den größten auftretenden Energiebedarf im Alarmfall ist eine Betriebszeit von 0,5 h zu gewährleisten.
- Leitungen von bauordnungsrechtlich geforderten HAA müssen auch im Brandfall funktionsfähig bleiben. Das Zuleitungskabel von der NSHV zur Zentrale muss mit Funktionserhalt E30 verlegt sein.
- Der Einbau der Stromkreissicherung muss in der NSHV erfolgen. Der Sicherungsabgang muss besonders gekennzeichnet sein.
- Zur Vermeidung von unbeabsichtigtem Abschalten ist der vorrangige Stromkreis anzuwenden.
- *Begründung:* Es muss ausgeschlossen sein, dass durch das Abschalten anderer Betriebsmittel, der Stromkreis zur Hausalarmanlage unterbrochen wird (vgl. BHE-Richtlinie, Hausalarmanlage – Typ A, 2015-07, S. 14).
- Der Einbau der Zentrale ist abhängig vom Schutzziel gegebenenfalls mit Funktionserhalt E30 in einem Umschrank bzw. in einem separatem Raum vorzunehmen.

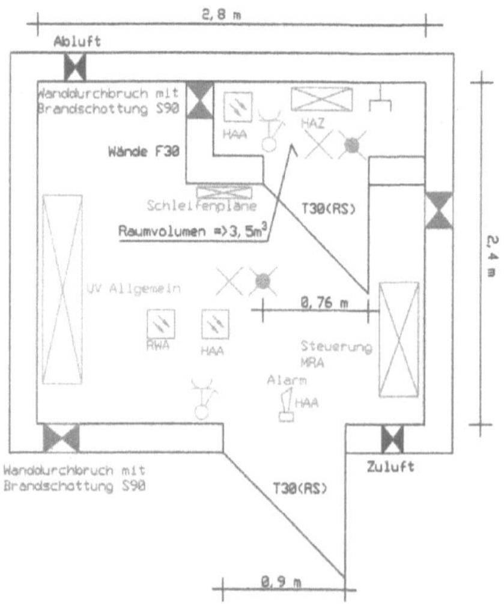

Bild 7.26 Systemzeichnung – Raum in Raum für HAZ (DXF 090)

Kommentar zur Systemzeichnung: Die Zentrale mit Einhausung E30 im Raum kann als Alternative zu einem Brandschutzgehäuse umgesetzt werden. Wichtig: die Zentrale muss so montiert werden, dass davor ein Bewegungsraum von 75 cm vorhanden ist. Das Bedienen und Warten muss ungehindert möglich sein.

- Der Umschrank bzw. der Raum mit der HAZ muss mit einer Sicherheitsleuchte in Bereitschaftsschaltung ausgestattet sein.
- Über dem Umschrank installierte Anlagen der Haustechnik sind in E30-Ausführung zu schützen.
- Das Leitungsnetz der externen Feldgeräte für automatische Rauchmelder, Handfeuermelder usw. muss für die Dauer von 30 min funktionieren. Dies kann durch Verkabelung der Ring-Bus-Technik unter Berücksichtigung der besonderen Installationsvorgaben erfüllt werden. Es gelten die gleichen Verlegvorgaben wie im Abschnitt 7.6.1 ausführlich abgehandelt.

  Hinweis: Verbindungsleitungen von Rauchmelder zu Rauchmelder durch nicht überwachte Zwischendecken müssen mit Leitungen vom Typ JE-H(ST)H-E30 hergestellt werden (vgl. MLAR:2018-10, S. 91, identisch MLAR 2007, S. 68).
- Erfolgt eine Sprachalarmierung über die HAZ, ist VDE 0833-4 entsprechend anzuwenden (vgl. BHE-Richtlinie, Hausalarmanlage – Typ A 2015-07).
- Die Signale der Alarmierungseinrichtung müssen sich von betrieblichen Signalen unterscheiden und bei akustischer Alarmierung den allgemeinen Geräuschpegel jederzeit um 10 dB übersteigen. Bei zu hohem Hintergrundlärm oder schwerhörigen Bewohnern sind zusätzlich optische Signale zu planen. Im Ruhebereich muss der Schallpegel mindestens 75 dB betragen (vgl. BHE-Richtlinie, Hausalarmanlage – Typ A, 2015-07).
- Beim Einsatz von Funkkomponenten müssen diese nach DIN EN 54-25 geprüft sein. Im Zuge der Planung ist durch eine entsprechende Funkfeldmessung die zuverlässige Funkerreichbarkeit aller Anlagenteile sicherzustellen (vgl. BHE-Richtlinie, Hausalarmanlage – Typ A, 2015-07).
- Die besonderen Vorgaben für die Platzierung und Montage der Handfeuermelder sind umzusetzen (vgl. BHE-Richtlinie, Hausalarmanlage – Typ A, 2015-07).
- Selektivität zwischen den in Reihe liegenden Sicherungen – bei Backup-Schutz muss belegt werden.
- Leitung für Störmeldung an ständig besetzte Stelle nach Kapitel 11.

7.19 Hausalarmanlage Typ B

Einsatzgebiete: Kindertagesstätten, Heime, Beherbergungsstätten (bis 60 Betten) und ähnliche Nutzungen

- Die Brandwarnzentrale ist eine Brandmeldezentrale nach DIN EN 54-2 und DIN EN 54-4 mit ausgewählten anwendungsbezogenen Funktionen.

  Anmerkung: Die Anforderungen an den Einbau der Zentrale werden zunehmend gelockert. Prüfsachverständige für den Brandschutz beschreiben den Einbau zunehmend in allgemeinen Technikräume ohne besondere brandschutztechnische Anforderungen.

- Brandwarnanlagen (BWA) können in Anlehnung an VDE 0833-2 geplant und errichtet werden.
- Die Energieversorgung mit Batterie/Akku muss für eine Bemessung von 12 h ausgelegt werden.
- Für den größten auftretenden Energiebedarf im Alarmfall ist eine Betriebszeit von 10 min zu gewährleisten. Der Ausfall der primären Energieversorgung (Netz) muss zu einer Störungsmeldung führen.
- Leitungen von bauordnungsrechtlich geforderten BWA müssen ausreichend mechanisch geschützt verlegt werden. Das Zuleitungskabel von der NSHV zur Zentrale soll mit Funktionserhalt E30 verlegt sein (keine Forderung). Zu empfehlen ist das, wenn diese Leitung durch fremde Brandabschnitte verlegt ist und keine Rauchmelder-Überwachung gegeben ist.
- Zur Vermeidung von unbeabsichtigtem Abschalten ist der vorrangige Stromkreis anzuwenden. Der Einbau der Stromkreissicherung muss in der NSHV erfolgen. Der Sicherungsabgang muss besonders gekennzeichnet sein (vgl. VDE V 0826-2:2018-07, S. 13).
- Der Einbau der Zentrale ist abhängig vom Schutzziel und mit dem Auftraggeber, dem Verfasser des BSK und den sonstigen Beteiligten abzustimmen. Generell ist in dieser Norm die Einhausung E30 nicht gefordert. Es ist lediglich eine Betriebszeit von 10 min gefordert.
- Das Leitungsnetz der externen Feldgeräte für automatische Rauchmelder, Handfeuermelder usw. muss für die Dauer von 10 min funktionieren. Dies kann durch Verkabelung der Ring-Bus-Technik unter Berücksichtigung der besonderen Installationsvorgaben erfüllt werden.

- Zwischendeckenüberwachung ist nicht gefordert, wenn keine erhöhten Brandlasten vorhanden sind.
- Erfolgt eine Sprachalarmierung über die BWA, ist VDE 0833-4 entsprechend anzuwenden.
- Die Festlegung der Alarmierung hat mit dem Betreiber zu erfolgen. Diese hat so zu erfolgen, dass keine Panik bei Bewohnern ausgelöst wird. Für alarmierte Bereiche muss der Schallpegel mindestens 75 dB in Ohrhöhe betragen (vgl. VDE V 0826-2:2018-07, S. 11).
- Beim Einsatz von Funkkomponenten müssen diese nach DIN EN 54-25 geprüft sein. Im Zuge der Planung ist durch eine entsprechende Funkfeldmessung die zuverlässige Funkerreichbarkeit aller Anlageteile sicherzustellen (vgl. VDE V 0826-2:2018-07, S. 13).
- Leitung für Störmeldung an ständig besetzte Stelle nach Kapitel 11. Wird die Anlage mit Funkkomponenten installiert, ist für die Störmeldeweiterleitung eine Zentrale mit zu planen.
- In Anlehnung an VDE 0100-560:2022-10, S. 15 soll im Raum mit der Zentrale eine Temperatur von 5 °C bis 20 °C für die Langlebigkeit der Batterien/Akkus vorherrschen. Frostfreihaltung muss in jedem Fall gegeben sein.

  Hinweis: Eine nach VDE V 0826-2:2018-07 geplante Brandwarnanlage ist eine bauaufsichtsrechtlich wie bauproduktrechtlich zulässige Lösung, auch unter dem Gesichtspunkt des nicht geforderten Funktionserhalts. Wird die Anlage mit Funkkomponenten oder vernetzten Rauchwarnmeldern geplant, sind rechtliche Bedenken mit dem Betreiber zu diskutieren und schriftlich zu dokumentieren.

7.20 BOS-Funkanlage

- Die gesamte Kabelanlage für Haupt- und Steuerstromkreise muss nach DIN 4102-12 mit Funktionserhalt E90 aufgebaut sein.
- Der Sicherungsabgang für das Zuleitungskabel zum Schaltschrank muss an der NSHV-SV erfolgen (VDE 0100-560:2022-10, S. 19). Im TT-System muss der RCD bei Zutreffen von Kriterien in der Norm gegebenenfalls geplant werden (VDE-AR-N 4100:2019-04, S. 83/84)!
- Die Anlage muss unterbrechungsfrei funktionieren. Bei Sicherheitsstromversorgung mit NEA muss für die Überbrückung der Anlaufzeit eine USV vorhanden sein. Die Dimensionierung der USV ist entsprechend der behördlichen Vorgaben vorzunehmen bzw. auf die gesamte Anlage abzustimmen.

- Ist begründet nur die AV-Stromversorgung verlangt, ist der vorrangige Stromkreis anzuwenden. Es muss hier ebenfalls ein E90-Kabel bis zur Zentrale mit der USV verlegt werden. Die Zeitdauer der USV ist mit dem Nachweisersteller abzustimmen, die TAB der zuständigen Feuerwehr ist heranzuziehen.
- Die Widerstandsveränderung bei Brandeinwirkung mit 1006 °C (ETK) im längsten Brandabschnitt ist einzurechnen.
- Der Spannungsfall in der Zuleitung darf max. 5 % von Hausanschluss bis Anschluss Zentrale betragen. Demnach ist zu empfehlen, von der Abgangssicherung in NSHV bis Zentrale mit 3 % zu rechnen.
- Die Umschaltung AV/SV darf erst erfolgen, wenn der Generator seine Betriebsnenndaten erreicht hat.
- Selektivität zwischen den in Reihe liegenden Sicherungen muss belegt werden.
- Die Verlegung des Strahlenkabels muss nach den Herstellerangaben mit Befestigung in genauen Abständen erfolgen. Es ist darauf zu achten, dass jede 10. Schelle, mit dem das Strahlenkabel befestigt wird, aus Metall ist.

  Hinweis: Es sind Gebäudefunkkabel zu verwenden, die eine Zulassung für die Durchführung der S30-S120-Abschottungen entlang der Verlegung haben. Diese gibt es auf dem Markt von einzelnen Herstellern.
- Das Verbindungskabel zwischen Zentrale und Antenne auf dem Dach muss mit Funktionserhalt verlegt werden. Da es ein solches Kabel auf dem Markt nicht gibt, muss das Kabel im Gebäude über die gesamte Strecke in einem Kanal E90 verlegt werden. Eine einfache Lösung ist, wenn die Zentrale an einer Außenwand platziert wird und damit die Kabelverlegung außerhalb des Brandabschnitts erfolgt.
- Wird die Funkkommunikation der Einsatzkräfte der Feuerwehr durch die baulichen Anlagen gestört, so ist die technische Einrichtung mit technischen Anlagen zur Unterstützung des Funkverkehrs auszustatten (vgl. MLAR:2018-10, S. 310).
- Leitung für Störmeldung an ständig besetzte Stelle nach Kapitel 11.

7.21 Brandschutztor, Rauchschutzvorhang, Feststellanlagen

- Die Energieversorgung muss für Vorhänge nach EN 12101-10 auf 72 h ausgelegt werden.

- Der Sicherungsabgang für das Zuleitungskabel zum Schaltschrank muss an der NSHV-SV erfolgen (VDE 0100-560:2022-10, S. 19). Der Sicherungsabgang ist besonders zu kennzeichnen.
- Das Zuleitungskabel von der NSHV bis in den Brandabschnitt der Zentrale muss mit Funktionserhalt verlegt sein (vgl. MLAR: 2018-10, S. 92).
- Im TT -System muss der RCD bei Zutreffen von Kriterien in der Norm gegebenenfalls geplant werden (VDE-AR-N 4100:2019-04, S. 83/84)!
- Ist begründet nur die AV-Stromversorgung verlangt, ist der vorrangige Stromkreis anzuwenden. Es muss hier ebenfalls ein E30-Kabel verlegt werden.

  Hinweis: Bei Steuerungen, die nach Branddetektion und Ansteuerung durch die BMZ oder Koppler direkt ihre geforderte Funktion erfüllen und bei einem Fehler auf dem Übertragungsweg in dem sicheren Zustand bleiben, ist kein Funktionserhalt erforderlich. Voraussetzung ist, dass die Leitungsanlage durch automatische Brandmelder überwacht werden und deren Auslösung die Steuerung aktiviert, bevor die Leitungen ausfallen können oder in den sicheren Zustand gehen (vgl. MLAR:2018-10, S. 92).
- Verkabelung bzw. Zuleitung zur Steuerzentrale ohne Funktionserhalt mit NHXMH-I-Leitung, wenn diese als autarke Anlage eine mit automatischem Rauchmelder ausgestattete Schließeinrichtung hat.

  Hinweis: Für die Installation und Platzierung der Bauteile zum Auslösen der Schließfunktion bzw. Notöffnung (Vorhang) wie automatische, manuelle Rauchmelder sowie Schlüsselschalter FW-Türöffnung, gibt es genaue Richtlinien, die im Zuge der Errichtung zu beachten und umzusetzen sind.
- Aufschaltung auf BMA über Koppler als Meldung, wenn das im BSK gefordert ist, bzw. wenn Rauchansammlung im Bereich der montierten Steuerzentrale nicht ausgeschlossen werden kann.
- Wegschalten des akustischen Signals, nachdem das Tor/die Tür/der Vorhang geschlossen hat, damit bei Sprachalarmierung die Verständlichkeit der Durchsagen in unmittelbarer Nähe gewahrt bleibt.
- Platzierung mit Verkabelung E30 eines Schlüsselschalters – Vorhang auf/ab Feuerwehr – mit Profilhalbzylinder der FW-Schließung nach Festlegung mit der Feuerwehr, vorzugsweise beim FW-Anlaufpunkt.
- Bei der Platzierung der Zentrale ist die Umgebungstemperatur zu erkunden. Vorzugsweise gilt es auch hier, eine Temperatur von 5 °C bis 20 °C zu gewährleisten.
- Leitung für Störmeldung an ständig besetzte Stelle nach Kapitel 11.

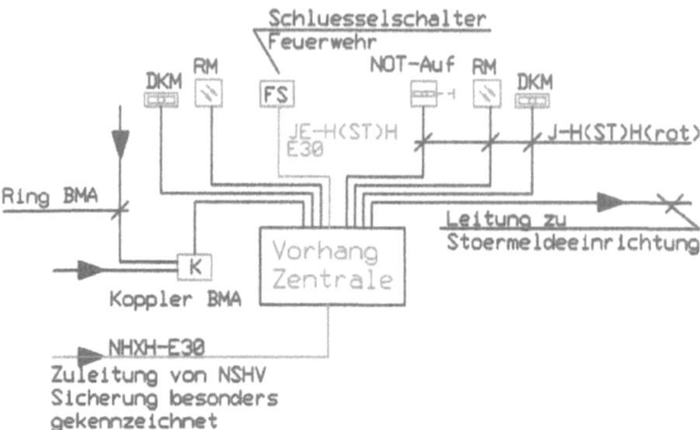

Bild 7.27: Systemzeichnung – Verkabelung Brandschutzvorhang (DXF 073)

Kommentar zur Systemzeichnung: Die Auslösevorrichtung muss bei Alarm (Brandmeldung), Störung (Unterbrechung, Kurzschluss, Ausfall der Netzspannung) oder Handauslösung die angeschlossene Feststellvorrichtung sicher und unverzögert auslösen. Bei Störungen der BMA, die keinen Funktionsverlust der Feststellanlagen zur Folge haben, braucht die Feststellvorrichtung nicht ausgelöst zu werden (VDE 0833-2:2017-10, S. 15).

7.22 Gas-Warnanlage für Notstrom-Dieselaggregat

- Die Verkabelung der Anlage kann ohne Anforderung an den Funktionserhalt errichtet werden, da es sich nicht um eine Brandbekämpfungsanlage handelt.
- Der Sicherungsabgang für das Zuleitungskabel zur Zentrale der GWA kann in der nächstgelegenen Stromkreisverteilung eingebaut werden.
- Die Anlage muss durch den Einbau einer USV ständig zur Verfügung stehen.
- Selektivität zwischen den in Reihe liegenden Sicherungen – bei Backup-Schutz – muss belegt werden.
- Leitungen für Störmeldung an ständig besetzte Stelle nach Kapitel 11.
- Festnetzanschluss mit eigener Absicherung zur Alarmierung an Einsatzkräfte für Rettungskräfte ist in Raum mit GWA-Zentrale vorgeschrieben.

Hinweis: Gaswarnanlagen im Hochhaus müssen als Gefahrenmeldeanlage an die Sicherheitsstromversorgung aufgeschaltet sein (vgl. MHHR:2008-04). Die weiteren Anlagen, die in den Abschnitten 1.3.2 bis 1.3.10 genannt sind, müssen ebenfalls eine Notstromversorgung haben und gegebenenfalls mit dem vorrangigen Stromkreis versorgt werden.

8 Anforderung an Kabelanlagen für den Funktionserhalt

Die Notwendigkeit, Kabel- und Leitungsanlagen für den Betrieb im Brandfall (mit Funktionserhalt) vorzusehen, und deren Ausführung, sind durch gesetzliche Vorschriften der Länder der Bundesrepublik Deutschland geregelt. Kabel- und Leitungsanlagen von Stromkreisen für Sicherheitszwecke, die nicht metallisch geschirmt und feuerbeständig sind, müssen angemessen und zuverlässig durch Abstand oder räumliche Trennung von anderen Kabel- und Leitungsanlagen getrennt werden, einschließlich Kabel- und Leitungsanlagen für andere Sicherheitszwecke. Die Anforderungen werden bei Leitungsverlegung mit Funktionserhalt im Brandfall erfüllt (vgl. VDE 0100-560:2022-10, S. 17).

Die Anforderungen werden erfüllt, wenn der Aufbau und die Installation nach DIN 4102-12 mit den nachfolgenden Vorgaben erfolgt.

Hinweis: Es ist nicht zulässig, die Kabel/Leitungen der AV- und SV-Stromversorgung gemeinsam in Schächten oder Kanälen der Funktionserhaltklasse E30 bzw. E90 nach DIN 4102-12 zu verlegen. Eine gemeinsame Verlegung von Leitungen des Funktionserhalts mit anderen Leitungen auf einer gemeinsamen Funktionserhalttrasse ist nur im Einzelfall zulässig (MLAR:2018-10, S. 83).

Mitteilung: Einrichtungen für Sicherheitszwecke sollen so von anderen Einrichtungen abgetrennt/getrennt und so errichtet werden, dass die Einrichtungen für Sicherheitszwecke von einem Fehler in der allgemeinen Stromversorgung nicht beeinträchtigt werden können. Hier gilt auch die Vorgabe, das Verlegesystem mit Stromkreisen für Sicherheitsanlagen an oberster Stelle zu platzieren (vgl. VDE 0100-560:2022-10, S. 27).

Grundlage der Planung ist als weiteres Kriterium ein ausreichender Abstand zu Störgrößen, insbesondere für Leitungen von Schwachstromanlagen. Die meisten Störquellen sind in der Planungsphase bekannt und können bei der Installation berücksichtigt werden. Dazu zahlen:

- Leistungstransformatoren, Mittel- und Niederspannungsschaltanlagen,
- Starkstromtrasse, insbesondere mit Einleiterkabel,
- große Motoren und Frequenzumrichter,
- innere und äußere Blitzableiter.
- Auch Leuchten mit Vorschaltgeräten können zu Störungen der Melderelektronik führen.

Um störende Einflüsse zu vermeiden, sind in jedem Fall:

- Koppelschleifen in der Nähe von leistungsstarken Geräten zu vermeiden,
- vertikale Leitungen nicht parallel zu Blitzschutzleitungen zu verlegen,
- eine räumliche Trennung von Starkstrom- und Signalleitungen vorzunehmen.

Hinweis: Werden unter der Bodenplatte Leerrohre für die Kabel und Leitungen verlegt, sind sowohl für die AV- und SV-Stromversorgung mindestens entsprechend der Zahl der Kabel/Leitungen je ein Leerrohr für Starkstrom und Schwachstrom zu planen.

8.1 Technik der Kabel und Leitungen mit integriertem Funktionserhalt

Im Brandfall sind Kabel und Leitungen extremen Belastungen durch Flammen und Hitze ausgesetzt. In einer Funktionserhaltinstallation eingesetzte Kabel müssen in der Lage sein, für einen gewissen Zeitraum Temperaturen bis 1000 °C und mehr auszuhalten, ohne dass es zu einem Kurzschluss der Kupferleiter kommt. Da die Kupferleiter bei diesen extremen Temperaturen anfangen zu glühen und dabei ihre eigene mechanische Stabilität einbüßen, kommt dem Tragsystem als Stützkorsett eine besondere Bedeutung zu. Die Isolierung spielt dabei eine besondere Rolle. Bei den Kabeln wird nach zwei unterschiedlichen Konstruktionen unterschieden:

- spezielle Bewicklungen der Kupferleiter aus Glasseide oder Glimmerband oder
- spezielle keramisierende Kunststoffisolierungen.

Bei Kabeln mit speziellen Bewicklungen aus Glasseide oder Glimmerband verbrennt die Isolierung der Kabel im Brandfall vollständig und bildet eine isolierende Ascheschicht. Diese wird von den Bewicklungen zusammengehalten und sorgt dafür, dass die Kupferleiter voneinander getrennt bleiben und kein Kurzschluss mit dem Tragsystem stattfindet.

Bei Kabeln mit spezieller keramisierender Kunststoffisolierung ist der Hauptanteil Aluminiumhydroxid, das bei der Verbrennung eine weiche Keramikhülle bildet. Diese sorgt für die gewünschte Isolierung der stromführenden Adern untereinander und zum Tragsystem. Ein weiterer Vorteil dieser Kabel ist eine raucharme Verbrennung und eine verminderte Brandfortleitung.

Hinweis: Das besondere Verhalten im Brandfall von Kabeln mit Funktionserhalt gibt keinen Aufschluss über die Brandlast. Als fremdes Kabel in einem Flucht- und Rettungsweg sind diese genauso zu schotten wie konventionelle Leitungen. Im Vergleich die Brandlasten von 3-adrigen Typen gleichen Querschnitts: Mantelleitung NYM 3 x 1,5 mm² = 0,44 kWh/m, Kabel NHXH 3 x 1,5 mm² = 0,33 kWh/m.

Die Umrechnungsfaktoren für verschiedene Einheiten:
1 kWh = 860,11 kcal; 1 MJ = 0,28 kWh; 1 kWh = 3,6 MJ; 7 kWh = 25 MJ

Brandlasten werden meist mit 25 MJ bzw. 7 kWh bezogen auf eine Grundfläche von 1 m x 1 m angegeben.

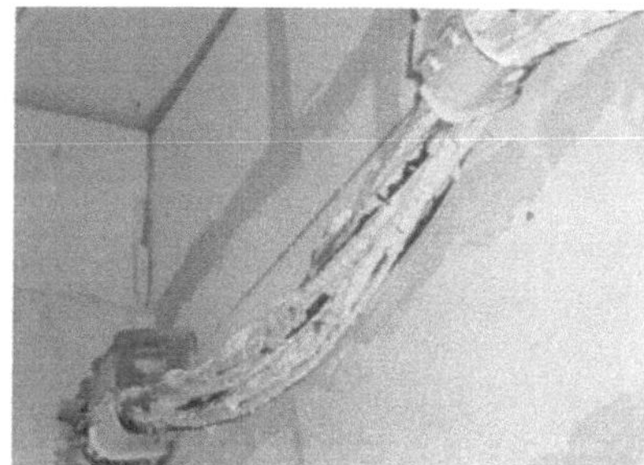

Bild 8.1: Erklärung, Zusammenhang Kabel/Leitungen – Befestigung (*Quelle:* Brandschutz in der Elektrotechnik – OBO Bettermann, 76)

Kommentar zur Abbildung: Aus der Abbildung ist zu erkennen, wie wichtig es ist, dass durch das Tragsystem das Kabel in einer stabilen Position gehalten wird, wodurch die Kupferleiter voneinander getrennt bleiben und somit ein Kurzschluss nicht stattfinden kann.

8.2 Planung und Installation der Kabelanlage mit Funktionserhalt E30/E90

Die Anforderung, die an die Sicherheitsstromversorgung gestellt werden: der Funktionserhalt der jeweiligen Anlage muss mindestens E30 bzw. E90 betragen. Hierunter ist die Prüfung des Funktionserhalts nach DIN 4102-12 gemeint. D. h., es wird immer eine komplette Kabelanlage geprüft. Funktionserhalt kann nur ein Kabel einschließlich Verlegesystem haben. Das Kabel oder das Verlegesystem alleine hat keinen Funktionserhalt. Nach den Bauordnungen dürfen für den Funktionserhalt nur Kabelanlagen eingesetzt werden, die ein allgemeines bauaufsichtliches Prüfzeugnis (ABP) haben. Daher müssen auch zugelassene Dübel und Schrauben sowie Kabelschellen verwendet werden. Ein weiteres Kriterium, das es zu beachten gilt, ist die Installation der Kabelanlage im Gebäude. Daher sind der Weg und die Befestigung so zu errichten, dass diese Vorgabe erfüllt wird. Dies erfordert eine exakte Planung im Vorfeld, damit die notwendigen Trassenverläufe an Bauteilen des Bauwerks durchgehend und ohne Hindernisse von Anlagen anderer Gewerke der Haustechnik frei sind.

Hinweis: Die Funktionserhaltdauer E60 ist in der MLAR nicht separat ausgewiesen. Die baurechtlichen Anforderungen können analog einer Funktionserhaltdauer von 90 min übernommen werden, d. h., ist E60 gefordert, muss das Verlegesystem der Anforderung E90 genügen. Demnach gilt: Leitungen mit einem Funktionserhalt von 30 min bzw. 60 min können auch auf Trassen mit 90 min verlegt werden, nicht umgekehrt (vgl. MLAR:2018-10, S. 278).

8.2.1 Horizontale Verlegung von Kabelanlagen mit E30/E90 Funktionserhalt

Grundsätzlich können die elektrischen Kabel mit integriertem Funktionserhalt auf Normtragekonstruktionen und Sondertragekonstruktionen unter der Decke verlegt werden. Diese erfüllen alle Forderungen der DIN 4102-12. Die Verlegesysteme, die hier zur Anwendung kommen können, sind: Kabelleiter, Kabelrinnen, Einzelschellen, Kabelklammern, Sammelhalter und Stahlpanzerrohre. Die wesentlichen Kriterien sind die Vorgaben der Kabelhersteller. Hiernach sind der Befestigungsabstand, die Belegung, das Gewicht und die Stärke der Bauteile des Verlegesystems ein wesentlicher Faktor zum Erreichen des Funktionserhalts und die Grundlage zur Abnahme durch den Prüfsachverständigen. Einen guten Überblick mit Beispielen zu den einzelnen Verlegearten ist im Handbuch Funktionserhalt DÄTWYLER, 9. Auflage dargestellt. Neben der horizontalen Deckenbefestigung sind hier auch Beispiele für die horizontale Wandbefestigung enthalten.

Bild 8.2: Waagerechte Verlegung von funktionserhaltenden Kabeln/Leitungen (*Quelle:* Brandschutz in der Elektrotechnik – OBO Bettermann, 76)

Kommentar zur Abbildung: Die Funktionalität elektrischer Leitungsanlagen mit Funktionserhalt im Brandfall muss trotz möglicher Wechselwirkungen mit anderen Anlagen, Einrichtungen oder deren Komponenten stets gewährleistet sein. Neben einer thermischen kann sich darüber hinaus auch eine mechanische Beeinflussung – bspw. durch Rohrleitungs-, Lüftungsanlagen oder anderer Anlagenteile, die oberhalb der Leitungsanlagen mit Funktionserhalt im Brandfall installiert werden – ergeben. Sind diese Bauteile nicht ausreichend befestigt, kann ihr Absturz im Brandfall die Anlagen mit Funktionserhalt beschädigen bzw. mit herunterreißen und somit zum Ausfall der sicherheitstechnischen Systeme führen.

Anmerkung: Daher sollten elektrische Leitungsanlagen mit Funktionserhalt grundsätzlich oberhalb aller anderen baulichen Installationen als erstes vor allen anderen haustechnischen Medieninstallationen montiert werden.

Ist dies nicht möglich, müssen die darüber befindlichen haustechnischen Einrichtungen, Anlagen usw. unbedingt unter Berücksichtigung der geforderten Funktionsklasse befestigt werden. Wenn ein Funktionserhalt von E90 gefordert ist, müssen die Befestigungsmittel der darüber befindlichen Anlagen oder Einrichtungen so dimensioniert sein, dass die Zugspannungen nicht größer als 6 N/mm² sind. Bei E30/E60 dürfen die Zugspannungen nicht größer als 9 N/mm² sein (vgl. Brandschutztechnische Bauüberwachung, S. 54/55).

8.2.2 Horizontale Installation der Kabelanlage an Wand und Decke als Einzel-/Bündelverlegung

Bei der horizontalen Verlegung der Kabel an der Wand mit Profilschienen und Schellen sind die Schellen für die Einzelverlegung so in ihrer Lage zu fixieren, dass ein Abrutschen der Schellen verhindert wird.

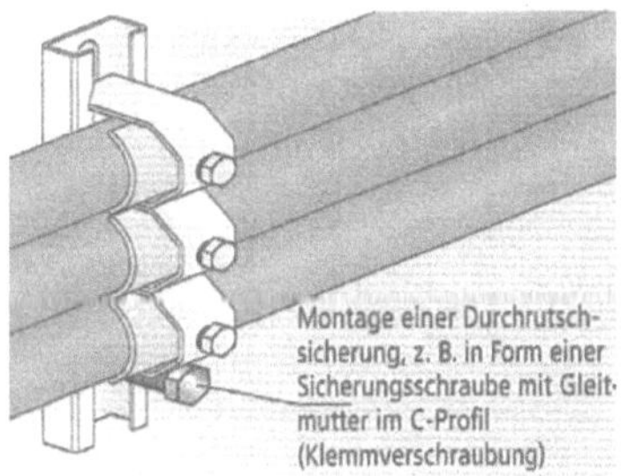

Bild 8.3: Waagerechte Verlegung an der Wand mit Abrutschsicherung (*Quelle:* MLAR:2018-10, S. 275)

Kommentar zur Abbildung: Bei waagerechter Verlegung an der Wand ist für die Durchrutschsicherung eine Sicherungsschraube mit Gleitmutter unmittelbar unter der untersten Bügelschelle anzubringen.

- Die besonderen Anforderungen hinsichtlich der brandsicheren Befestigung der im Bereich zwischen den Geschossdecken und Unterdecken verlegten Leitungen sind zu beachten.
- Die Befestigungsabstände zum Kabelgewicht müssen eingehalten werden:
  - Befestigungsabstand 0,3 m zum Kabelgewicht 6 kg/m,
  - Befestigungsabstand 0,4 m zum Kabelgewicht 4,5 kg/m,
  - Befestigungsabstand 0,5 m zum Kabelgewicht 3,6 kg/m,
  - Befestigungsabstand 0,6 m zum Kabelgewicht 3 kg/m,
  - Befestigungsabstand 0,7 m zum Kabelgewicht 2,6 kg/m,
  - Befestigungsabstand 0,8 m zum Kabelgewicht 2,3 kg/m.
- Bei der Verwendung von Sammelhaltern ist auf die Zulassung der Belegung zu achten. Die Vorgabe ist hierbei, die Kabel mit einem größeren Gewicht müssen in der Sammelhalterung unterhalb der Kabel mit dem kleineren Gewicht angeordnet werden.
- Für Einzel- und Bündelverlegung mit Einfachschellen ist der Befestigungsabstand einzuhalten:
  - Bezogen auf die Bündelverlegung ist die max. Belastbarkeit von 2,5 kg/m einzuhalten.
  - Bei Verlegung von Einzeladern im Drehstromverbund gilt diese Gewichtsbeschränkung nicht.
- Für Einzel- und Bündelverlegung mit Bügelschellen ohne Langwanne ist der Befestigungsabstand einzuhalten (Langwannen sind auch zugelassen):
  - Bezogen auf die Bündelverlegung ist die max. Belastbarkeit von 2,5 kg/m einzuhalten.
  - Bei Verlegung von Einzeladern im Drehstromverbund gilt diese Gewichtsbeschränkung nicht.
- Für Einzel- und Bündelverlegung im Staparohr mit Einfach-/Bügelschellen ist der Befestigungsabstand einzuhalten.
  - Bezogen auf die Bündelverlegung ist die max. Belastbarkeit von 2,5 kg/m einzuhalten.
  - Der Füllfaktor für Rohre ≤ M63 muss ≤ 60 % sein.

  - Die max. unbefestigte Leitungslänge zwischen den Rohrenden muss ≤ 600 mm sein.

- Für Einzel- und Bündelverlegung im halogenfreien Kabelschutzrohr und Aluminiumschutzrohr mit Einfachschellen ist der Befestigungsabstand einzuhalten:
  - Bezogen auf die Bündelverlegung ist die max. Belastbarkeit von 2,5 kg/m einzuhalten.
- Für Einzel- und Bündelverlegung im halogenfreien Kabelschutzrohr und Aluminiumschutzrohr mit Bügelschellen ist der Befestigungsabstand einzuhalten (Langwannen sind auch zugelassen):
  - Bezogen auf die Bündelverlegung ist die max. Belastbarkeit von 2,5 kg/m einzuhalten.

8.2.3 Horizontale Installation der Kabelanlage an Wand und Decke mit Kabelrinne

- Das System als Einheit der Kabelrinne mit Kabel ist standardmäßig nach DIN 4102-12 für eine Breite von 300 mm, Befestigungsabstand 1,2 m und Belastbarkeit von ≤ 10 kg/m geprüft.
- Bei Verwendung des Kabels DÄTWYLER Keram sind Wand- und Deckenmontagen von Kabelrinnen ohne Gewindestababhängung für eine Breite von 400 mm, Befestigungsabstand 1,5 m und Belastbarkeit von ≤ 20 kg/m geprüft.
- Zu den verschiedenen Herstellern von Kabelrinnen mit Befestigungskonstruktionen gibt es zu unterschiedlichen Rinnenbreiten und Befestigungsabständen mit dem DÄTWYLER Keram Zulassungen. Eine gute und übersichtliche Zusammenstellung dazu ist im Handbuch Funktionserhalt, DÄTWYLER, S. 30 mit 42 aufgezeigt. Hier sind zu den o. g. Varianten und Kombinationen die Abstände für die Befestigung als zugelassene Systeme genau angegeben.

8.2.4 Horizontale Installation der Kabelanlage an Wand und Decke mit Brandschutzkanal

Der Vorteil von Brandschutzkanälen ist, dass anstatt spezieller Funktionserhaltkabel handelsübliche PVC-isolierte Kabel verlegt werden können. Bevorzugt findet diese Installationstechnik für Mittelspannungskabel Anwendung, für die es keine Kabel mit Funktionserhalt gibt, aber für die Versorgung von Sicherheitsanlagen notwendig sind. Nicht erlaubt ist, in Brandschutzkanälen gemeinsam AV-Leitungen und SV-

Leitungen ohne integrierten Funktionserhalt zu verlegen. Der Grund dafür ist, negative Beeinflussungen auf den Funktionserhalt zu vermeiden. Generell ist es aber zulässig, Leitungen mit Funktionserhalt in Brandschutzkanälen zu verlegen. Die Funktionserhaltklassen der Brandschutzkanäle sind dabei zu beachten. (vgl. MLAR: 2018-10, S. 278).

Bild 8.4: Verlegung von Kabeln/Leitungen für Sicherheitsanlagen in Brandschutzkanal (*Quelle:* Brandschutz in der Elektrotechnik – OBO Bettermann, 80)

Kommentar zur Abbildung: Die verschiedenen Konstruktionsarten der Kanäle sorgen dafür, dass bei einem Brand von außen die im Innenraum verlegten Kabel und Leitungen weiter funktionieren. Es ist daher ein Kanal mit der Buchstabenkennzeichnung E zu installieren.

Im Gegensatz dazu gibt es auch Kanäle mit der Bezeichnung I, die einer Brandbeanspruchung von innen nach außen standhalten müssen, aber keinen Funktionserhalt für Kabel und Leitungen zur Versorgung von Sicherheitsanlagen haben. Diese Kanäle werden dort eingesetzt, wo Flucht- und Rettungswege brandlastfrei gehalten werden müssen.

Bild 8.5: Verlegung von Kabeln/Leitungen für Brandlastfreihaltung in Brandschutzkanal (*Quelle:* Brandschutz in der Elektrotechnik – OBO Bettermann, 51)

Kommentar zur Abbildung: Die Kanäle sind so gebaut, dass die Brandlast im Kanal wirkungsvoll gekapselt ist. Die Rauchfreihaltung ist somit gegeben und der Fluchtweg kann über die geforderte Zeit genutzt werden.

Hinweis: Erfolgt eine Verlegung von Sicherheitskabel ohne Funktionserhalt in einem Brandschutzkanal und kreuzt man damit einen Flucht- und Rettungsweg, muss der Kanal nach den Anforderungen für I und E konstruiert sein. Diese Bauteile werden auf dem Markt von verschiedenen Herstellern angeboten.

8.2.5 Vertikale Verlegung von Kabelanlagen mit E30/E90 Funktionserhalt

Bei der vertikalen bzw. senkrechten Verlegung kommen nur Steigleitertrassen und Steigleiterholme oder C-Profilschienen mit Metallbügelschellen in Frage. Dabei sind Breite und Abstand der Holme sowie die max. Belastung durch das Gewicht der Kabel gemäß den Anforderungen der Norm einzuhalten. Erfolgt die Installation in einem durchgehenden offenen Installationsschacht, ist die Funktionserhaltklassifizierung nur dann gegeben, wenn in einem Abstand von maximal 3,5 m die durchgehenden Kabelanlagen wirksam unterstützt werden. Damit Kabel aufgrund ihres Eigengewichts im Brandfall nicht reißen, müssen sie nach DIN 4102-12 in Schlaufen verlegt werden. Der maximal zulässige Abstand zwischen den einzelnen Schlaufen beträgt 3,5 m, die Mindestlänge der waagerechten Schlaufe 0,3 m.

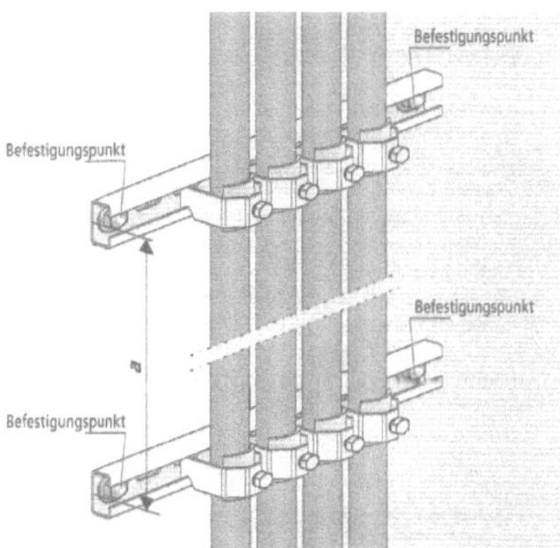

Bild 8.6: Senkrechte Verlegung mit seitlichen Befestigungspunkten (*Quelle:* MLAR:2018-10, S. 275)

Kommentar zur Abbildung: Bei der Installation der C-Profilschienen ist unter Einhaltung des zulässigen Befestigungsabstands darauf zu achten, dass die Schellen immer zwischen den äußeren Befestigungspunkten angeordnet werden.

Ist diese Variante aus Platzgründen nicht möglich, ist eine wirksame Unterstützung durch nachgewiesene Schellenausbildung anzuwenden. Das Wirkprinzip ähnelt einer Kabelabschottung in der Geschossdecke und ist aus Bild 8.8 ersichtlich.

Bild 8.7: Senkrechte Verlegung von funktionserhaltenden Kabeln/Leitungen (*Quelle:* Brandschutz in der Elektrotechnik – OBO Bettermann, 76)

Kommentar zur Abbildung: Für Einzel- und Bündelverlegung mit Einfachschellen ist der Befestigungsabstand einzuhalten:

- Bezogen auf die Bündelverlegung ist die max. Belastbarkeit von 2,5 kg/m einzuhalten.
- Bei Verlegung von Einzeladern im Drehstromverbund gilt diese Gewichtsbeschränkung nicht.

Für Einzel- und Bündelverlegung mit Bügelschellen ohne Langwanne ist der Befestigungsabstand einzuhalten:

- Bezogen auf die Bündelverlegung ist die max. Belastbarkeit von 2,5 kg/m einzuhalten.
- Bei Verlegung von Einzeladern im Drehstromverbund gilt diese Gewichtsbeschränkung nicht.

8.2.6 Wirksame Unterstützung durch nachgewiesene Schellenausbildung

Als praktische Lösung haben sich Kästen aus nicht brennbarem Material mit integriertem Mineralfaserschott bewährt, die direkt über einer Schellenreihe montiert werden. Damit lassen sich die aufwendigen Schlaufen gemäß DIN 4102-12 vermeiden. Das Wirkprinzip ähnelt dem der Kabelabschottung in der Geschossdecke.

Bild 8.8: Zugentlastung durch wirksame Unterstützung nachgewiesener Schellenausbildung (*Quelle:* Brandschutz in der Elektrotechnik – OBO Bettermann, 79)

Kommentar zur Abbildung: Im Brandfall bleibt die Schellenreihe im Kasten relativ kalt, die Klemmung der Kabel bleibt erhalten und das Durchreißen wird verhindert. Diese Lösung ist zugelassen für alle Steigeleiterarten sowie für Einzelschellen, die senkrecht Kabel führen. Da Leiterholme durchgeführt werden können, ist die Montage auch bei bestehenden, durchgängigen Steigetrassen möglich. Aufgrund der Unabhängigkeit von bestimmten Kabeltypen oder -herstellern, kann die DIN-konforme und wirksame Unterstützung der senkrecht installierten Funktionserhaltkabel äußerst wirtschaftlich und platzsparend hergestellt werden (Brandschutz in der Elektrotechnik – OBO Bettermann, 79).

8.2.7 Unter-Putz-Verlegung von Kabeln mit E30 Funktionserhalt

Grundsätzlich ist die Unter-Putz-Verlegung von einzelnen Kabeln mit Schellen in der Wand horizontal und vertikal mit dem entsprechenden Befestigungsmaterial möglich. Zu beachten ist dabei, die zugelassenen Schellen zum Kabel und der max. Abstand der Befestigung, der nach Prüfzeugnis des Systems zwingend einzuhalten ist und für nachfolgende Abbildung mit ≤ 1.500 mm angegeben ist. Zudem muss die Verlegung so hergestellt werden, dass eine durchgängige Putzüberdeckung von mindestens 15 mm vorhanden ist.

Bild 8.9: Unter-Putz-Verlegung von Kabeln mit Funktionserhalt (*Quelle:* www.leoni-infrastructure-datacom.com)

Kommentar zur Abbildung: Die Befestigungsabstände werden von den verschiedenen Herstellern mit unterschiedlichen Weiten angegeben und sind daher den jeweiligen Montagehinweisen zu entnehmen. Eine gehäufte lose Verlegung unter Putz, vermischt mit Kabeln und Leitungen der AV-Stromversorgung, ist entspricht nicht der Zulassung nach Prüfzeugnis und entspricht somit nicht dem Stand der Technik.

Hinweis: Leitungsanlagen dürfen in Wänden und Decken sowie in Bauteilen von Installationsschächten und Kanälen nur soweit eingreifen, dass die verbleibenden Querschnitte die erforderliche Feuerwiderstandsdauer behalten (vgl. DIN 4102-4).

8.2.8 Verlegung von Kabeln mit Funktionserhalt in Hohlwänden mit Brandschutzanforderung

Eine Verlegung von funktionserhaltenden Kabel und Leitungen in F30-Trennwänden ist aus nachfolgenden Gründen nicht möglich:

- Es ist nicht erlaubt, fremde Kabel/Leitungen in feuerhemmenden leichten Trennwänden zu verlegen. Es dürfen hier nur solche Leitungen und Leerrohre installiert werden, die zu einer Anschlussstelle in der Wand führen für Schalt- und Steckgeräte, Wandlampen und Anschlüsse für Geräte wie Urinale usw. (vgl. MLAR:2018-10, S. 37).
- Die horizontale und vertikale Verlegung ist zudem nicht möglich, da eine vorschriftsmäßige Befestigung nicht hergestellt werden kann.

8.2.9 Verlegung in Beton-Leerrohren – horizontal und vertikal

Die Verlegung von konventionellen NHXMH-/J-H(ST)H-Leitungen/-Kabel in bauseits vorhandenen Beton-Leerrohren von Betonwänden/-decken ist nicht zu empfehlen und wird vom abnehmenden Prüfsachverständigen beanstandet werden, bzw. dieser wird das entsprechende Prüfzeugnis fordern, was man nicht vorlegen können wird. Um die Abnahme zu erhalten, ist man hier auf der sicheren Seite, wenn man die dafür zugelassenen Kabel mit Funktionserhalt verwendet. Denn ein Kabel oder eine Leitung, welche für den Funktionserhalt klassifiziert ist, darf im zugelassenen Elektroinstallationsrohr in Beton verlegt werden. D. h., es muss ein Elektroinstallationsrohr mit mittlerer Druckfestigkeit und einem Biegeverhalten nach DIN EN 61386-1 sein. Weiterhin soll es die VDE-Zulassung haben. Dieses Rohr und die darin eingezogenen Kabel/Leitungen müssen von mindestens 30 mm mineralischen Material umgeben sein, dann ist eine alternative Verlegmöglichkeit gegeben (vgl. MLAR:2018-10, S. 281).

Empfehlung: Um die Abnahme zu erhalten, ist im Vorfeld ein geprüftes System aus Beton-Leerrohr und Kabeltyp festzulegen und in die Planung/Ausschreibung zu übernehmen.

Bei der vertikalen Installation gibt es keine Möglichkeit der Befestigung nach den vorgeschriebenen Abständen. Hier wird aber mit dem Eigengewicht ein Zusammensacken eintreten, das den vorgegebenen Befestigungsabstand ersetzt und somit den Funktionserhalt gewährleistet. Diese Installationstechnik wird bei der Kabelverlegung aus der Zentrale bis in den Brandabschnitt für den Einbau der beiden gezeichneten Anlagen gelegentlich zur Ausführung kommen. Bei langen vertikalen Wegstrecken und größeren Querschnitten ist diese Installationstechnik im Vorfeld mit dem Prüfsachverständigen abzustimmen.

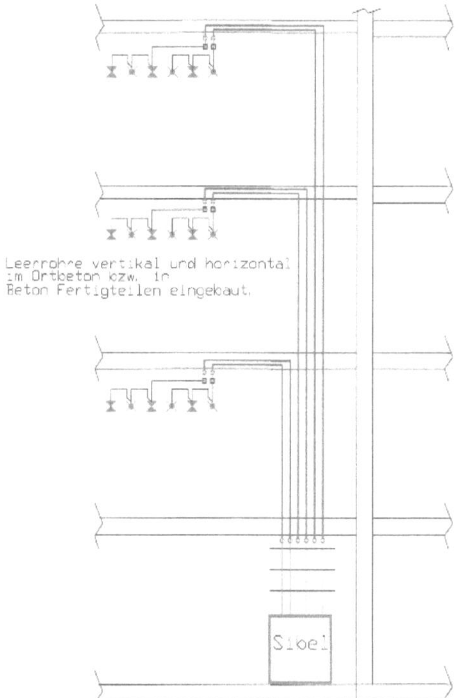

Bild 8.10: Systemzeichnung – Kabel in Beton mit Leerrohren (DXF 070)

Kommentar zur Systemzeichnung: Die Verlegung der Kabel, insbesondere bei der vertikalen Installation, ist kritisch zu betrachten. Hier ist die Empfehlung, sich im Vorfeld mit dem Prüfsachverständigen zu verständigen. Dies ist nicht zu vergleichen mit einer Verlegung unter der Bodenplatte, die empfohlen wird.

8.2.10 Gewicht der Leitungs-/Kabelanlagen

Je nach dem, auf welchem Tragesystem die Kabel verlegt werden, ist die Belastung ein wesentliches Kriterium für die Nachweiserbringung, dass die Anlage dem geforderten Funktionserhalt entspricht. Aus nachfolgender Tabelle sind einige der häufig verwendeten Kabel mit dem Gewicht in kg/m aufgeführt.

Tabelle 8.1: Gewicht von Kabeln und Leitungen zur Berücksichtigung der Tragegerüste

NHXH	E30	E30 / NTS	E90
3 x 1,5 mm²	0,200 kg/m	0,364 kg/m	0,200 kg/m
3 x 2,5 mm²	0,250 kg/m	0,426 kg/m	0,250 kg/m
5 x 1,5 mm²	0,278 kg/m	0,466 kg/m	0,278 kg/m
5 x 2,5 mm²	0,353 kg/m	0,556 kg/m	0,353 kg/m
5 x 4 mm²	0,456 kg/m	0,676 kg/m	0,456 kg/m
NHXCH	**E30**	**E30 / NTS**	**E90**
4 x 16/16 mm²	1,254 kg/m	1,460 kg/m	1,400 kg/m
4 x 25/16 mm²	1,752 kg/m	2,171 kg/m	1,895 kg/m
4 x 50/25 mm²	3,049 kg/m	3,620 kg/m	3,249 kg/m
4 x 95/50 mm²	5,600 kg/m	6,792 kg/m	5,806 kg/m
4 x 150/50 mm²	8,500 kg/m	-----	8,703 kg/m

Kommentar zur Tabelle: Wie aus der Tabelle ersichtlich wird, sind die Tragelasten vor allem bei großen Querschnitten mit nur einigen wenigen Kabeln schnell erreicht. Bei den kleineren Querschnitten sind bei 10 kg/m Belastung mit ca. 30 Kabeln und bei 20 kg/m mit ca. 60 Kabeln die Belastungen im Grenzbereich der Zulässigkeit. Werden Kabel mit Nagetierschutz (NTS) verwendet, reduziert sich die Anzahl der Kabel erheblich.

8.2.11 Querschnittsermittlung bei Sicherheitskabel mit Funktionserhalt E30 und E90

Für Kabelanlagen mit integriertem Funktionserhalt sind annäherungsweise als Leitertemperaturen zum Zeitpunkt des Funktionsverlusts die Brandraumtemperaturen anzusetzen, wenn kein besonderer Nachweis erfolgt. Dies würde bedeuten, dass bei 30 min die Leitertemperatur ca. 841 °C und bei 90 min über 1006 °C beträgt.

Für diese Temperaturen sind in Abhängigkeit der Kabellängen aus den kalten Zonen und der größten Einzellänge des Kabels in einem Brandabschnitt heiße Zone die verschiedenen Faktoren V entsprechend der Tabelle 8.2 vorgegeben.

Demnach ist für die Querschnittsermittlung unter Brandlastbedingungen die Kabeldimensionierung für Strombelastbarkeit und Spannungsfall nach DIN VDE 0100-520:2013-06 zu berechnen, sowie Verlegeart, Häufungen, mechanische Festigkeit usw. nach VDE 0298-4:2003-08 zu bestimmen. Die Strombelastbarkeit von Kabeln ist von unterschiedlichen Faktoren und Einflüssen abhängig.

Die Bedingungen sind nach Betrachtung aus der Planung im Stadium des Entwurfs rechnerisch zu bestimmen:

Berechnung der Strombelastbarkeit

tatsächliche Strombelastbarkeit	Leitungsquerschnitt für ungestörten Betrieb
$I_{Z'} = I_Z \cdot f_1 \cdot f_2 \cdot f_n$	$I_B \leq I_N \leq I_{Z'}$

$I_{Z'}$ = tatsächliche Strombelastbarkeit
I_Z = max. Strombelastbarkeit
f_n = Minderungsfaktoren

I_B = Betriebsstrom
I_N = Nennstrom der Sicherung

Berechnung des Leitungsquerschnitts und Einrechnung des Faktors für den Funktionserhalt

Gleichstrom	Wechselstrom	Drehstrom
$A = (2 \cdot L \cdot I_B / (\chi \cdot \Delta U)) \cdot F_V$	$A = (2 \cdot L \cdot I_B \cdot \cos\varphi / (\chi \cdot \Delta U)) \cdot F_V$	$A = (\sqrt{3} \cdot L \cdot I_B \cdot \cos\varphi / (\chi \cdot \Delta U)) \cdot F_V$

A = Leitungsquerschnitt
L = einfache Länge
I_B = Betriebsstrom
$\chi = 58$ (spezifische Leitfähigkeit für Kupfer 20 °C)
ΔU = zulässiger Spannungsfall der Leitung (3,5…4,5 %)
$\cos\varphi$ = Leistungsfaktor
F_V = Faktor für Verhältnis der Leitungslänge von kalter und heißer Zone

Nach der Festlegung des Leiterquerschnitts unter Normalbedingung ist die Brandfallbedingung zu berücksichtigen. Dafür stehen verschiedene Möglichkeiten zur Verfügung.

Anmerkung: Der Wert $\chi = 58$ ist eine Sicherheit für eine Temperatur von 20 °C. Für Berechnungen unter Normalbedingungen wird in der Formel $\chi = 56$ eingesetzt, die der Temperatur 30 °C entspricht.

Querschnittsermittlung über das Verhältnis von kalter zu heißer Kabellänge

Tabelle 8.2: Anpassung der Leiterquerschnitte an Brandraumtemperaturen (*Quelle:* Handbuch Funktionserhalt – DÄTWYLER)

V	F (E30)	F (E90)	V	F (E30)	F (E90)
90:10	1,16	1,34	40:60	1,95	3,01
80:20	1,32	1,67	30:70	2,1	3,34
70:30	1,48	2,01	20:80	2,26	3,68
60:40	1,63	2,34	10:90	2,42	4,01
50:50	1,79	2,67	0:100	2,57	4,34

Kommentar zur Tabelle: V gibt das Verhältnis von „kalter" zu „heißer" Kabellänge an, wobei die erste Zahl den nicht vom Feuer erfassten Teil des Kabels darstellt. Hierbei wählt man die größte Kabellänge eines Brandabschnitts aus. Wegen der Einteilung eines Gebäudes in verschiedene „Brandabschnitte" hängt der einzusetzende Querschnitt eines zu projektierenden halogenfreien Sicherheitskabels von dem Verhältnis „kalter" zu „heißer" Kabellänge ab, wie den Tabellen entnommen werden kann.

Für die Berechnung ist bei der heißen Zone die längste Teilstrecke zwischen dem Sicherungsabgang und dem Raum, in dem sich die Anlage befindet, maßgebend. In nachfolgender Systemzeichnung ist das entsprechend dargestellt.

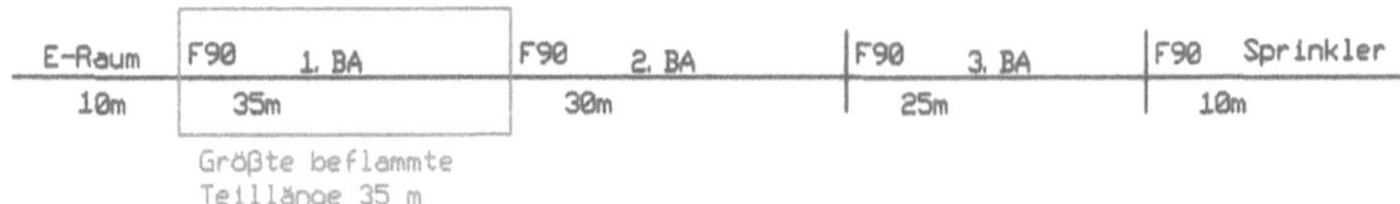

Bild 8.11: Systemzeichnung – Darstellung größte beflammte Teilstrecke im Brandfall (DXF 062)

Bezüglich Brandabschnitten sprechen wir in unserem Fall von Räumen, die nach allen Seiten hin eine entsprechende Feuerwiderstandsdauer von 30 min bzw. 90 min aufweisen. Ein F90-Brandabschnitt enthält meist mehrere F30-Abschnitte. Bei großen Kabellängen sollte bei der Planung darauf geachtet werden, die Kabel durch mehrere Brandabschnitte zu führen – also besser durch die Nebenräume verlegen als durch die Tiefgarage.

Ein verständliches Beispiel zeigt die Zeichnung mit der Tabelle für eine MRA in einer Verkaufsstätte.

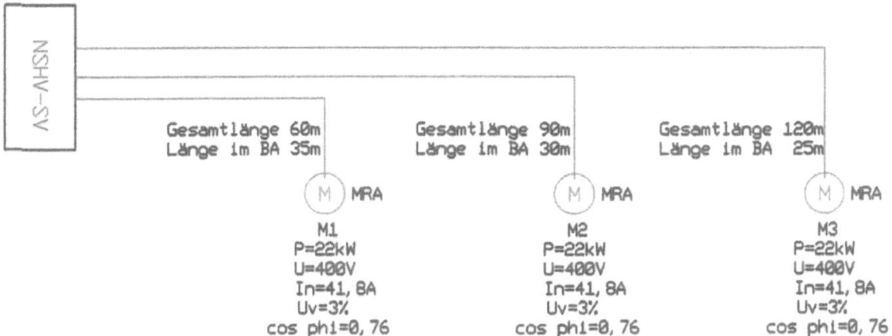

Bild 8.12: Systemzeichnung – Berechnung des Faktors für Adernquerschnitte im Brandfall (DXF 062)

Tabelle 8.3: Ermittlung der Faktoren für die funktionserhaltenden Kabel E90

NHXH-I 5 (7)-polig	Kabel M1	Kabel M2	Kabel M3
Kabellänge (m)	60 m	90 m	120 m
Kabellänge K-Kalt (m)	25 m	60 m	95 m
Kabellänge H-Heiß (m)	35 m	30 m	25 m
Verhältnis %	42:58	66:34	80:20
F_V (E90)	**2,94**	**2,14**	**1,67**

Kommentar zur Tabelle: Die Länge *H* kann max. 40 m sein, da dies als größte Strecke den Brandabschnitt abgrenzt. Das Verhältnis in Prozent errechnet sich aus der Länge *K* bzw. *H* zur Gesamtlänge des Kabels und ist in der Reihenfolge *K*:*H* vorgegeben. Abweichungen F_V zwischen der Normtabelle und der Beispieltabelle sind durch das tatsächliche %-Verhältnis begründet. Ausgehend von dem rechnerisch ermittelten Querschnitt unter Normalbedingungen muss dieser Wert um den Faktor F_V unter Brandbedingung erhöht werden.

Widerstand von Kabel- und Leitungen für Sicherheitsanlagen im Brandfall

Der erwartete Widerstand von Versorgungsleitungen für Sicherheitsanlagen, die im Brandfall funktionieren müssen, ist rechnerisch zu bestimmen (vgl. VDE 0100-560:2022-10, S. 28).

$R_o = R_{20} \cdot kx \cdot (T_o/293)^{1,16}$ Faktor $= (T_o/293)^{1,16}$

Tabelle 8.4: Faktoren für die Widerstandsveränderung nach Temperaturanstieg

Temperatur	R_{20}	R_{80}	R_{841}	R_{1006}	R_{1110}
Faktor	1	1,236	3,39	4,15	4,68

Kommentar zur Tabelle: Die Widerstandswerte R_{20} in m Ω/m sind in Tabelle A.5 der VDE 0100 Bbl. 5:2021-06 enthalten, die Werte für R_{80} in Tabelle 7.2. Einzusetzen sind diese Faktoren für ϑ_{TF} in der Formel $R_{(1)L} = R`_{(1)L} \cdot l/n \cdot \vartheta_{TF}$. Dies betrifft im Wesentlichen die Kabel und Leitungen von Sicherheitsanlagen über die Wegstrecke des längsten Brandabschnitts, was mit Bild 8.11 verdeutlicht wird.

Der Widerstandswert bestimmt den Kurzschlussstrom und damit das sichere Abschalten der Sicherung im Fehlerfall. Besonders kritisch ist es, wenn eine Netzersatzanlage die Stromversorgung übernimmt. Hier sind in der Regel viel kleinere Kurzschlussströme zu erwarten, was dann gegebenenfalls größere Adernquerschnitte erfordert.

Querschnitt der Leitungen für Wechselstrom 230 V von Sicherheitsanlagen

Mit dem Wissen von Leitungslänge und Adernquerschnitt in Bezug auf die zu übertragende Leistung aus dem Netz, sind mit einer Absicherung von 16 A für Anlagen, die mit 230 V AC betrieben werden, folgende Überlegungen anzustellen:

- Berechnung der Leitung in Bezug auf Länge und Querschnitt, zur übertragenden Leistung,
- Ermitteln der Schleifenimpedanz für den Fehlerschutz durch automatische Abschaltung im TN-S-System,
- Berücksichtigung der ungünstigsten Verlegart im Verlauf der geplanten Installation,
- Anpassung der Leitung für einen max. Spannungsfall von 3 %.

Tabelle 8.5: Leistung in Bezug zur Länge im TN-S-System

Absicherung	**A = 1,5 mm²**		**A = 2,5 mm²**		**A = 4 mm²**		**A = 6 mm²**	
16A ($U_V \leq 3$ %)	83 m	800 W	138 m	800 W	222 m	800 W	333 m	800 W
gG 16A ($Z_S \leq 0{,}3\ \Omega$)	57 m	1170 W	96 m	1160 W	156 m	1140 W	226 m	1180 W
LS B 16 A ($Z_S \leq 0{,}3\ \Omega$	84 m	790 W	138 m	805 W	223 m	795 W	323 m	825 W

Kommentar zur Tabelle: Unter der Maßgabe, die Absicherung in der NSHV zu platzieren, sind die Leitungslängen bezogen auf die zu übertragenden Leistung für jede Anlage zu berechnen. Als wesentliches Kriterium ist der Fehlerschutz durch automatische Abschaltung und der Spannungsfall zu betrachten. Abweichungen bei der Schleifenimpedanz Z_S am Einbauort der Sicherung sind zu berücksichtigen. Anzuwenden ist diese Betrachtung beim Thema Festanschluss von Zentralen, die mit 230 V versorgt werden. Das sind in der Regel: Brandmelde- und Hausalarmzentrale, Sprachalarmierungs- und NRA-Zentrale usw. (siehe Bild 9.1).

Hinweis: Nach den Normen und Richtlinien müssen die Abgangssicherungen für die genannten Anlagen in der NSHV-AV oder -SV platziert werden. Werden dafür LS-Automaten verwendet, müssen diese vorgesichert sein. Bei einer Trafostation 630 kVA , u_{kr} = 6 % ist in der VDE ein $I_{K\ 1min}$ von 12,6 kA vorgegeben.

Im Regelfall wird der in der Tabelle 8.4 fiktiv angenommene errechnete Leistungswert für die Belastung der Zuleitung bei der Mehrzahl der Anlagen nicht zutreffen. Mit Ausnahme der SAZ haben alle anderen zentralen Anschlussleistungen von ca. 500 W. Die SAZ ist hingegen genauer zu betrachten. Die Leitungslängen sind nach Tabelle 8.4 der genannten VDE für Wechselstrom 230 V auf den möglichen Adernquerschnitt der Zuleitung gerechnet.

Die Berechnung der Leistung für die jeweilige Länge erfolgte nach der Formel:

Wechselstrom
$P = (U_V \cdot \chi \cdot A \cdot U/(2 \cdot L)$

P = Leistung in Watt
A = Leitungsquerschnitt
$2 \cdot L$ = 50 % Länge des Werts aus Tabelle 4 für 230 V
U = Spannung in Volt
χ = 56 (spezifische Leitfähigkeit für Kupfer bei 30 °C)
U_V = Spannungsfall der Leitung von 3 %

Die aus der Tabelle entnommenen Leitungslängen basieren auf der Gesamt-Schleifenimpedanz, die sich aus dem Impedanzanteil von der Sicherung bis zum Ende des Kabels/Leitung und der Vorimpedanz von 300 mΩ zusammensetzt. Der Faktor F_V für funktionserhaltende Kabel E30 ist bei Leitungsanteilen durch fremde Brandabschnitte nach Tabelle 8.2 einzurechnen.

Möglichkeit 2:
Am einfachsten geht diese Berechnung mit der Software von DATWYLER, die unter der Internetadresse www.datwyler.com herunter geladen werden kann.

8.2.12 Fachgerechte Verlegung der funktionserhaltenden Kabel

In der Tabelle sind für die größeren Querschnitte die Biegeradien enthalten und nach Vorschrift aus der DIN VDE 0100-520, S. 15 umzusetzen. Zudem sind auch die Herstellerangaben aus den Datenblättern des jeweiligen Typs mit zu berücksichtigen. Für die Verlegung der Kabel mit größeren Querschnitten wird ersichtlich, dass aufgrund der vorgeschriebenen Biegeradien eine Raumhöhe wie gewöhnlich von 2,5 m und teilweise weniger nicht ausreicht, um eine fachgerechte Installation durchführen zu können.

Tabelle 8.6: Belegungsflächen und Biegeradien von Kabeln (*Quelle:* vgl. Handbuch Funktionserhalt, DÄTWYLER)

Belegungsflächen und Biegeradien von Kabeln						
Typ	**Leitung**	**ϕ**	**Fläche (*A*)**		**Radius cm**	
		mm	**1 = cm²**	**2 = cm²**	**D=ϕ**	**cm**
NHXH	3x1,5	11,5	1,04	1,30	12xD	13,8
NHXH	3x2,5	12,4	1,21	1,51	12xD	14,88
NHXH	3x4	13,5	1,43	1,79	12xD	16,20
NHXH	3x6	14,6	1,67	2,08	12xD	17,52
NHXH	5x1,5	13,4	1,41	1,76	12xD	16,08
NHXH	5x2,5	14,5	1,65	2,06	12xD	17,40
NHXH	5x4	15,8	1,96	2,45	12xD	18,96
NHXH	5x6	17,2	2,32	2,90	12xD	20,64
NHXH	3x1,5	11,5	1,04	1,30	12xD	13,8
NHXH	3x2,5	12,4	1,21	1,51	12xD	14,88
NHXCH	4x16/16	25,3	5.03	6,30	12xD	30,4
NHXCH	4x25/16	28,9	6,56	6,20	12xD	34,7
NHXCH	4x35/16	31,6	7,84	9,80	12xD	37,9
NHXCH	4x50/25	36,7	10,90	13,23	12xD	44,0
NHXCH	4x70/35	41,3	13,40	16,75	12xD	49,5
NHXCH	4x95/50	46,4	16,90	21,14	12xD	55,7
NHXCH	4x120/70	50,1	19,70	24,64	12xD	60,1
NHXCH	4x150/70	55,3	24,02	30,02	12xD	66,4
NHXCH	4x185/95	60,8	29,03	36,00	12xD	73,0
NHXCH	4x240/120	69,2	37,60	47,01	12xD	83,0

Kommentar zur Tabelle: Neben den Biegeradien sind auch die Belegungsflächen zur Ermittlung der Verlegesysteme enthalten. Zur Berücksichtigung einer Zwickelbildung ist bei den Flächen 1 zu 2 ein Aufschlag von 25 % eingerechnet. Fläche 1 ist die tatsächliche Querschnittsfläche der Leitung/des Kabels, Fläche 2 ist die Belegungsfläche im Verlegesystem. Die dritte Komponente ist der Befestigungsabstand, der in den Abschnitten 8.2.1 bis 8.2.5 ausführlich beschrieben ist.

Hinweis: Für Kabel nach Abschnitt 8.2.12 gilt folgende Ergänzung: Der Biegeradius bei Kabel kann um 50 % verringert werden, wenn dieses einmalig gebogen wird, fachgerechte Verlegung erfolgt, das Kabel auf 30 °C erwärmt wird oder über eine Schablone gebogen wird (vgl. VDE 0100-520:2013-06, S. 15).

Wie bei den Kabeln im Starkstrombereich sind für die Sicherheitsanlagen im Schwachstrombereich bis 225 V Kabel mit Funktionserhalt E30 – E90 auf dem

Markt, die dem Verwendungszweck entsprechend richtig auszuwählen und zu verlegen sind. Für die Gebäudeinstallation betrifft dies insbesondere die BMA, SAA und NRA. Zu beachten ist hierzu, dass für die BMA die Brandmeldekabel (BMK), mit der Mantelfarbe rot und für alle anderen Anlagen die Mantelfarbe orange eingesetzt werden.

Tabelle 8.7: Belegungsflächen und Biegeradien von Installations- und Brandmeldekabeln (*Quelle:* vgl. Handbuch Funktionserhalt, DÄTWYLER)

Belegungsflächen und Biegeradien von Kabeln E30 – E90						
Typ	**Leitung**	**ϕ**	**Fläche (*A*)**		**Radius cm**	
		mm	**1 = cm²**	**2 = cm²**	**D=ϕ**	**cm**
JE-H(ST)H	2x2x0,8	6,0	0,28	0,35	2,5xD	1,50
JE-H(ST)H	4x2x0,8	8,7	0,52	0,65	2,5xD	2,18
JE-H(ST)H	8x2x0,8	13,7	1,47	1,84	2,5xD	3,43
JE-H(ST)H	12x2x0,8	14,6	1,67	2,09	2,5xD	3,65
JE-H(ST)H	16x2x0,8	16,0	2,01	2,51	2,5xD	4,00
JE-H(ST)H	20x2x0,8	18,0	2,54	3,18	2,5xD	4,50
JE-H(ST)H	32x2x0,8	21,8	3,73	4,66	2,5xD	5,45
JE-H(ST)H	40x2x0,8	25,3	5,03	6,29	2,5xD	6,34
JE-H(ST)H	52x2x0,8	27,6	5,98	7,48	2,5xD	6,90
JE-H(ST)HRH	2x2x0,8	9,0	0,64	0,80	2,5xD	2,25
JE-H(ST)HRH	20x2x0,8	22,3	3,90	4,88	2,5xD	5,58

Kommentar zur Tabelle: Neben den Biegeradien sind wie auch bei den Starkstromkabeln in der Tabelle 8.5 die Belegungsflächen zur Ermittlung der Verlegesysteme enthalten. Zur Berücksichtigung einer Zwickelbildung ist bei den Flächen 1 zu 2 ein Aufschlag von 25 % eingerechnet. Der wesentliche Unterschied zu den Starkstromkabeln ist der Biegeradius, der mit 2,5 x *D* einen kleineren Radius erlaubt. Bei hohen mechanischen Belastungen sind BMK mit Stahldrahtgeflecht zu verwenden, die durch den Zusatz HR gekennzeichnet sind und mit der gleichen Adernzahl erhältlich sind wie Kabel mit der Endung H. Weitere Kabel mit Funktionserhalt E30 in Glasfasertechnik für die besondere Anwendung in Tunneln, U-Bahnen, Banken, Versicherungen usw. sind nach Bedarf ebenfalls erhältlich.

Hinweis: Sowohl für Stark- und Schwachstromleitungen gilt, dass der vorgeschriebene Funktionserhalt nach Klassifizierung E30 bzw. E90 nur im Zusammenhang mit dem geprüften Verlegesystem erreicht werden kann.

8.2.13 Anforderungen an die Installation der Kabelanlagen im Erdreich

Um Schäden an erdverlegten Stromkreisen für Sicherheitszwecke durch Erdarbeiten zu vermeiden, sind Vorsichtsmaßnahmen zu ergreifen (vgl. VDE 0100-560:2022-10, S. 17).

Da es hierzu keine weiteren Ausführungen in der vorgenannten Norm gibt, sind gegebenenfalls die Vorgaben aus der zurückgezogenen Norm VDE 0108 anzuwenden. Hier heißt es:

- Bei Verlegung der Einspeisekabel im Erdreich sind für die Sicherheitsstromversorgung mindestens 2 Kabel in getrennten Trassen mit einem Mindestabstand von 2 m zu verlegen, die jeweils für die volle Verbrauchsleistung zu bemessen sind.
- Im Nahbereich einer Gebäudeeinführung dürfen die Kabel zusammengeführt werden, wenn ein besonderer mechanischer Schutz vorgesehen ist.
- In einer dieser Trassen darf auch das Kabel der AV-Stromversorgung verlegt sein.

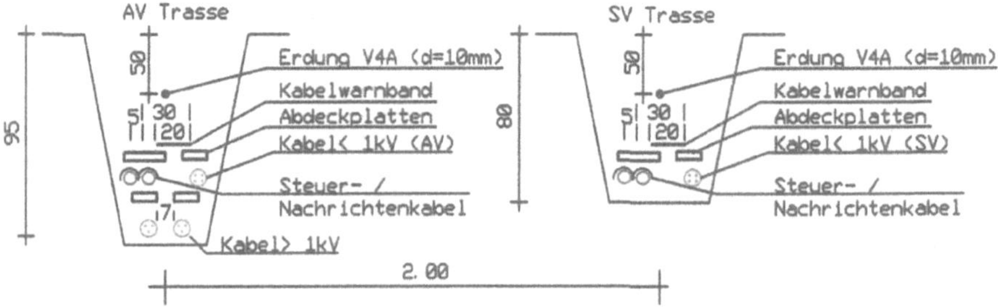

Bild 8.13: Systemzeichnung – Kabelverlegung AV/SV in getrennten Trassen (DXF 082)

Kommentar zur Systemzeichnung: Kabel müssen mindestens 60 cm tief liegen, unter Verkehrslasten mindestens 80 cm. Bei geringeren Verlegtiefen muss das Kabel durch besondere Maßnahmen geschützt werden, z. B. durch Rohre. Die lichte Weite von Rohren und Durchzügen muss mindestens das 1,5-fache des Kabeldurchmessers betragen. Das Bettungsmaterial muss steinfrei sein. Die besonderen Abstände bei Kreuzungen sind zusätzlich zu beachten (vgl. Mittelspannungsanlagen planen, S. 131-132). Der Einbau der Erdung ist zum Schutz der darunter verlegten Kabel und in der Norm als Empfehlung so enthalten. Betrifft insbesondere auch die Kabel für die Parkplatz- und Wegebeleuchtung, sowie sonstige Anlagen im Freien wie Schranken, Gartentore usw. (vgl. VDE 0185-305-3 Bbl. 1:2012-10, S. 52).

Hinweis: Die Verlegung der Erdungsleitung über den Kabeln ist eine Empfehlung. Der Einbau mit einer Mindesttiefe von 50 cm und dem Abstand zu den Kabeln von weiteren 50 cm ergibt eine Grabentiefe von 1 m und steht im Widerspruch zur vorgegebenen Verlegtiefe von 0,6...0,8 m. Es empfiehlt sich daher eine Abstimmung mit dem Bauherrn bzgl. der Notwendigkeit dieser Empfehlung.

Wenn im Außenbereich innerhalb von baulichen Anlagen für die Gebäudeautomation von Sicherheitsanlagen Kabel und Leitungen zu verlegen sind, sind die folgenden Anforderungen und Empfehlungen zu beachten:

- Unterirdische Kabelwege müssen IEC 61386-24 (Elektroinstallationsrohrsysteme) entsprechen.
- Kabel müssen mit Leerrohr verlegt werden. Hierbei ist der Durchmesser in Abstimmung mit den geplanten Kabeln/Leitungen festzulegen.
- Unterirdische Kabelwege müssen mit Gefälle geplant werden, damit Wasseransammlung verhindert wird.
- Die Leerrohre müssen in einer Tiefe zwischen 0,5 m und 0,9 m verlegt sein.
- Die Biegeradien der Kabel sind je nach Art des Kabels mit mindestens 0,5 m zu planen.
- Bei langen Wegstrecken sind Zugschächte in einem Abstand von 20...50 m zu fordern. Maßgebend für die Entfernung der Zugschächte zueinander hierfür ist die Einziehkraft, für die die Kabel/Leitungen zugelassen sind (vgl. VDE 0849-44-6:2022-10, S. 25ff.).

Die Verlegung von nur einem Kabel für die Sicherheitsstromversorgung ist zulässig, wenn:

- im eingespeisten Gebäude die Verbraucher der Sicherheitsstromversorgung von der AV-Stromversorgung dieses Gebäudes versorgt werden,
- das Zuleitungskabel für die AV-Stromversorgung in einer von der SV-Stromversorgung getrennten Trasse verlegt ist,
- die Verbraucher der SV-Stromversorgung bei Ausfall der AV-Stromversorgung automatisch auf die SV-Stromversorgung umgeschaltet werden.
- Erfolgt die Verlegung zu mehreren Gebäuden außerhalb des Erdreichs, z. B. in Installationsschächten, so sind die Kabel für sich getrennt zu führen und so auszuführen oder zu schützen, dass sie im Brandfall für eine Dauer von 90 min funktionsfähig bleiben, was dann auch für die Sicherheitsbeleuchtung anzuwenden ist (vgl. DIN VDE 0108 (zurückgezogen: 2010-10) und VDE 0100-710:2002-11, S. 21).

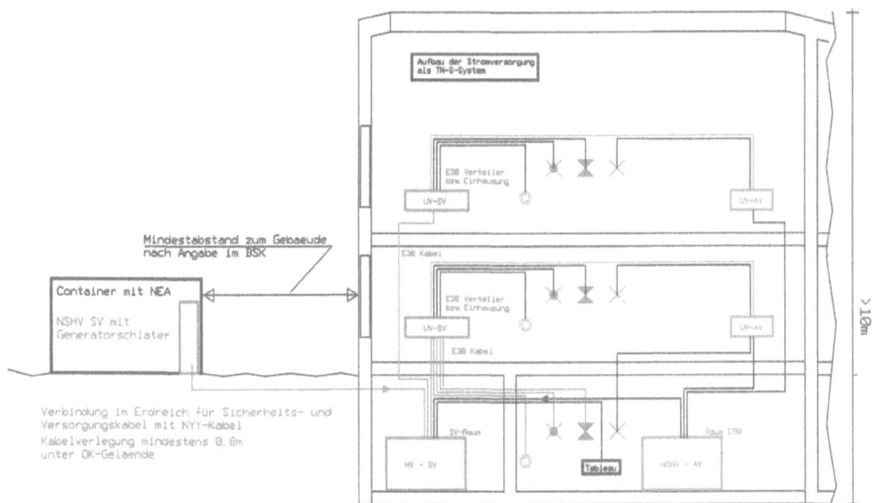

Bild 8.14: Systemzeichnung – Kabelverlegung aus Container ins Gebäude (DXF 045)

Kommentar zur Systemzeichnung: Die Projektierung der SV-Stromversorgung, gebäudeübergreifend mit Trassenführung im Erdreich ist gesondert zu betrachten und vor der Umsetzung mit dem abnehmenden Prüfsachverständigen abzustimmen. Die Gebäudeeinführungen müssen neben der Wasserdichtigkeit auch der Gasdichtigkeit standhalten.

8.2.14 Problem der stromlos im Erdreich verlegten Kabel

Die NEA für die Sicherheitsstromversorgung in ständiger Bereitschaft kommt dann zum Einsatz, wenn eine Störung in der AV-Stromversorgung entsteht bzw. bei Stromausfall im öffentlichen Netz. Beschädigungen treten nur zum Vorschein, sollte es beim monatlichen Probebetrieb zu Funktionsstörungen kommen. Für die Betriebssicherheit ist es daher unerlässlich, diese Kabel auf Isolationsfehler ständig zu überwachen und festgestellte Fehler unverzüglich an eine ständig besetzte Stelle zu melden. Hierzu gibt es auf dem Markt Geräte, die diese Anforderungen erfüllen, was mit der nachfolgenden Abbildung gezeigt wird.

Kommentar zur Abbildung: Das geschilderte Problem ist aus Abschnitt 4.1 nachvollziehbar. Die Beschädigung ohne Überwachung macht die Anlage funktionslos, was zwingend zu vermeiden ist. Daher muss jeder Isolationsfehler mit Schadenseintritt sofort an eine ständig besetzte Stelle gemeldet werden (siehe Kapitel 11).

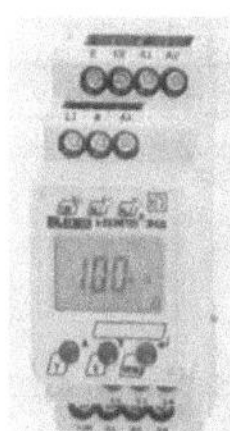

Bild 8.15: Isolationsüberwachung für abgeschaltete TN-Systeme (*Quelle:* Bender)

8.2.15 Gewährleistung des Funktionserhalts mit Kunststoffkabel/-leitungen

Werden für die Stromversorgung von Sicherheitsanlagen Kabel und Leitungen nach konventioneller Bauart verlegt, sind die nachfolgenden Verlegvorschriften einzuhalten, um das Ziel des jeweiligen Funktionserhalts zu erhalten.

Hinweis: Unterputzverlegung mit 15 mm Putzüberdeckung oder mit mineralischen Platten reicht für E30 – E90 bei Verwendung von Kunststoffkabel/-leitungen nicht aus! Die Verlegung einer Leitung ohne integrierten Funktionserhalt im oder unter Putz stellt zunächst keine ausreichende Maßnahme zum Funktionserhalt der Leitungen dar. Bei einer Putz- oder Betonüberdeckung von mind. 30 mm kann die Gleichwertigkeit ggf. analog der Estrichüberdeckung unter Berücksichtigung der Temperaturverhältnisse im Material nachgewiesen werden (vgl. MLAR:2018-10, S. 83). Der Funktionserhalt ist gewährleistet, wenn die Leitungen:

- die Prüfanforderungen der DIN 4102-12:1998-11 (Funktionserhaltklasse E30-E90) erfüllen,

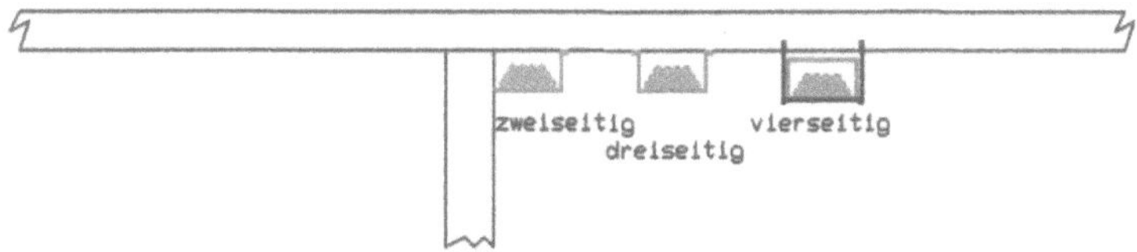

Bild 8.16: Verlegung von Leitungen mit Funktionserhalt durch mechanischen Schutz (DXF 027)

- auf Rohdecken unterhalb des Fußbodenestrichs mit einer Dicke von mindestens 30 mm verlegt sind oder die Verlegung im Erdreich vorgenommen wurde.

Bild 8.17: Verlegung von Leitungen, um Funktionserhalt zu erreichen (DXF 027)

- der Funktionserhalt von Kabeln/Leitungen kann auch gewährleistet sein, wenn die Kabel/Leitungen, die den Funktionserhalt eines Systems gewährleisten sollen, in einem anderen Brandabschnitt bzw. Brandbekämpfungsabschnitt verlegt sind und die brandschutztechnische Trennung der allgemeinen Stromversorgung und der Sicherheitsstromversorgung hierbei beachtet wird (siehe hierzu auch Abschn. 8.2.18).

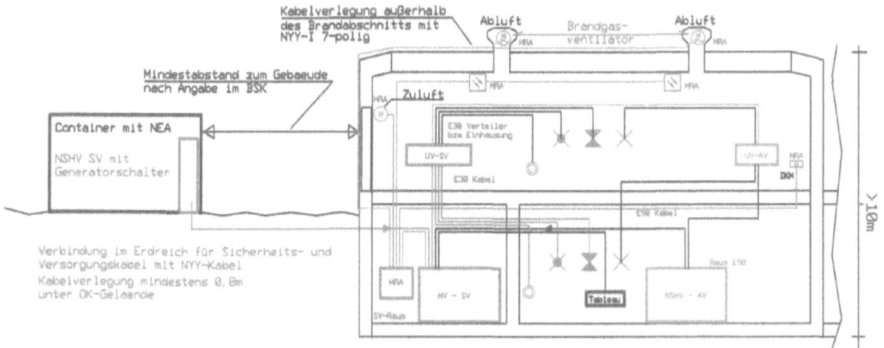

Bild 8.18: Systemzeichnung – Kabelverlegung außerhalb des Brandabschnitts (DXF 056)

Kommentar zur Systemzeichnung: Aus der Abbildung ist das Problem der Kabelverlegung innerhalb des Brandabschnitts ersichtlich. Eine Möglichkeit ist die Verlegung außerhalb am Gebäude. Die Empfehlung ist, hier eine Abstimmung vorzunehmen. Nicht alle Prüfsachverständige gehen hier mit und suchen daher auch nach alternativen Lösungen. Zudem ist hier auch die Problematik der Aderndzahl mit 7-poligen Kabel nach Abschnitt 8.1.9 erkennbar dargestellt. Werden dabei die Kabel auf Dächer über Brandwände geführt, sind die Anforderungen der jeweiligen Landesbauordnung anzuwenden (vgl. VDE 0100-520:2013-06, S. 30).

Hinweis: Aus brandschutztechnischen Gründen wird insbesondere bei eingeschossigen Stahlkonstruktionen empfohlen, die Zuleitungen für die Funktionserhaltsverteiler in oder unterhalb der Hallensohle (Bodenplatte) zu verlegen. Durch diese Verlegeart bis in die Endbrandabschnitte hinein wird die Überdimensionierung des Leitungsquerschnitts aufgrund von Temperaturerhöhungen im Brandfall vermieden. Des Weiteren wird die nicht zulässige Befestigung von Funktionserhaltsleitungen an nicht klassifizierten Bauteilen in der Halle vermieden. Werden zum Verlegen der Kabel Leerrohre eingebaut, dürfen AV- und SV-Kabel nicht gemeinsam in einem Rohr eingezogen werden (vgl. MLAR:2018-10, S. 281).

8.2.16 Weitere Kriterien für die Verlegung und Befestigung funktionserhaltender Kabel

- Verlegung im Erdreich: Eine Verlegung von Kabeln des Typs NHXH E30/E90 in Erde oder Wasser ist nicht zulässig. Eine Verlegung im Schutzrohr ist dagegen zulässig, wenn sich darin keine Wasseransammlung bilden kann (vgl. VDE 0276-604).
- Verlegung im Freien: Orange und rote Kabel sind nicht UV-beständig und daher gegen Sonneneinstrahlung durch Abdeckungen oder Rohre zu schützen (Allgemeine bauaufsichtliche Prüfzeugnisse sind zu berücksichtigen).
- Verlegung im Beton: Eine Verlegung von Niederspannungskabeln mit verbessertem Verhalten im Brandfall direkt in Beton ist zulässig, die Kabel müssen aber gegen mechanische Beschädigungen geschützt werden. Gilt auch für die Verlegung im Innenraum und in der Luft (vgl. VDE 0276-604).
- Befestigung am Stahlträger mit Federstahlklemme: Befestigung ist nur möglich, wenn der Stahlträger mindestens entsprechend der Funktionsdauer des Kabels brandschutztechnisch geschützt ist (detaillierte Informationen im ABP).
- Befestigung am Holzbalken: Die Mindestquerschnittabmessungen der Holzbalken müssen brandschutztechnisch entsprechend der Funktionserhaltdauer des Kabels bemessen sein (detaillierte Informationen im ABP). Unter Berücksichtigung der Gebäudestruktur und des erforderlichen Kabelverlaufs im Gebäude sind unterschiedliche Installationsmöglichkeiten erforderlich. Voraussetzung dafür sind geeignete Holzbauteile zur Installation einer elektrischen Kabelanlage mit Funktionserhalt. Es handelt sich hierbei um raumabschließende und nicht raumabschließende Wände, Decken Stützen und Träger aus Massivholz oder Vollholz, die nach dem rechnerischen Nachweis für eine Feuerwiderstandsdauer von 30 min bzw. 60 min bemessen sind (Heißbemessung). Abhängig vom Verlegsystem ist es nicht immer möglich, die maximal zulässigen Montageparameter des Systems auszunutzen. Hier kann es sein, den maximal erlaubten Stützabstand für ein System zu reduzieren. Es gibt für alle Systeme, wie Kabelrinnen, Sammelhalter, Steigleiter usw., anwendbare Lösungen (vgl. Building Connections, OBO Bettermann).

Bild 8.19: Systemzeichnung – Kabelverlegung mit Funktionserhalt an Holzträger (*Quelle:* MLAR:2018-10, S. 284).

Kommentar zur Systemzeichnung: Holz besitzt im Brandfall positive Eigenschaften, denn durch den Abbrand entsteht eine isolierende Holzkohleschicht. Je größer das Bauteil dimensioniert ist, umso länger dauert es, bis es zu einem Versagen der Tragfähigkeit kommt.

Das Befestigungssystem ist auch nach der Abbrandrate β_n für die verschiedenen Holzarten auszuwählen.

β_n = Bemessungswert der ideellen Abbrandrate, einschließlich der Auswirkungen von Eckausrundungen und Rissen.

Tabelle 8.8: Bemessungswerte der Abbrandrate für verschiedene Holzarten

Material	**β_n (mm/min)**
Nadelholz und Buche	
Brettschichtholz mit einer Rohdichte von ≥ 290 kg/m³	0,7
Vollholz mit einer Rohdichte von ≥ 290 kg/m³	0,8
Laubholz	
Vollholz oder Brettschichtholz mit einer Rohdichte von ≥ 290 kg/m³	0,7
Vollholz oder Brettschichtholz mit einer Rohdichte von ≥ 450 kg/m³	0,55
Furnierschichtholz mit einer Rohdichte von ≥ 480 kg/m³	0,7

Kommentar zur Tabelle: Der Abbrand in Form der Eindringtiefe (dn) kann mit den Werten aus der Tabelle für eine Holzkonstruktion aus Nadelholz mit Brettschichttechnik in der Bauart F30 wie folgt berechnet werden:

$$d_n = \beta_n \cdot t = 0{,}7 \text{ mm/min} \cdot 30 \text{ min} = 21 \text{ mm}$$

Im Ergebnis muss das Befestigungsmaterial für Kabel mit Funktionserhalt bis zu einem Abbrand von 21 mm voll funktionsfähig bleiben.

- Befestigung an Rigipsständerwand: Nicht möglich, da auf der brandzugewandten Seite die Platten brechen und herabfallen können.

8.2.17 Räumliche Trennung der Leitungs-/Kabelanlagen

Die notwendige räumliche Trennung der Leitungs-/Kabelanlagen wird auch auf den Tragekonstruktionen häufig missachtet und kann auch nicht durch herkömmliche Trennstege realisiert werden. Der Trennsteg biegt sich im Brandfall gegebenenfalls so zur Seite, dass sie zum Kurzschluss der elektrischen Leitungen mit integriertem Funktionserhalt führen (Feuer Trutz, 2008, S. 96).

Widerspruch: Mischverlegung von Leitungen des Funktionserhalts mit anderen Leitungen auf einer gemeinsamen Funktionserhalttrasse sind zulässig, wenn die maximal zulässige Belegung (Gewicht/m) und gegenseitige Wechselwirkungen (EMV) beachtet werden (vgl. MLAR:2018-10, S. 83). AV-Leitungen können in der Regel bei Montage eines Trennstegs auf SV-Trassen unter Beachtung der zulässigen Leitungsgewichte verlegt werden (vgl. MLAR:2018-10, S. 278).

Die Kombinationen, die es hier zu betrachten gilt:

- Räumliche Trennung von SV-/AV-Kabel: Für eine exakte räumliche Trennung sind die SV-Kabel auf der einen und die AV-Kabel auf der gegenüberliegenden Seite der Tragekonstruktion zu verlegen. Der Freiraum, der mittig verbleibt, existiert in keiner Vorschrift. Praxisnah gilt jedoch ein Wert von > 160 mm, der als hinreichende Trennung angesehen wird.
- Räumliche Trennung von SV-Stark- und Schwachstromkabel-/-leitungen: Hier gilt es störende Einflüsse zu vermeiden und insbesondere einen ausreichenden Abstand der Schwachstromleitungen zu Leistungskabeln einzuplanen. Praxisnah gilt dafür ein Wert von > 200 mm.

Fazit: Der funktionierende Betrieb für die Sicherheitsanlagen ist dann gegeben, wenn die Trennung der Kabelanlagen mit zugeordneten Verlegsystemen geplant wird (vgl. VDE 0100-560:2022-10, S. 27).

8.2.18 Bauliche Trennung der Leitungs-/Kabelanlagen

Zur Erreichung des elektrischen Funktionserhalts von bauaufsichtlich geforderten sicherheitstechnischen Anlagen bestehen mehrere Möglichkeiten, um das Schutzziel im Brandfall zu erreichen. Eine bisher nicht abgehandelte Umsetzung ist der Schutz der Leitungsanlagen vor Brandeinwirkung durch bauliche Trennung. Wie bereits erwähnt, wird auch für diese Schutzfunktion bauordnungsrechtlich nur von einem Brand im Gebäude ausgegangen, der einen Brandabschnitt nicht überschreitet. Maßgebend dabei ist, dass entsprechend der Leitungsanlagenrichtlinie, die Leitungsanlage bestehend aus Leitungen mit Befestigungen, Verteiler, Zentralen usw. so beschaffen oder durch Bauteile abgetrennt sein müssen, dass die vorgegebenen Zeiten für den Funktionserhalt erreicht werden.

Als Bauteile der baulichen Trennung werden F30–F90-Wände, -Decken, -Kanäle und -Schächte gesehen. Je nach versorgter Anlage ist eine bauliche Trennung entsprechend der folgenden Forderungen zu betrachten.

- Forderung 1: Anlagen, die bei einem Brand innerhalb des vom Brand betroffenen Bereichs immer funktionieren müssen, wie MRA, RDA, FW-/Bettenaufzug;
- Forderung 2: Anlagen, die bei einem Brand in allen notwendigen Bereichen ihre Funktion für einen geforderten Zeitraum erfüllen müssen, wie Sicherheitsbeleuchtung, BMA und SAA;
- Forderung 3: Anlagen, die bei einem Brand auf Grund einer Brandfrüherkennung in den sicheren Zustand versetzt werden, bevor der Brand zum Ausfall der Leitungsanlage führt, wie NRA.

Hinweis: Generell ist bei Anwendung der baulichen Trennung jede Kabel-/Leitungsanlage zur Sicherheitsanlage im Einzelnen zu betrachten. Je nach Forderung kann es sein, dass für die Verlegung in einem Schacht oder außerhalb des BA auf die vorschriftsmäßige Befestigung verzichtet werden kann, aber bei der Endverlegung innerhalb des BA bis zu den Geräten, wie z. B. eines Brandgasventilators der MRA, wieder voll umgesetzt werden muss!

Wird als bauliche Trennung für die Kabelanlage ein eigener Schacht geplant, dürfen nur die Leitungen verlegt werden, die bauaufsichtlich geforderte Anlagen versorgen. Die Kabelanlage kann dann mit konventionellen Kabeln/Leitungen ausgeführt werden. Es sind dann auch keine wirksamen Unterstützungsmaßnahmen auf der Steigtrasse erforderlich (vgl. MLAR:2018-10, S. 287).

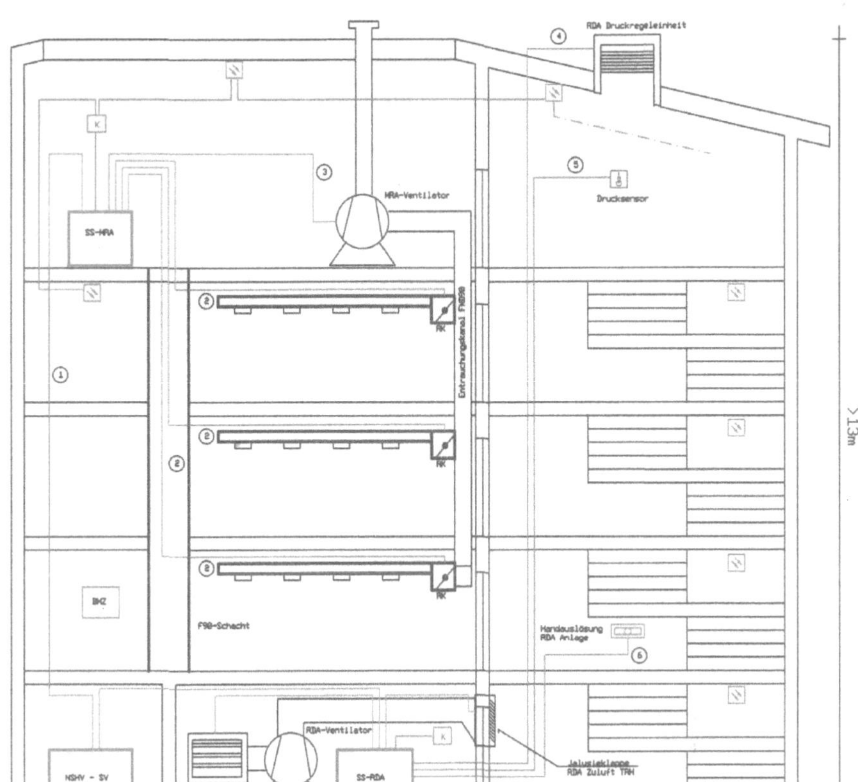

Bild 8.20: Systemzeichnung – Funktionserhalt durch bauliche Trennung (DXF 099)

Kommentar zur Systemzeichnung: Nach dem gezeichneten Verlauf der Kabelanlage sind folgende Vorgaben für den Funktionserhalt zu beachten:

- Das Kabel 1 von der NSHV-SV zum SS-MRA muss durch die Beschaffenheit den geforderten Funktionserhalt sicherstellen. Die Verkabelung nach DIN 4102-12 ist umzusetzen.
- Das Kabel 2 vom SS-MRA bis zur Rauchklappe (RK) ist zweigeteilt zu verlegen. Streckenlänge 1 vom SS-MRA bis zum Übergang Schacht/BA wird der Funktionserhalt durch die bauliche Trennung sichergestellt. Im BA muss das Kabel durch die Beschaffenheit den Funktionserhalt gewährleisten. Hier ist es auch wichtig, dass die Kabelverlegung an oberster Stelle unmittelbar unter der Decke erfolgt.

- Das Kabel 3 vom SS-MRA zum Ventilator MRA erfüllt zusammen als eine Einheit den Funktionserhalt durch bauliche Trennung. Die Anlage muss für dieses Beispiel nur wirksam werden, wenn es innerhalb der einzelnen Entrauchungsbereiche zum Brandereignis kommt.

9 Vorrangiger Stromkreis – Sprinklerschaltung

Für Sicherheitsanlagen ohne NEA, die zur Brandbekämpfung notwendig sind, ist der vorrangige Stromkreis, die sogenannte Sprinklerschaltung, in den Vorschriften enthalten (VDE 0100-560:2022-10, S. 12). Hierunter versteht man, dass die Stromversorgung aus dem AV-Netz des VNB erfolgt. Die wesentlichen Anforderungen sind:

- Der Kabelabgang muss unmittelbar nach der Messung des VNB vor dem Hauptschalter in der NSHV abzweigen. Beispielhaft nach einer Richtlinie ist das wie folgt definiert: Von der Absicherung der NRA-EA bis zum Einspeisepunkt der Niederspannung des elektrischen Netzes (Stelle der Energieeinspeisung in das Gebäude, in dem sich die NRA-EA-Zentrale befindet) darf nur einmal abgesichert werden (vgl. BHE-Richtlinie NRA-EA, 2014-04).
- Wird ein FW-Schalter gefordert, müssen Kabel/Leitungen der Stromversorgung von Einrichtungen für Sicherheitszwecke, die während eines Feuers in Betrieb bleiben müssen, auf der Einspeiseseite des FW-Schalters angeschlossen werden (vgl. VDE 0100-560:2022-10, S. 19).
- Selektivität zwischen den in Reihe liegenden Sicherungen ist zwingend einzuhalten. Bei gL-Sicherungen ist hier der Faktor 1,6 einzuhalten (vgl. VDE 0100 Bbl. 5:2017-10, S. 40). Die Kombination Leistungsschalter/Sicherungen ist kritisch zu betrachten. Der Nachweis, dass Selektivität gegeben ist, muss durch Vergleich der Kennlinien belegt werden.
- Das Kabel von der NSHV zum Steuerschrank der Sicherheitsanlage muss dem Funktionserhalt nach den Bauvorschriften entsprechen. Bei der Dimensionierung ist auch die Erwärmung für E30 mit 841 °C und für E90 mit 1006 °C durch die Strecke im längsten Brandabschnitt, also max. 40 m, zu berücksichtigen.

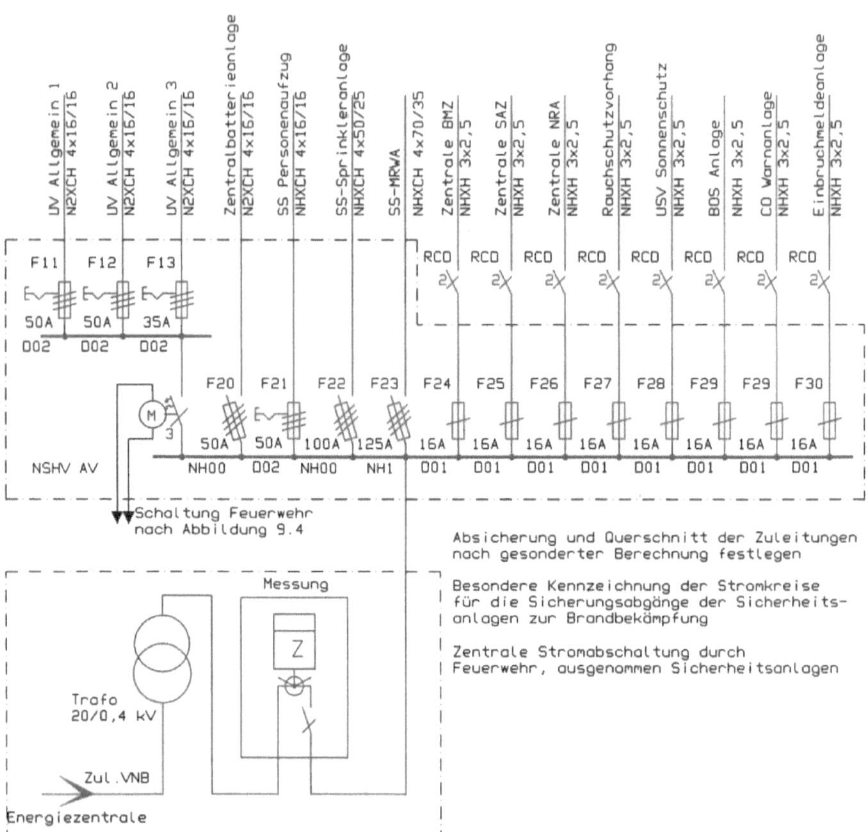

Bild 9.1: Systemzeichnung – Aufbau und Funktion des vorrangigen Stromkreises (DXF 009)

Kommentar zur Systemzeichnung: Grundsätzlich wird es so sein, dass die Messung und die NSHV mit den Abgangssicherungen der Anlagen mit Sprinklerschaltung gemeinsam in einem Raum platziert sind. Tritt der Fall ein, dass diese Anlagen räumlich voneinander getrennt sind, ist festzulegen, ob an das Verbindungskabel brandschutztechnische Anforderungen gestellt werden. Um das Schutzziel zu erreichen, könnte der Prüfsachverständige die Ansicht vertreten, einen durchgängigen Funktionserhalt der Kabelanlage von der Messung bis zum Verbraucher der Sicherheitsanlage zu gewährleisten. RCD der Abgangssicherung nur im TT-System.

9.1 Anlagen, für die der vorrangige Stromkreis angewendet werden darf

Die Anlagen, die dafür in Frage kommen und als Brandmelde- und Brandbekämpfungseinrichtung sowie als Evakuierungseinrichtung mit dem AV-Netz als vorrangigen Stromkreis durch den BSK-Verfasser gefordert werden können, sind:

- Sprinklerpumpe,
- Personenaufzug mit Brandfallsteuerung,
- maschineller Rauchabzug (MRA),
- Druckerhöhung Löschwasser.

Immer erlaubt bzw. anzuwenden ist der vorrangige Stromkreis für:

- Brandmeldeanlage,
- Sprachalarmierungsanlage,
- natürlicher Rauchabzug NRA,
- Notbeleuchtung,
- Evakuierungsanlage.

Nicht angewendet darf der vorrangige Stromkreis für:

- Feuerwehraufzug, Bettenaufzug,
- Druckbelüftung,
- Verteiler der Gruppe-2-Räume im medizinischen Bereich.

Für diese Anlagen ist nach der Norm zwingend eine NEA zu planen.

Die Zusammenfassung möglicher Anlagen, für die der vorrangige Stromkreis angewendet werden darf mit der Anforderung an den Funktionserhalt, ist aus der nachfolgenden Abbildung ersichtlich.

Empfehlung: Die Versorgungskabel mit Sprinklerschaltung von der NSHV zum Schaltschrank der Sicherheitsanlage soll mit Funktionserhalt E90 und wasserfest oder gegen Wasser geschützt installiert werden (vgl. VDE 0100-560:2022-10, S. 30).

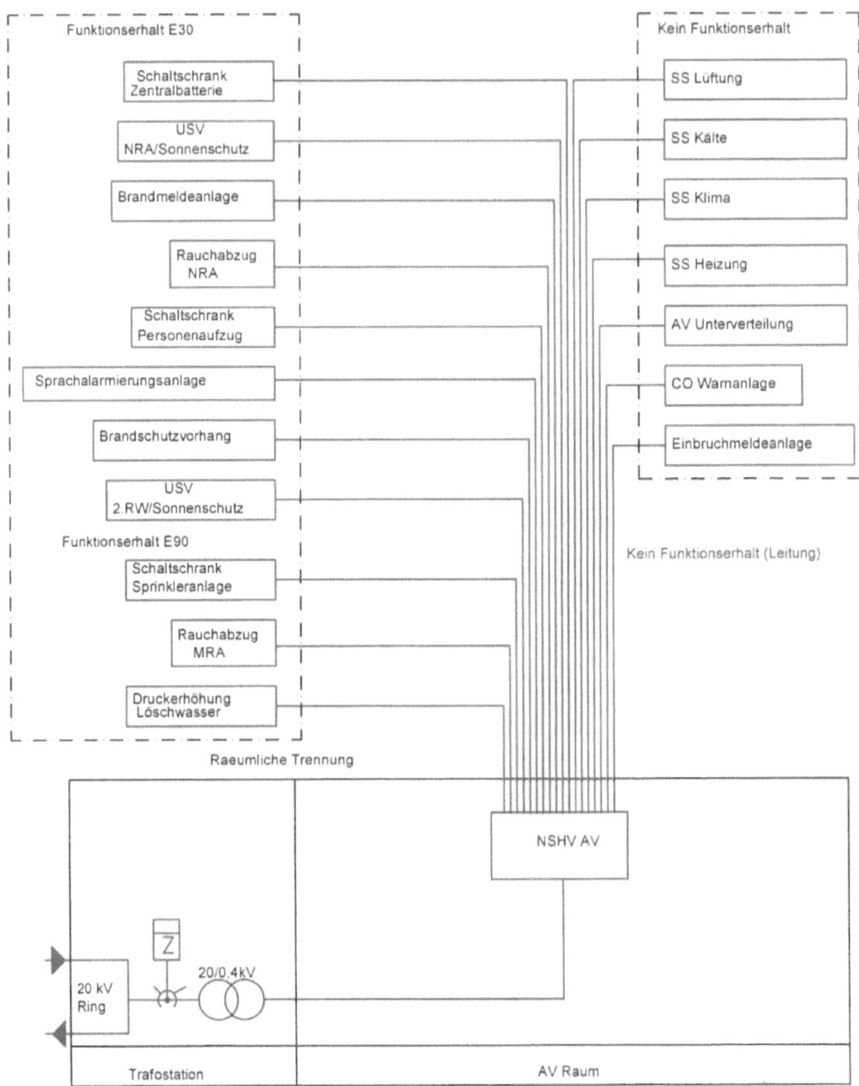

Bild 9.2: Systemzeichnung – Sicherheitsanlagen mit bevorzugtem Stromkreis (DXF 048)

Kommentar zur Systemzeichnung: Die Vorgaben, welche Anlagen mit der Sprinklerschaltung versorgt werden dürfen, müssen im BSK vorgegeben sein. Auch wenn bestimmte Anlagen, wie BMA, NRA usw., mit Akkus ausgestattet sind, ist die Zuleitung von der NSHV bis in den Brandabschnitt der jeweiligen Zentrale mit einem funktionserhaltenden Kabel herzustellen (vgl. Bild L-VI-1: Beispielhafte Anordnung von elektrischen Betriebsräumen in Verbindung mit der Sicherheitsstromversorgung und dem Geltungsbereich der MLAR und der EltBauV auf S. 317 der MLAR:2018-10).

Mitteilung: Der Grund der Anwendung des vorrangigen Stromkreises ist eine verbesserte Sicherheit. Man nimmt an, dass ein direkter Anschluss der Anlage vor dem Hauptschalter in der ersten Verteilung nach der Messung am Hausanschluss bei der NE 5/6 und nach dem Hauptschalter am ZP der NE 7 bzw. bei Gebäuden mit mehreren Verbrauchsanlagen die Fehlerquellen reduziert und damit eine Verbesserung zur Versorgung der Sicherheitsanlagen bewirkt. Man betrachtet hier die Fehlerquelle Fehlschaltung. Das Ziel, das damit verfolgt wird, ist, dass die Einsatzkräfte der Feuerwehr die Stromversorgung in einem brennenden Gebäude freischalten können, ohne die Sicherheitsanlagen mit abzuschalten. Es handelt sich nicht um eine Sicherheitsstromversorgung im herkömmlichen Sinn, da hier die zweite vom Stromnetz unabhängige Energieversorgung fehlt. Ein Stromausfall im Netz wird hier nicht betrachtet, aber in Kauf genommen.

Hinweis: Die Zentralbatterieanlage für die Sicherheitsbeleuchtung in Bild 9.2 muss mit Funktionserhalt E30 im Gebäude eingebaut werden. Die Absicherung dafür muss aber nicht zwingend als Sprinklerschaltung hergestellt werden, da es sich hier um keine Brandbekämpfungseinrichtung handelt. Zudem braucht auch das Zuleitungskabel nicht mit Funktionserhalt installiert werden, was mit dem Vermerk „kein Funktionserhalt Leitung“ gemeint ist und auch die Anlagen im Bereich „kein Funktionserhalt“ betrifft.

9.2 Besondere Varianten, die sich im Zuge der Umsetzung aus der Gebäudestruktur ergeben

Bei großflächigen Gebäuden mit mehreren Verbrauchsanlagen ist die Umsetzung mit hohem wirtschaftlichen Aufwand verbunden. Für die Umsetzung dieser Vorgaben gibt es mehrere Möglichkeiten und Varianten. Eine Abstimmung mit dem VNB ist hier zwingend geboten. Möglichkeiten der Realisierung dazu werden mit Bild 9.3 und 9.4 zeichnerisch aufgezeigt.

Hinweis: Die Systemzeichnungen nach Bild 9.3 und 9.4 sind Überlegungen des Verfassers, mit der auf die Komplexität der Sprinklerschaltung eingegangen wird; besonders dann, wenn der gezeichnete Aufbau auch im täglichen Betrieb für sonstige Funktionen, wie dem Lüften, genutzt wird und aus Verbrauchsgründen damit den einzelnen Mietern zuzuordnen ist. Situationsbedingt einfacher ist es, wenn die Anlagen nur im Brandfall genutzt werden und somit sämtliche Brandmelde- und Brandbekämpfungseinrichtungen aus der NSHV-AV über die allgemeine Verbrauchserfassung versorgt werden können.

9.2.1 Absicherung im oberen Abgangsfeld bei Zählerplatz

Mit Zustimmung der Versorger ist das die sinnvollste Lösung, wenn nur jeweils eine Sicherheitsanlage zu versorgen ist. Wichtig für die Abnahme ist, im Vorfeld mit dem Prüfsachverständigen zu klären, wie die Art der Verkabelung auszuführen ist.

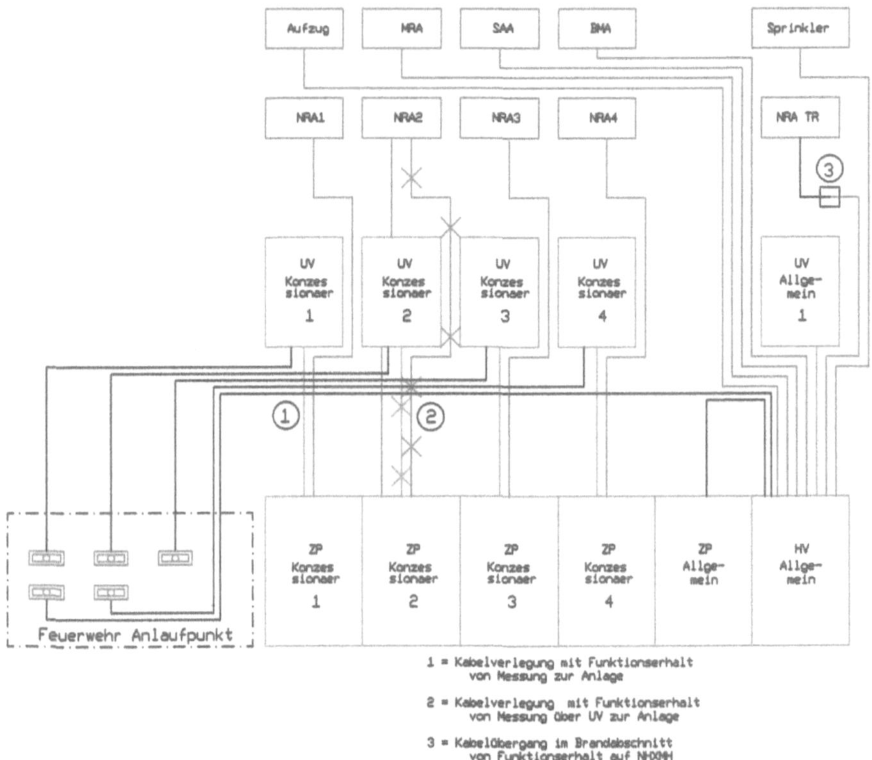

Bild 9.3: Systemzeichnung – Stromversorgung Verkaufsstätte – mehrere Brandabschnitte (DXF 051)

Kommentar zur Systemzeichnung: In Konsequenz müsste die Vorschrift vorgeben, alle Hauptverteiler der einzelnen Konzessionäre über fernbetätigte Hauptschalter (Motorantrieb) im Gefahrenfall vom Feuerwehranlaufpunkt ausschalten zu können (Meinung des Verfassers).

9.2.2 Absicherung im Stromkreisverteiler vor dem Hauptschalter

Gibt die TAB vor, dass die Absicherung der Anlage im unteren Anschlussraum vor dem Zähler sein muss, wird der Aufbau der Stromversorgung nach Bild 9.4 die Lösung sein, wenn Sicherheitsanlagen mit dem vorrangigen Stromkreis gefordert sind. Zu diskutieren ist dazu das Verbindungskabel vom Zähler zur UV in Bezug auf die brandschutztechnische Anforderung. Ist der Verlauf des Kabels/der Leitung außerhalb des zu betrachtenden Mietbereichs besteht die Möglichkeit, dass hier ein Kabel ohne Anforderung an den Funktionserhalt installiert werden darf und es dafür eine Zustimmung durch den Prüfsachverständigen gibt.

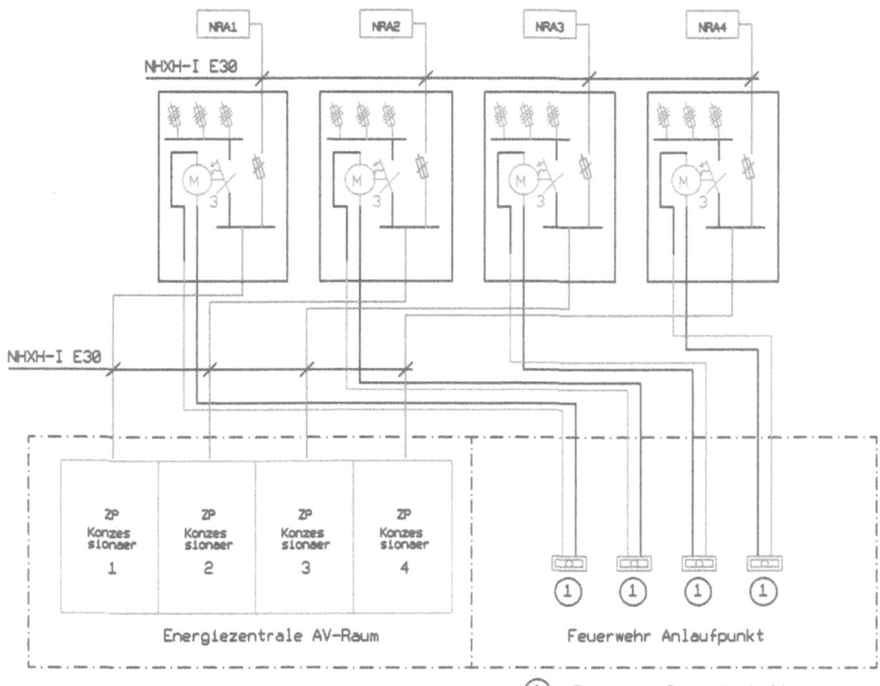

Bild 9.4: Systemzeichnung – Abschaltung Stromversorgung durch die Feuerwehr (DXF 051)

Kommentar zur Systemzeichnung: Im Zuge der Planung sind die Forderungen aus dem BSK zu berücksichtigen. Ein wesentliches Kriterium dabei, ist nach Lösungen zu suchen um die Stromversorgung zentral und gefahrlos abschalten zu können.

9.3 Stromabschaltung durch die Einsatzkräfte der Feuerwehr

Die Anwendung des vorrangigen Stromkreises ist damit begründet, dass bei einer Stromabschaltung durch die Feuerwehr die Stromversorgung für die Sicherheitsanlage wie der NRA bestehen bleibt. Mit den gezeigten Lösungen nach 9.2 ist das technisch möglich. Aus der Betrachtung des angestrebten Schutzziels sind dazu Hauptschalter mit Motorantrieb zu verwenden. Diese Hauptschalter für Last und Leistung gibt es nahezu in allen Größen. Die Betätigung der Motorschalter erfolgt im Tasterbetrieb und kann mit einem Druckknopfmelder, platziert im FEC, realisiert werden. Zudem bedeutet das auch eine gewisse Sicherheit für den Feuerwehrmann, der diese Stromabschaltung in einem gefahrlosen Bereich des Gebäudes durchführen kann.

Hinweis: Eine Freischaltung durch die Feuerwehr ist für PV-Anlagen zu diskutieren. Hier ist die DC-seitige Feuerwehr-Not-Aus-Schaltung abzustimmen. Eine einheitliche Forderung existiert dazu nicht, ist aber zu bedenken (vgl. AMEV 2020, S. 74). Die Fernabschaltung mit Schalteinrichtung am FW-Anlaufpunkt für die AV-Stromversorgung ist als Vorschrift in der Norm vorhanden (vgl. VDE 0100-560:2022-10, S. 19). Technische Lösungen sind aufgezeigt, die bei Bedarf zur Ausführung kommen könnten, und in den Zeichnungen dargestellt.

In den TAB der Branddirektion München ist enthalten, dass als Ausschaltvorrichtung für die Stromversorgung DKM in gelber Farbe (RAL 1004) einschließlich Klartextbeschriftung zu montieren sind (vgl. TAB Branddirektion München, 2005-01, S. 17). Die genaue Platzierung ist in Absprache mit der zuständigen Feuerwehr festzulegen, wobei der ideale Montageplatz die Anlaufstelle der Einsatzkräfte sein wird.

Mitteilung: In der neu erschienen TAB:2020-03 der Branddirektion München ist diese explizite Forderung nicht mehr aufgeführt.

10 Funktionen der statischen, halbdynamischen und dynamischen Brandfallsteuerung

Aufgabe der Brandfallsteuerung ist in der Regel, Personen im Brandfall die Nutzung des Aufzugs zu verwehren. Ein fahrender Aufzug wird im Brandfall zu einer definierten Brandfallhaltestelle (Evakuierungsebene) gefahren und dort mit offener Tür außer Betrieb gesetzt.

Die Umsetzung für die technische Realisierung ist mit der NRA als Variante 1 und der BMA als Variante 2 möglich. Generell kann die Überwachung auch mit Punktmeldern erfolgen. Bis 12 m Höhe wird das die wirtschaftlichste Lösung sein.

Bei der Ausführung nach 1 (NRA) sind neben dem Rauchansaugsystem RAS im Aufzugsschacht auf den Geschossen im Aufzugsvorraum automatische und manuelle Melder festzulegen und entsprechend zu platzieren. Die Ausführung ist mit dem Verfasser des BSK abzustimmen.

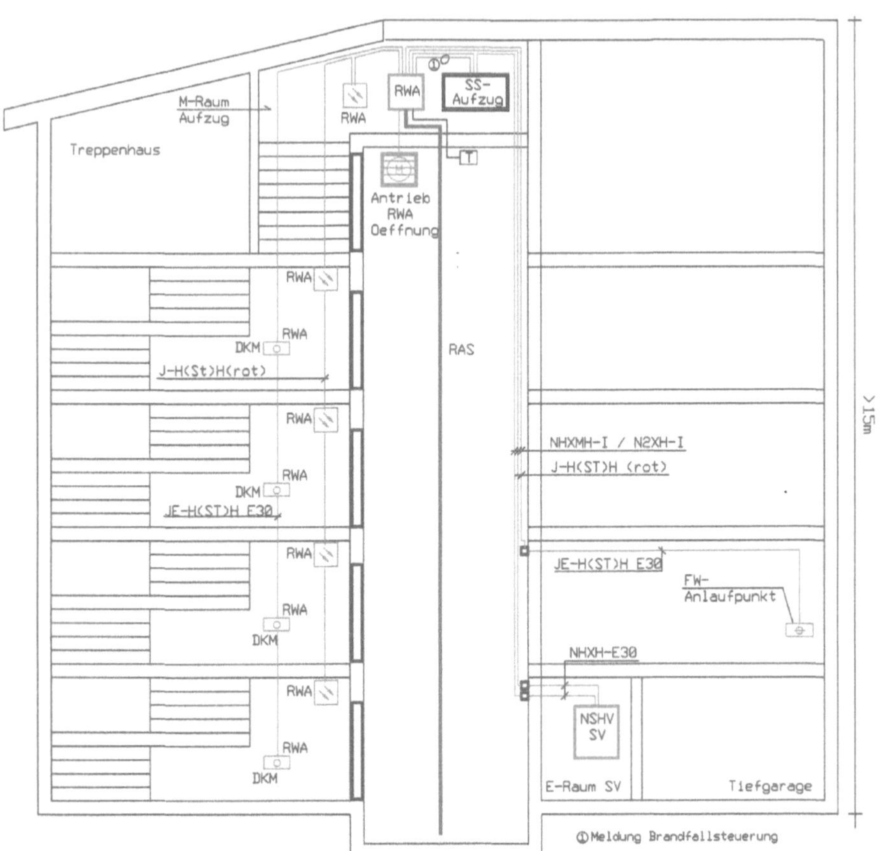

Bild 10.1: Systemzeichnung – Brandfallsteuerung Aufzug mit NRA (DXF 057)

Kommentar zur Systemzeichnung: Bei einem eintretenden Gefahrereignis ist mit der Überwachung im Schacht und den an die RWA angeschlossenen Brandmelder bei den Aufzugsvorräumen gewährleistet, dass der Aufzug das nächstgelegene rauchfreie Geschoss anfährt und die Fahrgäste in unmittelbarer Nähe zum angrenzenden Fluchtweg das Gebäude verlassen können.

Bei der Ausführung nach 2 (BMA) sind die automatischen und manuellen Melder der BMA über einen Koppler, der unmittelbar bei der Zentrale der NRA im Technikraum der Aufzugsteuerung zu platzieren ist, für die Auslösung der Brandfallsteuerung zu verwenden. Die Einbindung des Kopplers muss in der Ring-Bus-Technik installiert sein.

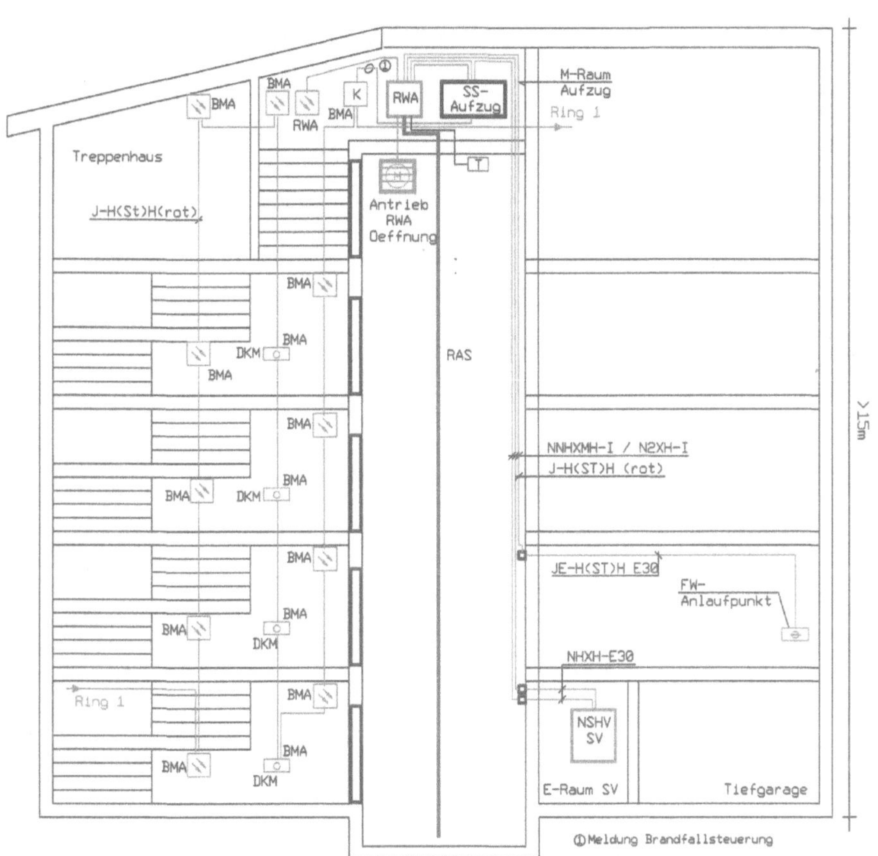

Bild 10.2: Systemzeichnung – Brandfallsteuerung Aufzug mit BMA (DXF 061)

Kommentar zur Systemzeichnung: Bei einem eintretenden Gefahrereignis ist mit der Überwachung im Schacht und den an die BMA über einen Koppler im gleichen Raum wie den Steuerschrank der Aufzugsanlage angeschlossenen Brandmelder bei den Aufzugsvorräumen gewährleistet, dass der Aufzug das nächstgelegene rauchfreie Geschoss anfährt und die Fahrgäste in unmittelbarer Nähe zum angrenzenden Fluchtweg das Gebäude verlassen können.

Grundsätzlich sind beide Varianten mit dem abnehmenden Prüfsachverständigen abzustimmen und die am sinnvollsten und geeignetste Lösung anzuwenden.

Hinweis: Es werden immer mehr Aufzüge ohne Maschinenraum gebaut. Hier wird die Steuerung meist im Schachtkopf platziert. Für die RWA-Zentrale der Schachtentrauchung bedeutet das:

- bei Platzierung im Aufzugschacht keine brandschutztechnische Anforderung an das Gehäuse der RWA-Zentrale,
- bei Platzierung außerhalb des Aufzugschachts mit E30-Gehäuse der RWA-Zentrale und Überwachung mit automatischen Rauchmelder des Raums, in dem sich die Zentrale befindet.

10.1 Statische Brandfallsteuerung

Eine statische Brandfallsteuerung fährt den Aufzug im Brandfall in eine zuvor definierte Ebene, die einen möglichst kurzen Fluchtweg ins Freie ermöglicht.

Erklärung: Der Aufzug fährt in die Haltestelle EG, auch wenn diese verraucht ist.

10.2 Halbdynamische Brandfallsteuerung

Eine halbdynamische Brandfallsteuerung arbeitet mit dem Brandmelder in der vorgesehenen Evakuierungsebene zusammen, sodass diese nicht angefahren wird, wenn dort ein Brandgeschehen detektiert wird.

Erklärung: Die geplante Haltestelle, z. B. EG, wird mit einem Rauchmelder überwacht. Ist diese verraucht, hält der Aufzug z. B. im OG, auch wenn dieses verraucht ist.

10.3 Dynamische Brandfallsteuerung

Die dynamische Brandfallsteuerung ist mit den Brandmeldern auf allen Ebenen verbunden, so wird verhindert, dass z. B. eine mit Rauch belastete Ebene als Brandfallhaltestelle genutzt wird.

Erklärung: Alle Haltestellen werden mit Rauchmeldern überwacht. Der Aufzug hält immer in einer rauchfreien Haltestelle mit kürzestem Weg ins Freie.

10.4 Kabelanlage für Aufzug mit Brandfallsteuerung

Wenn im Gebäude eine Netzersatzanlage (NEA) eingebaut ist, muss die Abgangssicherung für den Aufzug im Gebäudehauptverteiler NSHV-SV eingebaut sein. Das Kabel zwischen der NSHV-SV und dem Schaltschrank des Aufzugs ist in Funktionserhalt E30 zu verlegen (s. Abschn. 7.5). Nach Möglichkeit ist das Kabel von der NSHV-SV direkt in den Maschinenraum oder bei maschinenraumlosen Aufzügen in den Fahrschacht zu verlegen. Im Fahrschacht kann das Kabel ohne Funktionserhalt verlegt werden.

Ist eine NEA nicht vorhanden, ist der Aufbau analog wie o. g. zwischen den AV-Verteilern und Steuerschrank als vorrangiger Stromkreis umzusetzen.

Anmerkung: Bei Glasaufzügen ist zu klären, ob die Verlegung des Kabels im Fahrschacht möglich ist, wenn der Maschinenraum bzw. die Steuerung an oberster Stelle sind.

Die Brandfallsteuerung ist entsprechend der Vorgabe im BSK als statische oder dynamische Steuerung herzustellen.

Mit dem abgesetzten Druckknopfmelder am FW-Anlaufpunkt kann die Einrichtung für die Brandfallsteuerung als RWA für den Aufzugschacht genutzt werden, welche nach 1.3.2 bis 1.3.10 in der BayBO, Art. 37(3) gefordert ist.

10.5 Nachrüstung einer Brandfallsteuerung

Wenn Aufzugsanlagen dem heutigen Stand der Technik oder den Anforderungen nach der Betriebssicherheitsverordnung nicht mehr entsprechen und nachgerüstet werden, muss auch der Einbau einer Brandfallsteuerung neu bewertet werden. In Gebäuden, die von einer größeren Anzahl von Personen genutzt werden, und die über eine Brandmeldeanlage verfügen, die bei der Feuerwehr aufgeschaltet ist, sollte mindestens eine statische Brandfallsteuerung nachträglich realisiert werden. Bei allen anderen Gebäuden mit Personenaufzügen sollte jeweils im Erdgeschoss ein gelber DKM mit der Aufschrift Brandfallsteuerung Aufzug angebracht werden. Die Brandfallsteuerung ist entsprechend der Vorgabe im BSK als statische oder dynamische Steuerung herzustellen. Bei Betätigung fährt der Aufzug in das Eingangsgeschoss (Brandfallhaltestelle) und bleibt dort mit offener Tür so lange stehen, bis ein Verantwortlicher (Hausmeister, Wartungsdienst) diese wieder zurücksetzt. Empfohlen wird mittels einer Sirene oder Hupe die Auslösung der Brandfallsteuerung zumindest im Eingangsgeschoss zu signalisieren (vgl. DIN EN 81-73 Teil 73, Verhalten von Aufzügen im Brandfall, Pkt. 5.81 und 5.7).

11 Überwachung der Anlagen bei Störungen/Defekten

Die Sicherheitsanlagen in den verschiedenen Objekten und Gebäuden nehmen je nach Größe in zunehmender Anzahl zu. Der Betreiber ist verpflichtet, die Funktionsfähigkeit im Betrieb zu gewährleisten. Da eine ständige manuelle Überprüfung des ordentlichen Betriebs nahezu unmöglich ist, muss eine technische Überwachung in ständiger Funktion vorhanden sein.

Bild 11.1: Systemzeichnung – Ansteuerung Störmeldungen (DXF 063)

Kommentar zur Systemzeichnung: Die Zeichnung kann als Check-Liste verstanden werden und als Kontrolle bei der Ausarbeitung der Planung dienen. Es kann aber noch durchaus weitere Anlagen geben, die installiert werden und nicht dargestellt sind.

Die Störung einer Anlage muss an eine ständig besetzte Stelle gemeldet werden. Diese kann sich im Gebäude befinden oder aber auch außerhalb.

Der Elektro-Fachplaner hat die Aufgabe, die dafür geeignete Einrichtung zu bestimmen. Es muss auch die notwendige Leitung eingeplant werden. Eine funktionserhaltende Verlegung dieser Leitung wird im Allgemeinen nicht gefordert. Die Schnittstellen für die Anlagen werden generell vorhanden sein. Zusätzlich kann auch die Sicherung bzw. der Leitungsschutzschalter mit einem Meldekontakt in die Überwachung mit einbezogen werden. Für besondere Anlagen wie dem Personenaufzug muss mit gesicherter Stromversorgung bzw. ein analoger Telefonanschluss installiert sein (bei Neuanlagen wird hier zunehmend GSM installiert), damit die Befreiung von Personen durch die Meldung bei Stromausfall/Störung funktioniert.

12 Brandfallmatrix – Technik für die Personenrettung

Der Feuerwehreinsatz für die Rettung von Personen in Gebäuden kann nur gelingen, wenn die technischen Anlagen durch einen koordinierten Ablauf gesteuert/geregelt werden. Herzstück und damit der zentrale Koordinator ist die Brandmeldezentrale. Die Abläufe der Funktionen für die einzelnen Anlagen sind zu bestimmen und in einer Brandfallmatrix schriftlich zu dokumentieren (VDE 0833-2:2017-10, S. 53). Die physikalische Verbindung der unterschiedlichen Einrichtungen erfolgt über entsprechend zugelassene Schnittstellen oder über Anschaltrelais in Form von sogenannten Kopplern der BMZ. Die Koppler sind in der Ring-Bus-Leitung eingebunden und werden unmittelbar neben/in der anzusteuernden Zentrale platziert. Die Anforderungen an das jeweilige Leitungsnetz ist mit Funktionserhalt herzustellen.

Eine Übersicht, mit der die Komplexität dieser Verknüpfungen gezeigt wird, ist mit der folgenden Systemzeichnung dargestellt.

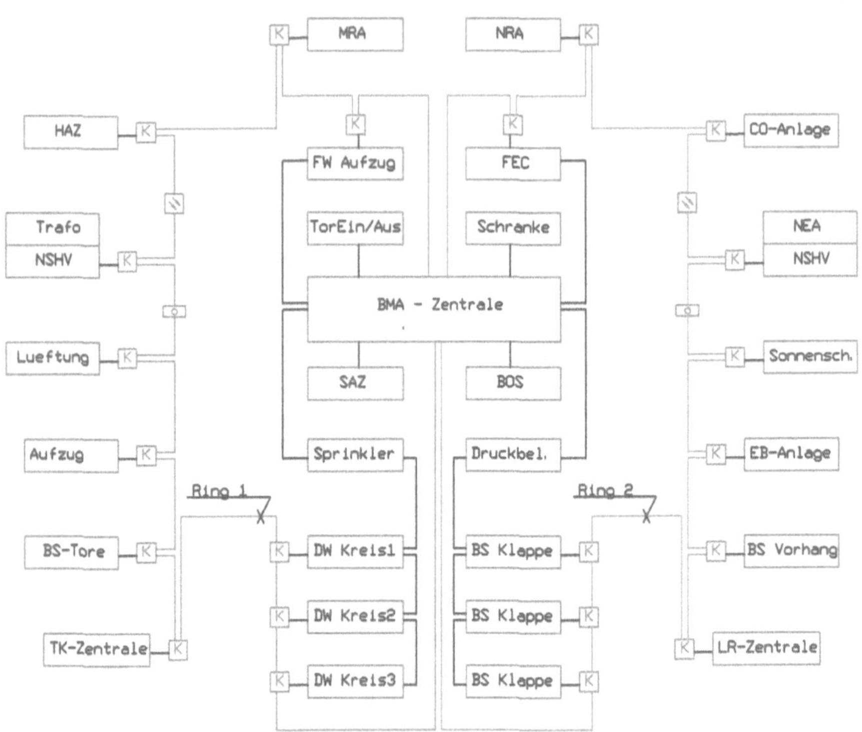

Bild 12.1: Systemzeichnung – Übersicht Brandfallsteuerung mit Ansteuerung durch BMZ (DXF 065)

Kommentar zur Systemzeichnung: Die Zeichnung kann als Check-Liste verstanden werden und als Kontrolle bei der Ausarbeitung der Planung dienen. Es kann aber noch durchaus weitere Anlagen geben, die installiert werden und nicht dargestellt sind (Lufterhitzer, Klimageräte, Gasheizstrahler usw.).

Das Schutzziel, das mit der Brandfallsteuerung verfolgt wird, ist:

- die umgehende Alarmierung der Einsatzkräfte für die Personenrettung durch die Feuerwehr,
- eine dafür notwendige Rauchfreihaltung von Flucht- und Rettungswegen,
- die Vermeidung der Rauchausbreitung in Nachbarräume,
- die Erhaltung wenig verrauchter Räumlichkeiten für Rettungsmaßnahmen und dadurch gute Sichtbedingungen für einsatztaktische Maßnahmen der Feuerwehr,
- Reduzierung hoher Temperaturen und damit eine geringere Schädigung des Baukörpers.

Das Szenario der Aktionen nach Auslösen eines Rauchmelders:

- Brandschutztore schließen,
- Personenaufzug fährt in festgelegte Position und die Tür öffnet sich,
- automatische Sprachdurchsage mit der Aufforderung an Personen, das Gebäude zu verlassen,
- Fluchttüren entriegeln sich,
- die Entrauchungskuppeln fahren auf und die Nachströmöffnungen gehen auf,
- Druckbelüftung wird aktiviert, die Lüftungsöffnungen im Geschoss der Rauchmeldung werden geöffnet,
- fremde Anlagen der Haustechnik, z. B. Lufterhitzer, Gasstrahlheizungen usw., die eine ungehinderte Rauchableitung beeinflussen, werden abgeschaltet.

Hinweis: Die Liste der Funktionen, die sich aus dem Zusammenspiel ergeben, ist sehr individuell und wird hier nicht mehr weiter aufgeführt. Diese müssen vollumfänglich in der Brandfallmatrix festgelegt und dargestellt werden.

Voraussetzungen für das Erreichen des Schutzziels sind:

- Zuverlässigkeit der elektrischen Steuerungen in Bezug auf das Ausfallverhalten,
- Auswahl der Bauteile nach dem Gesichtspunkt der Gebrauchstauglichkeit für die zu erwartenden/gegebenen Umgebungsbedingungen – IP-Schutzart,
- Beachtung äußerer Einflüsse in Bezug auf elektromagnetische Verträglichkeit,
- Auswahl und Einsatz eines geeigneten Überspannungsschutzes,
- Installation der Leitungs-/Kabelanlage sowie Einbau der jeweiligen Zentrale nach dem vorgeschriebenen Funktionserhalt für die geforderte Anlage,
- Aufbau der Sicherheitsstromversorgung aus der NSHV-SV für alle Anlagen der Brandbekämpfung, gegebenenfalls, wenn begründet, aus der NSHV-AV mit dem vorrangigen Stromkreis,
- rechnerischer Nachweis der Selektivität, wobei dies mit dem Abgang für den jeweiligen Stromkreis direkt von der NSHV nach der aktuellen Vorschriftenlage kein großes Problem mehr sein wird.

Besondere Betrachtung der RWA: Für das bestmögliche Erreichen des Schutzziels gibt es Anlagen, die hinsichtlich des einsatztaktischen Vorgehens der Feuerwehr von den einzelnen Gebäuden abhängt. So kann es durchaus sein, dass z. B. die RWA aus dem automatischen Ablauf der Brandfallsteuerung herausgenommen werden muss und eine manuelle Lösung zu mehr Sicherheit beiträgt. Das kann der Fall sein, wenn durch ein automatisches Öffnen

- der Brandverlauf beschleunigt wird,
- die Bedingungen des Feuerwehreinsatzes sich dadurch verschlechtern,
- die Evakuierungszeit sich dadurch verlängert oder
- die Gebäudestruktur damit einen größeren Schaden erhält.

Voraussetzung für die Herausnahme ist ein Brandreaktionsprogramm:

- Es ist eine automatische Löschanlage installiert.
- Eine Brandmeldeeinrichtung mit Meldung zur Feuerwehreinsatzzentrale ist installiert.

Die folgende Abbildung zeigt als Muster den Auszug für eine Steuermatrix mit den Zusammenhängen der verschiedenen Anlagen und Einrichtungen der TGA.

Kommentar zur folgenden Abbildung: Durch die Zuordnung ausgewählter Melder und Meldegruppen zu bestimmten Steuerungen, werden bei der Branderkennung in einem Gebäudeteil auch nur die für diesen Fall sinn- und wirkungsvollen Steuerungen aktiviert. In der Praxis hat es sich bewährt, die möglichen Szenarien nicht feingliedrig zu gestalten. Würde man für jeden Raum ein eigenes Szenario entwickeln, würde die Programmierung unnötig aufgebläht. Die Fehlerwahrscheinlichkeit stiege drastisch an und eine Prüfung aller Szenarien wäre mit wirtschaftlich vertretbarem Aufwand nicht mehr möglich.

Im Zuge der Inbetriebnahme müssen die Steuerfunktionen und die richtige Zuordnung zu den Meldegruppen geprüft werden. Hierbei genügt es nicht, wenn der Brandmeldetechniker die korrekte Ansteuerung seiner Koppler feststellt. Vielmehr muss die gesamte Wirkprinzipkette, beginnend vom Brandmelder bis zur gewünschten Funktion der Brandschutzeinrichtung überprüft werden. Nach vollständiger Inbetriebnahme mit allen beteiligten Gewerken ist eine umfassende Wirkprinzipprüfung durch einen bauaufsichtlich anerkannten Prüfsachverständigen durchzuführen.

Hinweis: Die Wirkprinzipprüfung durch einen Sachverständigen ist im Abstand von maximal drei Jahren zu wiederholen. Im Gegensatz zu kleinen Anlagen, mit wenigen und übersichtlichen Steuerfunktionen, für die eine Wiederholungsprüfung durch einen Sachkundigen alle drei Jahre durchzuführen ist.

Melder	Installationsort	Bauteil	Hauptmelder HM	Übertragung AWAG an EVU	Gebäudeleittechnik GLT	Feuerwehrschlüsseldepot FSD 3	Rundumkennleuchte RKL	Gebäudefunkanlage GFA	Sammelmeldung Feuer	Notsignalgeber NSG BT 1	Notsignalgeber NSG BT 2	Sprachalarm SAA	Optische Signalgeber BT 1	Optische Signalgeber BT 2	RLT Büro Allgemein BT 1	RLT Büro Allgemein BT 2	RLT Küche BT 1	BSKs von RLT Büro Allgemein BT 1	BSKs von RLT Büro Allgemein BT 2	NRA Treppenraum 1	NRA Treppenraum 2	NRA Fahrschacht Aufzug 1	NRA Fahrschacht Aufzug 2	NRA Fahrschacht Aufzug 3	Spülluftanlagen Treppenraum 3	MRA Lager -0.15	Aufzug 1 BT 1	Aufzug 2 BT 1	Aufzug 3 BT 2	Feststellanlagen	Beschattungen	Verdunklungen	Zutrittskontrollen	Einbruchmeldeanlage EMA	Gasventil Küche EG	Bemerkungen
		Funktion								Alarmierungseinrichtungen					Raumlufttechnik RLT und BSK					Natürliche Entrauchung NRA					Maschinelle Entrauchung MRA		Brandfallsteuerung Aufzüge			Türen/ Tore/ Rauchschutzvorhänge	Sonstiges					
	Installationsort	Bauteil	ein	ein	ein	ein	ein	ein	ein	ein	ein	ein	ein	ein	aus	aus	aus	zu	zu	auf	auf	auf	auf	auf	ein	ein	ein	ein	ein	zu	hoch	hoch	aus	aus	zu	Bemerkungen
automatisch	1. UG	BT 1	x		x	x	x	x	x	x		x	x		x		x	x									x	x			x	x	x		x	
automatisch	1. UG Lager -0.15	BT 1	x		x	x	x	x	x	x		x	x		x		x	x								x	x	x			x	x	x		x	
automatisch		BT 2	x		x	x	x	x	x		x			x		x			x						x				x		x		x			
automatisch	Tresorraum -0.25	BT 2	x		x	x	x	x	x		x			x		x			x						x				x		x		x	x		
automatisch	EG	BT 1	x		x	x	x	x	x	x		x	x		x		x	x									x	x			x	x	x		x	
automatisch	EG Kantine	BT 1	x		x	x	x	x	x			x	x		x		x	x									x	x			x	x	x		x	
automatisch		BT 2	x		x	x	x	x	x		x			x											x				x		x		x			
automatisch	1. OG	BT 1	x		x	x	x	x	x	x		x	x														x	x			x	x	x			
automatisch		BT 2	x		x	x	x	x	x		x			x											x				x		x		x			
automatisch	2. OG	BT 1	x		x	x	x	x	x	x		x	x		x		x	x									x	x			x	x	x			
automatisch		BT 2	x		x	x	x	x	x		x			x											x				x		x		x			
automatisch	3. OG	BT 1	x		x	x	x	x	x	x		x	x		x		x	x									x	x			x	x	x			
automatisch		BT 2	x		x	x	x	x	x		x			x											x				x		x		x			
automatisch	4. OG	BT 1	x		x	x	x	x	x	x		x	x		x		x	x									x	x			x	x	x			
automatisch		BT 2	x		x	x	x	x	x		x			x											x				x		x		x			
automatisch	5. OG	BT 1	x		x	x	x	x	x	x		x	x		x		x	x									x	x			x	x	x			
automatisch		BT 2	x		x	x	x	x	x		x			x											x				x		x		x			
automatisch	6. OG	BT 1	x		x	x	x	x	x	x		x	x		x		x	x									x	x			x	x	x			
automatisch		BT 2	x		x	x	x	x	x		x			x											x				x		x		x			
automatisch	Treppenräume	BT 1	x		x	x	x	x	x	x		x	x		x		x	x									x	x			x	x	x			
automatisch		BT 2	x		x	x	x	x	x		x			x											x				x		x		x			
automatisch	RM RWA Treppenraum 1	BT 1			x															x																Melder RWA sind autark
automatisch	RM RWA Treppenraum 2	BT 1			x																x															Melder RWA sind autark
automatisch	RM RWA Treppenraum 3	BT 2			x																				x											Melder RWA sind autark
automatisch	RM FSA	BT 1			x																									x						Melder FSA sind autark, Schließung nur örtlich
automatisch		BT 2																																		Melder FSA sind autark, Schließung nur örtlich
automatisch	Trafo	BT 1	x	x	x	x	x	x	x	x		x	x		x		x	x									x	x			x	x	x		x	
automatisch	RLT Außenluftansaugung	BT1			x										x			x																		Melder in RLT sind autark
automatisch		BT 2			x											x			x																	Melder in RLT sind autark
automatisch	Schacht Aufzug 1	BT 1			x																	x	x				x	x								Melder in Aufzugschächten sind autark
automatisch	Schacht Aufzug 2	BT 1			x																	x	x				x	x								Melder in Aufzugschächten sind autark
automatisch	Schacht Aufzug 3	BT 2			x																			x					x							Melder in Aufzugschächten sind autark
manuell	blauer Hausalarmmelder	BT 1+2			x					x	x	x	x	x																						
manuell	Handmelder	BT 1	x		x	x	x	x	x	x		x	x		x		x	x									x	x			x	x	x		x	
manuell	Handmelder	BT 2	x		x	x	x	x	x		x			x		x			x						x				x		x		x			
sonstig	Argon Löschanlage RZ	BT 2	x		x	x	x	x	x		x			x		x			x						x				x		x		x			hier separate Steuermatrix
sonstig	Handauslösungen	BT 1+2																																		
sonstig	Lüftung aus	BT 1+2													x	x	x																			
Hinweise																											hierfür separate Steuermatrix	hierfür separate Steuermatrix	hierfür separate Steuermatrix			Verdunklungen Kantine BT 1		im Tresorraum BT 2 -0.25		

Anhang

Pflichtenheft für Anforderungen an Technikräume nach Sicherheit und Funktion in Gebäuden

Batterieraum Sicherheitsbeleuchtung

- Raumanforderung an Wände, Decke und Boden: F90 (F30), Tür: T30
- Raumgröße mindestens 2 m x 1,8 m (individuell zu bestimmen, kleiner möglich)
- Raumhöhe mindestens 2,2 m
- Schleuse bei Zugang aus notwendigen Treppenraum
- Zu- und Ablufteinrichtung mit einem Luftvolumenstrom von ca. 3 m^3/h, bei natürlicher Lüftung sind Zu- und Abluft gegenüberliegend oder mit 2 m Trennungsabstand anzuordnen, der Ø muss mind. 10 cm sein
- Die Zu- und Abluft muss aus dem Batterieraum in die Umgebungsluft nach Außen abgeführt werden.
- Türschwelle mit 3 cm Höhe ist einzubauen
- elektrolytfester Anstrich umlaufend mit 3 cm Höhe
- ableitfähiger Belag des Bodens (kann mit Gummimatte hergestellt werden)
- Raumtemperatur auf 20 °C auslegen
- Tür mit Aufschlag in Fluchtrichtung
- keine fremden Leitungen (Heizungs-, Wasser-, Abwasserrohre, Lüftungskanäle usw.) im Raum
- voraussichtliches Gewicht der Anlage (herstellerbedingte Abstimmung)

Sprachalarmierungsanlage – SAA

- Raumanforderung an Wände, Decke und Boden: F90 (F30), Tür: T30
- Raumgröße mindestens 1,5 m x 1,8 m (individuell zu bestimmen)
- Raumhöhe mindestens 2,2 m
- Raumentlüftung für eine Verlustleistung der Verstärker bei Volllast von: (Berechnung nach 2.2.4)

- Klimagerät für Klimatisierung ist zu planen
- Raumtemperatur auf 20 °C auslegen
- Tür mit Aufschlag in Fluchtrichtung
- keine fremden Leitungen (Heizungs-, Wasser-, Abwasserrohre, Lüftungskanäle usw.) im Raum
- voraussichtliches Gewicht der Anlage (herstellerbedingte Abstimmung)

Brandmeldeanlage – BMA

- Raumanforderung an Wände, Decke und Boden: F90 (F30), Tür: T30
- Raumgröße mindestens 1,5 m x 1,2 m
- Raumhöhe mindestens 2,2 m
- Raumentlüftung bei Raumvolumen < 3,5 m³
- Raumtemperatur auf 20 °C auslegen
- Tür mit Aufschlag in Fluchtrichtung
- keine fremden Leitungen (Heizungs-, Wasser-, Abwasserrohre, Lüftungskanäle usw.) im Raum
- Schließzylinder für FSD und Halter Feuerwehrleiter sind vom Bauherrn bereit zu stellen.
- Aufstellort Feuerwehrleiter ist durch Architekten festzulegen
- FW-Hauptschalter für Stromabschaltung (nur, wenn in der TAB gefordert)

  Hinweis: Alle Türen im Gebäude müssen mit einer Schließeinrichtung versehen sein, die der FW den Zugang mit dem im FSD hinterlegten Generalschlüssel ermöglichen. Die TAB des zuständigen ILS sind hier zusätzlich zu beachten.

Elektro-Raum mit NSHV-AV (-SV)

- Raumanforderung an Wände, Decke und Boden: F90, Tür: T30
- Raumgröße mindestens 5 m x 2,8 m (individuell zu bestimmen)
- Raumhöhe mindestens 2,6…2,8 m
- Tür mit Doppelschließung

- Raumentlüftung nach den Anforderungen für innen liegende Räume, bei NSHV ca. 1 kW Wärmelast je 1 m Schrankbreite der NSHV
- Raumtemperatur auf max. 25 °C auslegen
- Tür mit Aufschlag in Fluchtrichtung
- keine fremden Leitungen (Heizungs-, Wasser-, Abwasserrohre, Lüftungskanäle usw.) unmittelbar über den Elektroschränken
- voraussichtliches Gewicht der Anlage: siehe Tabelle 2.9
- Hauptschalter mit Motorantrieb bei Stromabschaltung durch die Feuerwehr (nur, wenn in der TAB gefordert)
- Die Abdichtung von außen in den Raum eingeführter Kabel ist mit dem Versorger abzustimmen.

Sicherheitsstromversorgung NEA-Aggregatraum

- Die Türen zu den beiden Räumen müssen eingebaut und abschließbar sein. In Fluchtrichtung muss ein Panikschloss eingebaut sein.
- Türanforderungen innen: T90, Türanforderung außen: T0 (Blechtür)
- Der Boden muss mit einem ölfesten Anstrich 3x bestrichen werden (2x vor dem Einbau des Aggregats und 1x nach dem Einbau), Sockelhöhe mit umlaufender Höhe von 10 cm
- Bei den Türen ist eine Schwelle mit 10 cm Höhe einzubauen.
- Die Temperatur im Raum muss ≥ 5 °C betragen.
- Tür mit Aufschlag in Fluchtrichtung
- Schleuse für Zugang aus der Tiefgarage bzw. bei angrenzendem Treppenhaus
- Abgasrohr über Dach des Gebäudes
- Betonkranz am Dachaustritt zur Windlaststabilisierung für Abgasrohr
- Gas-Warnanlage für Notstrom-Dieselaggregate
- Raumgröße und Raumhöhe: entsprechend der Dimensionierung nach Tabelle 3.1
- voraussichtliches Gewicht der Anlage: entsprechend der Dimensionierung nach Tabelle 3.1

Raum VT EDV

- Raumanforderung an Wände, Decke und Boden: F90, Tür: T30, staubfester Anstrich
- Fußbodenbelag antistatisch mit einem Ableitwiderstand von < $10^8\ \Omega$, sowie PVC frei und wischfähig
- Raumanordnung: möglichst ohne Fenster im EG nach Norden; mit Fenster ist zum Schutz vor Erwärmung eine Sonnenschutzeinrichtung anzubringen
- Mindestraumgröße bis 500 Datenanschlüsse: 2,2 m x 3,2 m, für jeden zusätzlichen Schrank sind 0,8 m in der Tiefe zusätzlich zu berücksichtigen
- Raumhöhe mindestens 2,5 m
- Raumentlüftung nach den Anforderungen für innenliegende Räume mit Klimatisierung. Ermittlung der Wärmelast nach Ausbauumfang mit aktiven und passiven Komponenten
- Raumtemperatur auf max. 27 °C auslegen (AMEV, LAN 2016, S. 29)
- Tür mit Aufschlag in Fluchtrichtung und Schließeinrichtung zum Verhindern des Zutritts Unberechtigter, innen mit Drückergarnitur und Panikverschluss, Türbreite 1 m, -höhe 2,13 m, keine Türschwelle
- keine fremden Leitungen (Heizungs-, Wasser-, Abwasserrohre, Lüftungskanäle usw.) unmittelbar über den Schränken, alternativ Tropfwanne unter den Rohren
- Erdungsfestpunkt im Raum mit Verbindung 25 mm^2 zum ZEP
- Fußboden mit Flächenbelastbarkeit von > 5000 N/m^2 (ca. 500 kg/m^2), Punktbelastung > 1000 N

Kommentar zur Raumauflistung: Die Vorgaben zu den Räumen ergeben sich aus der Platzierung im Gebäude und der jeweiligen Zentralengröße (hier ausschließlich die Mindestgröße nach H/B/T). Die Beschreibung der einzelnen Räume ist als Muster zu verstehen und entsprechend der tatsächlichen Gegebenheiten individuell anzupassen.

Vorgaben für den Einbau der BMA-Komponenten an der Außenwand, sowie unmittelbar innen beim Zugang für die Rettungskräfte, insbesondere der Feuerwehr.

Die Gerätschaften, für die im Zuge der Planung die bauseitigen Öffnungen anzugeben sind:

FSD = Feuerwehr Schlüssel Depot

- Aussparung (mm): B: 260, T: 160, H: 260
- Fassadenausschnitt (mm): B: 204, H: 204

Hinweis: Der Einbau des FSD hat so zu erfolgen, dass dieser mit dem Gebäude fest verbunden ist. Bei Einbau in vorgesetzter Fassade oder in Wärmedämmung ist Wandkonsole zu verwenden.

NFSD = Not Feuerwehr Schlüssel Depot

- Aussparung (mm): B: 250, T: 100, H: 300
- Fassadenausschnitt (mm): B: 204, H: 204

FSE = Freischalt Element

- Aussparung (mm): B: 65, T: 75, H: 65
- Fassadenausschnitt (mm): B: 65, H: 65

Hinweis: Die Festlegung, ob ein NFSD oder FSE zu installieren ist, muss aus der TAB hervorgehen oder ist im Zuge der Planabstimmung mit der zuständigen Branddirektion abzustimmen.

Infolicht

- Aussparung (mm): B: 160, T: 70, H: 60

FEC = Feuerwehr Einsatz Center

- Aussparung (mm): B: 870, T: 120, H: 600, UK-FEC = 1,20 m über FFB
- Ausschnitt (mm): B: 800, T: 100, H: 560

Die Angaben zu den Abmessungen für das FEC beziehen sich auf das Feld für die Schleifenpläne im DIN-A3-Format. Abweichungen sind möglich und daher vor der Mitteilung an den Architekten bzw. Angabe in der Schlitzplanung entsprechend der Forderung aus der TAB zu berücksichtigen.

Als Sonderlösung gibt es mancherorts die Zustimmung, das FEC als Standsäule aus Edelstahl im Außenbereich zu installieren. Hier gilt es, den Standort frühzeitig festzulegen, um das notwendige Fundament dazu genau zu platzieren. Die Abmessungen dafür sind: B: 1000, T: 1000, H: 800 (mm), Gewicht Säule: 99 kg.

Literaturverzeichnis

Bücher

Friedmann Schmidt, Klaus Hempel: Mittelspannungsanlagen. Planung, Errichtung, Prüfung, Betrieb. Berlin: Huss Medien Verlag, 3. Auflage, 2016

Karl-Olaf Kaiser: Brandschutztechnische Bauüberwachung. Köln: Feuertrutz Verlag, 2008

Brandschutz in der Elektrotechnik. Menden: OBO Bettermann GmbH, 2012

Herbert Schmolke: EMV-gerechte Errichtung von Niederspannungsanlagen. VDE Schriftenreihe – Normen verständlich, Bd. 126. Berlin · Offenbach: VDE Verlag, 2. Auflage, 2017

Gerhard Kiefer, Herbert Schmolke, Karsten Callondann: VDE 0100 und die Praxis. Berlin · Offenbach: VDE Verlag, 17. Auflage, 2021

Gunter Pistora: Berechnung von Kurzschlussströmen und Spannungsfällen, VDE Schriftenreihe – Normen verständlich, Bd. 118. Berlin · Offenbach: VDE Verlag, 2. Auflage, 2009

Andreas Rosa: Projektierung von Ersatzstromaggregaten, VDE Schriftenreihe – Normen verständlich, Bd. 122. Berlin · Offenbach: VDE Verlag, 3. Auflage, 2018

Verordnungen, VDE-Vorschriften, Planungshandbücher, Kataloge, Zeitschriften

Handbuch Funktionserhalt. DÄTWYLER, 10. Auflage, 2018

Bender MEDICS: Das intelligente Überwachungs - und Umschaltsystem für die Stromversorgung in medizinisch genutzten Räumen. Bender GmbH & Co.KG, Londorfer Str. 65, 35305 Grünberg

Bayerische Bauordnung und ergänzende Bestimmungen für: Elektrotechnische Anlagen, Betriebsräumebauverordnung EltBauV, Garagenverordnung GaStellV, Verkaufstätten Verordnung VKV, Versammlungsstättenverordnung VstättV, Beherbergungsstätten Verordnung BstättV. Beck OHG Verlag, 44. Auflage, 2021

Muster-Schulbau-Richtlinien – MSchulbauR (2009-04)

Muster-Bauordnung – MBO (2012-09)

Muster Hochhausrichtlinie – MHHR (2008-04)

Krankenhausbauverordnung KhBauVO (1976-12)

Muster-Richtlinie über den Bau und Betrieb Fliegender Bauten – M-FIBauR (2007-05)

Muster-Industrie-Baurichtlinie – MindBauRL (2014-07)

Musterverordnung (Entwurf) über den Bau und Betrieb von Garagen und Stellplätzen – M-GarStVO (09/2020)

Berufsgenossenschaftliche Regeln BGR 132 – Vermeidung von Zündgefahren infolge elektrostatischer Aufladung (2004-07)

Arbeitsgemeinschaft Industriebau AGI J31-1:2003-02 – Elektrotechnische Anlagen – Bautechnische Ausführung von Batterieräume

Technische Regeln für Gefahrstoffe – Abgase von Dieselmotoren – TRGS 554:2008-10

Kommentar Muster Leitungsanlagen-Richtlinie, Heizungs-Journal Verlags GmbH, 2018

Technische Anschlussbedingungen für die Errichtung von Brandmeldeanlagen nach Vorgabe des Landkreises und der Stadt Dachau – TAB:2015-08

Technische Anschlussbedingungen für den Anschluss und Betrieb von Kundenanlagen an das Mittelspannungsnetz – TAB Bayernwerk:2019-11

Technische Mindestanforderungen Mittelspannung. Ergänzende Bestimmungen zur AR-N 4110: TR-05030, SW Landshut

EU Verordnung zur Umsetzung der Richtlinie hinsichtlich Transformatoren – Amtsblatt der Europäischen Union (2014-05)

VDEW (Verband der Elektrizitätswirtschaft) (2005-12): Richtlinie für Planung, Errichtung und Betrieb von Anlagen mit Notstromaggregaten

BDBOS:2016-05: Leitfaden zur Planung und Realisierung von Objektversorgungen für das digitale Sprech- und Datenfunksystem für Behörden und Organisationen mit Sicherheitsaufgaben

DIN 18 012: Planungsgrundlage Hausanschlussräume

EN 81-72:2003: Rettung von im Fahrkorb eingeschlossene Feuerwehrleute

ZVEI:2017-06: Hinweise zu Kabel und Leitungen unter der Bauproduktenverordnung

SWM Infrastruktur:2017-02: Bau und Montage von Niederspannungshauptverteilungen (NSHV)

DIN 8986:2012-10: Kühlräume – Bauliche sicherheitstechnische Anforderungen

DIN 4102-2:2019-03: Brandverhalten von Baustoffen und Bauteilen

VdS CEA 4001:2021-01: Sprinkleranlagen, Planung und Einbau

VDE 0100-Beiblatt 5:2017-10: Errichten von Niederspannungsanlagen – Maximal zulässige Längen von Kabel und Leitungen unter Berücksichtigung des Fehlerschutzes, Kurzschlusses und Spannungsfalls

VDE 0100-420:2022-06: Errichten von Niederspannungsanlagen – Schutz gegen thermische Auswirkungen

VDE 0100-430:2010-10: Errichten von Niederspannungsanlagen – Teil 4-43 Schutzmaßnahmen – Schutz bei Überstrom

VDE 0100-460:2018-06: Errichten von Niederspannungsanlagen – Teil 4-46 Schutzmaßnahmen – Trennen und Schalten

VDE 0100-729:2010-02: Errichten von Niederspannungsanlagen – Teil 7-729 Anforderungen für Betriebsstätten, Räume und Anlagen besonderer Art – Bedienungsgänge und Wartungsgänge

VDE 0100-520:2013-06: Errichten von Niederspannungsanlagen – Teil 5-52 Auswahl und Errichtung elektrischer Betriebsmittel – Kabel- und Leitungsanlagen

VDE 0100-551:2017-02: Errichten von Niederspannungsanlagen – Teil 5-55 Auswahl und Errichtung elektrischer Betriebsmittel – Niederspannungsstromerzeugungseinrichtungen

VDE 0100-560:2022-10: Errichten von Niederspannungsanlagen – Teil 5-56 Auswahl und Errichtung elektrischer Betriebsmittel – Errichtung für Sicherheitszwecke

VDE 0100-710:2012-10: Errichten von Niederspannungsanlagen – Teil 7-710 Anforderungen für Betriebstätten, Räume und Anlagen besonderer Art – Medizinisch genutzte Bereiche

VDE 0100-710 Beiblatt 1:2014-06: Errichten von Niederspannungsanlagen – Teil 7-710 Anforderungen für Betriebstätten, Räume und Anlagen besonderer Art – Medizinisch genutzte Bereiche; Beiblatt 1: Erläuterungen zur Anwendung der normativen Anforderungen aus DIN VDE 0100-710

VDE 0100-718:2014-06: Errichten von Niederspannungsanlagen – Teil 7-718 Anforderungen für Betriebstätten, Räume und Anlagen besonderer Art – Öffentliche Einrichtungen und Arbeitsstätten

VDE 0100-718 Beiblatt 1:2016-06: Errichten von Niederspannungsanlagen – Teil 7-718 Anforderungen für Betriebstätten, Räume und Anlagen besonderer Art – Öffentliche Einrichtungen und Arbeitsstätten; Beiblatt 1: Erläuterungen zur Anwendung der normativen Anforderungen aus VDE 0100-718

VDE 0100-801:2015-10: Errichten von Niederspannungsanlagen – Teil 8-1: Energieeffizienz

VDE 0105-100:2015-10: Betrieb von elektrischen Anlagen – Allgemeine Festlegungen

VDE 0185-305-3 Beiblatt 1:2012-10: Blitzschutz – Schutz von baulichen Anlagen und Personen – Zusätzliche Informationen zur Anwendung

VDE 0185-305-3 Beiblatt 6:2022-06: Zusätzliche Informationen über das Erfordernis von Blitzschutzmaßnahmen

VDE 0298-4:2013-06: Verwendung von Kabel und isolierten Leitungen für Starkstromanlagen

VDE 0558-508:2022-10: Zentrale Sicherheitsstromversorgungssysteme

VDE 0665-10 Beiblatt 1:2020-06: Allgemeine Anforderungen an Fehlerlichtbogen Schutzeinrichtungen, Beiblatt 1: Anwendungshinweise zum Einsatz von Fehlerlichtbogen-Schutzeinrichtungen

VDE V 0826-2:2018-07: Überwachungsanlagen – Teil 2 Brandwarnanlagen für Kindertagesstätten, Heime, Beherbergungsstätten und ähnliche Nutzungen – Projektierung, Aufbau und Betrieb

VDE 0833-1:2014-10: Gefahrenmeldeanlagen für Brand, Einbruch und Überfall – Teil 1: Allgemeine Festlegungen

VDE 0833-2:2017-10: Gefahrenmeldeanlagen für Brand, Einbruch und Überfall – Teil 2: Festlegungen für Anlagen zur Brandalarmierung im Brandfall

VDE 0833-4:2014-10: Gefahrenmeldeanlagen für Brand, Einbruch und Überfall – Teil 4: Festlegungen für Anlagen zur Sprachalarmierung im Brandfall

VDE 0849-44-6:2022-10: Allgemeine Anforderungen an die elektrische Systemtechnik für Heim und Gebäude und an Systeme der Gebäudeautomation – Teil 6: Anforderungen für Planung und Installation

VDE-AR-N 4100:2019-04: Technische Regeln für den Anschluss von Kundenanlagen an das Niederspannungsnetz und deren Betrieb (TAR Niederspannung)

VDE-AR-N 4105:2018-11: Erzeugungsanlagen am Niederspannungsnetz – Technische Mindestanforderungen für Anschluss und Parallelbetrieb von Erzeugungsanlagen am Niederspannungsnetz

VDE-AR-N 4110:2018-11: Technische Regeln für den Anschluss von Kundenanlagen an das Mittelspannungsnetz und deren Betrieb

VDE-AR-N 4223:2020-05: Bauwerksdurchdringungen und deren Abdichtung für erdverlegte Leitungen

VDE 0108-1:1989-10: Starkstromanlagen und Sicherheitsstromversorgung in baulichen Anlagen für Menschenansammlungen – Allgemeines (zurückgezogen: 2010-10)

VDE 0108-100:2005-01: Sicherheitsbeleuchtungsanlagen

BHE-Richtlinie (2014-04): Natürliche Rauchabzugsanlagen mit elektrischen Auslösesystemen

BHE-Richtlinie (2015-07): Hausalarmanlagen – Typ A, Anwendungsbereich Sonderbauten

BHE-Richtlinie (2016-01): Maschinelle Rauchabzugsanlagen

BHE-Richtlinie (2016-08): Hausalarmanlagen – Typ B, Anwendungsbereich Kindertagesstätten, Heime

Rauch- und Wärmeabzugsanlagen – RWA heute – Grundlagen des natürlichen, elektromotorischen Rauchabzugs

Planungshandbuch Classen Netzersatzanlagen

de – Der Elektromeister, Ausgabe de 2013-06, S. 30-34 und de 2013-07, S. 28-32

Arbeitskreis Maschinen- und Elektrotechnik staatlicher und Kommunaler Verwaltungen (AMEV) – Planung und Bau von Elektroanlagen in öffentlichen Gebäuden – Stand: 09.10.2020 – Broschüre Nr. 159.